漫笔识城

规划师眼中的国际城市

CITY INSIGHTS
GLOBAL CITIES IN THE EYES OF CITY PLANNERS

石晓冬　主编

北京市城市规划设计研究院　编著

U0178134

中国建筑工业出版社

审图号：GS 京（2023）1248 号

图书在版编目（CIP）数据

漫笔识城：规划师眼中的国际城市 = CITY
INSIGHTS：GLOBAL CITIES IN THE EYES OF CITY
PLANNERS / 石晓冬主编；北京市城市规划设计研究院编
著 .—北京：中国建筑工业出版社，2022.12
ISBN 978-7-112-28007-0

Ⅰ.①漫…　Ⅱ.①石…②北…　Ⅲ.①城市规划—世
界—文集　Ⅳ.① TU984-53

中国版本图书馆 CIP 数据核字（2022）第 178589 号

责任编辑：黄　翊　陆新之
责任校对：王　烨

漫笔识城

规划师眼中的国际城市

CITY INSIGHTS

GLOBAL CITIES IN THE EYES OF CITY PLANNERS

石晓冬　主编

北京市城市规划设计研究院　编著

*

中国建筑工业出版社出版、发行（北京海淀三里河路 9 号）

各地新华书店、建筑书店经销

北京雅盈中佳图文设计公司制版

临西县阅读时光印刷有限公司印刷

*

开本：880 毫米 × 1230 毫米　1/16　印张：23¼　字数：570 千字

2023 年 7 月第一版　2023 年 7 月第一次印刷

定价：228.00 元

ISBN 978-7-112-28007-0

（40142）

本书编委会

编撰机构　北京市城市规划设计研究院
　　　　　　国际规划研究专班

主　　编　石晓冬

副 主 编　黄晓春　杨　明　伍毅敏
　　　　　　杨　春　孔令铮　高　雅

顾　　问　李　伟　冯斐菲　周　乐

序

我们望向世界，是为了看到世界可能的样子。

近年来，全球城市格局风云变幻。气候变化、新冠疫情等多重冲击与挑战下，国际城市竞争力格局正在重塑。

与此同时，我们的城市也在不断进化。韧性城市、低碳城市、智慧城市、共享城市等理念不断迸发，持续为城市发展注入新的动能；另外，区域协同、创新网络、空间品质、绿色交通等始终是城市发展永恒的关键词。

自 2016 年起，北京市城市规划设计研究院的规划师们自发组建了"北京·国际城市观察站"研究小组。2019 年基于该小组进一步整合各方资源，建立"国际规划研究专班"（以下简称"国际专班"），正式成为首都智库平台的组成部分，旨在追踪国际前沿、推广国际经验，为城市比较研究开启一扇新的窗口，力争成为城市观察的显微镜、政府决策的望远镜。

经过几年成长，国际专班与国内外业界人士、研究机构、专家学者构建了广泛的合作关系，致力于"第一手资料 + 第一时间推送 + 第一流的分析总结"，以"国际观察"专栏形式，在 cityif 微信公众号平台持续发声，迄今已形成二百余期文章，在平台累计收获三十余万阅读量，在规划业界引发广泛关注，激起强烈火花。

在"国际观察"专栏建立 7 周年之际，国际专班精选其中的原创文章集结成册，形成《漫笔识城　规划师眼中的国际城市》一书。其中，既涵盖了扎实的理论研究、翔实的数据分析、独到的比较视角和丰富的案例观察，也不乏感性的随想、犀利的灼见和深刻的灵魂发问。

本书是北京市城市规划设计研究院及国内外规划专家学者们多年来所行、所观、所思、所感的结晶。立足北京，放眼全球，以规划视角描绘国际城市发展之蓝图，以全球眼光解析北京规划实践之路径。我们试图以北京为原点，以全球城市网络为轴线，探寻全球坐标系下的北京定位，破解国际大都市繁荣不息的基因密码。

他山之石，可以攻玉。在全球化步入新局面的当下，希望本书能够为日益走进世界舞台中央的大国首都贡献规划智慧，为我国城市实现"两个一百年"奋斗目标提供国际经验。

北京市规划和自然资源委员会党组成员、总规划师（兼）；
北京市城市规划设计研究院党委书记、院长
2023 年 5 月

目　录

序（石晓冬）

第一部分　空间战略·都市圈研究

都市圈发展规律与功能布局的世界经验与北京方向（李　伟　伍毅敏）// 002

基于多源开放数据的国际城市空间尺度比较——以北京、伦敦、东京、巴黎等城为例（甘　霖）// 010

指标体系中的城市愿景：《纽约 2040》与《东京 2020》（伍毅敏）// 019

大伦敦规划漫谈（杨　滔）// 025

大伦敦空间转型战略及对北京的启示（常　青　李惠敏）// 031

纽约大都市区规划及土地开发利用政策（田　莉）// 040

首都圈均衡发展与中心区再强化的东京经验（杨　明　张　宇　伍毅敏　游　鸿）// 044

从"单中心"到"多中心"再到"再主中心"：大巴黎都市区的空间治理演变（张尔薇）// 053

巴黎：思考城市形态的基因密码（常　青）// 069

功能疏解背景下的韩国公共机构外迁方案及首尔的应对策略（高　雅）// 076

新加坡城市规划浅析（林　静）// 086

第二部分　科创城市·品质空间

寻踪科学城之瑞典科学城建设的创新与智慧（杨　春　李　婷　彭　斯）// 092

寻踪科学城之败走乌托邦还是重塑创新城——日本学者眼中的筑波科学城（杨　春　李　鹤）// 098

寻踪科学城之新型举国体制下的科学城如何建设

——韩国大德科学城一探究竟（朱　东　李明扬　杨　春）// 103

美国硅谷的创新平台建设经验（王　亮）// 109

纽约硅巷发展历程及其对北京城市转型的启示（黄　斌）// 113

伦敦科技创新发展纵横（杨　滔）// 118

火车站：地标的文化担当（刘　欣）// 125

城市门户的"法式风情"——浅析里昂帕第枢纽区（徐碧颖）// 136

走进兰斯塔德，体验都市"绿心"（崔旭川）// 142

环球影城的成功经验（崔吉浩　吕海虹）// 146

韩国世宗市复合社区中心建设经验及启示（李秀伟）// 151

第三部分　交通出行·未来城市

迈向绿色交通的慕尼黑公共交通体系规划（崔旭川）// 158

重塑地面公交线网：世界城市的行动启示（魏　贺）// 164

纽约自行车交通发展的启示（黄　斌　李　伟）// 175

自行车高速路国内外案例研究（李世伟）// 180

国外停车换乘（P+R）知多少（张　鑫　李　琦　孙海瑞　王　婷）// 188

日本停车治理——日本有位购车制度的立法背景和实施过程（沈　悦　李　伟　孙海瑞）// 194

国内外大城市功能区交通系统特征经验小结（王耀卿）// 202

未雨绸缪，无人驾驶时代街道设计畅想（杜娇虹）// 210

协同实施走向公平、可持续的城市未来

——"人居大会"的历程与《新城市议程》指引的方向（伍毅敏）// 216

以"新"为鉴——新加坡水资源可持续发展策略的启示（王　君　张晓昕）// 221

低碳生态建设的北欧样本——以斯德哥尔摩、哥本哈根为例（陈　猛）// 230

"韧性城市"的概念解析及典型案例分析（赵　丹）// 235

美国联邦应急管理架构及 FEMA《2018—2022 战略规划》概述（何　闽）// 245

为什么维也纳智慧城市全球排名第一？

——《维也纳智慧城市战略框架（2019—2050 年）》（张晓东　叶雅飞）// 253

第四部分 伦敦、巴黎、东京笔记

浅议新版伦敦规划草案的理念新趋势（王如昀）// 264

伦敦与北京圈层数据比较分析（王如昀）// 269

伦敦：城市存量更新的代表（王如昀）// 275

伦敦在优化营商环境办理施工许可证指标方面的做法借鉴（王如昀）// 282

伦敦与北京城市体检评估机制方面比较（王如昀）// 288

当你谈论巴黎的时候，你到底在说哪儿？（郭　婧）// 294

巴黎的公共交通有多方便？（魏　贺　郭　婧）// 298

巴黎是古老的城市还是创新的先驱？——三次规划巨变，巴黎如何重塑（郭　婧）// 308

巴黎面向全球的吸引力体现在哪里？（郭　婧）// 316

七大战略、30 项空间政策，打造一个安全、多彩、智慧的新东京

——《东京 2040》系列解读之一：规划的总体框架（段瑜卓　田晓濛　杨　春）// 322

创建四季都有绿水青山的城市

——《东京 2040》系列解读之二：东京的绿化建设（董　惠　田晓濛　杨　春）// 330

创建对抗灾害风险与环境问题的城市

——《东京 2040》系列解读之三：东京的安全建设（韩雪原　路　林　张尔薇）// 336

为交流、合作、挑战而生的都市圈

——《东京 2040》系列解读之四：东京都市圈（伍毅敏）// 342

面向未来、自由出行、促进交流的城市交通规划

——《东京 2040》系列解读之五：东京的城市交通规划（孔令铮　魏　贺）// 349

01
PART

第一部分
空间战略·都市圈研究

都市圈发展规律与功能布局的世界经验与北京方向

基于多源开放数据的国际城市空间尺度比较——以北京、伦敦、东京、巴黎等城为例

指标体系中的城市愿景:《纽约 2040》与《东京 2020》

大伦敦规划漫谈

大伦敦空间转型战略及对北京的启示

纽约大都市区规划及土地开发利用政策

首都圈均衡发展与中心区再强化的东京经验

从"单中心"到"多中心"再到"再主中心":大巴黎都市区的空间治理演变

巴黎:思考城市形态的基因密码

功能疏解背景下的韩国公共机构外迁方案及首尔的应对策略

新加坡城市规划浅析

都市圈发展规律与功能布局的世界经验与北京方向

李　伟　伍毅敏

摘　要：本文辨析了与都市圈相关的学术概念内涵，提出都市圈包括中心城市及与其具有经济社会一体化倾向的辐射范围。在空间尺度上，提出都市圈发展半径的极限在 50km 左右是客观规律，都市圈应有合理的空间范围，而不是一味扩大。在功能布局上，提出都市圈尺度的多中心功能布局目前国际上尚无成功案例，北京在中观尺度已形成多中心结构，在都市圈尺度的多中心规划也有较好的阶段性实施成效及后续发展潜力。

都市圈是当今世界城市发展的最高阶段，也是大城市发展的结果，以建设"国际一流和谐宜居之都"为发展目标的北京正向着现代化新型首都圈的方向发展，在当前"京津冀协同发展"上升为国家战略的背景下，这一进程将会加速。都市圈和城市一样必然也有其发展客观规律，本文从调查东京、纽约等都市圈的发展历程入手，探寻关于都市圈的发展规律和国际经验。

1　都市圈相关概念辨析

在城市区域研究中，国际上比较公认的有三个尺度，最大的是城市群 / 大都市带（Urban Agglomeration/Megalopolis），特点是由多个大城市地区聚集形成联合体。根据戈特曼提出的标准，人口规模下限为 2500 万，大都市带顾名思义形态上还具有轴线特征。中间尺度的是都市圈 / 大都市区 / 都会区（Metropolitan Area），一般有至少一个经济较为发达并具有强辐射能力的中心城市，中心城市与邻近地区之间有密切的经济联系，劳动力市场、基础设施等具有高度的一体化倾向。最小尺度的城市通常以行政区划作为分界线，但需要注意同一中文翻译对应的英文原文是表示行政属性的（City）还是表示空间属性的（Urban）。

本文的主要研究对象是特大城市连绵地区，考虑到《国家新型城镇化规划（2014—2020 年）》《京津冀协同发展规划纲要》等文件中均采用了都市圈的说法，故本文沿用这一说法。

东京都市圈和纽约都会区（本文尊重其各自的习惯译法）均是世界上规模最大的都市圈之一，同时东京和纽约又都是世界上最发达的城市，对北京的发展有借鉴意义。东京都市圈是由日本内阁府指定，范围包括一都三县（东京都、千叶县、埼玉县和神奈川县），纽约都会区（Greater New York）是美国统计局定义的地理单位。本文也引入了伦敦、巴黎都市圈的部分经验，但由于其规模较小，与 2000 万人口规模的北京可比性差，在此不作全面分析。

作者简介

李　伟，北京市城市规划设计研究院规划研究室主任工程师。
伍毅敏，北京市城市规划设计研究院规划研究室工程师。

2 关于都市圈发展半径的认识

2.1 现有都市圈发展半径的极限在 50km 左右

对于判断是城市地区还是非城市地区，各国有不同标准。日本将城市地区称作市街地，即人口密度不小于 4000 人/km² 的地区。按照这个标准制作东京都市圈的成长图（图 1），可以看到，东京都市圈是从小到大逐步发展起来的，其半径从 1920 年的 10km 发展到 1980 年的 50km 左右，且从 1980 年开始其长轴半径一直稳定在 50km 左右（短轴半径约为 30km）。

无独有偶，按照同样的人口密度标准，纽约都会区的发展轨迹（图 2）也是从小到大向外逐步成长，与东京都市圈一样在 1980 年前后长轴半径稳定在 50km 左右（短轴半径也为约 30km）。东京都市圈和纽约都会区长轴半径随时间推移的轨迹（图 3）呈现出典型的成长曲线，经过几十年的成长，进入了现在的稳定阶段。

东京都市圈和纽约都会区的长轴半径二十多年都稳定在 50km 左右不是偶然的，它与人们日常生活规律、通勤范围、交通运输效率等因素息息相关。都市圈中绝大多数人都属于常态居民，他们每天要去上班、上学和回家，业余时间除了睡觉还要休闲

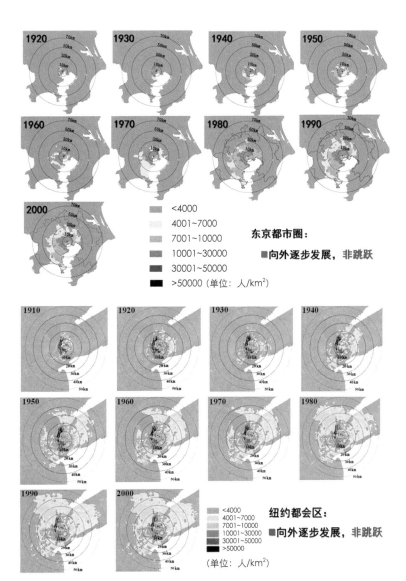

图 1 东京都市圈发展历程[1]

图 2 纽约都会区发展历程[1]

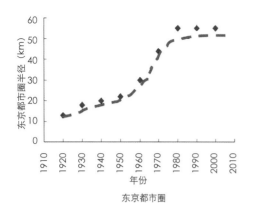

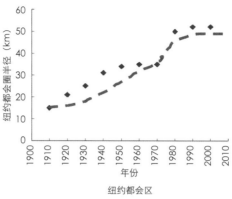

图3　东京都市圈、
纽约都会区长轴半径
的推移 [1]

娱乐，而人每天只有24h，能够用于通勤或通学的时间所剩无几。另外，人对通勤时间长度的忍耐性也是有限的，绝大多数人不能忍受长时间通勤。这就是尽管交通运输效率较过去有了长足提升（如新干线、轨道交通快线），但都市圈的半径并没有出现无限制增长的主要原因。因此，大都市圈的长轴半径稳定在50km左右有其客观规律性，即通勤圈的大小决定着都市圈的大小。这一点从日本首都交通圈轨道交通半径恰是50km左右可以得到证明，法定的东京都市圈居民出行调查的范围（即通勤圈范围）就是这个范围。

北京目前通勤圈范围只有30km左右，城市区域（人口密度不小于4000人/km²）的半径也仅在30km上下（图4），与上述两大都市圈相比相差甚远。借鉴东京、纽约两个世界城市的经验，北京都市圈未来的长轴半径稳定在50km是极有可能的，其范围在近期是北京平原区，远期个别主要发展轴或将延伸到半径50km范围，如廊坊的北三县地区。

2.2　都市圈范围扩大还是缩小应考虑价值导向与人文关怀

当今科技发展迅速，随着通勤效率提升，都市圈是否可以再扩大？这个问题不易判断，但可以判断的是，北京、上海等大城市与世界上的其他大城市都是一样的，将会遵循相似的发展规律。东京同样积极拥抱技术创新，但东京都市圈近年来缩小的趋势已十分明显。20世纪90年代后期东京郊区与中心城市之间的人口移动已经基本保

图4　北京、东京都
市圈同尺度人口密度
分布比较 [1]

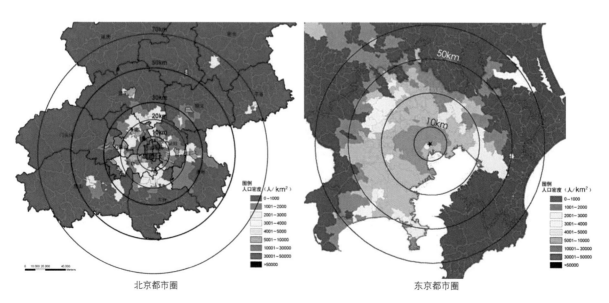

北京都市圈　　　　　　　　　　　　　东京都市圈

持平衡，进入 21 世纪后随着人口郊区化的停滞，从郊区流向中心城市的通勤人口后续供给能力也逐渐衰退。近年来东京政府强调"如不加干预，东京都市圈将持续'摊大饼'式扩张，东京区部（位于东京都市圈中心的 23 个特别区）通勤圈的范围将进一步扩大，因此必须努力作出改变"。主要实行两个措施以缩小通勤圈：一是提高区部的居住供应，吸引就业者回归，缓解核心区的职住分离；二是对于外围环状据点城市群，通过培育完善的城市功能，增强竞争力，摆脱对区部的过分依赖。在人口趋势变化与政府政策引导的共同作用下，东京的向心通勤量与 20 世纪 90 年代相比已减少了 10%（图 5）。

东京政府的选择引起了我们的思考：我们只是单纯以扩大通勤圈为目的，还是为了追求幸福感更高的生活？相信未来我们肯定会有技术能力将都市圈半径扩大到 50km 以上，但我们的价值取向是引导大家越住越远吗？如果科技如此发达，却还要每天进行超远距离的通勤，似乎既不低碳环保，也不亲切宜居。单位大院里的职住均衡、生活便利、邻里和睦是许多人的美好回忆。也许在不远的将来，像东京一样，不再扩大反而缩小的都市圈也会成为我国大城市的追求。

3　关于都市圈多中心功能布局的认识

3.1　国外都市圈的"多中心"没那么容易实现

城市空间格局的单中心与多中心之辩，是关于城市规划建设的一个热度多年不减的话题。中国城市，尤其是特大城市"要学习先进国际经验，摆脱单中心发展，建设多中心城市及区域格局"已成为绝对的主流观点。然而，当我们以实证研究视角来审视世界几大都市圈，却可以发现，打破单中心模式、建立多中心的分散结构，从老牌的伦敦到后起的东京为此已经努力了近百年，遗憾的是，这些城市至今仍然是一个强大的单中心结构。

伦敦都市圈除了主城以外，大多是几万人的小镇，并没有出现能够与主城抗衡的百万级次城市。作为国际金融中心之一的伦敦，发达的金融业是其支柱产业，近些年发展起来的新的金融商务中心道克兰距离老金融城 4.4km，距伦敦塔桥只有 3.7km。类比到北京，也就是从天安门出发刚出二环路，到金融街附近。事实是，伦敦的高端服务业包括文化创意产业继续在主城聚集，而真正承载多中心理念的新城在缓解伦敦压力方面的贡献微弱。13 个外围新城 2011 年的总人口数为 128 万，与大伦敦在过去 12 年增长的人口几乎一致——每年大伦敦内部都要增加一个新城发展了三五十年才积累出来的那么多人口。最负盛名的米尔顿·凯恩斯，1967 年规划人口 25 万，45 年后人口才达到 17.2 万。当前 13 个新城占用了超过大伦敦 25% 的土地面积，却只有不到大伦敦 15% 的总人口。

巴黎都市圈的情况也是如此，新的商务区德方斯其实并没有离开主城区，距离埃菲尔铁塔不足 4km。经过 40 年的建设，2010 年巴黎的五个新城占都市圈总人口的 7%，GDP 贡献也只有不到 7%。纽约的就业岗位聚集程度也"不遑多让"，曼哈顿是绝对的中心，在整个纽约都市圈中，纽约市以 4% 的土地面积创造了 45% 的就业岗位和 46% 的 GDP。

接下来重点回顾一下东京都市圈的"奋斗历程"。东京在第二次世界大战后五次国土开发综合规划以及五次首都圈规划都坚持均衡发展的思想，以改变东京一极集中

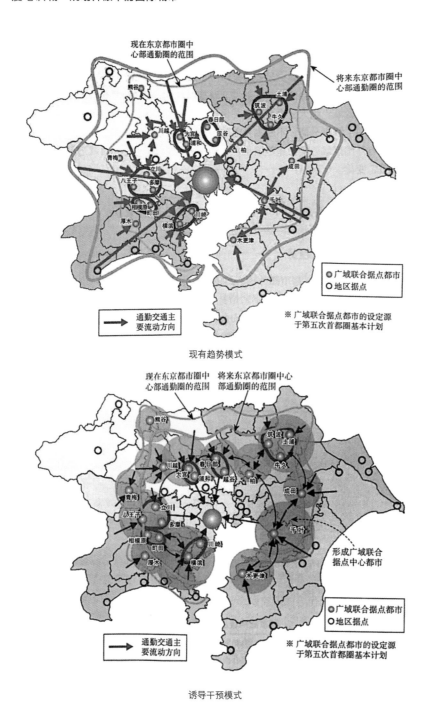

图 5　现有趋势模式诱导干预模式东京区部通勤圈范围比较[2]

作为最重要的目标之一，从 20 世纪 50~60 年代开始重点发展新城，到 70~80 年代开始重点发展周边的业务核心城市，力图打破城市高端服务功能在东京市区的一极集中。这种努力虽然坚持了 50 多年，中央和各地方政府也提供了足够的支持，但是远远没有达到规划的预期效果，东京的一极集中问题依然如故，且十分突出。与东京市区常住人口 800 万相比，著名的多摩新城只是人口 15 万的"睡城"，著名的筑波虽有世界博览会的拉动作用，至今也仅有 20 万人。

再看看幕张和埼玉两个新都心（地位超过副都心）的发展情况。幕张距离东京 25km，1967 年被规划为海滨城市，1973 年被指定为新都心，1989 年著名的幕张会展中心开业，1991 年被认定为业务核都市，发展目标是"职住学游"融合的未来国际城市。尽管如此，到 2010 年，其居住人口与来访者相加也不足 15 万人，入驻的企业总部本来就极少，2007 年日本宝马总部、佳能日本市场总部还迁回了东京。

埼玉则距离新宿 19km，发展目标有两个：一是高度独立、有魅力的新都心，改变对东京的过度依赖；二是首都功能的一翼、区域交流据点，发展国家机关行政功能及高端商务、商业和文化功能。该规划得到国家罕见的大力支持，1986 年埼玉被指定为业务核都市，1989 年决定将中央国家 20 个局级机关转移至此，1991 年新都心开工，2000 年新都心站运营、新都心开街，2003 年被指定为国家政令指定都市。然而到 2010 年，名噪一时的约翰·列农音乐厅闭馆，同年日本政府原则上废止了国家机关转移计划。2010 年，埼玉新都心的就业岗位只有 1.9 万个。

与上述东京都市圈的新城建设、新都心建设效果形成鲜明对照的是，过去 10 年，在东京市区的中心，沿山手线（周长 34km，与北京二环路相当）附近通过城市更新涌现出南新宿、汐留、品川、六本木四个可以和副都心相比的、欣欣向荣的新商务区（图 6）。

为什么在市中心已经有了都心和 7 个副都心的情况下还会生长出 4 个新商务区，是什么人还非要挤进来？日本休闲服装第一品牌"优衣库"的成长故事可以回答此问题。1984 年，优衣库的创始人柳井正在广岛开设了第一家店铺，1994 年公司在广岛上市，之后取得成功，风靡全国乃至全球，成功之后将公司总部迁入东京，入驻六本木新商务中心的东京都最高大楼。

看来，一流公司的总部一定要进一流的地块、一流的大楼，这是难以阻挡的。尽管现在信息技术已经高度发展，方便地与人面对面交流也还是企业家们的需求。正如阿里巴巴公司的声明："天猫总部为何迁往北京？因为北京是我们竞争对手最强的地方。"

到此可以得出以下几点，可能这就是客观规律：①高端商务区的选址遵循市场规律，即在城市中心地区聚集，而不是远郊或外围；②市场将起决定性作用而不是政府；③即使经济社会到了发达阶段也是如此。如果政府与市场规律反其道而行，只能事倍功半，目前世界上只有失败而没有成功的案例；反之，如果尊重市场规律，作好基础设施和公共服务支撑，将事半功倍，目前尚无失败的案例。

3.2 北京已在中观尺度上形成多中心功能布局

16410km^2 的北京市（平原地区 6300km^2）本身已经是都市圈尺度，在这一尺度上北京仍是以中心城区为核心的单中心结构，与国际几大城市圈一样。尽管将功能疏

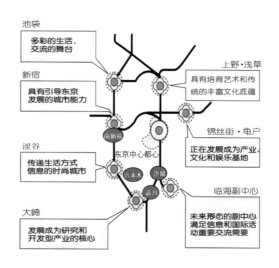

图 6 东京都心、副都心示意图（环状黑线为山手线）[3]

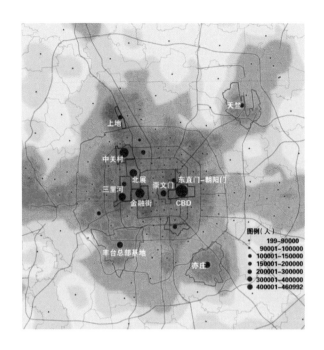

解、建设城市副中心、区域协同作为发展重点，但依据其他大都市圈的实践经验，笔者认为不能排除市场需求继续推动高端要素（高端功能、高端服务业、高端人才等）在中心城区持续聚集的可能性，城市基础设施应预留有足够的承载力。

另外，如果在1378km²的中心城区尺度上来看，北京的多中心功能布局已经非常显著。就业岗位数量是国际公认的"多中心"评价指标。通过2013年第三次全国经济普查全市就业人口分布（图7）可以看到，以CBD、中关村、金融街为三大中心，三里河、北京展览馆、崇文门、经济技术开发区、丰台总部基地、上地等区域为次级中心的结构已十分清晰。

回顾2004年版北京城市总体规划提出的"两轴—两带—多中心"空间结构，规划文本提出："建设多个服务全国、面向世界的城市职能中心，包括中关村高科技园区核心区、奥林匹克中心区、中央商务区（CBD）、海淀山后地区科技创新中心、顺义现代制造业基地、通州综合服务中心、亦庄高新技术产业发展中心和石景山综合服务中心等。"当前，CBD、中关村已发育较为成熟，奥体中心区和亦庄开发区正在加速发展，上地引领着海淀山后地区的崛起，石景山首钢地区改造后重新焕发生机，从首都机场到望京这一廊道表现出巨大潜力，通州已承载了城市副中心的功能定位。短短十余年间北京能达到这样的建设成效，充分说明，伦敦能建设好道克兰，巴黎能建设好德方斯，北京同样也能在我们目前发展水平所能达到的范围内建设好中观尺度的"多中心"。

同时，我们也认识到，作为一个后发的城市，我们还未能形成伦敦、纽约那样在国际上具有重要影响力的高端商务区，这是我们长期的努力目标。另外，交通基础设施、城市服务设施等对"多中心"的直接支持还有很大不足，这也是我们下一步需要着力完善的。

3.3　北京都市圈的"多中心"结构仍需长期持续培育

建设一个距离中心城5km的城市副中心和30km的城市副中心，从性质、路径、难度上都截然不同。四个世界城市都市圈外围的新城至今都还处于20万人封顶的水平。与其相比，北京的表现实则更为亮眼。

2004 年版北京城市总体规划提出的三个重点新城——通州、顺义、亦庄，在当时其人口分别为 42 万、41 万、21 万，规划人口规模为 70 万 ~90 万。2014 年三个新城的人口分别为 79 万、64 万、41 万。从吸引外来人口的角度来看，从 2005 年到 2014 年，通州区外来人口从 19.7 万增至 55.5 万，顺义区从 15.6 万增至 38.9 万。事实证明，我们的新城吸引人口的能力比我们的"学习榜样"强得多。事实上北京都市圈的新城建设，可以说已经比许多国外地区更加成功。尽管我们批判的过度重视房地产开发、产城融合较差、交通供给不足、公共服务欠缺等问题都实实在在是北京新城做得不够好的地方，但它一定是做对了什么，才能在即使城市服务还不够完善时便已经吸引了这么多人口。

与此同时，我们也应更深刻地认识到，新城建设是一个长期滚动发展过程，其建设以 50 年计、100 年计，不应在短时期内有过高和超前的要求，否则定会事倍功半，而应制定切合实际的发展目标，循序渐进、脚踏实地地发展。

4 结语

华为公司总裁任正非曾说："华为正在本行业逐步攻入无人区，处在无人领航、无既定规则、无人跟随的困境。"规划行业也类似，摆在我们面前的已不再是一个追赶的时代，而是一个开创的时代。发达国家经验可能不再是处处领先的，我们在很多方面走上了实践探索的最前沿。例如，当前提出的北京城市副中心、雄安新区这样具有雄心的规划壮举是世所罕见的，也是在都市圈、城市群的尺度上实现"多中心"格局的最新实践探索。需要认识到，我国城市的未来将深刻植根于我国的制度特色、群众根基、坚定的改革决心、持续的科学决策。在尊重城市发展规律的基础上，我们不仅要学习借鉴国外经验，也需要思索今天的我们、今天的中国怎样塑造未来世界城市的典范之作。

参考文献

［1］ 李伟，宋彦，吴戈 . 北京城市轨道交通长远预期研究报告 [R]. 2008.

［2］ 刘龙胜，杜建华，张道海 . 轨道上的世界 [M]. 北京：人民交通出版社，2013.

［3］ 李伟 . 借鉴世界城市经验论北京都市圈空间发展格局 [C]// 中国城市规划学会 . 多元与包容：2012 中国城市规划年会论文集 . 昆明：云南出版集团公司，云南科技出版社，2012.

［4］ 北京市城市规划设计研究院 . 北京城市空间结构与形态的变化和发展趋势研究 [R]. 2014.

［5］ 铁道部科学技术信息研究所 . 国外典型大都市区域轨道交通发展研究报告 [R]. 2008.

［6］ 陈秉钊 . 反思大上海空间结构——试论大都会区的空间模式 [J]. 上海城市规划，2011（1）：9–15.

［7］ London Research Centre，東京市政調査会 . メトロポリスの都市交通：世界四大都市の比較研究 [M]. 日本評論社，1999.

［8］ 卢多维克·阿尔贝，高璟 . 从未实现的多中心城市区域：巴黎聚集区、巴黎盆地和法国的空间规划战略 [J]. 国际城市规划，2008，23（1）：52–57.

［9］ QUOD，S. When brownfield isn't enough[R]. 2016.

基于多源开放数据的国际城市空间尺度比较
—— 以北京、伦敦、东京、巴黎等城为例

甘 霖

摘 要：本文选择纽约、伦敦、东京、巴黎、首尔等国际城市与北京展开综合对比，针对国际城市规模对比目前面临的数据获取困难、统计口径不一、测度方法不规范等问题，探索使用新的开放数据源构造国际城市空间尺度测度的方法。经过夜间灯光、人口密度、交通等时圈、时空距离关系四轮比较得出结论，北京在绝对规模上并非过大，造成城市"大而无当"主观感受的根源不是城市规模，而是背后的交通低效和空间失序。研究从一个侧面佐证了规模管控不是治理"大城市病"的"万能良方"，更为合理的路径应是提高与城市规模相匹配的设施配套建设水平和综合建设能力。

　　超大城市的形成与演进是地理"第一天性"（first nature）建立的资源禀赋优势与地理"第二天性"（second nature）催生的集聚效应相互叠加助力的过程。从世界城市化的长期进程来看，大城市普遍具有不断集聚要素和扩张空间的自我强化动力，世界范围内各国首位城市普遍在人流、资金流和物质流的输入与交换中变得越来越大。

　　这种"城市生长"是否存在一个最佳规模临界值？如何判断一个城市是否过大？是否应该对城市规模加以控制？不论在学术研究还是规划实践中，对这一系列问题的探索是经久不息的，也是没有定论的。"最佳城市规模"（optimal city size）理论认为，集聚带来的成本与效益存在一个平衡点，城市一旦超过一定的规模，由拥挤造成的规模不经济就会降低平均效益，资源短缺、地价增高、交通拥挤、管理成本等因素将抑制城市继续扩大。很多研究认同这一理论，也有研究指出这一理论建立在静态分析的框架中，并未考虑技术进步和制度革新等外部变量对城市生命周期的转折性影响。

　　尽管学术界对是否存在最佳城市规模始终存在争议，控制城市规模的理念在国内外规划实践中仍长期存在。现实中超大城市遇到的一系列环境问题和社会问题往往被第一时间归结为"大城市病"，随之而来的一系列治理手段应运而生。值得思考的是，不论是绿带、城市增长边界，还是功能疏解、人口调控，当前针对"大城市病"的治理很多是对"大"下药而非对"病"下药，然而"大城市病"的病因是在城市规模过大吗，一系列落脚在控制城市规模的政策能够药到病除吗？讨论这一问题之前，首先有必要对存在问题的城市自身空间尺度进行客观准确的再审视。

　　近年来，北京也面临着"大城市病"治理难题，交通拥堵、空气污染、房价飞增等问题日益突出，在判断北京的城市病与规模之大之间关系前，有必要将北京放在同为超大城市和大国首都的国际城市之间，通过准确的数据和全面的比较先回答"北京大不大"的问题。

作者简介

甘　霖，北京市城市规划设计研究院规划研究室工程师。

1　分析方法：国际城市空间尺度可比指标构建

　　按照城市规模分级的标准，北京属于城区常住人口千万以上的超大城市，这样的超大城市国内截至 2014 年年底有 7 个，北京毫无疑问在国内属于规模最大的城市之一。但是在不同国家之间，至今并没有一个公认的标准来判定城市的规模，甚至对城市规模的测度指标也尚无权威认定。既有研究中最常见的测度方法是采用人口规模与用地规模两类指标，在国际城市比较中这两类指标都存在各国统计口径不统一的问题，人口比较的统计差别相对较小，用地规模指标却受到用地分类标准的显著影响，无法直接用于国际城市比较。

　　因此，研究选择纽约、伦敦、东京、巴黎、首尔等国际城市作为北京的对标城市，探索使用新的数据源来构造国际城市空间尺度测度的方法，寻求以统一的数据来源、客观的观测指标、直观的刻画效果来保证国际城市之间的可比性，研究拟采用的测度指标包括以下四类。

　　（1）城市建成范围

　　由于相同分类标准的城市建设用地指标难以获取，全球卫星遥感开放数据提供了一种粗略刻画全球城市空间规模的一致性数据源。研究采用 NOAA 全球夜间灯光遥感数据，在 1km×1km 精度下的夜间平均灯光强度，表征着区域内人口密度、城镇化水平、经济水平的空间相对集聚区，可以用于粗略识别城市建成区的范围。

　　（2）人口密度分布

　　国际城市之间存在人口统计口径不统一问题，因此人口密度的数字难以作为可靠的比较依据，但是人口密度在城市空间上的分布特征可以相互比较。研究根据人口密度从城市中心向外的距离衰减特征，可以直观对比各城市的人口高密度分布区范围大小。

　　（3）交通时间成本

　　除了常用的面积和人口指标，很多研究采用交通通行的时间来刻画距离，如果能测度城市中选择私家车、公共交通、慢行交通等不同交通方式到达各类目的地的时间成本，就是测度出市民生活和工作在城市中真实感受到的距离成本，也是城市变大分摊到每个居民身上的真实负外部性。研究采用在线电子地图 api 接口实现了对这一测度指标的空间采集。

　　（4）空间实际距离

　　运用空间实际距离来测度和比较国际城市规模的难点在于无法准确界定可比的城市边界，各国行政区划制度的巨大差异决定了城市的行政边界不能作为规模比较的依据，但是空间实际距离与交通时间成本的结合性指标可以用来刻画城市在不同交通条件下的等时通勤圈大小。研究从这一角度设计了测度方法，从实际可达性角度对比城市在主观感知层面的规模大小。

2　分析过程：城市规模的多指标测度印证

2.1　从夜间灯光看建成范围

　　根据 NOAA 官网提供的全球夜间灯光遥感数据（精度 1km×1km，2013 年度夜间平均灯光强度图像）提取城市建成区域范围（图 1），用经纬度 5°×5° 的方框分别

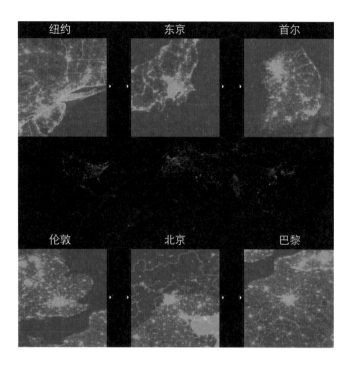

图1 北京、伦敦、巴黎、纽约、首尔、东京灯光遥感图对比（2013年平均灯光强度）
资料来源：http：//ngdc.noaa. gov/eog/dmsp/download V4composites.html

捕捉出纽约、伦敦、东京、巴黎、首尔和北京，根据亮斑面积排序后发现，北京并不属于规模较大的国际城市。按照灯光揭示的城市活动密集区范围，北京的空间规模与巴黎相当（半径约35km），略小于伦敦（半径约40km），相比于半径大于50km的纽约、东京和首尔明显规模较小。

从北京的灯光遥感图可以看出，有密集城市活动的"实际建成范围"与市域行政范围是两个概念，至少从"实际建成范围"来说北京并不大，在欧洲低首位度的城市体系中可以算作大城市之一，但与亚洲大城市和美洲大城市相比并不巨型。

但是，用灯光数据表征的规模只是一个"平面"概念，可以粗略勾勒城市建成范围，却不能指示这一范围内部的集聚强度，进一步揭示北京的空间尺度特征还需要补充能够反映城市内部形态结构的对比分析。

2.2 从人口密度看城市规模

人口密度在城市内部的分布特征是第二个对比指标，是根据人口在城市中高度集聚区来测度城市中高度城镇化的地区范围。为了尽可能将人口数据落实到最小统计单元，研究搜寻了各城市的官方统计数据发布网站，选取能够统计到相当于街道、乡镇一级尺度的三个国际城市作为对标，相关信息如表1所示。

国际城市人口数据信息汇总　　　　　　　　　　　　　　表1

类比城市	截取范围	数据时间	最小单元
北京	市域	2013	街道、镇、乡
东京	东京都、埼玉县、神奈川县、千叶县	2013	区、町、村
巴黎	法兰西大区	2012	区、镇
伦敦	大伦敦	2011	街道

戈德曼在定义都市区（megalopolis）时所使用的人口密度下限为每平方公里至少250人，全球城市化进程发展到今天，以上四个城市的截取范围内几乎所有面积都达到

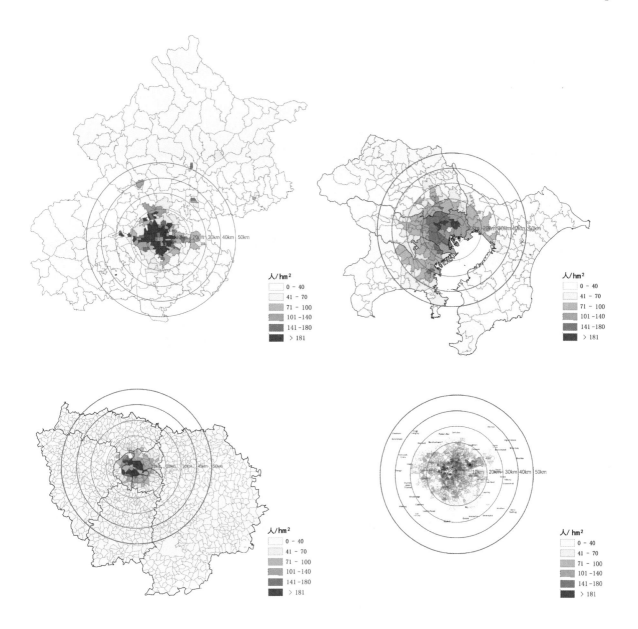

图2　北京人口密度
分布图（上左）
图3　东京人口密度
分布图（上右）
图4　巴黎人口密度
分布图（下左）
图5　伦敦人口密度
分布图（下右）

了这一标准。根据截取范围内人口密度的分布特征，统一以40人/hm²、70人/hm²、100人/hm²、150人/hm²、180人/hm²作为子区间临界值，绘制四个城市的人口密度分布图，统一比例尺后效果如图2~图5所示。

比较发现，北京常住人口密度大于40人/hm²的中密度集聚范围并不大，常住人口大于180人/hm²的高密度集聚范围却是四个城市中最大的。为了验证这一直观认识，粗略测量人口密度相应的临界值所对应的范围在城市各方向上的平均半径，4个城市的数据整理如表2所示。

国际城市人口密度圈层半径对比　　　　　　　　　表2

城市	>40人/hm²	>100人/hm²	>180人/hm²
北京	R=20~25km	R=20~25km	R>10km
东京	R=40~45km	R=15~20km	R<10km
巴黎	R=15~20km	R=5~10km	R<10km
伦敦	R=25~30km	R=10~15km	R<10km

这样看来，北京相比于其他世界城市具有人口密度分布的鲜明特征：人口规模较大（仅次于东京），人口集聚范围中等（大于 40 人 /hm² 的范围次于东京和伦敦），人口高密度集聚范围最大。

2.3　从等时圈看时间成本

通过以上对比不难发现，北京整个四环路以内都维持着东京市中心最拥挤的人口密度。拥挤带来一系列负外部性，按照最佳城市规模理论，应该存在成本与效益的自我调整机制抑制进一步拥挤，可现实是越来越多的人选择迁入中心城区生活。这是因为个体选择区位的依据是时间距离而不是空间距离。

回顾前两轮比较，东京的建成规模和人口规模均比北京大，可是如果以时间成本为指标再来比较一下这两个城市呢？

对于东京，标记东京火车站为中心点，提取东京都市圈一都三县范围内所有区、町的几何中心点坐标，利用 Google Map api 提供的导航接口批量查询所有点去往中心的最短驾车导航方案，根据最短导航时间绘制的等时圈如图 6 所示，其中 1.5h 等时圈覆盖了一都三县 90% 的面积，1h 等时圈的平均半径在多个联系方向上可以达到距离中心 50km，0.5h 等时圈平均半径 20km。这样看来，东京虽然人口分布疏散，但大多数人口都集中在距离中心 1h 等时圈内。

对于北京，利用百度地图 api 批量查询所有乡、镇、街道几何中心点去往天安门的最快路径，以夜间查询结果作为无拥堵状态下的驾车等时圈，可以看到 1.5h 等时圈与东京范围相差不大，1h 等时圈虽然仅在京津高速公路方向可以达到 50km 半径，但 40min 等时圈和 0.5h 等时圈与东京差不多大（图 7）。

但考虑到北京早晚高峰路面交通拥堵情况，研究以同样的方法测度早高峰 9：00~10：00 的驾车等时圈如图 8 所示。结果与无拥堵情况下等时圈分布显著不同，高峰期若要到达市中心，时间成本基本上五环路以外就要 1h 起。另外，考虑到北京对小汽车尾号限行的管制政策，市民出行对公共交通依赖度较高。同样绘制公交、地铁等时圈如图 9 所示，在时间成本增大的情况下，对于选择公交、地铁出行者而言城

图6　东京一都三县范围内驾车等时圈分布（中心点：东京站）（左）
图7　北京市域范围内非高峰期驾车等时圈分布（中心点：天安门）（右）

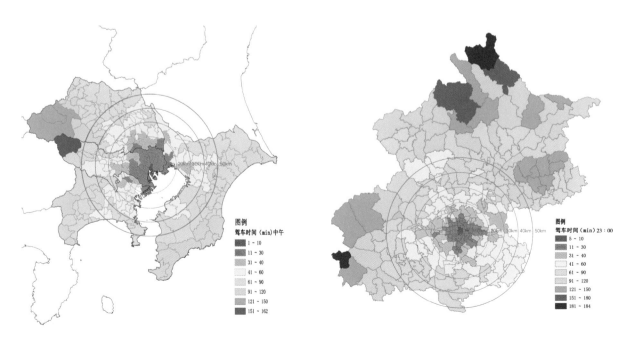

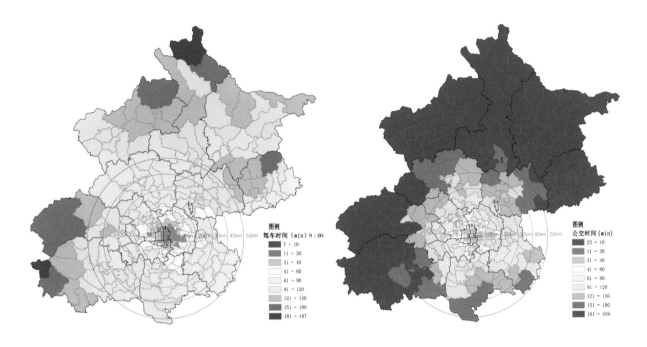

图8 北京市域范围内早高峰期驾车等时圈分布（中心点：天安门）（左）
图9 北京市域范围内公交、地铁等时圈分布（中心点：天安门）（右）

市的规模显得更大，基本上四环路以外就要耗费 1h 以上的时间才能到达市中心。

北京市就业岗位最集中的地区都在四环路内，而大量的人口居住集中在六环路外的大型居住区和新城。从时间成本来看，城市的确过大，因此在不加外部干预的情况下，北京向心集聚的趋势不仅不会自行缓解，反而会陷入"拥堵—集聚"的正反馈：中心区人越多→拥堵越严重→交通条件变差→整体可达性下降→人口更加倾向于向心集聚以节省时间成本。

这就是为什么北京看上去不大，真实体验起来却很大。虽然因为交通科技的进步压缩了时空，但这种压缩是不均衡的，就目前来看，东京的时空"折叠"程度远高于北京。

2.4 从时空距离看空间结构

时间成本与空间距离的交叉测度有助于进一步理解北京的城市结构特征。如果一张纸代表城市的平面，交通线路对城市发挥的作用就像是把纸折起来，等级明晰的交通组织可以将城市中最重要的节点高效串联。如果以三维空间里的距离代表时间成本，城市平面上的距离代表空间距离，那么城市就像一张被折叠的纸，重点节点之间总能找到节约时间的快速通径。

一种比较理想的情境是，城市平面被分层级的交通条件扭曲为一个球状，节点与中心点联系的时间—距离比随着与市中心距离的增大而增大，即市区内的交通联系追求网络遍历性，同时中心与远郊区新城节点间存在更高效率的运输方式（图10）。

北京和其他大城市在历版规划中都提出过建设多中心的构想，现在这些中心之间的时空距离结构如何呢？

通过 Google Map api 和百度地图 api 批量查询新城节点与中心城节点之间最短公交导航方案，结合 ArcGIS 测距功能（api 接口也能够返回路径距离，但这里采用 ArcGIS 计算的直线距离更加精准），绘制东京、伦敦、巴黎、北京四个城市主要新城、卫星城、副中心与市中心的空间距离—时间成本图，如图11~图14所示。

与图10类比，巴黎是四个城市中空间结构最接近球形的，市中心与埃夫利、玛尔–拉–瓦雷、伊芙琳、塞尔基–蓬杜瓦兹、塞纳尔五大新城均有便捷的轨道交通联系，

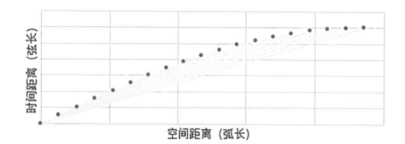

图 10 一个标准球面结构中的时空距离关系示意

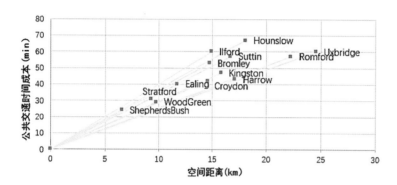

图 11 大伦敦区域中心节点与伦敦市中心（查理十字）的时空距离散点图

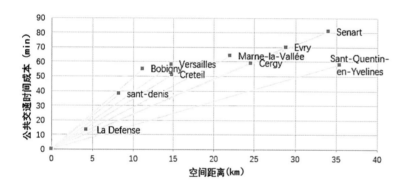

图 12 巴黎五大新城、若干副中心与巴黎市中心（凯旋门）的时空距离散点图

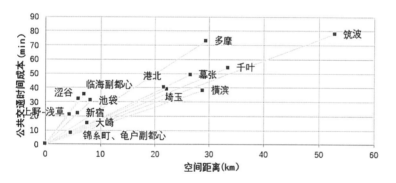

图 13 东京七大副都心、若干新城与东京市中心（东京站）的时空距离散点图

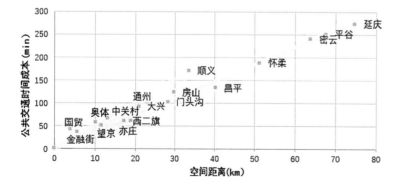

图 14 北京 11 新城、若干功能中心与天安门的时空距离散点图

和小巴黎境内的公共交通系统构成明晰的分工，东京和伦敦也具有类似的分层级轨道系统，因此均呈现出从平面向球状发展的趋势。而北京的新城中仅有亦庄、通州地铁可达，且线路运行效率与中心城区地铁完全相同，整个城市的时空结构趋于平面化。

图 15 将四个城市重要节点的时空散点图汇总起来，可以更直观地看到差距：在距离中心 20km 内的圈层内相差不大，在半径为 20~30km 的圈层内北京的向心交通时间成本达到巴黎、东京和伦敦的 1.5 倍，半径 30km 以外这一差距拉大到 2 倍以上。

市中心与埃夫里（Evry）、马恩拉瓦莱（Marne la Vallée）、伊夫林（St Quentin en Yvelines）、塞尔基（Cergy）、塞纳尔（Senart）五大新城均有便捷的轨道交通联系，简单地说，高效的交通组织引导巴黎、东京和伦敦巨大的城市平面形成了立体的时空结构，而北京仍然是"摊大饼"式平面蔓延扩张。

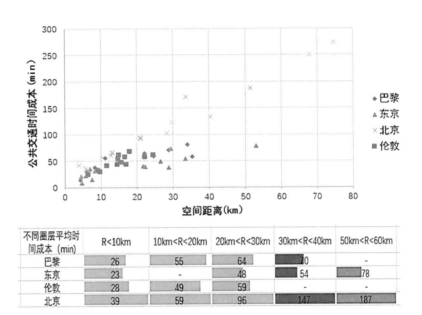

图 15　巴黎、东京、北京、伦敦都市区重要空间节点与城市中心时空距离分布对比

不同圈层平均时间成本 (min)	R<10km	10km<R<20km	20km<R<30km	30km<R<40km	50km<R<60km
巴黎	26	55	64	70	-
东京	23	-	48	54	78
伦敦	28	49	59	-	-
北京	39	59	96	147	187

3　结论：城市之"大"不是原罪，交通低效和空间失序才是

经过夜间灯光、人口密度、交通等时圈、时空距离关系四轮比较，基本能够得出结论，在国际大城市俱乐部中，北京并不是绝对意义上的大块头成员。与纽约、东京、伦敦甚至首尔相比，北京的建成规模和人口分布范围偏小，基本与巴黎相当，真正造成拥挤、低效、大而不当感受的原因在于人口高密度集聚的范围较大、交通等时圈相对较小、城市重要节点间缺少快速通径。

最后值得强调的是，本文在讨论北京是不是过大的同时，并无意于批判巨型城市。事实上，从东京等城市的例子可以看到，城市之"大"不是原罪，城市功能可能因为便捷的交通联系而相对集聚，也可能因为交通低效和空间失序而相对疏离。

参考文献

［1］ 朱玮，王德. 从"最佳规模"到"有效规模"［J］. 城市规划，2003，27（3）：91-96.

［2］ 扬子江，张剑锋，冯长春. 中原城市群集聚效应与最优规模演进研究［J］. 地域研究与开发，

2015，34（3）：61-66.

［3］闫永涛，冯长春.中国城市规模分布实证研究［J］.城市问题，2009（5）：14-18.

［4］潘辉，郎永峰.城市集聚与外部性——基于长三角城市圈的实证研究［J］.经济问题探索，
2015（1）：96-102.

［5］赵蕾.深圳市时间结构基础研究［D］.广州：华南师范大学，2008.

［6］石忆邵.国际大都市建设用地规模与结构比较研究［J］.上海城市规划，2012（2）：140-
144.

［7］章光日.大城市地区规划建设的国际比较研究——北京与纽约、洛杉矶［J］.北京规划建设，
2009（4）：110-115.

［8］高炜宇，刘建萍.从国际对比看上海合理人口规模与布局［J］.上海统计，2003（8）:9-11.

［9］张超，王春杨，吕永强，等.长江经济带城市体系空间结构——基于夜间灯光数据的研
究［J］.城市发展研究，2015，22（3）：19-27.

作者简介
伍毅敏，北京市城市
规划设计研究院规划
研究室工程师。

指标体系中的城市愿景：《纽约 2040》与《东京 2020》

伍毅敏

摘　要：不同城市的发展目标不同，相应的量化衡量指标也应有所不同，每个城市都需要量身定做合体、简洁、适应新的发展特征、更能指导实施的总体规划指标体系。《纽约 2040》针对"繁荣、公平、可持续、有弹性"发展目标的指标体系和《东京 2020》针对奥运会背景下建设"世界第一城市"的指标体系启发我们，新时代的总体规划指标体系应实现因城而异、与时俱进和以人为本。

　　总体规划指标体系是反映城市总体规划目标的量化衡量工具，是增强规划可操作性和指导规划实施的抓手，也是评估考核规划实现状况和程度的主要方法之一。用哪些指标来衡量我们为城市设立的特定发展目标才是恰如其分的？纽约市和东京都新近发布的城市总体规划中精心设立了与城市发展战略相对应的规划指标体系，我们可以从中获得一些启示。

1　《纽约 2040》规划指标体系

　　纽约市于 2015 年 4 月发布《一个纽约——规划一个强大而公正的城市》（以下简称《纽约 2040》），面向 2040 年提出四项发展愿景，分别为"成长中的繁荣城市""公平公正的城市""可持续发展的城市""有弹性的城市"，规划总人口由 840 万增至 900 万。纽约市希望未来长期发展保持经济繁荣的同时，建构更公平公正的社会，对全体市民的健康和幸福更加负责，提升可持续发展能力，以及更具有抵抗各种灾害和风险的弹性。按照该规划，2040 年的纽约将成为一个 "90% 的居民日常通勤少于 45min，离家 200m 以内即可接入免费 Wi-Fi，90% 的居民能获得满意的医疗服务，城市垃圾总量极低，空气质量在美国大城市中排名第一，85% 的居民可以步行到达公园，饮用水安全有保障，不需要暴雨时在城市里'看海'，25% 的居民是志愿者" 的城市。

1.1　成长中的繁荣城市

　　①纽约市有成为全球经济领导者的空间与资本，可以提供高品质多元化的就业。就业岗位由 416.6 万增至 489.6 万，创新产业就业岗位比重由 15% 增至 20%；家庭收入中位数在 52250 美元的基础上有所增加，GDP 增长高于全国平均水平。

　　②纽约市的劳动力将拥有参与 21 世纪经济发展所需的技能。劳动参与率高于当前水平（61%），每年接受产业技能培训的人口数量由 8900 人增至 30000 人（2020 年）。

　　③纽约市居民将获得价格可负担的高质量住房，并配备完善的基础设施和社区服务。到 2024 年经济适用房新增 8 万套，保有量累计达 12 万套。

④纽约市的交通网络将是可靠、安全、可持续、易达的，能够满足所有市民的需求并与城市经济的增长相适应。居民乘坐交通工具平均45min通勤距离以内的就业岗位数由140万个增至180万个，45min通勤距离内的居民占全部居民比例由83%增至90%，晨间8：00~9：00进入曼哈顿核心区的轨道交通运载力在2015年627890人次的基础上增加20%，季度自行车通勤指数由437增至844（2020年）。

⑤至2025年，所有居民和企业将获得经济、可靠、覆盖全市的高速宽带服务。家庭网络服务接入比例由78.1%增至100%（2025年）；离家200m以内可接入免费Wi-Fi的居民现占13.9%，未来将实现大部分公共空间覆盖；网速1Gbps以上的商业公司比例达到100%（2025年）（图1）。

1.2　公平公正的城市

①当前370万处于或接近贫困线的市民到2025年有80万人脱离贫困。

②纽约市的每个儿童都将受到抚养和保护，并得以茁壮成长。婴儿死亡率由4.6‰降至3.7‰（下降20%），并大幅度减少种族差异；接受全天式学前教育的4岁儿童数量在当前53230人的基础上有所增加。

③在各年龄段的纽约居民所生活、工作、学习、娱乐的街坊中推广积极健康的生活方式。居民每日食用蔬果供应量由平均每日供应2.4次增至3次（增加25%）（2035年），达到建议身体运动量的成年人比例由67%增至80%（2035年），儿童哮喘发病率由2.99%降至2.24%（下降25%）（2035年）。

④所有纽约市居民可获取所需的身体和精神医疗保健服务。2014年认为自己获得了所需医疗服务的居民比例在当前89%的基础上有所增加，有严重心理问题的居民接受心理治疗的比例在当前44%的基础上有所增加。

⑤纽约将继续作为美国大城市中最安全的城市，保持最低监禁比例，拥有在公平和效率方面领先全国的刑事司法系统。犯罪率有所减少（2014年为110023起案件）。

⑥纽约市居民将继续支持交通事故"零死亡愿景"计划，杜绝城市街道上的重大

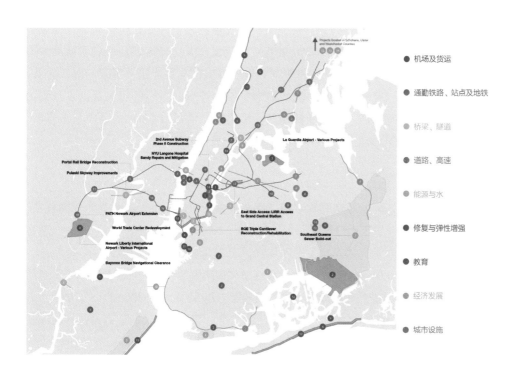

图1　纽约市内及区域主要资本项目计划
资料来源：https://onenyc.cityofnewyork.us/reports-resources

交通事故。交通事故死亡人数为 0（2014 年为 255 人），重伤人数为 0（2014 年为 3766 人）。

1.3 可持续发展的城市

① 2030 年与 2005 年相比废弃物排放总量减少 90%（最近一年为 12%），2050 年与 2005 年相比温室气体排放量减少 80%（最近一年为 19%）。

②纽约市 2030 年将实现城市垃圾"零填埋"的目标。与 2005 年 360 万 t 的基准相比，垃圾总量减少 90%（最近一年为 319.38 万 t）。

③纽约市 2030 年将是所有美国大城市中空气品质最佳的。空气质量在主要美国城市中的排名由第 4 名上升至第 1 名；二氧化硫浓度街区差异以全市各区冬季平均值计，2013 年为 10 亿分之 4.51（4.51ppb），2030 年减少 50%；$PM_{2.5}$ 浓度街区差异以全市各区年平均值计，2013 年为 6.65 μg/m³，2030 年减少 20%（图 2）。

④纽约市将清理污染土地，减少其在低收入社区极高的暴露性和危害性，到 2019 年一季度完成 750 片棕地的修复。

⑤所有纽约居民将受益于实用、可达、优美的开放空间。住所步行距离以内有公园的居民比例由 79.5% 增至 85%（2030 年）。

1.4 有弹性的城市

①至 2050 年消除因自然灾害导致的市民长时间撤离家园的情况，降低与气候相关的活动所受到的年均经济损失（最近一年为 17 亿美元）。

②通过增强社区、社会和经济的弹性使每个街坊更加安全。社区可达的紧急避难所人口容量由 1 万增至 12 万，市民志愿者人数比例由 18% 增至 25%（2020 年）。

2 《东京 2020》规划指标体系

《创造未来：东京都长期展望》（以下简称《东京 2020》）于 2014 年底完成，共分为七个部分，分别为"成功的 2020 奥运会""进化的基础设施""独有的待客之道""公共安全治安""环境支撑""国际领军城市""可持续发展城市"。由于 2013 年 9 月东京获得了 2020 年夏季奥运会的主办权，本版东京都规划显示出鲜明的"迎奥运"色

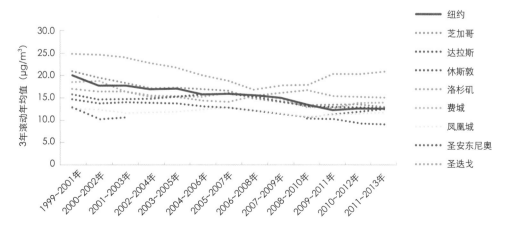

图 2 纽约及其他美国大城市（100 万人口以上）$PM_{2.5}$ 年均值变化
资料来源：https://onenyc.cityofnewyork.us/reports-resources/

彩，大多围绕 2020 年左右的发展目标和策略展开。与举办奥运相得益彰的是，本版规划提出了"世界第一城市"（the world's best city）的宏伟目标。依据规划，如果在 2020 年东京奥运会前后去东京，将有机会体验到一个"70% 的居民参加体育活动，滨河空间优美宜人，40% 的居民参与志愿服务活动，大街上外国游客数量众多，而他们可以获得多语种的贴心热情服务以及令人满意的免费 Wi-Fi 服务，房屋抗震能力强，年轻父母可以得到各种育儿帮助而无须为照料孩子精疲力尽，长者也安详舒适，新能源使用比例高，365 天空气质量优良，可以在安全便捷的前提下去水滨和岛屿感受自然风光"的奥运城市。

2.1　成功的 2020 奥运会

①作出周密筹备，留下恒久遗产。

②创造优雅的无障碍城市。2020 年完成奥运场馆和主要观光景点周边的无障碍设计与建设。

③确保国际游客的舒适和安全。2019 年完成安装约 100 个行人电子标牌，2020 年 14 家市立医院全部提供多语种医疗服务。

④培养顶尖运动员，建设体育城市。参与体育运动的东京人从 53.9% 增至 70%（2020 年）；滨河步行道长度达到 43km，海岸公园内自行车道长度达到 10km（2024 年）。

2.2　进化的基础设施

①发展广泛延伸的海陆空交通网络。羽田国际机场全年起降航班从 44.7 万架次增至约 49 万架次（2020 年），东京港集装箱吞吐量达到 610 万标准箱（2025 年）。

②建设无缝对接的便捷公共交通网络。自行车道总长度达 264km（2020 年）（图 3）。

2.3　独有的待客之道

①热情欢迎全球游客。东京人志愿活动参与率从 24.6% 提升到 40%；年入境游客总量从 681 万人次增至 1800 万人次；东京举办国际会议数量从 228 场增至 330 场（以上皆截至 2024 年）；东京港游轮靠港次数达到 280 次（2028 年），游轮观光客总数达到 50.2 万人次（2028 年）；外国游客对东京市内免费 Wi-Fi 服务满意率从 76.7% 提升至 90% 以上（2020 年）。

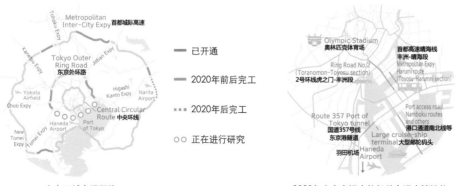

东京区域交通网络　　　　2020年东京奥运会的相关交通支撑设施

图 3　东京都交通设施改善的计划与实施状态

资料来源：https://www.metro.tokyo.lg.jp/english/about/vision/index.html

②在艺术与文化方面享有国际声誉。在 7 个大型文化设施场馆实现多语种服务、延长开放时间（2020 年）并实现免费 Wi-Fi 覆盖（2016 年），在东京及周边的多个文化设施场馆引入通票制（2020 年）。

2.4　公共安全治安

①确保高等级的抗灾能力。具有重要作用的城市建筑（学校、医院等）100% 完成抗震加固（2025 年），95% 以上住宅（其中城市住宅 100%）完成抗震加固（2020 年），2020 年所有住房和工作场所储备有应急食物（2014 年仅 60%）。

②保护居民不受犯罪和其他危险的侵害。全部 1296 所公立小学学区路线覆盖监控摄像头（2018 年）。

2.5　环境支撑

①为父母育儿提供坚实的支持。消除日托服务短缺，等候入托的幼儿从 8672 名减至 0（2018 年），日托机构可容纳幼儿人数增加 4 万人（2018 年）。

②使长者在其社区中获得心灵的平静。特殊养老院床位数从 41340 张增至 60000 张（2025 年），长期健康护理机构床位数从 20057 张增至 30000 张（2025 年）。

③提供高质量的医疗保健服务，促进终身健康。

④为残障人士在其社区中提供帮助。社区内残障人士之家的居住容量 2017 年比 2014 年增加 2000 人，2013 年居于福利院的残障人士在 2017 年有 12% 搬到普通社区中居住，到 2024 年增加 40000 名残障人士就业。

2.6　国际领军城市

①刺激东京作为世界城市的国民经济增长。新设企业率由 4.8% 增至 10% 以上（2024 年）；获得东京都政府支持的进入新兴行业的中小企业数量达到 1000 家，进入国际市场的中小企业数量达到 2000 家（2024 年）。

②建设每个人得以扮演积极角色的社会。20~34 岁年轻人的就业率从 78.2% 增至 81%（2022 年）；求职者被雇为非正式员工的数量减半，从 16.71 万人减至 8.3 万人（2022 年）；25~44 岁女性的就业率从 71.3% 增至 75%（2022 年）；东京都政府援助就业人口达到 24000 人（2024 年）。

③发展支撑东京乃至全日本的人力资源。80% 的高中学生明确未来的发展目标（2024 年）。

④拓展城市外交以利于东京发展和奥运成功。与 30 个国外城市建立友好合作关系（2020 年），每年有 250 个与国外城市间人员等互换的交流项目（2024 年）。

2.7　可持续发展城市

①将东京发展为智慧能源城市。2030 年能源消耗总量比 2000 年（约 2730 万 t 标准煤）减少 30%；在碳排放与交易计划第二期内强制减少温室气体排放量 15%~17%；商用废热发电系统 2024 年发电量达到 60MW，即为 2012 年的两倍；可再生能源发电比例从 6% 增至约 20%（2024 年）；太阳能光伏发电累计装机容量达 1000MW（2024 年）；燃料电池私家车 6000 辆，公交车 100 辆以上，氢气燃料站 35 座，15 万座住宅安装家用燃料电池（2020 年）。

②实现与自然和谐相处。PM$_{2.5}$达标天数达 100%（2024 年）。

3　对北京的启示

一是根据不同的规划目标，相应的衡量指标也应有所不同。比起传统的用之于四海的指标，如 GDP 增速等，"量身定做"的指标体系更能指导实施，也更适应新的发展特征。纽约的指标体系是与"繁荣、公平、可持续、有弹性"四个目标对应的，东京亦然。具体来说，纽约在对经济增长相关指标仍保持较高关注度的同时，以多种指标强调对不同收入和种族人群的公平与包容，这一点与其"多元文化熔炉"的独特城市气质是相吻合的。

二是指标选择反映了政府关注的问题，应保持与时俱进。《纽约 2040》规划与之前的版本相比较，加强了弹性城市、防灾建设等方面的指标要求，在最近几年全球各地自然灾害频发的背景下，体现了提前介入、充分准备以应对风险的思考，也回应了市民广泛关心和担忧的近期热点问题。东京则以奥运会为主线，从政府怎样提供支持的角度来关注经济和社会发展，围绕奥运又不止于奥运，旨在促进城市运行效率、舒适性、安全性、开放程度等方面的综合提升。关于城市可持续发展以及交通市政基础设施的适应性升级则是纽约与东京都保持长期持续跟进的。

三是重视与市民感受直接相关的指标。例如，纽约在医疗卫生发展指标方面未提床位数、医护人员总数等，而是将"认为自己获得了所需医疗服务的居民比例"作为主要指标；东京也提出了诸如"外国游客对东京市免费 Wi-Fi 满意率提升至 90%"等具体目标。虽然喊出"世界第一"的响亮口号，但东京更多地以舒适、亲民、照顾市民切身感受的指标来勾画城市的美好愿景。这也体现了普遍观念的变化："世界第一"并不意味着经济的高歌猛进或摩天大楼的堆砌，而是城市能给人最大化的幸福感，以市民的肯定和满意来成就城市的口碑。

说明

纽约规划指标数据未标明年份的均为起始年为 2014 年，目标年为 2040 年。

东京规划部分目标年限为自然年，部分为财政年，本文未作区分，可查阅原文了解。

本文对纽约、东京规划的文本和指标内容进行了删减，仅选取部分较为重要和有特色的指标。

参考文献

［1］ 纽约市政府 . 一个纽约——规划一个强大而公正的城市 [EB/OL]. [2015-04-01]. https：//onenyc.cityofnewyork.us/wp-content/uploads/2019/04/OneNYC-Strategic-Plan-2015.pdf.

［2］ 东京都政府 . 创造未来：东京都长期展望 [EB/OL]. [2015-03-01]. https：//www.metro.tokyo.lg.jp/english/about/vision/index.html.

大伦敦规划漫谈

杨 滔

摘 要：本文回顾了伦敦城的历史演变，叙述在不同的时期伦敦城市建设体现出的自发性、多元化特点；然后以时间为线索，用不同的关键词总结了历版伦敦规划的演变及特征，进而指出当前伦敦规划有向物质形态规划和空间规划螺旋式回归的趋势，展望了最新版伦敦规划中提出的具有国际竞争力的成功城市的愿景。

大伦敦规划根植于伦敦城本身的历史演变，其自发性的特征影响着历版大伦敦规划的编制和实施，自下而上的发展模式也一直是大伦敦规划考虑的重要方面。因此，本文首先从伦敦城的演变入手，试图去揭示其内在的逻辑和规律。

1 大伦敦中心城区的演变

1.1 自发性

伦敦城具有两千多年的历史，从古罗马时期起就伴随英国的经济发展而不断地演变。图 1 中颜色最深处是伦敦金融城，也是伦敦的发源地。结合行政区划图可以看到伦敦在不同时期的演变。在演变过程中，伦敦的城市定位一直在变化。很早以前，伦敦已提到"全球城市"的概念，还有"帝国城市""世界都会""城市村庄""梦想城市""分离城市"等，强调农村和城市生活模式的交融。

现从 16 世纪的伦敦说起。最初伦敦发展主要围绕着伦敦城（The City）和威斯敏

作者简介
杨 滔，中国城市规划设计研究院未来城市实验室执行副主任。

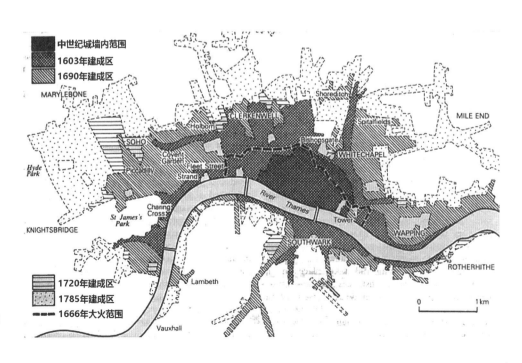

图 1 伦敦中心城区的演变 [1]

斯特城（The Westminster）两大城市，形成"双城记"。1666 年伦敦大火后，重建规划方案建议借鉴巴黎的手法（图 2）。但之后的建设与重建规划关联不大，作为一个商业城市，伦敦的发展显示出其更多是自发性的，而并非类似于巴黎的纪念性格网。

18 世纪的伦敦从伦敦城向西、向北发展，形成基本的轮廓。到第二次世界大战时，伦敦的规划分成了很多小的单元。这些单元代表了伦敦最核心的观点，即伦敦是由一群村庄组成的（图 3、图 4），这也是伦敦的骄傲，因为其强调多元化、多样性。在这一时期，伦敦开始强调规划获益，即通过规划所获得的收益能够返回到社区、返回到社会，强调社区整合。

大伦敦边界的变化背后有一段较为复杂的过程。1943 年大伦敦规划之后，1964年成立了大伦敦政府，即黄色区域所包括的 32 个区和 1 个金融城，但 1985 年撒切尔夫人撤销了大伦敦政府，从此直到 2000 年，伦敦 32 个区的区政府和金融城都有较为强势的规划权。2000 年之后大伦敦政府重新成立，但其规划权也不是很大，这也是大伦敦政府一直在作战略规划的原因。规划实施主体还是在区政府。

1.2　区域性

之后伦敦的发展历程对很多国家和城市都有影响，特别是伦敦发展的区域性理念尤为突出。

一是新城，这影响了很多国家的城市发展模式。20 世纪 40~70 年代的新城大多集中在北部，到 20 世纪 90 年代至 2000 年强调东南战略后，有部分新城在东南部布局，贴近欧洲大陆。

二是经济开发区。这是撒切尔夫人上台之后主导的。其有两个特点：其一，强调完全自由经济为主导，在道克兰区发展过程中全部取消了规划，基于彼得·霍尔（Peter Hall）教授没有规划的规划理论；其二，把三个区政府对道克兰区的规划控制权上收到中央政府，强调国家直接干预。这其实是一个悖论，既强调完全的自由经济，又有国家强力介入，这种做法强化了中央集权，保持了伦敦世界金融中心的地位。

三是泰晤士河口计划。它反映了英国的一种心态，一方面游离在欧洲大陆之外，另一方面又想贴近欧洲大陆。由于意识到需要借助欧盟的市场来发展，这个计划强调增长和以经济为支柱，同时希望不仅整合欧盟市场，也能重新成为具有全球竞争力的城市。

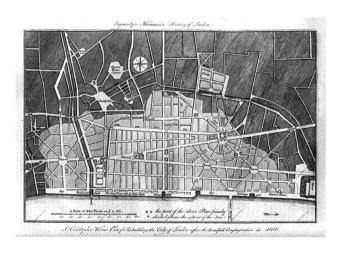

图 2　1666 年雷恩（Wren）伦敦规划[2]

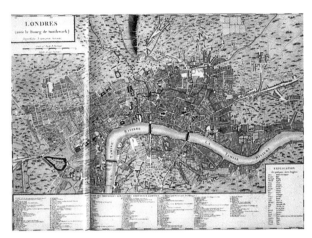

图 3 1765 年 的 伦敦 [3]（左）
图 4 "伦敦是由一群村庄组成的" [4]（右）

2 大伦敦规划的特征

2.1 第二次世界大战之后规划要点

1945 年版规划有三大战略，也是规划的三个支撑点。一是分散，在第二次世界大战之后，伦敦也产生了城市拥挤的现象，希望把人分散出去；二是限制，限制伦敦扩张的思路导致绿带的出现；三是更新，很多战时被炸毁的建筑以及伦敦内部的"贫民窟"需要更新。

1945 年版规划包括以下内容。一是形成了社区的调研和规划，也规划了高速公路进入城市的方案，设计了一个环形高速公路。对伦敦人来说，如果一个人对社区很看重，很可能导致其对高速公路发展方式不认可，因此当时规划的高速公路只有一条建成。二是对社区的强调，通过绿化明确地界定了每一个社区的边界。三是开放空间，包括绿化空间的分级、分类。伦敦的公共空间、绿化空间可能是 1945 年版规划留给伦敦最好的一个成果（图 5）。

图 5 1945 年版伦敦规划的开敞空间规划 [4]

中心　　　　　　　　　　　　　边缘　　　　　　　　　　　　　远郊

1945年版规划有许多理念非常超前，如提出了伦敦的市中心、边缘、郊区、远郊不同的开发模式（图6）；对中心区边缘不同的开发强度、密度等都进行了良好的界定，类似于现在的"新城市主义"或"基于形态的导则"（form-based code）；还借鉴了邻里单元，强调公交、轨道单元，类似于现在的TOD模式。

1965年之后，伦敦继续扩张。伦敦的发展和东京有些类似，沿着轨道交通系统向外延伸，形成了独特的空间结构特征，即环状结构不是很强，但放射状结构很强。这也是借助铁道的通勤实现的。1967年版的伦敦规划还强调了历史保护和风貌设计，在市中心普遍采用了城市设计的手法来解决问题。

图6　1945年版伦敦规划中心、边缘、远郊的不同开发模式[4]

2.2　21世纪以来的规划要点

之后，大伦敦政府被撤销，区政府作了很多各自为政的规划。2000年重新建立了大伦敦政府，2004年之后新的规划开始转向战略和空间，强调开发决策、空间政策、资源运用、发展规范。这版规划强调了制度的厚度，把完全由政府主导的规划变为政府、公共机构以及社区共同参与，一些产业部门也能够在规划过程中参与进来，形成类似于现在的PPP模式。

除了制度设计之外，规划理论也发生了变化，强调自下而上，也出现了网络的概念，通过移民、金融和产业网络、社会住宅等措施将伦敦联系到欧洲大陆、英联邦，连接到世界城市。当时也把人口直线增长作为一个出发点，要在伦敦聚集更多高级技术人才。

同时，2004年版伦敦规划还强调均衡发展，伦敦的各朝向都要保持均衡性。战略图也指向了伦敦的四个发展方向，最重要的发展方向是向东，从泰晤士河口朝向欧洲大陆；向北往剑桥和卢顿方向，是强调剑桥等地区的高科技发展；向西和向南相对弱一些。伦敦还非常强调各地高密度开发，同时注重绿化体系。当时也提出了从欧洲大陆通过高速地下铁路横穿伦敦连接到伦敦西部机场，以及不断通过高速铁路将伦敦和周边相连的想法。

值得一提的是，伦敦规划非常重视城市形象，包括从圣保罗、威斯敏斯特等方向看向伦敦，以及从伦敦北边的三块高地、南边的一块高地俯视伦敦的形象。它的出发点还包括带动伦敦的旅游产业。

2008年版伦敦规划是对2004年版规划的修订。由于社会经济背景发生了变化，这版规划强调中心的概念，有伦敦市中心，也有市中心之外能够承担一定行政、产业功能的中心。同时，强调尺度的概念，包括战略上的宏观尺度，以及宏观、中观和微观之间的互动。例如，公共设施的布局就会考虑不同尺度或者中心城市、郊区的不同服务半径等。

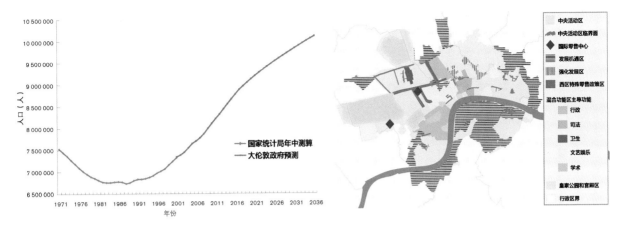

图7 伦敦人口发展
预测 [5]（左）
图8 中央活动区规
划示意图 [5]（右）

这版规划把伦敦分成了五个片区，进行了分区的战略性规划。分区的目的是希望消除32个行政区的边界限制，希望片区内和片区及其中心区之间形成良好的交通联系和产业互动。同时，还考虑了各片区的就业问题。

2015年版规划中，伦敦预测人口持续增长（图7）。这版规划有三个关键点，即绿色可持续发展、多元文化和均衡发展。对比2004年版、2008年版的规划，以前更多强调向东、向东北方向发展，现在强化了其他方向，出现了向牛津方面的轴，强调了向南的轴。

中心的回归也是较大的特点。这版规划重新强化了中心区，也提出了中央活动区（CAZ）的概念，希望把旧城、城市最有价值的地区发展起来。规划图中显示了中央活动区内可以进行再开发的地方，横线处都是有潜力的区域，希望围绕以前集中的、最有价值的土地进行进一步开发（图8）。在中央活动区之外，东、西两个方向各设了一个中心区，起到把伦敦的框架往东、西两侧拉的作用。同时也非常强调新的金融中心，包括结合泰晤士河口去发展。

不仅内伦敦有中心的回归，外伦敦也进行了产业布局调整，包括娱乐设施、旅游、媒体、物流、高等教育、战略性的办公服务等，强调多元，强调内伦敦和外伦敦的均衡。在外伦敦布置了很多具有战略性、产业性的选址，包括在东部的泰晤士河口也规划了一些新的发展。对于经济方面，不仅考虑白天的经济，也考虑夜晚的经济，这也是一种多元方式的体现。

同时，伦敦建立了一个自行车高速路，由中央活动区向沿轨道交通线四周放射，以提倡自行车出行的理念；还建立了沿泰晤士河的步行廊道、沿伦敦绿廊的步行通道。

最后，基于城市自身的潜质，伦敦的规划一直处在不断变化之中。在新的时期，大数据等各类工具都开始运用，规划前期以研究为先导的做法也在伦敦出现。不同的研究机构进行了先期研究，以期作出更具理性、眼光更远的战略规划。

3　结语

伦敦的规划曾经一直强调社会经济规划要高于物质形态规划，但当前有一种趋势，即向物质形态规划和空间规划螺旋式回归，特别是伦敦区政府对空间规划的强调。那么，物质空间怎样展示社会经济状态，或者社会经济规划中如何体现空间的运用，也成为较重要的课题。

回溯 2004 年、2008 年、2015 年伦敦规划对目标定位的演变过程，可以看到，从一开始关注公共空间、宜居、经济社会融合、可达性等，到强调简洁、安全、便捷，服务更多的人，提供更多的机会，最终回归到了伦敦的经济，或者说商业城市的本质。到了 2016 年，伦敦规划变得更加有雄心，应对经济和人口增长挑战，这是伦敦规划历来的核心任务，使伦敦成为改善环境的世界领导者，成为一个具有国际竞争力的成功城市。

参考文献

［1］ CLOUT H, WOOD P. London：problems of Chang[M]. London：Longman Group Limited，1986.

［2］ MORRIS A E J. History of urban Form：before the Industrial Revolution[M]. New York：Pearson Education Limited，1994.

［3］ FOXELL S. Mapping London–making sense of the city[M]. London：Black Dog Publishing Limited，2007.

［4］ FORSHAW J H, Abercrombic P County of London Plan[M]. London：Macmillan and Co. Limited，1943.

［5］ Mayor of London. The London Plan：spatial development strategy for Greater London[R]. Greater London Authority，2015.

［6］ GLC. Greater London Development Plan：report of studies[R]. Greater London Council，1968.

［7］ Mayor of London. The London Plan：Spatial development strategy for Greater London consolidated with alterations since 2004[R]. Greater London Authority，2008.

大伦敦空间转型战略及对北京的启示

常 青 李惠敏

摘 要：伦敦位于英格兰东南部平原，随着大英帝国崛起，近几百年来一直在世界上具有巨大的影响力。英国GDP的世界排名下滑至第6位时，伦敦仍是全球最具影响力的城市，保持着强大的竞争力。回顾伦敦城市发展史，其成功完成了从工业城市向全球金融中心和文化创意中心的转型，是城市转型的典范，新千年面对发展形势提出新的规划转型战略。伦敦的转型发展经验可对北京的城市转型提供有益的经验借鉴。

1 伦敦城市空间概况

在《伦敦规划2011》（*London Plan 2011*）中，伦敦是指包含有33个伦敦自治市镇（borough）的地区，即所谓的"大伦敦"，空间范围1572km²，现状常住人口860万，就业岗位482万个。空间结构由内向外分为中央活动区（CAZ）、内伦敦、外伦敦：中央活动区承担了伦敦、英国乃至全球的经济中心职能；内伦敦是人口和经济优势区域；外伦敦是居住重要承载区域，也是伦敦绿带的主要地区，居住着60%的常住人口，拥有40%的就业岗位。

北京市行政范围16406km²，在空间上与伦敦不具可比性。北京中心城区（城六区）空间范围1378km²，现状常住人口1270万，就业岗位900万个。其空间结构由内向外分为中心地区（含核心区）、边缘集团、绿化隔离地区、海淀山后与丰台河西。

伦敦与北京中心城区空间半径均约20km，核心功能主要在10km半径内，在空间尺度上相似，空间结构与功能集聚都呈现出由内向外的圈层扩张特征，具有可比性和可借鉴性（表1、图1）。

伦敦与北京中心城区空间比较　　　　　　表1

城市	空间范围（km²）	现状常住人口（万人）	现状就业岗位（万个）	空间结构
伦敦	1572	860（2015年）	482（2014年）	中央 内伦敦 外伦敦（含有绿带）
北京中心城区（城六区）	1378	1270（2013年）	900（2013年）	旧城 中心地区 边缘集团、绿隔及海淀山后与丰台河西

作者简介

常 青，北京市城市规划设计研究院土地所副所长。
李惠敏，北京市城市规划设计研究院土地所工程师。

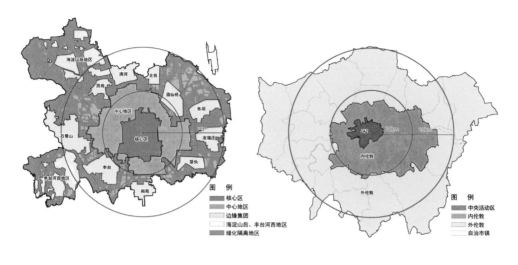

2　伦敦城市规划的演进

　　城市规划在伦敦转型过程中的作用与英国社会经济发展的理念密切相关。田莉等[1]认为第二次世界大战以来，英国的城市规划经历了三个重要的发展时期，笔者认同这一观点，认为不同阶段社会经济背景影响着伦敦规划的地位与作用，形成目前相比于巴黎、纽约等全球城市，伦敦在市政府层面规划实施权限上存在比较多限制的客观现实。

2.1　第二次世界大战前后至20世纪70年代末：强化政府干预，统一规划引导

　　1944年编制的伦敦规划核心规划思想是要控制伦敦的快速蔓延扩展，提出伦敦中心降低人口密度并疏解40万~50万人口，在建成区外围规划绿带环以控制城市向外蔓延，并在绿带外规划设置8个卫星城，共规划承接50万人口，希望通过卫星城建设带动伦敦中心人口和产业疏解。1964年成立"大伦敦议会"，负责大伦敦规划管理与发展[1]。

　　第二次世界大战后英国奉行福利资本主义，经济整体发展缓慢且衰退频发，被称为"欧洲病夫"。在经济不景气的大背景下，伦敦由于一直采取疏解政策，20世纪70年代后期伦敦内城开始衰退。1978年《内城法》获得通过，伦敦开始实行大规模的内城复兴计划，新城功能也从承接疏解功能转向协助恢复内城经济[1]。

2.2　20世纪70年代末至2000年：强化市场机制，取消统一规划

　　1978年撒切尔政府上台后，在经济上强调发挥市场机制的作用，减少国家干预，加强自有市场作用，国有资本比重下降，私人资本重新得到加强。从城市规划角度，1986年随着"大伦敦市政府"被撤销，"大伦敦议会"撤销，"伦敦规划咨询委员会（LPAC）"成立并负责规划工作，但实际作用有限。

　　这一阶段是"规划死亡"的阶段，伦敦没有一个统一的法定规划文件对城市发展进行整体统筹协调，33个自治市镇拥有很大的权限，是实际规划和实施的主体，各自制定规划并实施。城市规划演变主要为通过项目规划建设推动城市发展[1]，没有统一整体的规划。

2.3 2000 年后：鼓励公私合作，恢复统一规划

1997 年布莱尔执政后提出关于经济、社会发展的"第三条道路"新理念，寻求市场与政府力量之间的平衡。1986 年被撤销的"大伦敦市政府"在 2000 年得以恢复，伦敦也恢复统一规划，但伦敦所在的英格兰东南部地区没有统一的区域规划管理或协调机构。从 2001 年伦敦规划启动编制，到 2015 年间，已有多版伦敦规划（草案）和大量经济发展、文化发展、基础设施等专项战略发布。

大伦敦市政府恢复职能后，面临与 33 个自治市镇规划权重新分配的博弈。在市长肯·利文斯顿的努力下，目前伦敦市政府主要拥有两项权力：一是战略规划制定权，可以与各自治市镇开展面对面协商；二是国家拨给伦敦市的保障性住房资金的分配权，原先这项权力是属于半官方的国家住房公司。但相比于巴黎、纽约等全球城市，伦敦市政府在权力、机构人员规模以及财政预算上都存在很多限制，如自治市镇税收总收入只有不到 15% 上交伦敦市政府（2004 年）。因此，伦敦规划的实施中，33 个自治市镇仍然拥有很大的自主权，伦敦市政府经常需要通过沟通与游说以寻求支持。

3 新时期伦敦空间发展的战略选择

在"大伦敦市政府"被撤销的 15 年间，伦敦由于缺乏统一的空间发展规划，在新千年伦敦面临越来越多宏观层面的问题[1]。2001 年开始的伦敦规划虽然编制多轮，但应对各项挑战的战略选择基本保持稳定，即要促进城市能够共享公平的发展权；加强城市竞争力，推动城市中心功能集聚；解决住房短缺问题，加强居住与就业之间相匹配；严格保护自然生态空间，以城市竖向更新获取发展空间。下面重点介绍伦敦规划中的几个核心战略，说明伦敦的价值选择。

3.1 空间平衡公平

伦敦规划强调伦敦市民能"共享伦敦的国际声誉和社会可持续发展"。21 世纪初的伦敦，空间发展极不均衡，伦敦东部地区长期衰败，教育水平低，住房状况差，区域发展不平衡与贫富分化日趋严重，与伦敦强调的城市公平共享的发展目标相距较远。为应对这一挑战，2004 年规划确定了沿泰晤士河口地区发展走廊和伦敦—斯坦斯塔德—剑桥发展走廊这两大空间走廊强化东伦敦地区的发展，缩小区域发展的不平衡（图 2）。

为实施振兴东伦敦地区发展战略，伦敦将奥运主场馆选址在两条发展走廊交汇节点的伦敦东部纽汉（Newhan）自治市镇内的斯特拉福德（Stratford）地区，这一地区也是衰退最为严重的地区；建设 1 号高速铁路（High Speed 1）连接伦敦市中心，规划十字轨道快线（Crossrail）1、快线 2，大力改进地区公共交通支撑能力（图 3）；将近 40% 的住房和就业岗位供给都布局在这一地区。同时，伦敦重点发展两条走廊中的沿泰晤士河口地区发展走廊，大量机遇增长地区规划布局在泰晤士河两岸。

可以说，虽然没有区域层面的管理机构，但伦敦规划是站在区域视角提出的沿着两条重要走廊发展来促进区域合作，在伦敦行政范围内沿两条走廊通过奥运重大项目

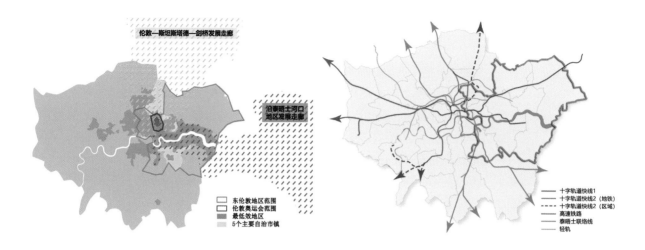

图 2　伦敦两大空间发展走廊与东伦敦地区关系示意（左）
图 3　伦敦公共交通线网规划与东伦敦地区关系示意（右）
资料来源：2015 年伦敦规划

选址、轨道交通建设、住房与就业岗位供给倾斜、机遇增长地区选址等多项空间政策集成，引导城市有空间重点地发展，以实现伦敦均衡公平发展、共享发展成果的规划愿景。

3.2　住房保障与就业集聚

住房和就业一直是伦敦规划持续关注的两个核心焦点问题。

3.2.1　设定住房与保障性住房底线要求

英国在 19 世纪末"福利社会"理念下实行"政府福利房"（council house）制度，即为改善低收入群体居住条件修建房屋，根据实际情况以较低租金出租。但撒切尔政府时期实行福利房私有化改革，公共财产的福利房推向市场售卖，到 1996 年约有 230 万套福利房变为私有财产 [3]。同时这一时期伦敦住房建设进入低谷，造成伦敦住房短缺，特别是保障房奇缺，伦敦住房租金一度大幅持续上涨，高出伦敦以外地区租金的约 1 倍。

2013~2014 年，伦敦市民月薪中值为 2133 英镑 [1]，即一半就业群体月薪收入低于 2133 英镑。但英国房东和租户保险公司 Homelet 数据显示，2015 年伦敦平均月房租均价 1596 英镑，相当于伦敦市民月薪中值的 75%。因此，大量伦敦市民的房租在收入中占了很高比重，生活成本高于其他欧洲城市，低收入群体住房环境恶劣，产生大量无家可归者，存在严重的社会问题与矛盾。

因此，住房问题一直是伦敦规划中关注的核心问题。在 2015 年版伦敦规划中，未来 10 年（到 2025 年）住房供给总量底线是 42.4 万套，住房专项研究结果是希望达到 62 万套。2015 年版伦敦规划也提出未来 10 年就业岗位新增总量 15 万个 [2]，按照带眷系数为 2 [2]、套均 2.5 人估算，新增就业岗位对应住房需求量约 24 万套，远小于住房供给总量要求，这从另一方面也反映出伦敦面临着严峻的住房短缺问题。

对于住房总量的供给结构，2015 年版伦敦规划针对保障性住房与老年人住房提出明确规定。保障性住房每年至少完成 1.7 万套，约占住房总量的 40%，其中 60% 为低租金住房（social and affordable rent），40% 为面向城市中层人群的可租或可售住房（intermediate rent or sale）。老年人住房每年至少完成 0.39 万套，约占住房总量的 10%。住房总量和面向老年人住房总量是 2015 年版伦敦规划中唯一将总量指标分解到 33 个自治市镇的两个指标，并作为底线性要求 [2]。

3.2.2 引导就业岗位集聚发展

伦敦在经济发展方面实现两次成功转型[1]。第一次转型是从20世纪80年代开始，由制造业和港口运输业转型为以金融服务业为主导产业的服务型城市；第二次转型是从20世纪90年代开始，伦敦注重创意产业并实现了高速发展，成为仅次于金融产业的伦敦第二大产业。从伦敦近30年各行业从业人员的就业结构的变化便可以看出，制造业与批发业比重明显下降，学术研究、专业技术服务与房地产、租赁与商务服务比重明显上升（图4），商务金融、科研创新、文化创意等城市核心职能不断得到加强。

进入新千年，为保障伦敦持续的经济竞争力，伦敦规划鼓励增长，重点鼓励科研与创新集群、绿色经济等行业类型发展。伦敦计划每年提供1.5万个新增就业岗位的空间需求。在新增就业空间分布上，新千年后的伦敦规划与1944年规划"疏解承接"的规划理念截然相反，大力鼓励通过更新、再开发方式在现有就业核心的基础上继续集聚，强化城市核心竞争力，近60%的新增就业岗位是位于伦敦最核心的中央活动区和金丝雀码头（表2）。

伦敦新增办公岗位基本需求（2011~2034年）　　　　　　表2

位置	办公就业岗位基本增长要求	
	总量（个）	所占比重（%）
外伦敦	59000	20
内伦敦	67000	22
中央活动区和金丝雀码头	177000	58
伦敦总计	303000	100

3.3 "竖向增长"更新战略

2004年伦敦规划对伦敦城市空间发展提出了一个重要的原则，现有建成区规模不再扩大，严格保护伦敦绿带以及市内绿地等公共开敞空间不减少，即人口和经济的增长只能在现有建成区范围内，城市空间发展将以竖向为主，增加土地开发强度，发展紧凑型城市。"竖向增长"是要应对不断增长的城市环境压力，在保持增长的同时实现可持续发展。

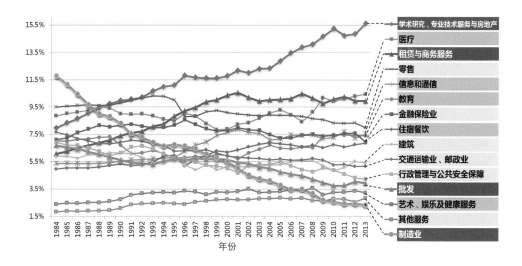

图4 伦敦近30年从业人员结构变化情况
资料来源：作者根据伦敦历年统计数据整理

伦敦"竖向增长"空间分为机遇性增长地区（opportunity areas）、集约开发地区（areas for intensification）和复兴地区（areas for regeneration）三类地区（图5）。各"竖向增长"重点地区是在伦敦市政府与33个自治市镇反复沟通协商下确定的，每个机遇性增长地区都确定了规划拟允许建设的住房规模与就业岗位量。

伦敦"竖向增长"的建筑规模与公共交通的综合承载力密切相关。伦敦对包括地铁、有轨电车、公共汽车等在内的多种公共交通方式承载力进行综合评价，评估各区域公共交通综合承载力（图6）。若要增加规划建筑规模必须同步提高该地区公共交通的支撑水平，主要通过税收方式调节实施，即提高开发公司所开发地块的征税比重，新增税收收入用于增加公共交通设施投入，同步提高地区公共交通的承载力。

　　机遇增长地区
　　集约开发地区

图5 2015年版伦敦规划机遇增长地区和集约开发地区
资料来源：2015年伦敦规划

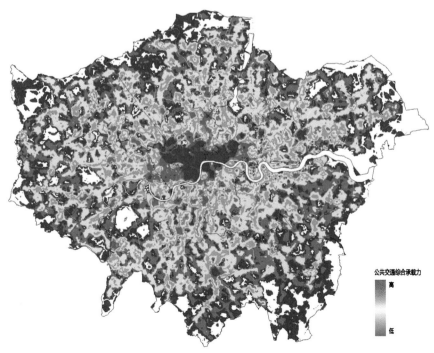

公共交通综合承载力
高
低

图6 伦敦公共交通综合承载力评价图[4]

4 伦敦发展经验的启示

根植于第二次世界大战后英国从强化政府干预到强化市场机制再到寻求市场与政府力量平衡的社会经济发展背景，伦敦形成了规划实施中 33 个自治市镇拥有很大自主权的特有实施机制。虽然在实施体制上伦敦与北京存在很大差异，但进入 21 世纪，面对全球城市共同面对的保持和增强竞争力、环境友好、可持续发展等共同挑战时，伦敦所作的战略选择具有很多值得借鉴的经验，特别是对于从"增量扩张"向"减量提质"转型下的北京，尤为需要深思其城市更新建设中的价值选择。

4.1 公平城市的战略行动

城市内部空间发展的不平衡是城市发展过程中普遍存在的现象。在不平衡发展中，随着城市实力积累，缩小城市空间上的贫富差距是实现城市公平正义发展的重要内容，也是难点。北京中心城区同样面临空间发展的不平衡，在核心区、西北部与东北部地区已集聚有政治中心、文化中心、科技创新中心、国际交往中心等城市核心功能及相关支撑功能[3]，在南部地区城市核心功能与支撑功能从业人员数比重比其他三个地区低约 15%，同时现状近一半的工业仓储用地位于此地区，南部地区的发展明显落后于其他地区，城市功能亟待全面转型升级（图 7）。

伦敦所坚持的"共享伦敦的国际声誉和社会可持续发展"战略原则具有长远的社会意义。北京在京津冀协同规划发展框架下，中心城区功能疏解提质的空间重组过程中，需要有空间侧重点，以空间重组改变南北差距过大的发展现实，提高整体竞争力与宜居性。改变城市空间不公平必须加强政府对城市宏观的调控，如伦敦在公共交通基础设施投资、土地投放以及奖励政策上在空间上的倾斜，以不平衡发展引导实现公平的空间发展格局。

4.2 关注人的基本居住权

住房是一种特殊商品，既有市场属性又有社会保障属性。目前北京、上海、深圳等特大城市房价高企，大幅拉高城市的生活成本，同时过高的房价在一定程度上抑制

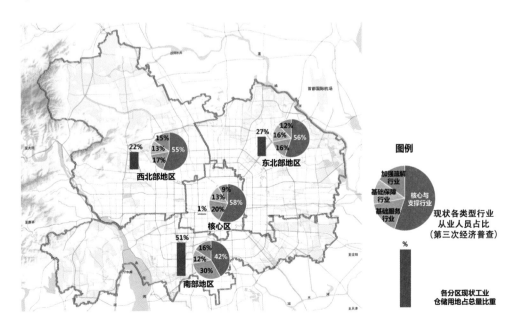

图 7 北京中心城区各分区现状各行业从业人员数、工业仓储用地比重

了城市的创新活力，影响经济持续平稳健康发展，不利于城市长远发展。

住房价格高企和居住、就业之间的不匹配密切相关，根本原因是土地供应中各类用地供地结构不合理。地方政府为拉动经济发展，商业、办公等就业用地供应过多，相比之下住房用地供应量严重不足，大量新增就业群体缺少相匹配的住房供应。例如，上海房地产市场存在办公用房、商业用房投资增幅过大、保有量过大，以及中小套型商品住房供应严重不足，特别是市场化新建商品住房的中小套型供需矛盾突出这两大结构性问题[5]；深圳市住房价格高速增长，供应严重短缺，深圳市提出"十三五"期间要建 40 万套保障性住房供给深圳户籍和非户籍人才；北京在"十二五"期间住房供应计划执行中，保障性住房全部完成计划任务量，但商品房只完成供应计划量的约75%，造成市场中商品住房供应相比于需求存在一定程度的短缺。

伦敦规划将解决住房短缺作为规划核心战略，伦敦规划中新增住房供应量远远高于新增岗位对住房的需求量，住房结构加大保障性住房比重，侧重于公共租赁性住房供应，改善伦敦居住与就业整体平衡关系。市民基本居住权具有明显的民生属性，面对居住、就业不匹配的发展现实，北京未来发展土地供应总量整体趋稳，核心是要优化既有供地结构，提高住房供应比重，就业空间提高引入门槛，加强现状存量就业空间的提质增效。

4.3 理性增加城市建设强度

在南京召开的"2016 城市更新学术研讨会"上，众多学者和城市更新管理一线工作者都在反思目前我国城市更新中出现的以拆除重建、大规模增加容积率为主的更新方式，实际还在走增量扩张模式下房地产开发的老路，呼吁城市更新应关注生态修复与城市公共空间、设施的修补，核心目标是要提升城市生活的品质[④]。

伦敦规划虽然提出现有建成区规模不再扩大、城市"竖向增长"的更新战略，但城市建筑规模增长必须与该地区公共交通及服务配套的支撑能力相匹配。因此，在借鉴伦敦竖向集约更新的发展理念时，必须避免只关注容积率增长的结果，而忽视增加容积率需要同步提升公共交通、公共绿地及各类设施支撑水平的决策程序与税收调节政策。

比较现状住宅与就业用地单位平均容积率，北京中心城区的平均容积率约是伦敦的近 3 倍，建设强度远高于伦敦（图 8、图 9）。伦敦 2012 年计税住宅与就业用地平

图 8 伦敦各自治市镇计税住宅与就业用地平均容积率（2012年）（左）
图 9 北京中心城区各街区住宅与就业用地平均容积率（2013年）（右）

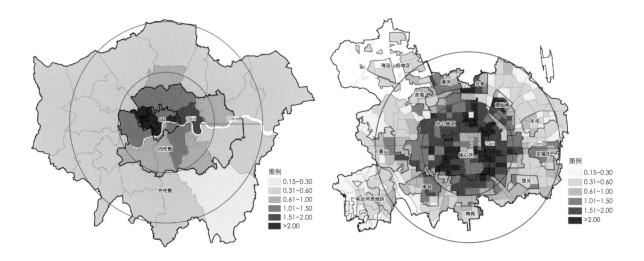

均容积率只有 0.33，"竖向增长"更新战略下的现状建设强度并不很高，而北京中心城区已有较高建设强度，城市更新需要谨慎对待拆除重建、容量扩张式发展方式，应大力关注城市质量提升，一方面注重城市修补，完善城市各种功能短板；另一方面大力促进现状存量房屋使用效益的提高，以使用质量的提升推动经济的可持续发展。

注释

① 数据来源：http：//data.london.gov.uk/dataset/average-income-tax-payers-borough。

② 常住人口 = 就业岗位数 × （1+ 带眷系数）。

③ 核心与支撑行业：信息传输、软件和信息技术服务业，金融业，房地产业，租赁与商务服务业，科学研究与技术服务业、水利环境和公共设施管理业，公共管理、社会保障和社会组织；基础服务行业：零售业，住宿与餐饮业，交通运输、仓储和邮政业；基础保障行业：教育，卫生和社会工作，文化、体育和娱乐业，居民服务、修理和其他服务业；加强疏解行业：制造业，批发业。

④ 边兰春、阳建强、伍江、叶斌、李江等学者和一线管理工作者都发出此呼吁。

参考文献

［1］ 田莉，桑劲，邓文静.转型视角下的伦敦城市发展与城市规划 [J]. 国际城市规划，2013，28（6）：13-18.

［2］ Mayor of London. The London Plan：the spatial development strategy for London consolidated with alterations since 2011[R]. Greater London Authority，2015.

［3］ 刘玉亭，何深静，吴缚龙.英国的住房体系和住房政策 [J]. 城市规划，2007（9）：54-63.

［4］ Mayor of London. The London Plan：spatial development strategy for Greater London[R]. Greater London Authority，2004.

［5］ 韩正.上海房价已很高 控房价是重要调控目标 [EB/OL]. [2015-10-10]. https：//www.chinanews.com.cn/cj/2015/10-10/7561685.shtml.

纽约大都市区规划及土地开发利用政策

田 莉

摘 要：本文首先简要回顾了纽约大都市区的发展历程，进而介绍了四版纽约大都市区域规划，重点介绍了三版纽约大都市规划中的城市规划情况和土地开发利用政策，并介绍了纽约规划对我国大城市规划的启示。

1 纽约概况

1.1 范围概况

纽约大都市区包括纽约州、康涅狄格州与新泽西州的一部分，地理面积逾 3 万 km²，2015 年底居住人口为 2300 万左右。纽约市主要指纽约大都市区的中心城区，由五个相对独立的行政区组成，土地面积 789km²，2014 年居住人口为 849 万。其人口密度与北京中心城区相近。

1.2 人口概况

20 世纪 20 年代的纽约人口已达到 500 多万。随着经济的快速发展，纽约制造业岗位在最繁荣时达到 100 多万。50~80 年代，纽约经历了产业结构转型导致的人口和制造业岗位的流失。80 年代，崇尚新自由主义的里根总统上台，纽约实现了产业结构的转型，逐步恢复了昔日的活力。90 年代的纽约，犯罪率居高不下，时任市长朱利安尼进行了铁腕整治，使犯罪问题得以控制。此后，纽约人口一直呈上升趋势，2014 年高达 849 万。

2 纽约区域与城市规划发展历程

2.1 "纽约大都市地区"区域规划发展

纽约大都市区的规划是由纽约区域与发展协会主持编制，这是一个非政府组织，所以更多的是提出政策建议，分析问题、提出解决方案和展望未来，但缺少规划实施的工具。

1916 年，美国第一部《区划法》诞生于曼哈顿。当时随着高层建筑技术的发展，建筑之间的外部性负面影响日益强化，部分企业和住户迁走，地方经济发展受到影响。第一版纽约大都市区规划提出了"再中心化"（recentralization）的概念，希望能够解决区域发展所面临的问题（图 1）。相关措施包括建立开放空间、缓解交通拥堵、预留机场用地、细化设计、减少财产税、建设卫星城、集中与疏散，甚至还提出了放弃高层建筑的建议。

20 世纪 60 年代，第二次世界大战结束后，虽然美国经济非常繁荣，但是小汽车交通导致的城市蔓延引发了城市中心的衰败。第二版规划问世，提出了"再聚集"

作者简介

田 莉，清华大学建筑学院教授。

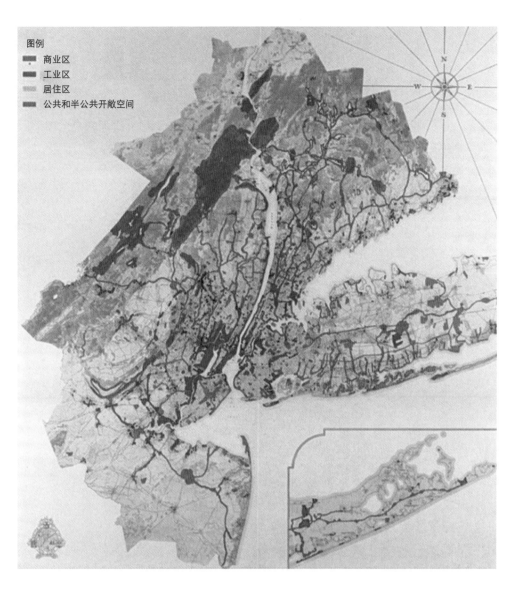

图例
- 商业区
- 工业区
- 居住区
- 公共和半公共开敞空间

图1 纽约大都市地
区土地利用总体规划
（1928年）
资料来源：https：//
rpa.org/work/reports/
regional-plan-of-
new-york-and-its-
environs

（reconcentration）的策略，致力于市中心就业与居住的增长。具体措施包括发展多
样性住宅、重塑城市中心、改善老城区服务设施、保护城市未开发地区生态景观，还
有实施公共交通运输规划。

最新一轮的纽约规划启动于2013年。在2012年的"桑迪"飓风袭击美国东部之后，
未来规划如何应对极端气候和环境恶化十分关键。"韧性规划"的概念被重视，另一
个关键词是"区域转型"。这次区域规划的策略被总结为5个"R"："rebuilding"，即
重建更好、更安全的标准；"resisting"，即通过工程措施抵制洪水；"retaining"，即
通过绿色基础设施保留风道和雨水；"restoring"，即恢复和增强保护性与生产性自然
系统；"retreating"，即从洪水平原和高风险性的风浪地区撤退。

2.2 纽约市综合规划历程

2007年开始，纽约市进行了第一轮综合规划，《更绿色、更美好的纽约》在
2011年进行了修订。其重点要解决的问题是人口增长、基础设施老化、环境恶劣的
问题；核心关键词是可持续性；策略涉及土地（住房、开放空间、棕地整治）、水资源、
交通运输、能源、空气和气候变化。

2013 年"桑迪"飓风后，纽约开始了第二轮针对性更强的综合规划，包括基础设施、建成环境、社区重建和"韧性规划"等内容，提出团结一致创建更具有韧性的纽约。其重点要解决的是在下一次自然灾难来临时，怎样能让纽约更好地抵抗和应对。

2015 年的综合规划提出要建设一个富强和公正的纽约。这跟社会背景有关，如不公平加剧、基础设施缺乏、气候变化等。其非常关注纽约作为一个多元化国际大都市面临的问题，并重点提到了四个愿景，即蓬勃发展、公正和公平、可持续发展和"韧性城市"。此版综合规划的编制非常注重公众参与，通过网上调查遴选出超过 7500名纽约人，在最终文本报告编制阶段，参考了他们对纽约现阶段发展所面临的问题，以及未来到 2040 年需要重点解决哪些问题的意见。

2015 年的纽约综合规划，其关键词是"一个纽约"的愿景。第一，此版综合规划强调了区域合作的重要性。在美国的规划体系中，区域规划和总体规划并不多见。纽约作为位于金字塔尖的世界城市，综合规划希望强调区域合作的重要性，发出纽约的声音。第二，它强调了公正和公平的城市理念。首先，此版规划关注儿童的早期教育，特别强调学校的布局；其次，强调对于健康社区的营造，如以社区为单位研究心血管病和肥胖症的发病率等，这和近 20 多年来在学术界强调城乡规划和公共健康的交叉影响有很大关系；再次，还提出一个让人印象非常深刻的计划——在街道上实现零伤亡（就是交通事故引起的伤亡要降到零）。第三，它强调了一个可持续发展的城市。详细计划包括温室气体排放的目标减少 80%、零废物处理、棕地开发，还有水资源管理等。第四是提出"弹性城市"的概念。社区、基础设施、建筑设计都充分体现了弹性的概念。

3 纽约规划中的土地开发利用政策

在一个人口高密度的城市，如何在解决供需矛盾、应对房价快速上涨的同时，打造健康的宜居环境？这是高密度城市面临的关键问题。

3.1 如何解决土地供需矛盾

在纽约，土地使用成本日益高涨。在这种情况下，棕地（brownfield）的开发利用成为新增土地资源的主要来源。2007 年版纽约市综合规划中就开始提出非常具体的棕地开发计划和指标体系，推出了全州第一个"市政棕地清理计划"，并提出了"土地清理和恢复倡议"。纽约历史上船舶和制造业曾经非常发达，随着制造业逐步衰退，留下了很多破败的工业用地。原来的业主无力承担土壤污染的清理费用，弃地而逃的现象屡见不鲜。政府希望通过激励措施，使原来的业主能继续改造棕地。另一个措施是调整区划，提高开发强度低的地区的容积率，增加供给。在公共土地，甚至是铁路线和高速公路上搭建住房。其他措施还有提升产业结构、减少经济发展对土地的消耗等。

3.2 土地利用如何应对房价上涨

纽约的住房危机体现在日益上涨的租金和几乎停滞的收入上。纽约的地价在

1977~1988 年出现了大幅上升，1988 年纽约地价相对于全美城市地价的比率高达 191%，之后基本都稳定在 150% 以上。2005~2012 年，租金上涨了 11%，而城市租客的实际收入停滞不前，仅从 2005 年的 40000 美元上涨到 2012 年的 41000 美元。纽约的政策性住房供不应求。2014 年，纽约有近 100 万户家庭收入低于 50% 中位数收入，但只有 42.5 万个政策性住房单元。

2014 年纽约推行了住房保障政策，给出了小地块填充开发和低效地块再开发两个建议。前者分为两个项目，一个是综合小地块开发屋所有权的产权住宅填充机遇项目，另一个是综合小地块出租的社区建设项目。后者是将纽约房管局（New York Housing Authority）辖区的土地对外出租，并对未充分利用的城市所有或公共土地进行开发。通过战略合作和集体发展权鼓励对未充分利用的私营土地进行开发并提供奖励措施，促进棕地的环境修复，建设保障性住房。

3.3 高密度地区如何打造宜居环境

在 2007 年纽约市的综合规划中，有很多政策和指标都是为了打造宜居环境而制定的。例如，规定到 2030 年，每个纽约人都可以在 10min 内步行到公园；还要求学校在非上课时间开放活动场地给公众，增加开放时间。其他措施还有增加绿地，以及提高城市的可步行性等。

2015 年纽约市的综合规划提出了让所有人都能轻松使用文化资源的目标。在低收入社区，绿化设施利用率低，政府就拨款在这些用地上建造文化设施。为了避免职住分离，鼓励混合使用和步行导向。

4 启发与借鉴

纽约的数版规划的共同点首先是有非常明确的框架，从愿景到策略，再到指标体系。其次，精细化和以人为本的存量规划。在 2015 年版的综合规划中，对健康社区提出了很多详细的政策建议，同时对儿童、低收入、老年人等弱势群体充分体现了关怀。再次，以实施为导向的规划，有专门的章节讨论融资、配套政策，考核的指标和完成情况等相关内容。这些对我们国家的大城市规划有较强的借鉴价值。

参考文献

［1］武廷海.纽约大都市地区规划的历史与现状——纽约区域规划协会的探索 [J].国外城市规划，2000（2）：3-7，43.

［2］田莉，李经纬.高密度地区解决土地问题的启示：纽约城市规划中的土地开发与利用 [J].北京规划建设，2019（1）：88-96.

首都圈均衡发展与中心区再强化的东京经验

杨　明　张　宇　伍毅敏　游　鸿

摘　要： 2018 年 5 月，北京市城市规划设计研究院专业研讨小组对日本东京都市圈进行了为期五天的交流与调研。本文结合调研所得，系统梳理了东京城市功能从推动疏解到中心区再强化的三阶段特征，并结合央地事权划分变化、东京人口结构演变、经济发展带来的土地成本三方面因素变化，研讨了从疏解转为再集聚的内生动因。在此过程中，东京都市圈新城新区的建设理念发生了变化，适应站城一体的土地政策、"宅铁法"等机制的设置也促进了 TOD 模式的实施。东京在疏解过程中的经验可以作为北京工作的重要参考。从更长期来看，还应针对"均衡与再集聚的未来"这一问题提前研究，对城市发展背景或政策变动下可能发生的"中心区再强化"，强化趋势预判，保障空间预留，作好政策预案。

均衡与集聚是城市发展和政策制定中的一对核心议题，从伦敦、巴黎、东京等早于北京开展疏解工作的城市经验看，都经历了"先促进区域均衡发展再引导中心区再强化"的过程。北京目前仍需疏解非首都功能、推动"京津冀协同发展"。着眼长期，未来北京是否会再次转向中心区再强化，如何判断从区域均衡发展转向中心区再强化的拐点，当前工作需要对此作出预留吗？虽然北京城市发展自有其独特性，但考察学习这些城市在上述两个阶段的发展特征，有助于进一步做好北京的规划建设工作。本文结合东京推进首都圈均衡发展和中心区再强化过程的部分经验，加以总结和分享。

1　东京城市功能疏解持续了多久——2000 年前后从多中心走向紧凑城市

日本在第二次世界大战后，伴随着"婴儿潮"、经济的快速发展和城市化，东京首都圈和东京都区部的功能与人口快速持续集聚，产生了交通拥堵、环境污染等客观问题。地价的升高也使居民和企业产生了外迁的主观动力。然而，泡沫经济破裂后，推动东京功能疏解的内、外在动力均发生了改变，政府的政策从引导功能向区域疏解转向增强东京的城市竞争力，功能和人口重新向区部集聚（图 1），构成"先推进首都圈发展，再引导中心区再强化过程"的演变过程。

1.1　2000 年前：多中心导向

2000 年前东京的城市发展导向是多中心发展。1958 年第一次首都圈整备规划便提出控制东京"一极集中"的思想。随后历版首都圈整备规划、1982 年《东京都长期规划》等各类规划也都维持多中心导向（图 2），建设"多级分散型网络结构"，引

作者简介

杨　明，北京市城市规划设计研究院规划研究室主任，教授级高级工程师。
张　宇，北京市城市规划设计研究院区域规划所副所长，教授级高级工程师。
伍毅敏，北京市城市规划设计研究院规划研究室工程师。
游　鸿，北京市城市规划设计研究院城市更新规划所主任工程师，高级工程师。

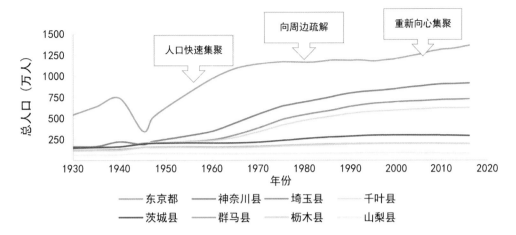

图1　东京首都圈一都七县人口规模演变示意

资料来源：日本总务省统计局

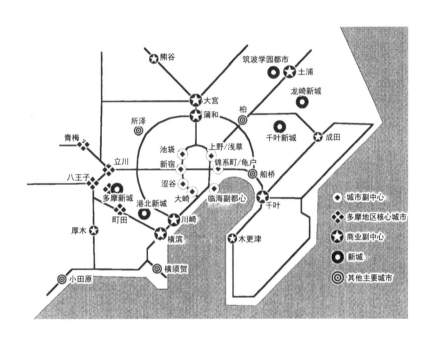

图2　1991年第三次东京都长期规划多中心结构示意[1]

导功能向东京郊区、向首都圈其他地区疏解。

1991年，东京都政府从都心的有乐町迁入新宿副都心。在容积率方面，为各副都心设定了与都心同等的10的容积率。同时，由于彼时东京都心的实际容积率已经达到了10，这一政策也是在同步限制东京都心的开发强度。

1.2　2000年左右：泡沫经济破裂，多功能紧凑城市

20世纪90年代初，日本泡沫经济破裂。由于土地价格下跌、融资困难，泡沫经济破裂前开展的许多项目都修改了开发方向，或调减规模，或向后推迟。从中长期的视角来看，泡沫经济的破裂改变了开发思路与模式——在地价上涨时期，项目开发即能带来足够的盈利，与项目质量本身关系不大；泡沫破裂后，项目价值评估的重要性才凸显；同时也促进了TOD模式的实施，因为采用这一模式开发站点周边地区带来的利润更丰厚。

图3　在都市再生优先改善地带内为强化东京的国际竞争力而开展的工程[2]

东京都政府也随之调整政策，此时推动城市经济复苏、强化城市竞争力比功能疏解更为重要。这一时期的发展理念变为"多功能紧凑城市"。为促进都心再开发，都心的容积率从 10 提升到 13。

1.3　2000 年后：进一步事权下放

2000 年后，在新自由主义背景下，日本中央政府把部分规划事权下放至地方。2002 年东京进一步设立了特殊容积率适用区（special FAR application district），范围即大手町—丸之内—有乐町的"大丸有"地区，此区域内的城市开发可结合容积率奖励政策，允许容积率在地块间相互转移。

2002 年还颁布了《城市再生特别措施法》（*Urban Regeneration Special Law*）。基于此法，在东京划出了 2500hm^2 的"优先再生地带"（urgent urban regeneration area）和 26 片，共 240hm^2 的"特定优先再生地带"（urban regeneration special district）（图 3）。其中，"特定优先再生地带"可以由私人开发商提议划定。划定为"特定优先再生地带"的地块，现有的土地用途管制、容积率、建筑密度、建筑高度、建筑红线要求都可以重新议定。

2　东京为何从疏解转为再集聚——规划事权、人口和经济要素的变化

20 世纪 70 年代以后，东京都政府推行疏解政策，引导功能和人口从东京都区部向周围迁移；2000 年左右，东京意识到保持城市的国际竞争力更为重要，东京都政府组织编制了《东京构想 2000》等，实施城市再生计划，引导功能和人口回流。这一变化过程，尤其是 2000 年后中心区再强化的现象，有其特殊的背景。

2.1　事权划分

1999 年日本颁布《地方分权法》之后，城市规划事权由中央事权转向地方分权。以往的疏解政策体现了中央意志，国家更希望促进区域均衡发展。而为了应对当时经济不景气和企业外迁出现的区部"空洞化"现象，在规划变为地方事权的背景下，东京都政府通过集聚来发展经济，增强国际竞争力，实施城市再生计划，调增容积率，城市人口开始回升。

2.2　人口结构

在引导郊外开发、功能分散的时期，第二次世界大战后日本"婴儿潮"出生的人正值青壮年，随着搬出去的企业一起去新城工作。当这批人逐渐老去，区部的设施、生产和生活服务水平远远高于外围地区，交通也更方便，很多老年人从新城搬回区部（图 4）。人口的向心回流导致一些已经搬出去的企业回迁，进一步吸引年轻人回流，反过来对 TOD 开发模式、区部进一步开发起到了正向促进作用。

2.3　经济发展

泡沫经济时期东京都的商业地价、居住地价均远高于周边地区，过高的土地价格促使企业和居民在主观上产生外迁诉求。随着泡沫经济破裂，地价回落，东京都土地价格与周边的差距缩小，土地成本降低（图 5、图 6）。政策也从抑制功能在东京都区部集中转为鼓励引导开发建设回归，集聚效应更起作用。

3　从疏解到中心区再强化，新城新区建设理念的差异——从居住为主的卫星城，到就业为主的业务核，再到功能复合的整体开发

结合考察调研到的东京首都圈部分新城新区，可以看出不同阶段的新城新区在与东京都心距离、建设规模、主导功能等方面均有显著差异（表 1）。

一是新城开发建设经历了从向外蔓延到向内回归的发展历程。以 2000 年为节点，

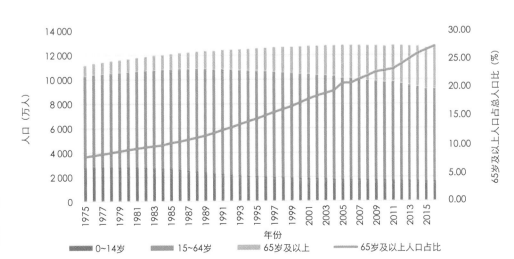

图 4　日本人口年龄构成变化
资料来源：日本总务省统计局，政府统计综合窗口（e-Stat）

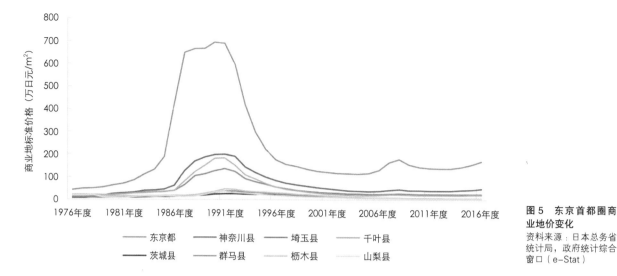

图5 东京首都圈商业地价变化
资料来源：日本总务省统计局，政府统计综合窗口（e-Stat）

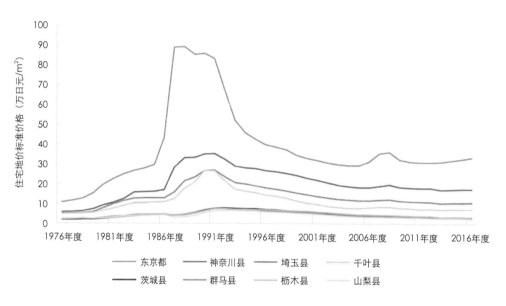

图6 东京首都圈住宅地价变化
资料来源：日本总务省统计局，政府统计综合窗口（e-Stat）

配合疏解政策，2000年以前主要呈向外分散化发展，2000年以后紧凑城市、核心地区更新成为主流。开发的新城新区与东京站的距离也经历了"由近及远，再由远及近"的过程。二是新城新区的功能由最早以吸引居住为主的卫星城发展到以吸引就业为主的业务核城市，直至当前功能复合的小型地块整体开发成为新方向，反映出对城市活力的营造和职住功能的有机混合的关注。

东京首都圈部分新城新区规划建设情况比较　　　　　　表1

城市	定位	建设年代	与东京站直线距离（km）	相关规划	主导功能	规划面积	规划人口	当前人口
新宿	副都心	1958年	6	第一次首都圈整备基本计画	行政办公、商务金融、商业、休闲娱乐、文化教育	18km²	—	—
多摩田园都市	居住型新城	1966年	22	第一次首都圈整备基本计画	居住	31.6km²	40万人（1986年）	40万人（1987年），60万人（2016年）

城市	定位	建设年代	与东京站直线距离（km）	相关规划	主导功能	规划面积	规划人口	当前人口
筑波学园都市	产业型新城	1970 年	53	第三次首都圈整备基本计画	科学研究	285.6km²	22 万人（1990 年）	22 万人（2015 年）
幕张	新都心	1973 年	25	第三次首都圈整备基本计画	商务会展、管理办公、高科技研发、文化教育	5.2km²	15 万人（就业）	5 万人（就业）
柏之叶智慧城市	业务核都市	2000 年	29	第五次首都圈整备基本计画	安心、安全、可持续发展的智慧城市	2.73km²	1.5 万人（就业），2.6 万人（居住）（2030）	0.1 万人（就业），0.5 万人（居住）（2015）
二子玉川	城市功能更新型核心	2011 年竣工	15	第五次首都圈整备基本计画	商务办公、高级公寓、商业娱乐	0.12 km²	—	—
涩谷（再开发）	城市功能更新型核心	2009 年	6	第五次首都圈整备基本计画	功能复合的活力城区	建筑规模40 万 m²	—	—

4　支撑中心区再强化后城市的高效运转，TOD 如何发挥作用——交通和用地多层面协同

4.1　高效的空间组织模式

比较东京和北京距中心 30km 半径内各圈层的居住人口和就业岗位规模（表 2）可知，除了 5km 范围之内居住人口密度、5~15km 就业岗位密度外，东京各圈层的人口密度和就业岗位密度均远远高于北京。按照职住比来看，东京的就业集聚更加突出，职住空间关系十分不平衡，5km 半径范围内就业岗位密度与人口密度之比高达 4.18，远高于北京同尺度的 0.91。

然而，即便如此，东京的交通状况却大大好于北京，这是由于东京都内有超过 2200km 里程的大容量轨道交通网络支持其实现高密度紧凑发展，北京 2015 年包含区域快线的轨道交通里程为 631km。东京轨道交通网络承载量约 4400 万人次，是北京（饱和客运量）的 4 倍之多。轨道交通支撑城市高效运转又得益于其空间组织模式：若干个高密度、大规模的就业中心 + 轨道交通网络连接就业中心 + 城市人口围绕就业和交通节点来展开（图 7）。

4.2　TOD 开发模式的政策和机制保障

宏观的空间组织模式需要微观的交通—土地利用模式来支持，在这方面，东京的 TOD 开发有着更为匹配的政策和机制保障。

4.2.1　与站城一体相适应的土地政策

泡沫经济破裂以后，东京都区部轨道建设成本相对降低，城市建设转向促进交通节点再开发，促进复合型开发。随着对工厂等抑制政策的解除，诸如大学等机构回归城市，区部的商业办公、配套功能得以提升。在这个过程中进行了大规模城市开发和轨道建设。同时，由于 TOD 开发模式能为项目带来更多利润，交通与土地一体化开

30km半径范围内北京与东京各圈层规模比较　　表2

	5km 半径		5~15km 半径环		15~30km 半径环	
	北京旧城	东京都心5区	北京五环路	东京区部	北京近郊新城	东京近郊新城
面积（km²）	62.6	76	664	551	1455	2161
人口（万人）	140	96	898	818	552	1464
人口密度（万人/km²）	2.22	1.27	1.35	1.48	0.38	0.68
就业岗位（万个）	128	401	563	406	220	531
就业岗位密度（万个/km²）	2.03	5.3	0.85	0.74	0.15	0.25
就业岗位密度/人口密度	0.91	4.18	0.63	0.50	0.40	0.36

注：北京为 2013 年数据，东京为 2014 年数据。
资料来源：北京市统计局、日本总务省统计局

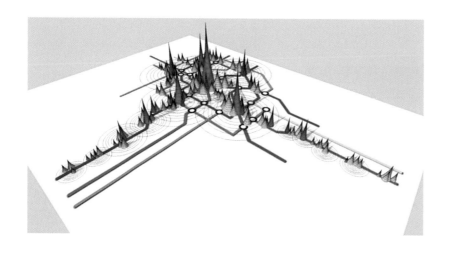

图 7　高效空间组织模式示意[3]

发得到更好实现。

持有土地所有权也使轨道公司在促进沿线地块开发时更有积极性。东京的几大地铁线路开发运营公司同时持有本条线路沿线站点周边的土地所有权，使轨道公司在沿线开发建设时有主观能动性，使站点周边的土地与车站更加紧密地无缝衔接。比较有趣的现象是，在每个运营公司的地铁中都可以看到本线路沿线的房地产广告。轨道公司从运营收益及站点周边土地价值两个角度的利益出发，都让站城一体成为可能。

4.2.2　轨道与沿线土地相衔接的开发模式

在日本《宅铁法》的规定下，铁路站点周边站城一体化开发大致分为三步（图 8）。在开展前应确定铁路设施区。根据《宅铁法》第 12 条，车站周边的区域，若按照《宅铁法》第 13 条的规定开展"集约换地"，预计可置换地块总面积与计划的铁路设施区面积大致相等或者超出，那么可以根据日本国土交通省的规定，划定铁路设施区。

第一步在车站周边预先获取土地。根据《宅铁法》第 13 条，特定铁路运营商、地方公共团体、地方住房供应公司、土地开发公司可以对实施区内的住宅地提出换地申请。同时，也需要满足地块上不存在建筑物或者能够容易地拆除，以及不影响他人的权利等条件。第二步即开展"集约换地"，将周边预先零散获取的土地与铁路设施区内的土地进行置换。第三步即开发建设，《宅铁法》第 19 条同时提出在开发进程中完善公共设施的要求。同时，在资金保障方面，第 21 条允许地方公共团体通过补助、贷款等方式向铁路公司出资。

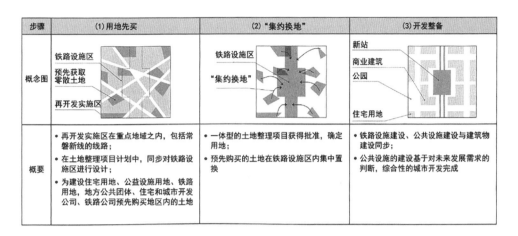

步骤	(1) 用地先买	(2) "集约换地"	(3) 开发整备
概念图	铁路设施区 预先获取零散土地 再开发实施区	铁路设施区 "集约换地"	新站 商业建筑 公园 住宅用地
概要	· 再开发实施区在重点地域之内，包括常磐新线的线路； · 在土地整理项目计划中，同步对铁路设施区进行设计； · 为建设住宅用地、公益设施用地、铁路用地，地方公共团体、住宅和城市开发公司、铁路公司预先购买该地区内的土地	· 一体型的土地整理项目获得批准，确定用地； · 预先购买的土地在铁路设施区内集中置换	· 铁路设施建设、公共设施建设与建筑物建设同步； · 公共设施的建设基于对未来发展需求的判断，综合性的城市开发完成

图8 根据《宅铁法》的三步开发模式[4]

4.2.3 循序渐进的 TOD 开发时序

多摩都市线的多摩站、二子玉川站周边的开发，均实现了循序渐进开发。这种循序渐进的开发模式来自于市场导向的规划建设方式及私有土地的产权保障。其开发结果也促使周边地产价格回升，创造出很多深受欢迎的住宅案例。

以东急多摩田园都市线沿线的二子玉川再开发项目为例（图9、图10），通过轨道站点改造以及对旧有高尔夫球场的差异化、主题化改造，项目实现了居住、商业、办公功能的合理配置，以及与轨道交通的无缝对接。站点以东最初是游乐场，早在1909年玉川（第一）游乐场即开园，1944年闭园；1954年二子玉川园开园，1985年后关闭。1997年对车站进行了重新装修，2004年建设了柳小路美食街。2007年起始站点东部地区的再开发项目正式开工，随后一边培育吸引人气，一边渐次开发建设，2010年橡树商城、小鸟商城和塔楼居住区建成，2011年山茱萸广场、购物中心开业，2015年II-a地区办公娱乐设施建成。

5 结语

北京仍处于功能疏解的发展阶段，规划2035年京津冀世界级城市群的构架基本形成，东京疏解为这一阶段提供了丰富的经验。同时，从更长期的发展来看，应该针对"均衡与再集聚的未来"这一问题提前研究，对于城市发展背景或政策变动下可能发生的"中心区再强化"，在北京城市规划建设管理中，强化趋势预判，保障空间预留，做好政策预案。

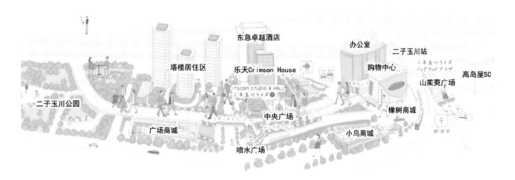

图9 二子玉川项目"市镇地图"[5]

图 10 二子玉川再开发项目示意 [4]

参考文献

［1］ SORENSEN A. Subcentres and satellite cities：Tokyo's 20th Century Experience of planned Polycentrism[J]. International Planning Studies，2001（6）：9-32.

［2］ 东京都都市整备局 . 东京都市白皮书（2015 年版）[EB/OL]. [2016-08-12]. http：// www.toshiseibi.metro.tokyo.jp/topics/h28/topi002.html.

［3］ 杨明，杨春 . 北京城市空间结构与形态的变化和发展趋势研究 [R]. 北京市城市规划设计研究院，2014.

［4］ 日建设计 .Urban activity[M]. 东京：株式会社新建筑社，2017.

［5］ 东急电铁二子玉川 RISE. 二子玉川年表 [EB/OL]. [2018-07-20]. http：//www.rise. sc.c.rv.hp.transer.com/whatsrise/history.

［6］ 中分毅，王嘉和 . 日本首都圈规划与筑波快线建设 [R]. 日建设计，2018.

［7］ TETSUO K. Transformation of the planning approach and development rights through urban regeneration in Tokyo[R]. The University of Tokyo，2018.

［8］ 住友不动产 [EB/OL]. [2018-08-02]. http：//www.sumitomo-rd-mansion.jp/shuto/ ariake2.

［9］ 东京都都市整备局 . 创造东京的未来 [EB/OL]. [2018-03-26]. http：//www.toshiseibi. metro.tokyo.jp/keikaku_chousa_singikai/grand_design.html.

从"单中心"到"多中心"再到"再主中心"：大巴黎都市区的空间治理演变

张尔薇

摘　要：和其他欧美国家相比，法国与中国在行政体制上有较多的相似之处。巴黎作为法国的首都，在区域协同发展的大巴黎都市区层面，空间治理对象跨越了巴黎市、"法兰西岛"以及"巴黎盆地"等多个空间范畴。作为法国的政治、文化中心，在集聚与分散两种发展方向不断摇摆的影响之下，巴黎大都市区呈现出从"单中心"到"多中心"，又回到"再主中心"的发展趋势，空间治理政策一次又一次地迭代演变。从时间序列来看，基本上以 1990 年为界，形成了以区域"均衡化"发展为目标的"多中心"时期，以及增强核心区竞争力目标导向下的"再主中心化"时期。

1　多层域治理的巴黎及都市区域

多层域治理是全球化、网络化、多元化浪潮之下世界各大城市的空间治理的重要特征。在全球化与区域一体化的发展演变中，"巴黎"的发展腹地与影响范围不断变化，是一个典型的多层域治理的大都市区。

现阶段，巴黎及其都市区域主要有四个层面，从宏观到微观，分别是"巴黎盆地""法兰西岛"（又称巴黎大都市区、巴黎大区）、新大巴黎都市区、巴黎市。从行政体系看，巴黎市、"法兰西岛"是具有选举、财税自主支配权责的一级政府，分别对应法国行政区划中的市镇和大区[①]级别，也是人们最常提及的"小巴黎"与"大巴黎"。从空间尺度来看，巴黎的四个空间治理区域可以类比于京津冀、北京市域、中心城区、核心区。

这四个空间层次并不是同时提出的，而是巴黎及其周边地区在发展过程中不同时期下响应区域发展需求以及规划价值观演变的一个缩影。

1.1　巴黎市

巴黎市是法国最为基层的"市镇"[②]一级行政单位，也被称为"小巴黎"，指大环城公路即巴黎旧城墙以内的区域，面积 105.4km²，人口 200 多万。巴黎市作为特别行政市镇，是法国的首都，也是法国历史、文化、商业最为发达的地区。但是随着城市的发展，巴黎市的空间范围已经不能够支撑城市不断发展的诉求。

1.2　"法兰西岛"

为了解决巴黎市区域统筹能力较弱的问题，1959 年"法兰西岛"地区作为巴黎大都市区的概念被首次提出。1972 年，随着"法兰西岛"地方管理公共机构——大区[③]议会的产生，大区成为具有选举、财税自主支配权责的一级政府。

"法兰西岛"（ill-de-france）也被称为"大巴黎地区"，面积约 1.2 万 km²，包括 8 个省[④]，2016 年人口约 1212 万。其中，中间四个省被称为巴黎内环区，外面四

作者简介

张尔薇，北京市城市规划设计研究院总体所主任工程师。

个省被称为巴黎外环区。

2015 年的数据显示，虽然 "法兰西岛" 的面积仅为法国的 2.2%，但是其经济发展总量占到了法国全境的 30.9%、欧盟的 4.6%，人口占到了法国的 18%，是超过大伦敦地区的欧洲最大的区域经济体。

1.3 "巴黎盆地"

随着区域间协作与一体化的发展，超越政府治理空间边界下的统筹发展需求愈发强烈。其中，有市场要素自发配置下的跨区域的产业发展协作，也有各种专项职能部门或非政府组织在更大空间尺度下，以实现特定发展目标的跨区域治理需求，如大气治理、交通治理等。"巴黎盆地" 即巴黎都市区域，也就是在这样的背景下提上日程的。

1992 年，法国中央政府与下属的国家规划机构国土规划与地区发展委员会组织 "法兰西岛" 大区周边的 8 个大区⑤ 共同签订了《"巴黎盆地" 宪章》，明确了 "巴黎盆地" 的区域范围，包含 35 个省、14140 个市镇，面积为 18.97 万 km^2，占法国国土面积的 28%。

1.4 新大巴黎都市区

新大巴黎都市区是在新时期下，反思 "法兰西岛" 区域范围过大、空间发展不集聚、不能发挥聚集优势的问题后，所提出来的一个经济往来更密集、人口密度更高的都市区域。

新大巴黎都市区于 2016 年 1 月 1 日成立，空间范围与 "法兰西岛" 的内环区（包括巴黎市以及内环的三个省）接近，为了将巴黎周边重要的区域交通枢纽戴高乐机场（CDG）以及奥利机场（Orly）包含在内，还纳入了外环区的 7 个市镇，面积约 814km^2，约有人口 650 万。

这四个空间治理范畴的依次出现，可以说是整个巴黎及其区域发展从城市逐渐走向区域，又重新回归到主中心城市的清晰写照，代表了巴黎 "单中心—多中心—再主中心" 发展历程。

2 "单中心—多中心—再主中心" 的区域发展演变概述

2.1 "强中心" 影响下区域非均衡发展问题由来已久

法国作为单一制⑥ 的国家，"国家中心主义" 发展模式下，首都的 "虹吸" 作用明显。第二次世界大战后经济开始复苏，交通工具和通信工具的革新极大地拓展了城市的触角，然而各种要素与资源依然高度集中在首都，"巴黎与其周边沙漠" 的发展不均衡问题并没有得到缓解。

（1）"法兰西岛" 大区的人口高度聚集在巴黎市及内环区

巴黎与周边地区之间发展的落差历来存在，随着城市的影响范围不断扩大，但是也没有改变这种中心高度聚集的局面。2016 年的数据显示，"法兰西岛" 内的人口平均密度为 1006 人 /km^2，而在内环地区，人口密度则达到 9000 人 /km^2，内环地区与外围地区的人口密度差别达到 10 倍。

（2）"巴黎盆地"的发展高度聚集在"法兰西岛"大区

这种区域发展的不均衡不仅仅存在于市镇之间即巴黎市与其周边地区，"先进"大区与"落后"大区之间的不均衡问题更为突出，在"巴黎盆地"范围内主要表现为"法兰西岛"大区与其他大区之间的差距。无论是经济首位度还是就业人口、居住人口，都高度聚集在"法兰西岛"地区，用地规模也呈现"一枝独大"的现象。

2.2 以区域均衡发展为目标的"多中心"分散发展时期

为了扭转这种人口聚集、经济发展、空间增长的不均衡现象，在 20 世纪 90 年代以前，区域的均衡发展以及地方的分权治理成为很长一个时期内区域治理的价值取向与政策导向。

为了推动区域的"多中心"发展，法国政府先后出台了差异化税收推动产业分散发展的产业政策，依托市郊铁路完善放射型交通网络以加强内外联系的交通政策，建设新城推动就业空间、居住空间分散发展的空间政策，这些政策的实施加速了区域的一体化进程。这虽然没有能够完全扭转中心高度聚集的发展格局，但是在一定程度上实现了产业和人口的疏解目标。

以"法兰西岛"为例，1975~1990 年，新城作为吸引人口、产业聚集的磁极，吸引了大批工业外迁，郊区人口总量也不断攀高，郊区化特征明显（图 1）。

2.3 以提升国际竞争力为目标的"再主中心"聚集发展时期

20 世纪 70 年代爆发的石油危机宣告了法国进入财政紧缩的时期，国家在更大尺度上直接投资能力减弱。进入 90 年代后期，随着全球化的持续推进，特大城市逐渐成为国家参与全球竞争的前沿与窗口，在特大城市聚集更多的优势资源，成为提高国家竞争力的重要筹码。在这样的背景下，发展理念逐渐转变，如何建设一个更有竞争力、更加有效率、更富有国际魅力的巴黎成为这个时期的主要议题。

随着一系列城市更新、交通提升、环境治理等项目的实施，在中心地区创造了新的就业岗位，推动了中心地区发展的再回归。以"法兰西岛"为例，进入 20 世纪 90 年代，在经济环境发生变化以及区域发展政策开始转向的影响之下，郊区人口增速减缓，内环区人口总量显著提高，就业岗位也不断增加，"再中心化"趋势明显。

那么，在"多中心"时期和"再主中心"时期内，治理的政策重点和方向是什么？下面就分别介绍一下两个时期内巴黎空间治理的举措和经验。

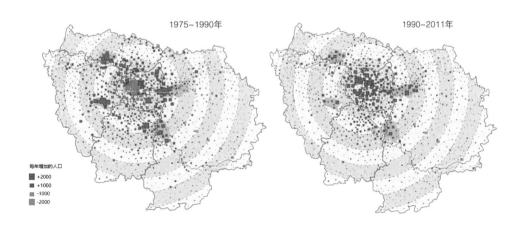

图 1 1975~1990 年与 1990~2011 年 大巴黎地区人口聚集的特征变化
资料来源：https://www.institutparisregion.fr/amenagement-et-territoires/periurbain/chroniques-du-periurbain/le-periurbain-nest-pas-une-punition-de-la-terre-daccueil-a-la-terre-dancrage

3 区域均衡发展目标下的"多中心"发展时期

1990 年前,"多中心"发展的内容多次出现在"法兰西岛"的规划之中。其中,产业的分散发展是原动力,交通与用地的协同规划是空间均衡化发展的重要保障,是实现区域一体化发展的重要途径。

3.1 发展不均衡问题需在更大尺度下寻求解决之道

为了缓解巴黎过度聚集发展的问题,政府逐渐认识到,在更大区域寻求均衡是解决问题的根本办法。中央政府不断扩大巴黎的区域治理范围,先后提出了"法兰西岛"和"巴黎盆地"两个区域范畴,在更大尺度上强有力地推动区域一体化发展。在实现路径上,巴黎政府以产业的分散发展为起点、空间规划为保障,推动就业、人口在更大区域的分布。

3.2 产业的疏解为先导

法国国家领土整治规划从 1950 年开始编制,在初期以产业的分散发展为主要目标,到第五次领土整治规划,规划的重点才由产业的"均衡化"引导转为空间的"均衡化"。

产业"均衡化"政策的核心是通过市场手段调节企业收益,以引导企业向巴黎市以外的地区聚集。具体来看,在"巴黎盆地"内,对"法兰西岛"大区外围的企业给予一定的财税优惠,鼓励企业外迁出中心地区。按照与中心地区的距离远近,实施税收减免政策,甚至有 10%~20% 的奖励。

在产业、税收政策以及区域规划格局的影响下,适逢"福特主义"的兴起,企业生产规模不断扩大,批量生产需求不断增长。大批工厂,如电子设备厂、机械工厂、汽车制造企业首先实现了向外的疏解,释放了巴黎中心地区的土地[1]。进入 20 世纪 80 年代,仓储物流、呼叫中心等新兴产业在"法兰西岛"之外发展,外围地区的产业服务水平不断提高,在知识经济兴起后,一些技术密集型产业也就有条件、有意愿在外围区域选址与建设。而金融、保险等生产性服务业仍然在中心地区。至此,在市场与政府的双重机制影响下,梯度型产业一体化发展格局基本形成。

3.3 "均衡化"的空间规划为支撑

均衡发展的理念也影响了空间规划的编制,这在"法兰西岛"总体规划(SDRIF)的历版规划中体现较为明显。"法兰西岛"总体规划在国家城市规划法典中定位为战略性、长远性的大区级规划,但是在土地使用方面具有指令性,在法律效力上相当于"空间规划指令"(DTA),直接指导省、市镇发展,规划每 10 年修订一次,至今已编制了 6 版,前四版规划都非常明显地体现出限制巴黎市蔓延、区域均衡发展的理念。其中,20 世纪 60 年代的巴黎大区总体规划将均衡化发展思想表现得最为明显。规划提出发展新城的设想,通过规划轨道交通引导新城轴向发展,带动周边城镇发展,加强与中心城的联系,从而围绕巴黎组成一个"多中心城市聚集区"。

区域一体化即分散发展过程中,随着大量企业的外迁,保障企业与工人之间的通勤需求,提高中心地区与外围地区的交通联系能力,是迫切需要解决的问题。用地与交通相协同的规划是"均衡化"空间规划的核心内容。

3.4 "多中心"化的综合治理

从空间治理的经验来看，交通的综合治理是强化"多中心"结构的重要举措，但在"巴黎盆地""法兰西岛"不同尺度上，针对不同尺度的需求，法国采取了多层域差异化治理的策略。

3.4.1 分层域的公共交通体系

"多中心"发展模式最为重要的空间支撑体系就是交通网络。然而，在不同的区域圈层，需要解决的问题和需要实现的目标不尽相同，巴黎规划了分层设计、分质供给的交通网体系，解决了不同层面的需求与问题。

（1）巴黎城市尺度——地铁与有轨电车，高密度、短线路

在巴黎市以及近郊的范围内，依托地铁与有轨电车构筑了良好的公共交通体系，站点密集、线路密集，主要服务半径为20~25km。其中，地铁主要面对市区，而有轨电车则主要服务近郊地区。

巴黎市内主要依靠地铁组织公共交通。地铁站点密集分布、每条地铁线路较短是巴黎地铁高效运营最为成功的经验。巴黎是世界上最早建设地铁的城市之一，截至1949年，巴黎建成地铁总长度160多km，约500m一个站点，其中市区内线路长度为148.7km，郊区线路长度仅为17.5km。在设计之初，地铁并未承担连接市区与郊区的职能[⑦]。

现在巴黎14条地铁总长约215km，平均每条不超过15km长，其服务范围以环城高速公路为界（约35km²，类似于北京二环路到三环路间）。

巴黎市与近郊之间的通勤主要依靠有轨电车。1992年，为了加强巴黎市中心环线内公共交通的服务能力，有轨电车1号线投入运营，位于巴黎市区北面，总长12km，沿线设有26个站，平均站间距440m。现阶段巴黎的有轨电车共有8条，主要服务于巴黎市区，平均运营速度20km/h。

（2）"法兰西岛"大区——快速联系中心与外围地区的市郊铁路与市郊铁路快线，大站点、长线路

面对不断增加的外来人口以及通勤需求，满足区域范围内市民在市区与郊区间的快速出行需求，是区域层面交通规划的首要任务。

在市区与郊区出行模式的选择上，巴黎也经历了摇摆与反复。20世纪30年代公路取代了铁路成为郊区与中心城联系的主要交通工具。1976年，"法兰西岛"总体规划编制中审视了小汽车作为长距离出行方式所带来的问题。巴黎市区与郊区的交通模式从公路网的构建，逐渐转变为以市郊铁路与市郊铁路快线（RER）为主体的发展模式。在与市区轨道交通的接驳设计上，市郊铁路快线采取穿越型的线路网设计，不仅强化了新城与中心地区的联系，穿越型的线网设计也加强了线网两端新城之间的交通联系能力。市郊铁路快线每条约100km长，站点间距约3km，服务于"法兰西岛"内半径为40~50km范围。

尤其需要注意的是，巴黎的市郊铁路快线是系统规划、分段建设、逐步发展形成的。规划的特点突出表现在轨道网络与郊区新城规划和建设的同步性，尤其体现在轨道交通线网布局与就业功能区的高相关性。

（3）"巴黎盆地"尺度——更为快速、便捷地连接城市网络的高速铁路

在更大的区域，需要做好城市之间的"点—点"的快速通勤，高速铁路稳定、快

速、与城市空间结合紧密的特点，使其成为更大区域尺度内的主要交通方式。

1974 年，法国开始建设第一条客运高速铁路（TGV）。自此，高速铁路成为"巴黎盆地"甚至法国范围内最重要的国家级基础设施。

现阶段高速铁路与铁路采取了尽端式布局，以巴黎市的六座火车站为起点，向外呈放射状辐射到其他城市。这样的设计也方便与市郊铁路以及地铁进行换乘，实现了宏观区域与中观区域以及城市内交通方式的一体化发展格局。

可以说，巴黎及其周边地区在"巴黎盆地"甚至国家尺度、"法兰西岛"大区尺度、巴黎市尺度三个层次构建了各有侧重又互联互通的公共交通体系，在不同尺度上分别承担不同的职责，并针对不同轨道交通的特点与作用，在与市区公共交通的衔接上采取了不同的策略，更加科学有效地保障了"多中心"的发展，助推形成区域一体化发展的格局。

3.4.2　整合多元实施主体和多元交通模式的公共交通治理

"均衡化"发展时期也是交通模式不断多样化、实施主体逐渐多元化的时期，如何统筹好不同尺度之下不同的交通模式，统筹好规划实施中政府、社会组织、市场的关系，是广义的"均衡"发展时期综合治理的重要课题。

（1）事权、财权统一的公交总工会统管多种公共交通

由于"法兰西岛"内多样化的交通模式有不同的运营主体，"法兰西岛"大区成立了公交总工会（STIF）[8]，负责整个"法兰西岛"公共交通的设计、组织和投资。

从空间上来看，公交总工会的管辖范围覆盖了"法兰西岛"大区；从运输模式上来看，统筹了各种交通方式，包括火车、市郊铁路快线、地铁、有轨电车、公交专用道（T Zen）和公共汽车。公交总工会相当于国有企业，由 29 个董事组成的董事会领导，董事会的主席由"法兰西岛"大区议会的议长担任。

（2）投资、监管与交通运营主体相分离

公交总工会负责各种项目改造、新建和交通系统的整体规划，是交通设施所有权主体与运行监管主体，并负责将运营权委托给不同的交通机构。

具体来看，公交总工会的职责主要包括以下几个方面：负责制定公共交通的整体计划，一般以 10 年为一个周期；统筹做好不同类型公共交通的投资计划与财务协调工作，包括地铁车厢的购买等；与交通运营公司签订协议，并引导公共交通服务总体框架的方向，后续进行各运营商服务质量的监管；参与并且做好公共交通枢纽的改造、建设工作；负责制定票价。

公交总工会这样的机构与职能设置，有利于对不同公共交通的运营主体进行有力监管，不断优化公共交通运营的整体服务水平，也有助于站在一个区域共赢的角度，为市民与政府的公共利益代言，整合各类公共交通设施的建设与管理，形成更为综合、更为高效的公共交通体系。

（3）多样化的资金来源充分体现"谁受益谁出资"的原则

作为公共交通的投资主体，公交总工会的建设资金并不都来自于政府的财政投入，其资金主要来自四个方面：一是乘客票款收入，大约占到 29.8%；二是各类罚款，约占 39.2%；三是政府的其他税款与各种费用，约 19.3%；最后是区域内企业的交通税，约占公共交通投资的 9.4%。

企业的交通税收部分按照"谁受益谁出资"的原则制定，如果企事业单位拥有 9 名以上的职工，且在城市公共交通服务区域之内，均要按照工资总额的一定比例缴纳

特别交通税。其中，不同地区缴纳的税率不同，一般来说，位于交通拥堵地区的税率较高，在法国巴黎市征收的交通税率是最高的。这一方面拓展了资金渠道，另一方面，通过市场手段推动低端企业从中心地区疏解。

4 以提升国际竞争力为目标的"再主中心"发展时期

4.1 "再主中心"发展的必然

巴黎都市区"再主中心"的发展模式，是紧随着反思巴黎都市区"多中心"发展成效的浪潮而提出的。很多学者对巴黎都市区的"多中心"发展模式提出了质疑，法国学者卢多维克·阿尔贝（Ludovic Halbert）2006年就此撰文《从未实现的多中心城市区域：巴黎聚集区、"巴黎盆地"和法国的空间规划战略》[2]。那么，巴黎大都市区即"法兰西岛"以及更大范围的"巴黎盆地"的"多中心"成效到底如何，又怎样衡量"多中心"发展的成败呢？

4.1.1 从未实现的"多中心"城市区域

综合欧洲空间发展战略研究以及相关学者的工作结论[3]，一般来说，衡量一个地区的"多中心"发展可以从四个维度来进行，包括形态学（morphological）意义上的、功能（functional）上的、相互关系（relational）的以及政治（political）意义层面的分析。那么从这几个角度来看，巴黎及其区域的"多中心"发展是真的不尽如人意？

（1）空间形态

从形态学上来说，"多中心"发展的区域应该满足两个条件：首先，在一定地域空间内有着相对均匀分布的市镇体系；其次，这些市镇的规模需要遵从一定的梯度等级序列，也就是齐夫序列（Zipf's law）。

从这个角度来看，巴黎大都市区内主中心一头独大的空间形态，所有的市镇都在主中心的支配之下，并不满足形态学意义上的"多中心"都市区的标准。

（2）产业功能

"多中心"的产业功能指的是经济职能在空间上的合理分布与密切协作。这可以从两个方面来衡量：一方面，可以指不同专业化职能在区域内不同城镇间的合理分布；另一方面，也可以指某种产业职能的上下游在空间上的梯度分布情况，如服务业在区域内不同城市间的分布情况，可以通过区位商或者艾萨德指数（Isard index）来衡量。

对于欧美发达国家，已经进入服务业郊区化的发展阶段，在此背景下，很多学者[3-4]对巴黎大都市区服务业的空间分布情况进行了分析，来分析一个区域的"多中心"发展程度。研究发现，虽然巴黎市的服务业在向外疏解与扩散，但是大部分都聚集到了紧邻巴黎市的区域，也就是内环地区，并没有在更大的区域实现产业的梯度转移，也就没有能够在更大的区域内形成合理的区域产业分工体系。在某种程度上，产业功能从中心向外分散发展过程中形成的紧邻内环聚集发展格局，反而加剧形成了一个更大尺度的"单中心"（图2）。

（3）空间关系

"多中心"区域内城市之间的空间关系，主要是基于卡斯特的"空间流"的概念[5]发展而来。也就是说，一个"多中心"的区域内，城市之间必然存在高频率的、日常

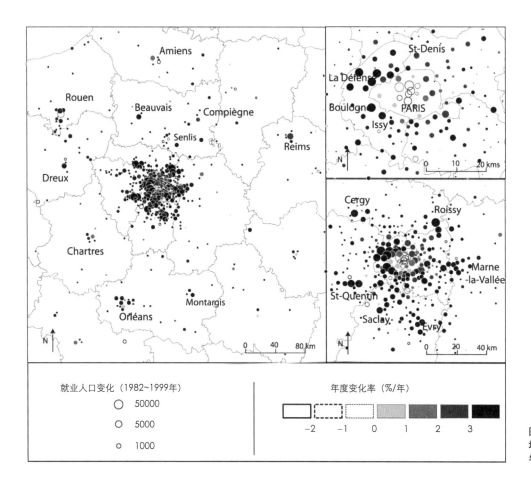

图2 服务业在区域的增长情况(1982~1999年)[2]

的、紧密的联系,如信息的流动、就业人员的流动、资金的流动等,当城市间资金流、信息流、人才流在数量和频率上达到了一定的阈值后,整个区域的发展趋向于"相对的平衡",那么这个区域就可以被认为是一个"多中心"程度较好的地区。

卢多维克·阿尔贝研究了"巴黎盆地"和"法兰西岛"的信息流情况,通过研究电话的流向,他发现从"法兰西岛"内拨出的电话,仅有4.2%是指向"法兰西岛"之外的其他地区,也就是说,"法兰西岛"作为"巴黎盆地"的区域核心,核心地区对周边地区的支配与控制作用明显,周边地区之间并未形成密切的要素交换。

桑德林·伯纳尔(Sandrine Berroir)则在更大范围内研究了城市间的相互关系,发现在法国和"巴黎盆地"区域内,无论是科技研发、交通出行,"法兰西岛"的单中心格局都较为突出。

(4)政治治理

政治治理层面的"多中心"可以社会综合治理成效为对象,一般来说指的是普通人群对"多中心"大都市地区的认可程度,以及城市之间的伙伴与协作关系。对于执政者来说,"多中心"的政治治理指的是在区域层面统筹制定策略,推动项目实施来解决具体问题的执行力度。

从这个层面来看,"巴黎盆地"的"多中心"构想可以说是不成功的。20世纪90年代,为了推动"巴黎盆地"范围内的"多中心"发展,政府编制了《"巴黎盆地"跨区域计划条约》(CPIBP)。2009年完成了《展望巴黎盆地地区》(*Perspectives Paris Basin*)的规划文件,试图建立"巴黎盆地"地区未来发展的宏伟发展构想。

然而"巴黎盆地"不具备一级政府的职能,在跨区域尺度上缺乏持续的统筹实施能力，在都市区范围内，仅实施了个别的交通项目[9]，其"多中心"化的规划几乎都停留在构想阶段。

4.1.2　"巴黎盆地"以及"法兰西岛""多中心"构想失败的原因

"多中心"发展构想在"巴黎盆地"以及"法兰西岛"的规划层面和政策层面都有所体现，而其最终失败的原因到底在哪儿呢？

（1）新的发展阶段，服务业为动力的城镇化模式加剧了建成区周边的空间聚集

20世纪90年代，美国学者将服务业的分散发展视作城市化进程的"第三波浪潮"，在居住郊区化、制造业郊区化之后，其成为带动区域一体化发展的新动力[6]。

首先，服务业企业灵活性大，对空间需求较小，难以带动郊区大规模的聚集发展。

传统的制造业带动城市化发展的阶段，制造业对土地使用规模的需求较大，作为区域发展引擎的工业企业，受到中心地区土地资源的制约，被迫外迁到郊区，极大地带动了郊区次中心的发展。

进入新的发展时期，区域发展的动力主要来自于服务业。相比于制造业，服务业对空间的需求较小，更倾向于依附在经济基础较好、国际人才的聚集程度较高的地区发展。服务业的这种发展特征不可能像工业郊区化时期那样，在郊区形成大规模的空间聚集区，反而逐渐形成了紧邻中心地区的小规模分散式集中的发展模式。

服务业在城市建成区周边的聚集发展反而加大了中心区域的控制力与影响力，从2000年到2012年，"法兰西岛"内环地区服务业所占比重从81.5%增长至87.5%，再中心化的趋势占据了主导。

其次，新的生产型服务业对空间聚集的强度与多元化、多样化程度要求较高。

随着电子信息商务比重的不断增加，人们面对面交流的诉求却越来越强烈。电子邮件和视频会议已经不能够满足人们思维碰撞和知识碰撞的需求，人们更希望在非正式的场合下进行信息的交流，如午餐、朋友聚会。实践证明，在现实生活中，工作以外的交流可以保障甚至提高经济发展的效率[7]。那些靠近中心地区，并且有一定产业发展基础和服务设施的地区，尤其是高密度的和多元化的城市建成区便成为这些信息交换和思维碰撞的最佳场所。因此，现状的经济聚集区也就成为生产型服务业聚集发展的优先选择的地区。

最后，服务业尤其是商务办公建设一般由开发商主导，为了规避风险，开发商一般都不愿意远离中心区，更愿意在靠近建成区的地方进行开发。在过去的20年内，"巴黎盆地"90%的办公楼宇都在"法兰西岛"内建设。

（2）近郊的快速发展在更大尺度下强化了单中心的空间格局

在"法兰西岛"内部的"多中心"化的空间战略，限制了在一个更为广阔的（如"巴黎盆地"）尺度上分散"多中心"发展的可能（图3）。

中心地区向外的分散发展被坐落在聚集区边界上的"边缘极"城市吸引，这些极点城市与密集的中心区由于在空间上相互毗邻，从更大的区域尺度上来看，反而强化了单中心的发展模式[8]。

（3）全球化背景之下对"多中心"理解的变化

随着全球化的推进，巴黎地区被认为是即使为了空间平衡也不能再被牺牲的法国的首位城市。巴黎的发展目标不再是让法国拥有一个更小的巴黎，而是使法国境内拥有更多巴黎一样的国际城市[3]。

《建设一个新的大巴黎地区：法国的新自由主义政治的空间生产》一文中指出，

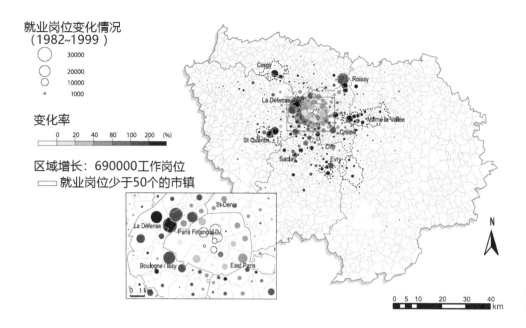

图 3　1982~1999 年就业岗位的空间分布变化[3]

萨科齐总统就任后认为，法国的均衡发展策略使得巴黎在很长一个时期内发展停滞不前，发展缺乏活力，艺术创造和创新发展的全球领先地位岌岌可危，核心竞争力正在逐渐下降。未来，需要进一步促进中心地区及其郊区的一体化发展，再一次成为全球领先的、经济繁荣的空间场所，成为承载法国文化历史、再现辉煌的都市区域[9]。

4.2　"再主中心"化时期空间治理范式的转变

"再主中心"化时期内，加大中心地区的控制力与影响力，统筹不同实施主体的诉求，整合分散的、破碎化的权力，成为空间治理的核心要务。

4.2.1　整合权力碎片化的"市镇共同体治理模式"

法国市镇一级政府有 3000 多个，发展分散，规模小，鉴于日益复杂的城市和农村治理，为了实现发展的统筹，建立了跨市镇的治理体系。1992 年 2 月，《共和国地方管理法》（loi Administration Territoriale de la République）提出农村地区和小市镇可以成立"市镇共同体"，成为法国区域制度最引人注目的亮点之一。这种整体性治理模式既是对传统公共行政的衰落以及 20 世纪 80 年代以来新公共管理分权化改革所造成的管理碎片化的战略性回应，又是法国经济发展放缓以后，地方发展希望加强多方合作、减轻政府财政压力的重要表现。

从横向来看，地方政府组织可以与各类利益主体进行联合，包括企业、社会公众，拓展了地方发展的资金来源渠道。而从纵向来看，上一级政府以区域整体规划为平台，通过建立财权、事权的转移与监管机制，对各联合体提出发展要求，而地方则将自己的发展目标融入中央的框架之中，合理地整合了地方的诉求与中央的要求，实现了地方与中央发展的均衡。

这样的治理模式与机制因为其设计的灵活性以及问题导向的针对性，得到了法国各市镇的积极响应。截至 2009 年 1 月，法国共有 34164 个市镇（约 93% 的市镇）分别属于 2601 个市镇联合体。

4.2.2　尺度更为紧凑的巴黎都市区空间治理

2016 年构建的"新大巴黎都市区"（Metropolis of greater Paris）是空间更为集约、

经济往来更为密集的地区。新大巴黎都市区相当于一个大的市镇共同体，其构想最早由萨科齐任总统期间提出，他认为"法兰西岛"大区范围过于庞大，不利于巴黎在国际竞争中发挥优势，希望在一个更为集中高效的区域优化提升巴黎的全球竞争力；并成为刺激经济发展，重塑城市空间，加强社会联系，凝结市民诉求的发展模式。

新大巴黎都市区和"法兰西岛"相比，区域人口、经济与发展高度聚集，也是一体化发展更为彻底的地区。从人口密度来看，"法兰西岛"内有 1200 万人，占地 12000km^2，人口密度约为 999 人 /km^2；而新大巴黎都市区内有 700 万人，面积约为 762km^2，人口密度约为 9000 人 /km^2。

萨科齐在宣布"新大巴黎都市区"构想时，提出新大巴黎都市区的主要目标是成为一个城市、社会、经济可持续发展的典范，提升居住品质，优化中心与近郊的协作关系，在国家层面提高整个地区的吸引力与竞争力。

新大巴黎都市区由区域委员会来管理，委员会内有 210 个成员，成员并不直接由选举产生，而是由各市镇推选，成员职业涵盖了城市规划、交通、住房和环境保护等各方面。

4.3 "再主中心"化时期的规划转型

4.3.1 面向建成区的交通"织补"规划

再中心化发展时期，交通规划作为重要的空间治理工具，法国更加重视交通与其他专业之间的协调与协同，如注重交通和社会发展的协调、交通和环境规划的协同、交通与住房问题的协同。由于新大巴黎都市区的范围大部分为城市建成区，规划的目标与方式都面临转型，主要表现在以下几个方面。

（1）连接现状与规划的经济功能区

为了配合新大巴黎都市区的发展，《区域轨道交通体系规划（2016—2030 年）》首先考虑了交通规划如何与区域经济发展的协同。规划的第一个原则即轨道交通规划需要"联系现状和规划中的主要经济节点"，并结合城市空间发展的方向，优化与"织补"轨道交通体系（图 4）。

《区域轨道交通体系规划（2016—2030 年）》提出建设大巴黎快线（The Grand Paris Express）[10]，联系了拉德芳斯商业区、萨克雷高原科研发展区（Plateau de Saclay）以及区域的两大主要机场。可以说，大巴黎快线加强了近郊之间的通勤联系，实现了主要的机场、区域性战略节点互联互通的战略构想。

同时，还结合建成区的发展方向，对现有的市郊铁路快线提出了优化构想，重点延长与城市发展主要方向相吻合的 EOLE 线，加强了"东北—西南"走向交通走廊建设，并规划延伸四条地铁、轻轨、有轨电车线，加强公交专用道的建设，提出了对换乘车站进行现代化改造的构想。

（2）分区、分类提出交通与用地相协调的发展

除了对整体的交通体系进行优化，巴黎还对交通与用地的一体化发展提出了分区、分类的发展策略。

首先，预留交通节点周边的用地作为战略储备。保护与预留规划交通设施以及节点周边的用地，尤其需要做好物流产业的系统规划。同时，还需要战略性研究机场周边的用地规划，做好机场周边的土地利用与交通的协调发展。

其次，存量开发中加大交通承载能力与建设规模增长的相互论证。在城市存量发

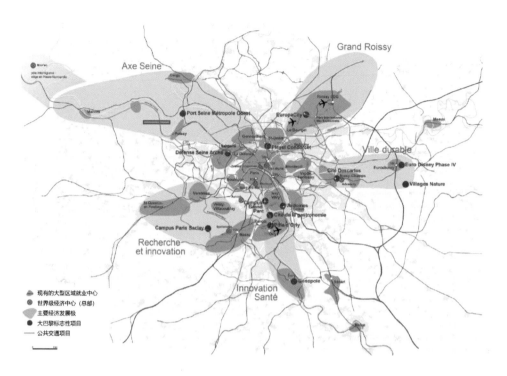

图 4　2030 年大巴黎地区的轨道交通网络

资料来源：https：//www.assemblee-nationale.fr/14/rap-info/i2458.asp.

展过程中，需要做好交通承载力与建设规模加密的协调。对将要进行城市交通优化改造的地区，允许存量改造中增加约 10% 的建设量。而那些公共交通站点周边的核心区，一般指轨道交通站点周边 1km 以及其他小运量公共交通站点周边 500m 地区，允许存量开发建设中能够实现 15% 的建设量增长。

此外，还在全市层面做好差异化的分区引导。现状已覆盖有较好的公共交通设施和城市公共服务设施的地区，划定为优先城市化发展地区；那些已经规划，并且近期有意向建设公共交通设施的地区，作为有条件城市化发展的地区进行管控。

4.3.2　用地与交通协同优化的存量更新项目

在巴黎"再中心"发展过程中，对现状用地的改造与更新是这个阶段的主要任务，而交通体系的完善与优化则是城市更新中重要的研究内容。

（1）TOD 理念在城市更新项目中的应用

传统的 TOD 理念主要应用在交通导向的新区开发与建设中，但是对于巴黎来说，"再中心"发展趋势之下，这个理念更多用在城市更新的项目中。

TOD 理念导向下的城市更新，一方面保障了更新项目的经济收益，提高了实施的可能性；另一方面有利于通过轨道交通的建设契机，完善城市功能，尤其是公共服务设施。巴黎地铁 11 号线延伸项目在轨道交通线路规划过程中，对新增轨道交通站点 10min 步行圈内用地，同步研究了调整优化的方向。

这种将设施建设投入与用地收益增值相结合的治理思路，对提升地区整体发展品质，提高城市运营与治理效率，有着较为重要的作用。

（2）交通设施更新带动城市功能的重组

在巴黎"再中心"发展过程中，交通设施的更新也是此阶段巴黎城市建设的重要工作。巴黎的经验就是交通设施的更新与周边地区的功能优化相结合。

圣拉扎尔火车站的改造项目，是新的城市功能植入与交通设施改造相互融合以及相互促进的非常成功的案例。圣拉扎尔火车站建于 1837 年，是法国第一个火车站，作为巴黎的六个火车站之一，其客流量仅次于巴黎北站，同时也是欧洲第三繁忙的铁路车站，其人均客流量达到45万人次/天。百余年来，车站因客流量的增加而陆续加建，但新增建筑与车站仅仅实现了空间的延展，车站内的功能并未随着时代的推进同步完善，其内部设施也相对较为滞后。

为了改善车站内空间的布局、优化通道，使得站内空间和流线更明晰、更流畅，同时，新增商业空间、信息和服务区，AREP公司在圣拉扎尔车站的改造设计中，对其地铁层、路面层和站台进行全面更新，项目改造2012年竣工。

项目对车站候车大厅全面翻修，并挖空中央部分，通过自动扶梯与地下空间连通，地铁的出入站大厅与火车站大厅实现流线化衔接，自然光线引入地下大厅，提高了商业空间的品质与质量。整个车站内没有浪费的交通空间，所有的公共空间都作为商业店铺或游憩空间，车站内乘客的流动性得到了提高，减少了候车乘客在某一个地点的驻留时间。

从功能业态来看，针对该车站乘客主要是西郊的富裕阶层，重新进行了商业的业态设计，引入了较为高端的零售品牌，以迎合乘客的消费特点并满足其需求。

同时，还对车站的周边地区进行了改造。优化站前广场内公交车站和出租车、汽车停靠点，将广场的车行停靠、步行流线与室内商业流线进行了衔接。该项目改造后取得了巨大成功，成为该地区城市新的功能空间与交往空间。

5　对北京的借鉴意义

5.1　总结巴黎经验，构筑更加全面的综合治理体系

虽然本文将巴黎的发展划分成从"单中心"向"多中心""再主中心"的演变过程，但事实上几个阶段并不是完全割裂开的。近年来，巴黎一方面推动中心地区大规模的改造更新，与此同时，也在着力解决"郊区危机"和"郊区病"问题（2005年巴黎郊区骚乱，2016年的恐怖袭击者来自郊区）。"多中心""再主中心"两个阶段也是相互影响和相互交融的。

北京城市总体规划提出了多中心发展的目标，但是与此同时，中心城区存量提质升级的必要性也逐渐明晰。在一定程度上，多中心目标引导之下，郊区新城承接了中心地区疏解的职能，恰恰为中心地区提质升级腾挪了发展空间。结合北京城市发展的阶段，以及巴黎的城市发展规律和治理经验，建议应该在以下几个方面进行重点优化。

5.1.1　"多中心"＋"再主中心"，"社会治理"＋"元治理"

"多中心"理念与多元主体协调的社会治理模式。"多中心"理念的提出是和社会治理的兴起密切相关的。社会治理是在一个既定的空间范围内由多元行动者各自对社会组织、社会事务和社会生活的规范、协调与服务的过程，其特点是治理主体的多元化；在运作方式上，社会治理在确立社会主体既有权利的基础上，倡导包括政府在内的多元主体通过协商协作方式对社会事务进行合作管理。

也就是说，为了实现更加综合的多中心治理体系，需要更加多样化的主体参与治理，如社会机构、市场机构等，同时，也需要进一步加大基层政府的治理力度，构筑权责体系完善与匹配的治理体系。

"再主中心"理念与强调总体调控和宏观统筹的"元治理"模式。在过去十几年内，

世界政治的主流是抨击"大政府"，力推把政府部门的事务交给市场或公民。但是社会治理范式面临一个明显的困境，也就是宏观的社会和管制体系的缺位。一些学者认为，一个强有力的上级政府比自组织治理更重要。因此，"元治理"（megagovernance）的模式便被提出，"元治理"旨在对市场、民间等治理形式、力量或机制进行一种宏观统筹和重新组合。"元治理"范式勾勒出了政府在社会治理中的中轴角色。

巴黎在"再主中心"时期，提出形成一个空间更为紧凑的"新巴黎大都市区"，加大了中心地区对周边地区的管控力度，有效加强了中央政令的垂直下达。

因此，北京在未来的发展中，一方面需要社会治理体系下沉，另一方面，也必须加大全市层面的总体调控和宏观统筹，构筑不同目标下的综合治理体系。

5.1.2　空间关系、产业功能、社会治理相互协同的综合治理体系

战略规划、空间形态和空间关系以及产业功能几个方面，是构筑多中心体系重要的几个方面。

其中，产业功能是多中心体系形成中最为显著和最重要的要素，空间形态是表征和结果，而战略规划则是前置条件，它们是构筑多中心体系中不同阶段的几个方面，又相互影响、相互作用。而治理则是统筹实现以上几个方面的重要途径。因此，下面就从以下几个方面来对北京的城市发展提出建议。

5.2　社会治理层面——兼顾政府统筹与实施主体利益的"元治理"体系

法国的"共同体发展模式"是"元治理"的典型范式。法国灵活的地方一级行政主体的"共同体发展模式"，正是基于"破碎化"治理的问题，在实践层面探索"元治理"的重要尝试。其通过整合不同实施主体，统筹分散的诉求，整合各自的利益，将资金进行整合，实现了政府统筹和个体诉求的整合。

北京在发展过程中，农村、乡镇分散发展所带来的"村村点火"发展格局，是导致城市"摊大饼"的主要原因之一。巴黎在发展过程中同样面临市镇规模过小、发展分散，难以落实区域总体规划的问题。为此，巴黎设计的"市镇共同体"制度，在面对行政区划难以较快更改的现实情况下，整合了"破碎化"的地方治理，整合了社会资金、公众利益。上一级政府则通过评估与考核"市镇共同体"落实区域总体规划的情况，给予相应的财政支持，以此形成了上一级政府对地方发展的制衡，以此形成了自下而上发展诉求与自上而下发展要求之间的一个均衡点。

为了解决发展分散化的问题，本次北京总体规划提出了实施单元的发展构想，以乡镇为基本单元，打破项目统筹的模式。未来，可以进一步借鉴法国"市镇共同体"的实施模式，做好制度设计，找到市一级层面与地方发展的结合点，在实现地方发展诉求的同时，保障区域整体规划的实施。

5.3　空间关系层面——区域一体化发展中，需构建多层域间相对独立又互联互通的交通体系

"法兰西岛"作为和北京市基本对应的一级政府，在区域一体化过程中，非常重视不同空间尺度下不同公共交通网络的构建。

地铁仅作为市内公共交通工具，在区域尺度、国家尺度，结合不同的诉求，根据各种公共交通工具的运速、运量特点，分别构建了相对独立的交通体系，并且做好不同尺度间交通工具在线网和换乘点的整合。在管理层面，通过公交总工会实现了不同

层域、不同模式交通运营方式的协同规划与整体管理。

这种将区域与城市交通模式分类设置的多层域的交通体系，运营与监管职能相分离的治理经验，对一个较大尺度区域的一体化发展与可持续发展具有较为重要的意义。

5.4 产业功能层面——产业政策与交通规划相结合构筑多中心功能体系

区域均衡发展目标下，以产业疏解为核心，交通一体化建设为支撑，是区域一体化发展的两个重要方面。

"巴黎盆地"的出现是在产业分散发展的趋势之下，自下而上倒逼区域统筹发展的结果。因此，在区域一体化发展过程中，产业的均衡发展应该是前提。法国在区域规划中，以产业一体化为目标，通过区域交通体系和产业功能的协同，构筑了服务于各种经济节点即各类产业地区的交通体系，有力地支撑了产业在区域的分散布局与发展。

在京津冀一体化发展中，一方面需在产业的协同发展目标下，进一步制定相应的政策，通过税收调节等机制，引导与倒逼市场自发形成梯度的产业功能体系；另一方面，进一步做好交通体系的建设，做好产业功能区的联系，实现区域产业的一体化发展格局。

6 结语

回顾巴黎区域发展的历程，我们发现很多值得学习的成功经验，但是我们也认识到，"巴黎盆地"作为非地方一级政府，在整合多方利益、实现多中心目标的方面收效甚微。在这个层面，巴黎也并未在区域层面真正实现多中心的构想与规划，区域一体化的发展以及多中心体系的形成是长期和艰巨的工作。

注释

① 法国国家行政体系中共有三级，分别为市镇（commune）、省（departément）、大区（région），类似于我国的乡镇、市县、省的级别。

② 市镇是法国最为小的一级行政单位，2019 年法国共有 34968 个市镇。

③ 1972 年后"大区"成为"省""市镇"政府之上的一级政府。法国原有 22 个区、5 个海外大区，2016 年 1 月，22 个大区合并为 13 个新的超级大区。

④ 包括巴黎市、上塞纳省、瓦勒德马恩省、塞纳 – 圣但尼省、伊夫林省、瓦勒德瓦兹省、塞纳 –马恩省和埃松省。

⑤ 八个大区分别为大巴黎地区（île-de-france）、下诺曼底（Basse-normandie）、上诺曼底（Haute-normandie）、皮卡迪（Picardie）、香槟 – 阿登（Champagne-ardenne）、卢瓦尔河地区（Pays de la loire）、中央（Centre）、勃艮第（Bourgogne）。

⑥ 指由若干不享有独立主权的一般行政区域单位组成统一主权国家的制度，国家主权先于各行政区划存在。

⑦ 当时巴黎市与近郊之间的通勤主要依靠有轨电车和公共汽车，而与远郊的连接则是市郊铁路系统。

⑧　"法兰西岛"公交总工会的前身为成立于1959年的巴黎交通工会，1991年其管辖范围扩大为整个"法兰西岛"大区。2001年，巴黎交通工会正式转为目前的"法兰西岛"公交总工会。

⑨　仅实现了一条从诺曼底到巴黎拉德芳斯和戴高乐机场的铁路开通，以及巴黎与奥尔良间铁路线的优化。

⑩　大巴黎快线规划设计205km长，设置72个车站，平均3km一个站点，运行速度达到55~60km/h，预计每天运量达到200万人次。

参考文献

［1］汤爽爽.法国光辉30年领土整治中的"均衡化"政策[J].国际城市规划，2013（3）：90-97.

［2］HALBERT L. The polycentric city region that never was : the Paris agglomeration, Bassin Parisien and spatial planning strategies in France[J]. Built Environment, 2006（2）: 184-193.

［3］HALBERT L. Examining the mega-city-region hypothesis : evidence from the Paris City-Region/Bassin Parisien [J]. Regional Studies, 2008（8）: 1147-1160.

［4］BERROIR S, CATTAN N, etc. Partenariats Scientifiques Et Mises En RÉSeaux Du Bassin Parisien [EB/OL].[2017-12-13]. http : //www.driea.ile-de-france. developpement-durable.gouv.fr/IMG/pdf/Synthese_cle5ed71b.pdf.

［5］CASTELLS M. The information age, Vol. 1 : the rise of the network society [M]. Oxford : Blackwell, 1996.

［6］CERVERO R. America's suburban centers, Unwin Hyman [D]. Boston : Boston University, 1989.

［7］GRAHAM S, MARVIN S. Telecommunications and the city : electronic spaces, urban places [M]. London : Routledge, 1996.

［8］卢多维克·阿尔贝.从未实现的多中心城市区域：巴黎聚集区、巴黎盆地和法国的空间规划战略[J].高璟，译.国际城市规划，2008（1）：52-57.

［9］ENRIGHT T. Building a Grand Paris : French Neoliberalism and the politics of urban spatial production [M]. Ann Arbor : ProQuest LLC, 2012.

［10］李凤玲，史俊玲.巴黎大区轨道交通系统[J].都市快轨交通，2009（2）：101-104.

［11］李剑.地方政府创新中的"治理"与"元治理"[J].厦门大学学报（哲学社会科学版），2015（3）：128-134.

［12］张衔春，胡映洁，等.焦点地域·创新机制·历时动因——法国复合区域治理模式转型及启示[J].经济地理，2015（4）：10-18.

［13］JESSOP B. Territory, politics, governance and multispatial metagovernance[J]. Territory, Politics, Governance, 2016（1）: 8-32.

［14］GILLI F.Sprawl or reagglomeration? the dynamics of employment deconcentration and industrial transformation in Greater Paris [J]. Urban Studies, 2009（7）: 1385-1420.

［15］GIFFINGER R, SUITNER J. Polycentric metropolitan development : from structural assessment to processual dimensions [J]. European Planning Studies, 2014（6）: 1169-1186.

巴黎：思考城市形态的基因密码

常 青

摘 要：巴黎有很多定义，如法国最大城市、旅游胜地，被 GaWC 评为 Alpha+ 级世界一线城市，1400 多年历史之城、美食之都、艺术创作重镇、创新中心。巴黎丰富多样，创新包容，引人向往，拥有独特的城市基因。本文从规划师视角，试着用理性去解读感性体验，思考营城密码。

1 现象背后的数据

巴黎市与深圳市，历史之城与现代之城，多层围合与高楼林立，各自特征鲜明，完全不同的城市印象（图 1），但反映城市建设强度的人均建设用地数据却出乎意料地一致。巴黎市建设用地 105km²，现状常住人口 230 万，人均建设用地面积约 46m²；深圳市建设用地约 960km²，现状实际常住人口达到 2200 万，人均建设用地面积约 44m²。

对于这个出乎意料的数据，细想一下，其是否反映了两种营城理念，两套技术管理标准？提高城市建设强度，即提高地块容积率，有建筑平面延展增加建筑密度与建筑竖向提升增加建筑高度两种实现方式。

巴黎提高地块容积率主要通过增加建筑密度，建筑高度严格控制，形成整齐的天际线，地块内部公共空间相对减少。

深圳提高地块容积率主要通过提高建筑高度，建筑密度严格控制，形成变化的天际线，地块内部公共空间得到保证。

可见，对于提高城市建设强度的方式，历史巴黎与现代深圳有两套截然不同的营城理念。柯布西耶的《明日的城市》（1922 年）提出"城市中心地区向高空发展，建造摩天楼以降低城市的建筑密度。建筑物用地面积应该只占城市用地的 5%，其余

作者简介

常 青，北京市城市规划设计研究院土地所副所长。

图 1 巴黎市与深圳市城市形象

资料来源：http://5b0988e595225.cdn.sohucs.com/images/20190412/4d02ac4ff6b04d6d8cddbe4c700b466b.jpeg（下）

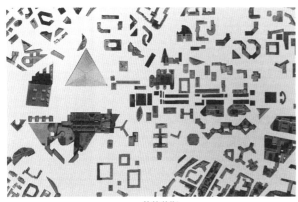

拉德芳斯

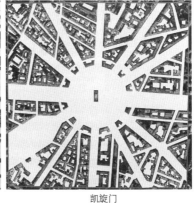

凯旋门

图 2 巴黎拉德芳斯
与凯旋门地区图底
关系[1]

95% 均为开阔地，布置公园和运动场，使建筑物处在开阔绿地的围绕之中"。现代深圳深受柯布西耶城市理念影响，巴黎也出现了拉德芳斯与巴黎老城两种截然不同的图底关系（图 2）。

柯布西耶的城市理想深刻影响了全球范围内的城市建设活动，理想实现，但预期之外的影响又有哪些呢？

2 一本反思城市形态的书

对于现代主义思潮，法国初期持开放态度，有很多实践案例（图 3），但随着建成后城市体验的不断丰富，开始出现批评声音，人们开始反思历史城市与现代主义城市哪种更可持续。

由法国政府资助，法国建筑科学技术中心与中法两国相关研究机构多年合作研究，从密度、气候能源、连接性三个维度，对世界范围的历史城市街区（都灵、托莱多、巴塞罗那、威尼斯、阿姆斯特丹、巴黎、京都、东京等）与现代城市街区（曼哈顿、华盛顿、上海、广州、香港、巴西利亚等）两种城市形态进行了大量的案例量化比较，出版了《关于可持续城市化的研究——城市与形态》一书。三个维度的理性研究为我们提供了以下值得深思的判断。

（1）密度

通过建筑层面（反映建筑高度）、街区占地率（反映建筑密度）、建成街区密度与城市总密度（反映容积率）等指标横向对比，总体来看，历史城市街区建筑大多为 3~6 层，建筑密度大于 50%，部分超过 70%，街区密度普遍高于现代城市。即使像中国香港这类视觉密度非常高的现代城市，城市总密度也并不比巴黎市高多少。从土

图 3 法国现代主义
城市实践
资料来源：BVDA 事务所

地集约利用的角度来看，历史城市普遍比现代城市集约。

（2）气候能源

在能耗上，院落围合式结构是能效最高的城市形态，在建筑规模相等的情况下，柯布西耶式的塔楼的能量损失比奥斯曼式街区高两倍；在自然光可利用率上，传统街区的自然光可利用率比塔楼高40%，这主要由于塔楼太高，会互相遮挡，从而减少了自然光的获取，如果塔楼间距加大到不互相遮挡，则会大幅降低地块密度。因此，从节能健康来看，历史城市远好于现代城市。

（3）连接性

大部分人都有很明确的城市体验，历史城市的街道布局确保了可达性和连接性，而大部分的现代城市将城市空间留给汽车，导致现代城市大量缺失人性化的环境。因此，从人性空间来看，历史城市也好于现代城市。

第二次世界大战后，巴黎典型的成片开发的城市实践有20世纪50年代的拉德芳斯、20世纪90年代的巴黎左岸开发区、21世纪初的塞纳河谷地区，三个地区现都已形成规模，是巴黎重要的就业中心。在营城方式上，拉德芳斯是现代主义理念的大胆实践，之后的两个地区都选择借鉴历史城市，包括街区肌理延续、建筑围合、高度控制。可以看出，在规划领域，经过现代主义实践与反思后，巴黎选择了回归历史城市的营城方式（图4）。

营城方式的回归会是简单的历史重复吗？城市如何表达当代思想，展现时代特征呢？

3　城市独特性的展现

初来巴黎，打卡香榭丽舍大街、凯旋门、卢浮宫、大皇宫、巴黎歌剧院、老佛爷百货、巴黎圣母院、埃菲尔铁塔等著名景点，大部分都位于奥斯曼对巴黎进行改造的地区，整体印象规整一致（图5）。

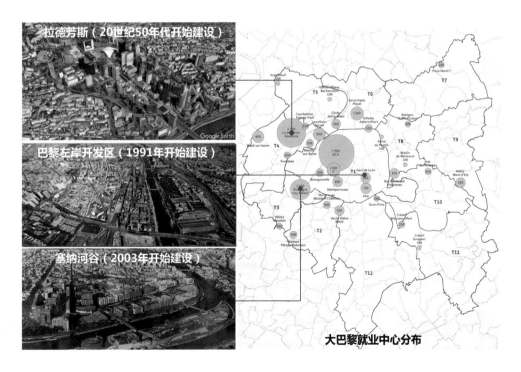

图4　第二次世界大战后巴黎成片开发实践
资料来源：Google Earth（左）；巴黎城市事务所（APUR）（右）

大巴黎就业中心分布

图5　巴黎奥斯曼式
城市景观
资料来源：BVDA 事务
所（左）

　　但如果人们来到中世纪玛莱区、拉丁区、蒙马特高地、南部大学城，会感受到不一样的巴黎。不仅仅是规整一致，还有规整下的多样，建筑高度一致下的柔和过渡、寻求韵律、激烈对比或者完全不同，你会惊叹、惊喜于城市表达的丰富性，这不是某个特定时间段的表达，而是从千年前的中世纪一直持续到当下（图6）。

　　来到法国东北部、德法边境美丽的斯特拉斯堡，感受会更为深切。这是首座将一个城市整个市中心区域列入世界文化遗产的城市，拥有中世纪以来的大量精美建筑。历史上，斯特拉斯堡处于多个民族活动范围的重合地带，从最初的凯尔特，再到高卢、日耳曼以及后来的法兰克、查理曼这些民族都在此留下足迹。在历史中心区建筑高度基本一致的情况下，呈现更为多样的变化，人们身处其中丝毫不会感到违和，反而会沉浸于多民族文化混合的魅力之中（图7）。

图6　巴黎市多样城
市景观

图7　法国斯特拉斯
堡中心区域

这种宏观对规整有序的强化、微观对多样性的鼓励包容，是一种城市态度，是历史城市营造中赋予城市独特性的重要方式。

巴黎在左岸开发区、塞纳河谷地区的开发实践中继承了这种方式。在街区肌理、建筑围合、建筑高度总体控制下，人们走在其中，会深切感受到建筑师、业主思考探索与拒绝平庸的精神，这种对创新的鼓励并未产生整体的无序、失控（图8）。

回归历史的营城方式，已是共识。笔者在巴黎市中心周边参观，经过一栋当下在中国稀松平常的小高层住宅（图9）。同行法国建筑师说到，这种柯布西耶式的作品代表工业化的复制生产，重复单调，丧失多样性，已出现很多社会问题，但改造非常困难，如今他们选择延续传统肌理，关注健康、营造生活、表达审美。重新选择和再探索使街区充满关怀温度，不千篇一律。

历史城市"宏观规整有序＋微观丰富包容"的营城方式，毫无疑问在土地集约、节能低碳上具有优势，更让人必须珍视的是人内心的反馈、人性空间、城市认同这是现代城市缺乏而渴求的。

为何历史城市的营城方式会这么契合人的心理需求？

4　基因密码

人类行为的本质原因一直是科学探索的前沿领域，对于人类行为"先天—后天"之争有一系列引人入胜的讨论，现有的研究已发现有些人类行为选择是与生俱来的，

图8　巴黎塞纳河谷地区街道

图9　BVDA事务所作品

资料来源：BVDA事务所

是先天的，就像编好了的程序，存于我们的基因密码之中。城市的核心是人，人类高密度集聚其中，优秀城市的基因密码必须学会尊重、理解、响应人的基因密码。

因此，可以从人类基因密码的视角，从一些有趣的人类行为[2]，再来看看历史城市与现代城市。

婴儿自一出生视觉就天生具有区分形态的能力，并且明显"喜欢"（注视时间长）更复杂的形态，喜欢人类面孔。这是 20 世纪 50 年代一项对婴儿注视偏好的研究，说明人天生对环境的形态偏好，会帮助人逐渐形成社会回应。不难想象，人与人之间的"交流"必然是人最基础的需求，城市必须提供足够的方便舒适的交往空间，这是城市基础核心的职责。历史城市宏观上形成的肌理格局所带来的最直接的人类共同感受就是舒适的空间尺度，随处可见的交往空间极好地回应了"交流"这一人类基因的需求。

婴儿会对一遍一遍看相同图形的刺激感到厌烦，注视时间会减少，但如果变换图形，他们似乎又有了兴趣，且注视时间变长。这是 20 世纪 70 年代针对婴儿注视偏好研究的一项重要延伸发现，看来"变换"是人类基因的需求。穿衣有年度流行色，吃喝需变换口味，工作度假来回切换，人们在变换中寻求认识、寻找平衡。历史城市与当前巴黎建设方式采用了在微观上人类可直接感知的尺度，对丰富性的鼓励与包容极好地回应了"变换"这一人类基因的需求。

人类与黑猩猩只有 1% 多一点差异，人与人之间差异却可能达到 0.3%，这是 20 世纪 90 年代开始的人类基因组计划的研究结果。看来微观世界微小规则的变化在宏观世界显现出极大的不同，时刻提醒人类在基因领域要"敬畏创新"。城市被形容为复杂的生命系统，但人们对于城市基因的创新似乎缺乏敬畏，缺乏对历史的深入思考，会有天翻地覆之类的得意之情。如果把城市看作基因传承系统，则应该尊重传承，敬畏创新，控制对历史营城规则大胆革新的欲望。要相信微小创新的力量，基因规则微小的改变是会对城市感知产生巨大影响的。

人类、城市两套生命基因在千年历史磨合中，不缺默契、教训、挑战，我们应做好传承，使两套基因底层架构的逻辑自洽，成为生命共同体。

5 营城制度

好的营城方式需要好的制度土壤，给予营养，持续运转。

巴黎以制度保障营城，建立了总建筑师制度。以左岸开发区为例（图 10），总体城市设计中标方被聘为地区总建筑师，赋予其两项主要权利：一是为地块深化设计制定约束性管控要求，即模型中磨砂玻璃体块，包括围合方式、建筑形体关系、主要出入口等；二是负责审核各建筑师的方案，包括形体、色彩、立面、平面等，即模型中建筑方案体块。同时，对总建筑师也给予一项约束，即只允许其参与中标项目中很少一部分建筑的建筑设计工作，以确保整个地区多样性。

这种制度贯穿于巴黎各种类型、各种尺度的项目中，大到成片开发，小到独立地块建设。例如，巴黎市 12 区 Reuilly 兵营地块更新改造住房项目，围合的建筑与庭园共划分成 8 个部分，交由 8 个建筑师团队完成，在整体性中争取有更多变化的可能，增加场所的丰富度。

图 10　巴黎左岸地区模型
资料来源：作者拍摄于巴黎左岸管委会展览馆

　　巴黎，一座千年更新的魅力之城，会让你跳出当下，想到永续发展，思考永续的城市形态与生活。规划建筑市场已有充分的国际交流，不缺各种最新理念与技术表达信息，缺乏对背后要传播的思想的理解、甄别与选择。当前中国高质量转型内涵是丰富的，绝不仅仅是经济要素，也在期盼着城市生活使人内心丰盈。

参考文献

[1]　SALAT S. 城市与形态：关于可持续城市化的研究 [M]. 北京：中国建筑工业出版社，2012.

[2]　罗杰·R. 霍克. 改变心理学的 40 项研究 [M]. 北京：中国人民大学出版社，2015.

功能疏解背景下的韩国公共机构外迁方案及首尔的应对策略 ①

高 雅

摘 要：本文对近年韩国中央部门和公共机关外迁进行了详细梳理。首先，回顾了历年来的外迁政策，究竟是怎样的政策形式能支持如此庞大的政府行为？进而，对具体搬迁方案作详细介绍，包括拟搬迁多少个机构，涉及多少工作人员以及外迁目的地；然后，对搬迁单位的功能进行分析，信息具体到每个搬迁单位机构名称及其在首尔的空间分布情况；此外，在大批机构外迁后，原有物业的利用不仅需要考虑旧址利用模式，也需要考虑机关外迁对首尔可能带来的影响，针对这些影响，中央层面和首尔市层面都做出了哪些应对措施。最后总结了韩国及首尔的经验教训对北京的借鉴意义。

　　首尔作为韩国首都，以全国 0.6% 的面积集中了全国 20% 的人口、22% 的经济总量和近 40% 的公共机构。出于国家安全、均衡经济发展及缓解首尔发展压力的考虑，首尔从 20 世纪 60 年代开始便考虑和实施首都功能的疏解，具体通过工业职能疏解、住房提供和新型行政城市的发展三大措施来实现。

　　早在 20 世纪 70 年代，出于军事上的考虑，韩国政府已经开始将部分中央机构迁到首尔周边的京畿道，其中规模最大的是位于首尔以南 15km 的果川市。整个 70 年代，共向首尔以外地区迁移了 7 个主要国家行政机构，外迁公务人员 5500 人。20 世纪 80 年代和 90 年代各迁出 10 个行政机构，外迁公务人员 4000 余人。2002 年，时为总统候选人的前总统卢武铉提议迁都，此后他在任期间制定了《行政首都特别措施法》，将世宗市规划为行政首都。2004 年，宪法法院作出违宪判决，政府决定只迁移部分行政部门。李明博在任期间，世宗市建设方案屡遭质疑，直到 2010 年 12 月《关于世宗市设置等的特别法》获得通过后才破土动工。

　　世宗市位于韩国忠清南道东北部，位于首尔市以南大概 120km，规划到 2020 年和 2030 年分别形成拥有 30 万和 50 万人口的城市。世宗市于 2012 年正式启用，截至 2017 年 1 月，已有 2/3 以上的中央行政机构完成搬迁。世宗市人口由 10.3 万增长到 25.1 万（2017 年 3 月），已接近规划人口的半数水平。与此同时，韩国政府从 2007 年开始同步推进了向全国范围内 10 个新城（包括釜山、济州、大邱等城市）搬迁安置国家公共机构的计划。

　　本文所指的中央部门指的是隶属于中央政府的部门，公共机关指的是公立研究机构和其他单位、企业等。韩国的中央机构外迁是一个耗时长、规模大、空间广的过程，虽与韩国自身国情的特殊性息息相关，但对行政职能外迁行为具有一定的参考意义。

作者简介

高 雅，北京市城市规划设计研究院规划研究室高级工程师。

1　韩国公共机构外迁政策梳理

针对首都圈范围（即首尔市和其周边的京畿道地区）内共计 38 个中央部门和 149 个公共机关中央部门与公共机关的搬迁，韩国政府通过制定法律为外迁提供政策依据，进而落实为具体的搬迁规划。

针对中央部门，2003 年韩国政府发布了建设行政新首都，将对集中在首都圈的中央部门及所属机关进行搬迁的"新行政首都建设"政策，同年 12 月，制定了《新行政首都建设特别法》。2004 年 8 月，制定并公示了《主要国家机关搬迁规划》，决定将搬迁 18 个中央部门、4 个处级行政单位、3 个厅级行政单位等共计 73 个机关，但由于 2004 年 10 月《新行政首都建设特别法》被判定违宪，便通过制定《旨向新行政首都后续对策的燕岐公州地域行政中心复合城市建设特别法》来推进这一规划。2005 年 4 月，指定"新行政中心复合城市预定地区"，同年 10 月，公示了以 49 个机关为对象的《中央行政机关搬迁规划》（表 1）。

中央部门搬迁政策的变化　　　　　　　　　　　　　　表1

时间		内容	搬迁对象机关
2003 年	4 月	发布新行政首都建设政策	—
	12 月	制定《新行政首都建设特别法》	—
2004 年	4 月	施行特别法及施行令	—
	8 月	制定并公示《主要国家机关搬迁规划》	18 个部门、4 个处级行政单位、3 个厅级行政单位等 73 个机关
	10 月	《新行政首都建设特别法》被判定违宪	—
2005 年	5 月	制定《旨向新行政首都后续对策的燕岐公州地域行政中心复合城市建设特别法》	—
	10 月	公示《中央行政机关搬迁规划》	12 个部门、4 个处级行政单位、2 个厅级行政单位等 49 个机关
2010 年	8 月	改编政府组织	9 个部门、2 个处级行政单位、2 个厅级行政单位等 36 个机关
	12 月	制定《关于世宗市设置等问题特别法》	—
2013 年	3 月	改编政府组织	10 个部门、3 个处级行政单位、2 个厅级行政单位等 38 个机关

针对公共机关，韩国政府 2003 年 6 月发布了《公共机关地方搬迁方针》，2004 年 4 月制定了《国家均衡发展特别法》，为搬迁政策提供了法律上的依据。2005 年 7 月，制定并公示了《公共机关地方搬迁规划》，选定 176 个机关为搬迁对象。2007 年 2 月，制定了《由公共机关地方搬迁引发的创新城市建设及支援的特别法》，将对象变更为除既有的中央部门机关外的 152 个公共机关。2008 年，新政府上台之后，将 147 个机关确定为搬迁对象，之后又增加了 2 个机关（表 2）。预计共有 149 个机关将在 2020 年之前搬迁到 10 个创新城市，以及世宗市及其他开发地区（指五松、牙山、保宁、泰安、庆州五个城市）。

公共机关搬迁政策的变化   表2

时间		内容	搬迁对象机关
2003 年	6 月	发布《公共机关地方搬迁方针》	—
2004 年	4 月	制定《国家均衡发展特别法》	—
2005 年	5 月	制定并公示《公共机关地方搬迁规划》	176 个机关
2007 年	2 月	制定《关于公共机关地方搬迁随之而来的创新城市建设及支援的特别法》	152 个公共机关
2008 年	3 月	新政府上台，继续调整搬迁机关	149 个公共机关

2 韩国公共机构外迁目的地：世宗 + 果川 + 10 个创新都市

世宗市并非外迁的唯一目的地。为了提升首都圈发展质量、均衡全国发展布局、促进自立型地方化，韩国政府正将世宗市建设及机关转移与创新城市建设联系在一起推进。从 2003 年开始，推进中的公共机关地方转移政策将位于首都圈的公共机关转移到 10 个创新城市及地方，通过完善当地的企业、大学、研究所、公共机关等可以与之相互合作的创新条件，形成新的地域据点，促进地方的自立发展。10 个创新城市遍布韩国国土，包括江原、大邱、釜山、济州岛等。

计划将创新城市开发成"引领地域发展的创新据点城市""具有地域主题的有个性的特性化城市""人人都想生活的亲环境绿色城市""学习与创意交流活泼进行的教育、文化城市"。按地域分类，创新城市的规划人口为 2 万 ~5 万，为了保护自然景观及确保舒适快捷的居住环境，计划将以 250~350 人 /hm^2 的中、低密度进行开发。

首都圈范围共计将外迁 197 个中央部门及公共机关。其中，拟向世宗市搬迁的中央部门有 38 个，向果川市搬迁的中央部门有 10 个，另外向创新城市、世宗市及个别搬迁的公共机关有 149 个。

首尔市范围共计将外迁 127 个中央部门及公共机关、36741 名工作人员。其中，拟向世宗市搬迁的中央机关有 19 个，向果川市搬迁的中央机关有 10 个，包含向创新城市、世宗市及其他地区的公共机关有 97 个，合计 127 个。在这些机关中工作的职员，中央机关有 10075 名，公共机关有 26666 名，合计 36741 名（表3、图 1 ）。

按搬迁城市分类的搬迁机关数量及职员人数   表3

城市（地区）	搬迁机关数量（个）			职员人数（人）		
	中央机关	公共机关	小计	中央机关	公共机关	小计
世宗市	19	14	33	5985	2680	8665
果川市	10	0	10	3445	0	3445
江原创新城市	0	11	11	0	4370	4370
忠北创新城市	0	6	6	0	1812	1812
全北创新城市	0	4	4	0	1144	1144
庆北创新城市	0	5	5	0	355	355
大邱创新城市	0	10	10	0	2274	2274
光州全南创新城市	0	12	12	0	5486	5486

续表

城市（地区）	搬迁机关数量（个）			职员人数（人）		
	中央机关	公共机关	小计	中央机关	公共机关	小计
庆南创新城市	0	6	6	0	1255	1255
蔚山创新城市	0	4	4	0	1120	1120
釜山创新城市	0	10	10	0	2280	2280
济州创新城市	0	6	6	0	641	641
其他地区	1	9	10	645	3249	3894
合计	30	97	127	10075	26666	36741

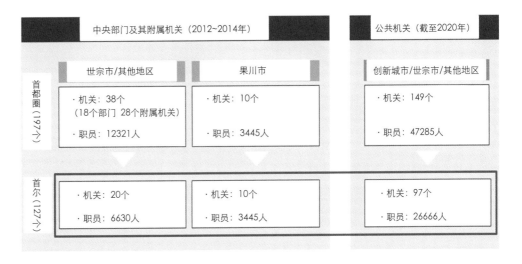

图1 首都圈及首尔市的中央部门及公共机关搬迁方案[1]

3 外迁公共机构功能及其在首尔的空间分布情况

拟搬迁的公共机构功能以公共行政及科研机构为主，金融保险业其次。这些机构按韩国产业标准分类的大分类标准可以分为6类，其中"公共行政、国防及社会保障行政"，以及"专业、科学及技术服务业"机关各有56个、46个，占据最大比重。此外，"金融及保险业"有12个，"电气燃气蒸汽及水道事业"有8个，"教育及服务业"有4个，"批发及零售"有1个。这些机构的外迁对首尔来说不仅仅是机构数量的下降，还意味着城市相关行业质量的下降。这些机关要么决定国家政策，要么年执行预算与资产规模巨大，要么则引导知识产业发展、拥有巨大的影响力。其中，科研机构外迁人员占到首尔市总体的44%之多，对首尔在科研创新方面的影响不容小觑。

拟搬迁的公共机构主要分布在首尔市中心区及东南区。其中，中央部门主要分布在市中心区，教育部、保健福祉部等共计16个部门位于此处，职员约有7500人。公共机关主要分布在东南区，韩国电力公社、健康保险审查评价院等43个机关位于此处，职员约有13200人。尤其是在韩国电力公社所处地块上，以韩国电力公社为首，共有8个机关位于此处（表4、图2）。

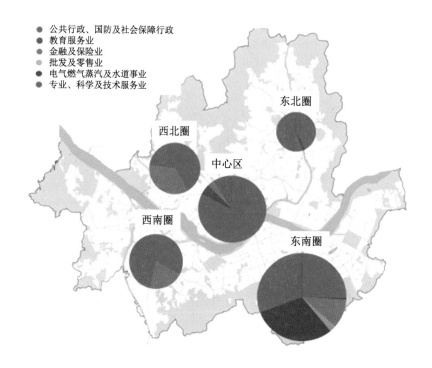

- ● 公共行政、国防及社会保障行政
- ● 教育服务业
- ● 金融及保险业
- ● 批发及零售业
- ● 电气燃气蒸汽及水道事业
- ● 专业、科学及技术服务业

图 2 按机关分类的
分布现状[1]

按圈域分类的搬迁机关及职员数 表4

地区	搬迁机关数（个）			职员人数（人）		
	中央机关	公共机关	小计	中央机关	公共机关	小计
市中心区	16	13	29	7506	2400	9906
东北圈	0	7	7	0	2169	2169
西北圈	3	13	16	1202	4437	5639
东南圈	7	43	50	865	13192	14057
西南圈	4	22	26	502	4468	4970
合计	30	98	128	10075	26666	36741

4 外迁公共机构的旧址利用方案

向世宗市搬迁的中央部门无须出售旧址，而是通过国家新建的世宗政府厅舍来实现搬迁，旧址大部分改为其他国家机关使用。向果川市搬迁的中央部门将利用已有的政府果川厅舍，其旧址大部分并没有被出售，仅有首尔地方调拨厅被出售给民间企业（表5）。预计此外的大部分旧址会被相应部门作为他用。租赁并使用民间建筑物一部分的机关，只需简单地结束租赁即可进行搬迁。

向果川市搬迁的中央部门的旧址利用方案 表5

机关名	旧址所在地	旧有不动产处理
首尔地方调拨厅	首尔市瑞草区	一般出售
放送通信委员会	首尔市钟路区	规划财政部使用
防卫事业厅	首尔市龙山区	国防部使用

机关名	旧址所在地	旧有不动产处理
首尔出入国管理事务所	首尔市阳川区	南部出入国支部使用
首尔地方国土管理厅	首尔市中区	国土交通部使用
首尔地方食品医药品安全厅	首尔市阳川区	京仁食药厅使用
国家科学技术委员会	首尔市钟路区	
京仁地方统计厅	首尔市江南区	
首尔公正交易事务所	首尔市瑞草区	结束租赁
政府统一呼叫中心	首尔市钟路区等	
首尔地方矫正厅	京畿道安养市	
首尔市地方中小企业厅	京畿道果川市	

中央部门所属公共机关的旧址售出费用一律充当搬迁费用。其他公共机关则各自进行出售，将收入用于搬迁费用。出售旧址的公共机关根据《关于公共机关地方搬迁随之而来的创新城市建设及支援的特别法》第 43 条，制定旧址处理规划之后，需获得国土交通部部长的认可。确定旧址处理规划之后，则可向地方自治团体、购入旧址的公共机关（指的是总统令指定的韩国土地住宅公社、韩国资产管理公社、韩国农渔村公社）、地方公共企业出售或进行一般性的出售（图 3）。

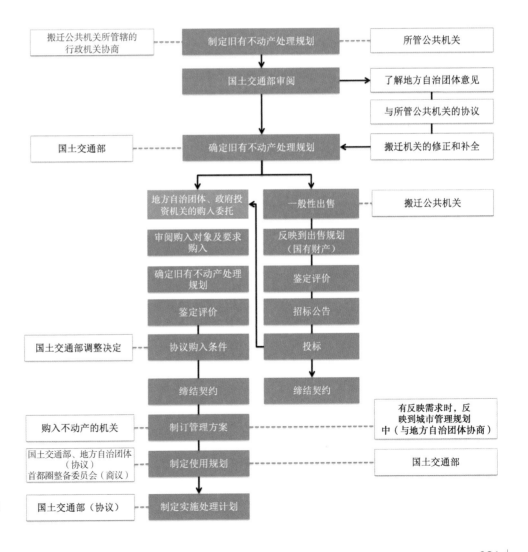

图 3 公共机关的旧址处理过程[1]

5　公共机构外迁后韩国中央政府及首尔市的应对

如此大规模的职能外迁，必将对首尔乃至首都圈带来深远影响。据首尔研究院的分析成果，在人口住宅领域，首尔所受的冲击并不大；在产业经济领域，中央部门和公共机关在迁移后，必然需要发现具有发展前景的新职能来代替之前的公共行政职能，需要政府从中引导；在城市空间领域，目前首尔市的中心老城区已出现老龄化及衰败现象，机构外迁后可考虑对中央部门和公共机关的旧物业进行公益性的再利用；在交通领域，机构外迁则将给地域间的交通带来挑战。总的来说，迁移的影响主要体现在以产业经济和都市空间为主的领域。相对于规模上的改变，更需要担心的是外迁后可能会发生的职能低下的问题。对此，韩国中央政府和首尔市政府已经各有政策上的应对。

5.1　中央政府层面的政策应对

2003 年在韩国政府推进地方搬迁政策的同时，通过《新首都圈发展方案》《第三次首都圈整备规划》，为强化首都圈竞争力及改善生活质量，正在推进首都圈调控的阶段性改善措施。另外，通过中央部门及公共机关的搬迁，以解决首都圈过度密集的问题，谋求地方的发展，提出首都圈与地方间的共生方案。

5.1.1　新首都圈发展方案

国土交通部于 2004 年发布了《新首都圈发展方案与创新城市建设方案》，为首都圈描绘了 "与地方共生发展的生活便利的东北亚经济中心" 的蓝图，划分并提出了首尔、京畿、仁川的竞争力强化方案。另外，为解决首都圈过度密集的问题，着力推进新行政首都的建设与公共机关的地方搬迁，为提高居民的生活质量，在考虑历史文化等情况下建设城市空间等，分阶段地提出了首都圈合理的改善方向（表 6）。

新首都圈发展方案 表6

蓝图	与地方共生发展的生活便利的东北亚经济中心	
目标	建设拥有世界竞争力的新首都圈 再跨入 2000 万人的舒适生活家园	
推进战略	消解首都圈过度密集	设定人口安定化目标及反映到各种规划中； 通过建设新行政首都，公共机关地方搬迁及有联系的创新城市建设来分散人口
	强化首都圈竞争力	首尔：培育东北亚金融国际商务枢纽； 仁川：培育东北亚物流商务中心城市； 京畿：培育尖端知识基础产业的圣地
	提高首都圈居民生活质量	提供发达国家大城市圈水平的环境友好型生活环境； 建设历史文化氛围浓厚的城市空间； 通过计划开发防止乱开发； 提供快捷、安全的交通服务
	首都圈调控的合理改善	第 1 阶段（2004~2007 年）：维持首都圈区域及工厂总量制，为强化竞争力，对尖端产业进行调控与选择改善； 第 2 阶段（2008 年以后）：圈域改编，以一律禁止为主的综合整顿管控，2014 年以后转换为地方自治团体参与的计划性管理体制

5.1.2　第 3 次首都圈整备规划（2006~2020 年）

2006 年国土交通部以拥有国际竞争力、追求首都圈有质量发展为目标，制定了第 3 次首都圈整备规划，与新首都圈发展方案一道，正在追求与地方共生发展，在均衡发展的层面上，以消解首尔的过度集聚为目标。另外，从首都圈发展方向的角度，提出了提高其作为经济中心地的竞争力，同时强调发达国家水平的生活品质两个概念。虽有对首都圈调控的合理放宽战略，但这只面向除首尔之外的仁川·京畿地区（表7）。

第3次首都圈整备规划 表7

		内容
目标		在人口安定化追求的前提下，追求首都圈的有质量发展； 指向拥有高度国际竞争力，与地方共生发展的首都圈
细分目标		整备拥有发达国家水平的生活品质的首都圈； 构筑可持续的首都圈成长管理基盘； 实现与地方共同发展的首都圈； 形成作为东北亚经济中心地的拥有竞争力的首都圈
推进 战略	首都圈人口安定化	设定首都圈目标人口及确立目标人口的管理体制
	改善首都圈居民生活质量	将首尔为中心的空间构造转换为多中心联系型的空间构造； 扩充休闲及文化空间； 通过开发首都圈内落后地区，促进均衡发展
	强化首都圈竞争力	设定按地区分类的特性化蓝图及构筑发展战略； 扩充基础设施、港口、广域火车线路、干线道路
	改善首都圈调控	短期将首都圈调控合理化； 长期推进向计划性管理体制的转换

5.2 首尔市层面的政策应对

2003年，在中央部门及公共机关向世宗市及创新城市搬迁的新行政首都建设政策发布时，首尔市政府持反对搬迁政策的立场。但是到了2006年，首尔市政府开始接受这一政策，并努力分析公共机关的搬迁对首尔市产生的实质影响，准备随之而来的应对方案的活动。

在市级层面的规划，如《2030首尔规划》及《经济蓝图2030》等文件上，制定针对迁出地区的发展方向与细分战略等，使损失最小化，采取将变化视为机会的多种措施。例如，首尔市法律地位最高的规划《2030首尔规划》提出了按圈域分类的发展构想方案，在宏观层面指明了对迁出地区的利用方向。对市中心圈，强化作为历史文化市中心的形象与竞争力；对东北圈，强化自足功能及通过创造就业岗位来提高地区活力；对西北圈，重点扶植创造文化产业及搞活良好的地区共同体；对西南圈，通过准工业地区的创新，培育新成长产业据点，以及强化居民生活基盘；对东南圈，强化全球化业务、商业功能及对原有居住地的计划性管理。

根据首尔研究院的专题研究，提出为应对机构外迁带来的影响，首尔市应推进以下战略。第一，以引进比从首尔市流出的中枢管理职能影响更大的职能为原则，致力于扩充国际企业、国际机构等首尔市不足的国际职能，同时扩充会展、酒店等服务于国际化的设施。第二，需要通过强化拥有创造经济的核心资源的大学等高级人力资源的研发力量，来弥补公共机构外迁带来的研发空白。第三，从国际都市应具有高生活水准的角度来说，应将机关迁移后的固定资产看作一个用来改善市民生活质量的契机。首尔市在急速发展和扩张的过程中，市区和新市区的基础设施与生活设施没有做到均衡性设置，因此，在市区内的旧址可以被再利用，提供一个扩充市民生活设施的机会。

图 4　公益设施供给的优先考虑[1]

具体到外迁后旧址如何利用，首尔市提出了旧址综合管理方案和管理基本原则，希望利用这一契机来实现首尔市的质的飞跃。对于旧址中可被买入的备选土地，需按照首尔市均衡发展、都市环境改善、土地使用效率三方面的标准，对各旧址进行评估，最终选定优先买入的土地。对于首尔市能够管理的旧址（共 22 个，建筑面积 47 万 m²），针对其旧址存在的局限性问题，提出可引导在有条件地区将旧址和附近可用的公有用地进行连接，对于具备"城市更新地域"条件的地域，按照城市更新的相关规定进行更新。同时，为提升居民生活质量，提出优先考虑使用原旧址增加休闲、福利、文化等公益设施。从地域上来说，优先对公益设施相对不足的西北圈和西南圈等地进行供给（图 4）。

6　总结

自 20 世纪 70 年代以来，出于国土安全、平衡发展的考虑，韩国多次向首尔以外的区域迁移中央机关。其中，以迁至世宗市为规模最大、"野心"最大的一次。中央机构外迁是一个复杂且庞大的工程。对韩国来说，是以举国之力、用法律和规划配套推进其实施，而且经历了多次调整。韩国政府试图通过中央机构外迁，从一定程度上缓解了"头重脚轻"的国土格局。然而国土发展格局的形成，是国家体制、管理机制多年作用的结果。至于是否能实现预期目标，即使历时已久，其效应仍需要时间来检验。对首尔市来说，从一开始的反对态度到现在积极应对的转变，也是由于其意识到已持续外迁了 50 年的中央机构已不能动摇首尔的发展根本，首尔所需要做的是把变化视作机会，更好地作自己。

北京于 2018 年 12 月 28 日正式启用了通州行政办公区，将市属机关的行政办公职能外迁出中心城区，同样处于功能疏解进程中的北京可以从如下三方面借鉴韩国及首尔的经验：一是有序、有效地通过制定法规和规划推动功能疏解和机构外迁，以确保政策行为的延续性；二是应以长远视角和国际视野看待城市发展所处阶段与提升方向，如首尔市对公共机构外迁后首尔国际交往功能、科研力量的强化，与北京新版总体规划提出的"四个中心"中的"国际交往中心、科技创新中心"不谋而合；三是秉承"疏解整治促提升"的态度来制定疏解后的中心城区再利用策略，注重用地效率的提升和对公共服务设施缺项的补足，具体可参考首尔市专门成立城市更新机构，统一协调全市层面的城市更新战略及具体项目。

注释

① 　本文撰写于 2017 年 1 月，系在当时公开数据及研究报告的基础上展开相关分析。

参考文献

［1］　首尔研究院 . 公共机关外迁后首尔的功能变化研究 [R]. 2013.

新加坡城市规划浅析

林 静

摘 要：新加坡自 1965 年独立以来，仅用 40 多年的时间便建设成为一座世界公认的最适宜居住的城市之一，赢得了"花园城市"的美称。其城市规划与管理一度成为规划人员研究与学习的典型案例之一。本文从城市规划体系构成、交通规划特点、组屋的规划建设三个主要方面，简要分析新加坡城市规划与管理的特点，并总结其经验。

新加坡位于马来亚半岛南端，东南亚地区的中心，国土面积约 700km²，地势较为平坦，每平方公里人口大于 7000 人。作为"亚洲四小龙"之一，新加坡自 20 世纪 60 年代起，通过对自身发展模式的不断探索、转型和创新，实现了经济社会较快发展，取得了傲人的成绩。高度国际化与社会经济的快速发展必然给城市系统带来较大压力，但其城市系统运行依旧井然有序，其城市规划与管理一度成为规划人员研究、学习与借鉴的良好案例。笔者有幸赴新加坡考察，本文记录下对新加坡城市规划和管理的一些粗浅认识。

1 概况

新加坡的城市规划充满了人文关怀。漫步于新加坡河边，从驳船码头（Boat Quay）经克拉克码头（Clarke Quay）一直到罗伯森码头（Robertson Quay），有很多酒吧和餐馆依河而建，三三两两的游客在此点一杯咖啡或红茶，悠然自得。滨水开发利用强度合理，虽无硬性防护间距限制，但却井然有序，城市非常亲水宜居。

新加坡作为一个城市国家，虽然高楼林立，高架桥依地势盘旋弯曲，但建筑绿化做得极好，宛如一个城市花园，让人穿梭于其中便能感觉与大自然贴近。树木、花草多层次覆盖，绿化空间布局"点、线、面"相结合，在城市设计方面特别注重人们的心理感受，处处体现以人为本。生态主题公园目不暇接，连接各公园空间的廊道鳞次栉比，极具设计品质。

新加坡以法治严明而闻名，其良好的城市环境在很大程度上依赖于渗透到城市管理方方面面的罚款制度。除了对严重违规者追究法律责任外，对轻微违法行为大量采取罚款处罚措施。罚款的范围广、名目繁多、程序明确具体、数额大，足以使受罚者不敢再犯。这对于培养国民良好行为、维系城市环境的整洁和安全都起到了很大作用。所以，在新加坡看不到乱丢垃圾、随地吐痰、在公共场所抽烟等不文明行为，在农贸市场吃大排档也不用担心食品质量问题，真正是一个让游客都感到放心、安心的社会。

作者简介

林 静，北京市城市规划设计研究院正高级工程师。

2 城市规划体系简析

新加坡的城市规划大体分为三个阶段：概念规划、总体规划（开发指导规划）和详细规划。

概念规划蓝图主要制定土地和交通的规划蓝图，这种规划是长期性和战略性的，侧重于解决宏观层面的问题，对建设的指导主要体现在确定全局性的功能分区、道路交通安排、环境绿化以及干线基础设施的布局等方面，从宏观的角度决定土地使用政策与开发策略，制定长远发展目标，并为实施性规划提供依据。概念规划蓝图不仅可以满足当代人的需求，而且不以牺牲下一代的利益为代价，是一种可持续发展的计划。这个理念性的宏观计划，试图预测新加坡未来 40 ~ 50 年的土地需求，让人们可以想象 30 ~ 50 年后城市的样子。对于规划蓝图，新加坡政府每 10 年调整一次，每年审查一次，确保计划符合实际。

"诞生"于 1958 年的总体规划蓝图是新加坡的法定规划，是土地开发控制和管理的法律依据。如果说概念规划蓝图描述的是一种策略性的方向，总体规划蓝图则是一个全面的土地分配规划，当中涉及土地的理想用途、发展密度的限制等。总体规划的制定、检验、修改和审批都必须遵守相应的法定程序，受规划条例的管制和约束。总体规划将全国划分为 5 个规划区域，即中心区、东区、西区、北区和东北区，分别承担了居住、商业、工业等不同功能。

开发指导规划是 20 世纪 90 年代以来，在广泛的构架和长期战略的指引下建立的第二级、更详细的开发指导规划。它将 5 个规划区域再细分为 55 个规划分区。市区重建局为全国 55 个规划区拟定发展指导蓝图，进而形成发展总蓝图，成为法定文件。

详细规划属于近期规划，规划年限是 5~10 年。

3 交通规划和管理特征

3.1 均贫富

新加坡前任总理李光耀于 1990 年运用行为经济学的理念，引入了具有新加坡特色的"拥车证"制度，可以解读为"必须持有拥车证，才能够拥车"，即通过行为经济学的理念，将配套收费变成了持有资格。同时，新加坡于 1975 年即开始首创实施拥堵收费制，并于 1998 年引入了公路电子收费系统（electronic road pricing，ERP），从而控制车辆的使用（图 1）。超高的拥车与用车经济成本，直接从需求层面控制了新加坡机动车的保有量与使用量。新加坡的交通收入直接用于公共交通事业投资，正是通过这个流程，交通管理实现了均衡社会财富的功能。

3.2 人为本

新加坡公共交通非常发达且运行管理井然有序，公共交通从规划到管理处处体现出以人为本的理念。新加坡 2020 年公共交通规划目标为：公共交通的总出行时间不超过汽车的 1.5 倍；85% 的公交使用者门到门出行时间不超 1h；2020 年前地铁覆盖率超过 50km/ 百万人口，实现中央商业区内地铁站在 400m 步行范围内；主要居民区设有公交转乘站，集干线、转运巴士与地铁服务于一体；形成 10 个一体化交通

枢纽，集购物与居住于一体（图2）。

在新加坡，巴士服务质量拥有一套严格的指标评价体系：90%以上的公交车装有空调、低台阶、严格技术和安全标准，80%的公交服务高峰期发车间距至多在10min内，高峰期公交承载量不得超过95%的注册客运量，事故率不得超过0.75起/（10万车·km），公交故障率不得超过1.5%等。除此之外，地铁、出租车也配有严格的评价指标体系，以保障和提高公共交通服务水平。

3.3 一体化

新加坡的综合交通枢纽一般包含地铁（一条或几条线路换乘）、常规公交、出租车、非机动车、停车场、特色公共交通方式（如港湾站单轨列车、缆车、游轮）等。同时，交通枢纽结合商业、居住用地建筑统一设置，实现土地效益最大化。以港湾枢纽站为例，此站包括轨道、公交、出租车、单轨列车、缆车、游轮、停车场、非机动车、大型商业（怡丰城）、住宅公寓。

4 从达士岭组屋看新加坡公共住宅的规划设计思路

新加坡1959年脱离英联邦建立自治政府，1965年8月6日宣布独立。建国伊始，政府面临房荒、就业和交通三个难题，其中居住问题最为突出。从20世纪60年代初至90年代初，新加坡为中低收入阶层建成了62.8万个组屋单位，有240余万居民住进这些组屋，占国民总数的87%。

新加坡最"高大上"的组屋是达士岭组屋，该建筑群成为新加坡标志性建筑和"福利房"的代表。拥有两个"世界之最"（最长的空中花园和最重的空中桥梁）的达士岭组屋位于新加坡中心区的西南边缘，是一组灰白相间、极简主义风格的超高层建筑群，与一旁紧邻的高2~3层、盖着红瓦的"中国城"历史建筑群形成鲜明的对比，很难相信这组地标性的建筑物竟然是由新加坡住房发展局投资兴建的公共住宅。达士岭组屋始建于2001年，是新加坡第一次经过国际建筑设计竞赛来征集方案的公共住宅开发项目，最终ARC Studio设计公司中标。达士岭组屋超越了新加坡公共住宅过去50年的经验，巧妙地处理了高层、高密度可能带来的社会和环境问题，形成了一

图1 新加坡公路电子收费系统（左）
图2 地铁与周边商业建筑无缝衔接（右）

图3　达士岭组屋空中花园（左）
图4　达士岭组屋地面二层花园（右）
资料来源：Blog.sina.com.cn/gobigobi

处高品质、可持续的都市生活环境。

设计师通过观察新加坡高密度的城市环境和住房状况，提出了一个简单的设计概念——"连接"，即空中获取土地，创造新空间。在塔楼的第二十六层和第五十层用空中桥梁将7栋高层公寓组织在一起，成为两层连通的折线形空中花园，既争取到额外的用地面积，为居民提供更多的开放空间，又构成景观窗户，引入周边的城市环境，形成框景。空中花园设计巧妙，除满足交通连贯性的需求外，也成为居民的公共活动空间，通过一些户外座椅、儿童游戏道具、跑步散步道路、运动健身器材等设施提供了多种公共活动的选择，人们可以在此举办聚会，可以眺望天空、海岸线和城市全景。虽然组屋高达51层，但居民最多只需经过12层就可以到达一处舒适惬意的公共空间，从而缓解了高密度居住可能带来的压抑感。达士岭组屋的屋顶花园平台成为公共与私密、城市与家之间的调节元素（图3）。

为了获取更多的开放空间，现有地面被切分和提升，成为一个高于地面两层的新的屋顶花园。花园下部空间布置停车场和包括餐馆、商店、便利店、托儿及教育中心、居民委员会等在内的公共服务设施（图4）。此外，达士岭组屋屋顶绿化植物均经过仔细规划，同时依靠公园和路网系统，将生活空间延伸至公共区域。

新加坡组屋的建设已经跨过早期的温饱型阶段，新一代公共住宅作为居民生活的家园，不仅需要完善功能，还必须设计独特和富于创新，在超高密度的城市环境中寻找公共空间和诗意栖居，充分演绎了"新加坡人最好的家"的理念，值得北京借鉴。

参考文献

［1］　吕冬娟.新加坡：规划造就的宜居城市 [J].中国土地，2010（7）：57-58.

［2］　钟辉，佟明明，范东旭.新加坡交通体系评述及启示 [C]// 中国城市规划学会.城市时代协同规划——2013 中国城市规划年会论文集.青岛：青岛出版社，2013.

［3］　李晴，钟立群.超高密度与宜居 新加坡"达士岭"组屋 [J].时代建筑，2011（4）：70-75.

02
PART

第二部分
科创城市 · 品质空间

寻踪科学城之瑞典科学城建设的创新与智慧

寻踪科学城之败走乌托邦还是重塑创新城——日本学者眼中的筑波科学城

寻踪科学城之新型举国体制下的科学城如何建设——韩国大德科学城一探究竟

美国硅谷的创新平台建设经验

纽约硅巷发展历程及其对北京城市转型的启示

伦敦科技创新发展纵横

火车站：地标的文化担当

城市门户的"法式风情"——浅析里昂帕第枢纽区

走进兰斯塔德，体验都市"绿心"

环球影城的成功经验

韩国世宗市复合社区中心建设经验及启示

寻踪科学城之瑞典科学城建设的创新与智慧

杨 春 李 婷 彭 斯

摘 要：瑞典是北欧国土面积最大、综合实力最强的国家，在城市可持续发展和创新设计等方面被全球奉为圭臬，尤其在科技领域取得了瞩目成就。作为诺贝尔的故乡，瑞典长期致力于将科技进步与产业发展紧密结合，使科技成果惠及人类生活，与此同时，瑞典人也将广受赞誉的可持续城市发展理念融入科学城建设，以西斯塔科学城、隆德科学城等为代表，对世界范围内的科学城建设起到了重要的示范作用。文本对瑞典的国家科技创新体系构成及运行机制进行了分析解读，并以西斯塔科学城和隆德科学城为例，介绍其在科学与城市融合发展方面的理念和经验。

1 瑞典的科技创新体系

欧盟曾经这样评估瑞典的国家创新能力："拥有丰富的人力资本、多渠道的创新资金来源、较高的企业研发投资、完善的知识产权体系以及联系紧密的创新主体。"的确，作为北欧乃至整个欧洲最具创新活力的国家，瑞典长期以来保持着稳定而先进的国家创新体系，基本架构包含了政府、大学、研发服务机构和创新型企业集群四个部分。其中，创新型企业集群作为核心，是实现成果转化的重要载体；政府管理科研经费投入，起到引导和推手作用；大学与研发机构是基础；研发服务机构承担挑梁和孵化功能。综合来看，瑞典科技创新体系的特点包括以下几个方面。

首先，以国家战略、国家机构高标准促进科技创新发展。2001年成立的瑞典创新署（VINNOVA），从国家层面实现创新项目从选题、资助到评估、转化的全过程管理。

其次，发挥好大学在科技创新进程中的活水源头作用。大学在做好基础研究的同时，拓宽从科学研究到应用型工程技术转化的渠道，面向社会需求优化学科体系。企业依托高校资源降低研发成本，如爱立信公司70%的科研项目是与大学合作完成的。

再次，为中小型创新企业营造最有益的成长环境。瑞典政府鼓励企业、地方政府、中介机构等部门为中小型企业提供信息服务、政策指导和金融市场服务，既在资金上予以支持，也营造出鼓励尝试、包容失败的宽松氛围。

2 西斯塔科学城：从科技园区到科学之城的嬗变

西斯塔科学城（Kista Science City）素有"欧洲硅谷"的美誉，这里不仅孕育了爱立信等信息与通信技术（ICT）产业的行业翘楚，更因其出色的科技创新体系模式而成为全球最具创新活力的代表地区。斯德哥尔摩成为仅次于硅谷的人均独角兽企业数量第二多的城市，西斯塔科学城功不可没。

作者简介

杨　春，北京市城市规划设计研究院总体规划所高级工程师。
李　婷，北京市城市规划设计研究院总体规划所高级工程师。
彭　斯，北京市弘都城市规划建筑设计院高级工程师。

西斯塔科学城紧邻斯德哥尔摩城区，与市中心 15min 车程距离，距离阿兰达国际机场约 30km，与机场有便捷的轨道交通联系。

　　西斯塔科学城始建于 20 世纪 70 年代，起初是以生产制造和电子批发贸易等产业为主的科技园区，而后伴随企业的逐步发展，日渐形成 ICT 产业集群，并通过持续集聚创新要素资源和完善城市配套服务设施，而渐进成为具有高度创新活力的科学城（表 1）。

西斯塔科学城发展历史沿革一览表　　　　　　　表1

阶段	定位	
20 世纪 80 年代	科技园区	得益于优越的地理位置、充足的发展空间、良好的通信条件以及地区形象，西斯塔科学城形成了对人才和企业的吸引力，围绕生产制造、电子批发贸易和知识密集型服务等产业逐渐形成企业集聚，产生最早的科技园区
20 世纪 90 年代	ICT 产业集群初步形成协作网络	作为全球 ICT 产业集群雏形以及爱立信等企业总部，吸引诺基亚、微软、惠普、英特尔、苹果等大型跨国公司在此设立研发中心或生产基地，以便近距离监测世界领先电信行业的创新机制，进行技术追踪和人才利用，企业之间初步形成网络协作关系
21 世纪初	中小型企业成为园区转型的关键	高科技泡沫破灭对园区产生巨大影响，核心企业纷纷迁出，企业数量大幅度减少，失业率大幅度提高，但随后伴随高技术含量、高增长潜力的小企业投资增加而逐步得到缓解，园区良好的创新体系催生了大量的微型企业，在一定程度上缓解了高科技泡沫的负面影响
如今	高度活跃的科技创新中心	产业结构日渐多元化，围绕爱立信、IBM 等大型企业，在硬件和软件技术、电子电信、计算机科学、微电子、纳米技术等方面加速发展，创新体系从垂直结构转向扁平网状结构，带动园区成为全球创新体系的重要组成部分

　　从单一的产业园区走向具有全球影响力的科学之城（图 1），西斯塔科学城经历了转型发展的若干阶段，形成重要的实践经验。

2.1　营造与园区气质相匹配的国际化生活氛围与高品质景观环境

　　西斯塔科学城建设伊始，以轨道线为边界采取了鲜明的职住空间分区，办公建筑体量大，住宅设计呆板统一，面临功能单一、环境无趣的问题。此后，随着园区向综合性科学城转型，打破了企业之间泾渭分明的格局限制，有机补充了丰富的绿色步行场所和适于人们会面的交往空间，极大地改善了空间品质。与此同时，结合轨道交通站点设置了大型综合商业中心 Kista Galleria，其中包括 43 个不同类型的特色餐厅和咖啡厅，成为集购物、娱乐、停车等功能于一体的交通—商业综合体（图 2），为企业员工、高校学生以及外籍科研人士提供便捷多样的服务。

图 1　西斯塔科学城建设之初和现状比对
资料来源：西斯塔科学城区域战略规划办公室

图2 西斯塔科学城
轨道站点周边城市空
间和业态

2.2 政府、企业与高校组成的"三角螺旋模式"成为科学城创新体系的灵魂

西斯塔科学城长期坚持由大学、企业和政府共同构建的创新支持方式，由
ELECTRUM基金会组织，形成了三角螺旋的经典模式（图3）。其彼此之间的协作关
系主要包括：大学与企业紧密联系，使大学科研精准对接市场需求，而企业原创技术
可在大学顺利开展；大学研究生到企业任职，直接参与技术研发，企业管理人员也可
到大学讲课交流；企业还为学生提供充足的假期实习岗位，并作为学生在企业就职的
一项重要前提条件。

图3 ELECTRUM
基金会引导下形成的
三角螺旋创新模式
资料来源：西斯塔科学
城区域战略规划办公室

2.3　全力支持中小型企业成长与发展，为科学城提供持久的创新活力

瑞典向来高度重视对中小型企业的扶持，在西斯塔科学城体现尤其充分，在企业成长的各阶段均有政策支持（表2）。其结果是整个科学城内保持较高的企业存活率，在有效的引导和支持下，众多企业已经实现上市和收购，保持良好的发展态势。

西斯塔科学城创新转化的体系构成　　　　　　　　　　　　　　　　表2

定位	具体措施
创新孵化器	向研究人员及在读大学生免费提供研发基础设施
转化加速器	帮助企业或研究机构的人员实现开发理念与市场对接，缩短技术成果市场化时间，并提供多种融资渠道
公司创造器	培养创始企业家运营企业的能力，并组织经验丰富的商界人士提供详尽的应用培训
成长计划	为在发展过程中遭遇打击的企业提供支持

3　隆德科学城——斯堪的纳维亚文脉延续下的科学新城

隆德科学城位于瑞典南部的隆德市（Lund），临近马尔默和丹麦首都哥本哈根。隆德市因隆德大学而闻名，是一座名副其实的大学城，作为斯堪的纳维亚的文化中心，这里沉淀着深厚的历史文化，也成为因科技创新而繁荣兴旺的科学之城。

隆德科学城的建设始于20年前，依托隆德大学，其主要科学方向为材料、物质以及生命科学。科学城总用地面积约2.25km²，距离隆德市中心约6km，以高能同步辐射光源MAX IV和正在建设中的欧洲散列中子源（ESS）两大科学装置为核心。其中，MAX IV已于2016年开始运行，并将于2026年全面完工（图4）；欧洲散列中子源（ESS）作为欧盟重要的科研设施，由17个国家共同出资建设和运营，其实验设施建设在隆德，数据管理和软件中心布局在哥本哈根，计划于2023年开始提供用户开展实验。

如何在空间上更好地布局一座科学城，隆德给出了其特色化的答案。

3.1　在大科学装置之间嵌入小而精的配套服务功能

隆德科学城配套服务区域位于两大科学装置之间，称为斯堪的纳维亚科学村，之所以称之为"村"，大抵因为其规模较小，仅有不足20hm²，但却是提供综合服务和

图4　隆德科学城高能同步辐射光源MAX IV

资料来源：隆德科学城斯堪的纳维亚科学村（右）

承载各类研发机构、企业的核心区域（图5）。考虑到科研人员便捷到达以及短期停留的工作需求，在建设中的有轨电车站点周边规划兼有酒店、公寓、餐饮功能的综合服务中心，以紧凑布局实现服务效率的最大化。值得一提的是，在有限的空间内，科学村还规划建设了一座科学博览中心，用于展示科学城科研装置的建设历程以及最新的科学研究成果，并提供了会议、会展等交流功能和音乐厅等市民文化功能（图6）。

3.2　低环境影响和可持续发展仍是一以贯之的理念

隆德科学城尽管在农田上规划建设，但始终坚持生态设计手段，最大限度地减小人工建设对环境的负面影响。一方面，在科研装置和科学村之间设置大尺度绿地，内部精心培育3000多种植物，既能有效缓冲城市活动振动对实验环境的影响，所育植物也能产生经济价值。规划的楔形绿地将周边天然环境引入科学城内，实现景观辉映、有机渗透。另一方面，平衡优质农田利用，减少农田占用，规划引导人口迁移后约40%的建设用地归还农田，实现50%的潜在农业效益在2025年前完全得到补偿。此外，还将科研装置运转冷却产生的热能进行有效收集，为科学城及周边区域供暖提供能源保障，通过统一的能源管理，使区域供热、运输和电力所产生的本地能源消耗再利用达到150%。

3.3　便利的交通联系是提升隆德科学城吸引力的关键因素

为了加强隆德科学城与城市中心地区的联系，规划并开工建设一条有轨电车线路，穿过科学城各功能区，并连通隆德市中心的火车站以换乘其他线路，可直达哥本哈根国际机场。线路建成后，从哥本哈根机场乘坐有轨电车到达隆德科学城仅需40min，成为隆德科学城连通世界的重要通道。

3.4　合理而缜密的建设时序引导更有益于尽快形成城市氛围

隆德科学城在规划和建设时，有着详细而合理的建设时序引导。首先推动市政基础设施建设，预先埋设各类管线，作好能源利用管理。同步启动轨道交通建设，为科学城提供有效交通支撑保障。在配套服务方面，一期住宅区建设基本与科研装置同步完成，学生第一批搬进新区。沿有轨电车站点建设一期配套服务中心，并随着科学城逐步建设和科研人员规模增加安排二期配套设施。

图5　斯堪的纳维亚科学村规划总平面图（左）
资料来源：隆德科学城斯堪的纳维亚科学村
图6　结合有轨电车站点建设的综合服务中心方案（右）

4　结语

　　西斯塔科学城与隆德科学城在一定程度上代表了时下全球科学城的两种主要类型，前者以科创企业为龙头而实现创新转化的高度活跃，后者依托大学与科研装置致力于基础科学的重大突破。两座科学城集中体现了瑞典可持续的发展建设理念、健全完善的科技创新体系以及富于创造性的城市理想，其创新的方法与映射的智慧可以对北京几大科学城的高水平建设有所启发。

参考文献

［1］　王海燕，梁洪力．瑞典创新体系的特征及启示 [J]. 中国国情国力，2014（12）：67–69.

［2］　杜超璇．瑞典科技创新体系对我国自主创新建设的启示 [J]. 安徽科技，2010（12）：55–56.

寻踪科学城之败走乌托邦还是重塑创新城
——日本学者眼中的筑波科学城

杨　春　李　鹤

摘　要：日本筑波科学城"诞生"于20世纪60年代，是日本"科技立国"战略的重要载体，也是全球科学新城建设的经典代表。但长期以来，筑波科学城在"城"的建设上常以负面案例示人。面对配套服务滞后、城市活力欠缺等问题，筑波科学城也在以各种方式努力应对。在各国积极探索推进科学城发展的当下，筑波科学城的近况也备受关注。本文回溯过往、聚焦当下，透过日本学者的视角对筑波科学城的发展建设进行解读与思考，以期为更加客观和多面认知筑波科学城提供参考。

1　总体认知

1.1　区位与范围

为了推动日本"科技立国"战略，缓解东京城市功能高度集聚所产生的拥挤问题，1963年日本内阁决定将国家级科研机构有计划地向筑波转移聚集，筑波科学城由此"诞生"。

筑波科学城选址于东京（秋叶原）东北约50km处，脚下为关东平原，背靠筑波山，东部有日本第二大湖泊霞浦湖，自然环境优美。科学城由筑波研究学园起步，并分别于1987年、1988年和2002年与周边区域进行区划调整，范围逐步扩大。科学城规划区面积约27km²，外围开发区域面积约257km²，城市中心区面积约80hm²，南北长2.4km，东西宽240~580m。

1.2　发展建设历程与成效

从1963年内阁批准建设计划起，筑波科学城分阶段完成了区划调整、土地整备、科研机构建设以及配套服务完善。尽管过程中关键性节点众多，但其发展主要可分为国家科研机构搬迁、政府和私人部门共同开发、市场化程度提升三个主要阶段。

第一阶段是1963年内阁批准在筑波地区建设研究学园至1980年43个机构的搬迁及设立，城市建设初步完成。这一阶段的开发建设由政府主导，但建设效果并不尽如人意，究其原因，一方面是土地整备阶段与原住民就征地问题存在纠纷，政府耗费巨大财力，工程进展缓慢；另一方面，相较于东京，筑波交通条件差，产业基础薄弱，配套服务不足，科研机构搬迁意愿极低，人口增长十分缓慢。

第二阶段是1980~2005年，筑波科学城进入由政府和私人部门共同开发建设的阶段。从先期建设的困难中吸取教训，日本政府在做好配套服务的同时加强了地区产业发展的力度，积极借助市场力量，通过改善交通和服务环境吸引民间科研机构和科创企业入驻，提升城市活力。同时，在区划调整基础上获得一级财政权，保障了若干重要科技服务设施的建设。但由于基础研究向产业转化环节复杂，筑波科学城以科研

作者简介

杨　春，北京市城市规划设计研究院总体规划所高级工程师。
李　鹤，日本九州大学博士研究生。

机构为主导的功能失衡尚未根本转变，仍然存在一系列城市问题。

第三阶段是筑波快线开通（2005 年）之后，筑波科学城市场化发展的程度进一步提升。针对既往的问题，筑波科学城步入城市转型期，轨道交通发挥了极其重要的作用。在这一时期，推动科研机构的全面开放，提升国际化水平与城市活力氛围成为重要发展途径，以此为基础建设科创产业的重要集聚地。

面对全球气候变化和日本少子高龄、经济衰退的社会问题，日本明确以科创发展作为应对方式，因此更加关注筑波科学城的建设。2010 年，新筑波市总体设计提出了未来发展方向和实施计划，包括两个方面的目标：一是引领世界创新的全球根据地城市，其主要措施为研究与开发的联合推进、人才培养、国际化和信息通信的进一步强化；二是被丰富绿色空间和开敞空间所围绕的具有活力的文化创新城市，其主要措施为适应城市结构变化的土地利用研究、城市景观与历史文化的保护和创造，以及交通体系的强化与完善。

2011 年起，筑波科学城又设立了国际战略综合特区，是以新的产学研体系为核心的全球创新推进机构，最大限度地利用科创集聚效应，促进科研成果的商业化和产业化（表 1）。

筑波科学城发展建设大事记及人口变化情况　　　　　　　表1

时间	重要事件	成果及意义	人口规模（人）
1963 年	日本内阁正式决策建设筑波科学城	建设目的是缓解东京的城市拥挤问题，并提升科学技术发展与高等教育水平	—
1966 年	土地收购与区划整理	为城市建设奠定重要空间基础	—
1968 年	正式启动建设		—
1970 年	颁布《筑波科学城建设法》	成为指导筑波科学城建设的重要框架性文件，并以法律的约束力带动新城建设	78110
1972 年	第一个研究院所搬迁	无机物质材料研究所建成	—
1973 年	筑波大学开始授课	以原东京教育大学为基础组建	—
1980 年	城市建设初具规模（但相比于原计划仍推后 3 年时间）	完成原计划的 43 个国家级研究和教育机构搬迁以及公务员住宅建设，同期完成的还有学校和城市公园等公益设施	127401
1982 年	东光台研究所建立	开启了民间研究机构和私营企业的选址建设，之后陆续建成了 8 个工业研究开发区	132680
1985 年	国际科学博览会召开	筑波科学城作为日本科学研究根据地而得到世界各国的高度评价	150074
1987 年	行政建制整合	筑波研究学园与周边四个村镇（大穗町、丰里町、樱村、谷田部）合并，设立新市"筑波市"	157202
1988 年	行政建制整合	筑波市合并筑波郡筑波町，政府拥有一级财政权	—
	成立筑波研究支撑中心	由日本政策投资银行和民间出资设立，主要用于风险企业的培育以及提供实验室租借服务等	—
1989 年	制定筑波新发展计划	进一步推动城市发展向市场化改革，产业发展成为关键性因素	—
1998 年	修订《筑波科学城建设法》和《筑波周边开发区整体规划》	10 年经济萧条之后，筑波科学城重新明确发展目标，提出东京都周边核心城市、高水平学术研究和国际交流城市、优良生态环境和现代化市政设施示范城市三大目标	—
1999 年	筑波国际会议中心投入使用	科技配套服务设施逐步完善	190078

续表

时间	重要事件	成果及意义	人口规模（人）
2001 年	发布产业集群计划	推进大规模产业化创新	—
2002 年	发布知识集群计划		—
	行政建制整合	筑波市合并稻敷郡茎崎町，自此形成目前筑波市的市域范围	—
2005 年	开通轨道交通线路	东京秋叶原和筑波市之间建设开通了"筑波快线"（TX）	200528
2010 年	茨城机场开港	交通条件进一步改善	—
	多方共同制定《新筑波市总体设计》	提出了筑波市未来的发展方向和实施计划	—
2011 年	建立筑波国际战略综合特区	为新产业发展创造条件	—
2015 年	高速公路直通成田机场	首都圈中央联络线实现了与成田机场直通（驱车45min），筑波科学城交通条件有了质的飞跃	—
2016 年	召开 G7 会议	国际影响力进一步提升	—
2019 年	二十国集团（G20）贸易部长会议		234069

资料来源：作者根据网络公布数据整理。

2　日本学者的评价与反思

作为案例分析的"常客"，对筑波科学城失败教训的反思不胜枚举，但相似的主观分析在高强度传播过程中容易使人知其然而不思所以然，我们不妨从日本学者的视角看看日本本土关于筑波科学城有怎样的品评。

2.1　松散的城市形态引发交通问题

基于对原有村庄的保护以及土地所有者意愿的尊重，筑波科学城最终按照分散型而非紧凑集中型城市进行规划，导致交通问题贯穿始终：机动车交通高度依赖，且随城市建设不断发展，交通成本持续增加。

（1）城际交通问题

筑波快线尚未建设前，筑波科学城去往东京需先乘汽车再转火车，由于车次运行频率低，交通耗时较长。1981 年和 1985 年投入使用的高速公路，以及 1987 年开通的筑波中心—东京站的高速巴士，初步缓解了筑波科学城与东京间的交通难题。而后，筑波快线的开通成为扭转交通问题的关键，彼时一项交通满意度调查显示，居民交通不满意度从 2001 年的 46.7% 下降至 2006 年的 21.1%，小汽车使用比例也从 1998 年的 68% 下降到 2008 年的 64%。到 2010 年，这里成为常磐道和圈央道两条高速公路的交汇点，交通区位得到强化，与东京都、埼玉等地之间以轨道交通出行为主，机动车分担率降至 10%~30%，但与周边区域联系依然不畅。然而，轨道交通带来的新问题在于，通勤条件的改善使居住在筑波的居民更加方便地去往东京就业，对人口外迁计划产生负面作用。

（2）内部交通组织

由于高度依赖小汽车出行，停车需求日益增长，依据"共享停车使用"政策，城市中心区建设了多个大型立体停车场。筑波快线开通后，该政策被叫停，但按照"筑波市建筑物停车设施附属条件"的规定，新建建筑要求强制设置停车场。由于盈利问题，筑波科学城内规划的公共交通系统长期未实现，市中心去往远处工业园区的公交频率仍然较低。

2.2 政府单一主导的配套设施建设难以为继

（1）公务员宿舍住宅被废除

建设初期，为了安置政府机构工作人员及家属，政府优先建设了大规模低层低密度公务员宿舍住宅，建设标准高于普通日本住宅。但数十年后，这批住宅逐渐空置，其原因是随着城市交通条件逐步改善，许多家庭选择搬迁至其他区域的独立住宅或者公寓。同时，由于行政改革施行，许多国立科研机构和高等院校转变为独立行政法人，公务员数量大幅减少，政府于是宣布取消公务员宿舍住宅。独立行政法人获得自主建设权后，由于被政府严格限制的设计标准失效，其有权调整用地性质。为了防止城市环境受到影响，政府对教育研究用地的建筑用途、最大建筑覆盖率、最大容积率、建筑限高、绿地规模提出了严格要求，然而停用的宿舍住宅原址和部分更新土地上还是建设了许多独立住宅区或高层公寓，地区绿化率显著下降，绿化带被分割，步行网络被破坏，街区封闭感和压迫感增加，引发居民纠纷问题。

（2）市中心商业设施被闲置

筑波快线开通后，轨道站点地区成为筑波科学城的副中心，大规模商业建设快速形成城市氛围，但对原筑波站所在的城市中心区形成了有力的竞争关系。与此同时，邻近市县以及高速公路出入口附近的商业设施建设加剧了这种竞争局面。由于人口基数小，新兴商业设施在一定程度上分流了客源，市中心商业区的既有商业和金融设施吸引力逐渐下降，建筑空置和土地闲置问题突出。

2.3 城市公用设施更新维护成为新难题

2005 年以后，随着城市建设逐步完善，筑波又面临新的问题：如何负担科研设施以及城市基础设施高昂的更新维护费用。尽管为更新实验设备国家补助金有所增加，但由于缺乏有效制度保障，无法像初期那样完全由政府主导完成维护更新工作，各独立行政法人面临巨大的经费压力。同时，被视为范例的先进城市基础设施，如人车分离交通体系、区域供热和制冷系统、真空吸尘系统以及地下综合管廊等日渐老化，其维护成本逐年提升，在缺乏国家支持的情况下，地方政府面临重重困难。

2.4 城市公共服务建设取得实质性改善

筑波科学城初期建设侧重于城市硬件设施，但配套生活服务设施建设则相对滞后。20 世纪 70 年代，科研人员及家属搬迁至科学城内生活，由于配套设施缺乏，居民被迫改变原有生活习惯，日常购物和就餐甚至垃圾处理都十分不便。

1973 年，筑波成立新城市开发公司，在次年推动几大购物中心和大型超市陆续开业，居民生活得到改善。随后，政府意识到市场作用的重要性，因而着力推动民间商业设施发展，在筑波科学城内部陆续建设了高级百货商店，各类市民活动会馆和文化交流中心纷纷落成，城市生活氛围慢慢活跃起来。此后，政府进一步推行新政策，打破行政管理藩篱，与研究机构、大学、企业之间开展更多交流活动，私营企业也成长和活跃起来。

2019 年，筑波市针对公共服务相关的 6 个方面的 42 个项目进行了问卷调查，其中医疗和养老机构满意度分别达到 77.4% 和 80%，教育、文化和体育设施满意度均超过 50%，说明曾经备受诟病的城市配套设施建设不足问题已经得到较大改善。

2.5　产业薄弱成为制约筑波科学城发展的瓶颈

筑波科学城建设的重要目的之一是疏解东京过度集聚的功能和人口，政府通过行政力量推动科研机构再集聚，并投入大量资金用于城市基础设施和环境建设，却忽略了产业对吸引和留住人口的关键作用。尽管规划布局了产业园区，但政府对产业发展实际诉求和方向把脉并不精准，加之筑波科学城以基础研究为主的特点决定了其在技术转化和产业化环节效率低下，无法吸引市场主体与社会资本，园区产业发展迟滞。此外，在投融资体制上，由于风险投资体制缺位，科学城投入与产出比例一度达到 3.3 ：1，有城无业问题突出。

针对这一问题，政府开始推动体制机制改革，国家机构实行独立行政法人制度。一方面，科研机构开始市场化，与技术转化和企业需求进行更加紧密的衔接，同时推动风险企业培育，使创新生态体系得以完善；另一方面，积极引入社会力量共同参与筑波科学城建设，协调、发挥好政府和市场的作用，取得更好的经济社会效益。

3　结语

虽然颇受争议，甚至被称作"科学乌托邦"，但筑波科学城的广泛影响力毋庸置疑，也为世界范围内的科学城建设提供了一种模式和难能可贵的探索。如今筑波科学城已经从政府单一主导走向多元主体共同活化经营，其发展过程中产生的问题也随着城市发展策略的逐步调整日渐改善，尤其是筑波快线投入使用之后，交通条件有了实质性改善，产业发展逐步壮大，城市内在创新环境也在持续提升。筑波科学城扮演着以科研为核心的功能型新城和作为东京超大城市功能疏散承接地等多重角色，其历经的问题挑战和应对经验值得我们广泛思考与总结，而我们也至少应该得到如下这样的启发。

首先，从科学园到科学城，"城"的成败不仅仅取决于配套服务与环境，产业的良性发展和带来的更充分的就业至关重要。

其次，对筑波科学城建设中"政府失灵"的评价不尽客观，虽然筑波行政体制改革后暴露的问题不容忽视，但科学城的健康发展离不开政府和市场的双重作用，即政府保障城市品质和社会公平，市场则是激发活力、实现经济价值以平衡投入产出的核心。市场作用发挥的重要前提就是打开行政藩篱，引导创新要素有效流动，开放共享必定是大势所趋。

再次，城市形态关系重大，随之带来的交通效率问题将产生深远影响，既要引导核心区域紧凑集约发展，也要正确认知和评估轨道交通的重要作用。

参考文献

[1] 河中俊，金子弘．筑波科学城现状与城市形成过程中的问题 [R]．日本国土技术政策综合研究所，2015．

寻踪科学城之新型举国体制下的科学城如何建设
——韩国大德科学城一探究竟

朱　东　李明扬　杨　春

摘　要：一场突如其来的疫情，使人们深刻感受到科学发展对捍卫生命安全和保障人类福祉的极尽重要作用。祸兮福所倚，福兮祸所伏，新冠疫情之后，各国必将更加重视并加强科技创新体系建设，全球科创格局也将因此重构。我国正在各地积极推进的科学城建设，正是落实科技强国战略的具体举措，更加需要博采众长、集思广益。作为一衣带水的近邻，韩国自20世纪60年代以来，力克经济薄弱、科技落后的困境，在化工、半导体、电子等领域跻身世界前列，创造出"汉江奇迹"，主要得益于韩国政府对科技创新的持续关注与有力引导。以大德科学城为代表，其在政府引导下实现了创新链条完善、空间结构优化和属地能级提升，成为举国体制下科学城建设的成功案例，值得我们学习研究。

1　大德科学城概况

作者简介

朱　东，北京市城市规划设计研究院总体规划所工程师。

李明扬，北京市城市规划设计研究院总体规划所工程师。

杨　春，北京市城市规划设计研究院总体规划所高级工程师。

　　1973年，为提高国家基础科学水平，同时疏解首尔地区过于集中的科研功能，调整区域空间结构，韩国政府在大田广域市北部划定约27.8km^{2}的土地用于建设大德科学小镇（Daedeok Science Town），成为大德科学城（Daedeok Innopolis）的前身（图1）。

　　发展至今，大德科学城的规划面积已经拓展至70.4km^2，包括五个主要的功能分区，集中了30家公立科研机构、5所大学、400多家企业研发中心以及超过1200家科技中小企业，在信息科技、生物功能、纳米技术等领域建立了世界级的创新集群，成为韩国当之无愧的创新引擎（图2）。

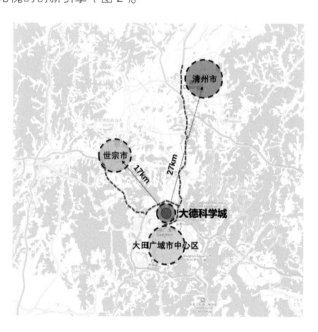

图1　大德科学城区位图

103

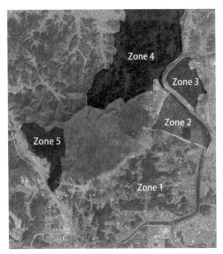

功能分区		规划面积（km²）	主要功能
Zone1	大德科学小镇	27.8	基础研究、高等教育及部分居住功能
Zone2	大德科技谷	4.3	风险投资公司、中试工厂
Zone3	大德产业综合体	3.1	属地工业园区以及研发制造业
Zone4	绿带地区	30.2	城市生态空间以及战略储备用地
Zone5	国防科研用地	5	军事及国防科技

图2 大德科学城的空间布局和主要功能[1]

2 大德科学城的发展历程

2.1 阶段一：科学小镇（1973~1990年）

韩国中央政府建设大德科学城的初衷是对国立科研机构进行投资和管理，通过在首都外围建立一座相对独立的科学新城，创造更加方便科研人员工作和学习，促进知识、信息和技能高效传递的全新科研环境。为此，韩国政府进行了长达20年的基础设施建设以及国立科研院所的搬迁工作，原子能研究所、韩国标准科学研究院、韩国电子通信研究院、韩国技术科学院、忠南大学等一批国家科研领军力量在这一时期落户大德科学城。与日本筑波科学城相似，1993年的大田世博会，将大德科学城作为韩国科技创新的名片推向世界舞台。

2.2 阶段二：创新联合体（1990~2004年）

由于重视国家意志，轻视属地发展诉求，最初规划中大德科学城与母城大田广域市消极的发展关系被广为诟病。1983年，大德科学城纳入大田广域市管理，科学城开始与属地发展相融合，双方积极探索，旨在强化产业转化功能，弥合基础研究与生产制造之间的断层，在基础研究集中区域周边成立了以大德科技谷（Daedeok Techno Valley）为代表的若干创新联合体，融合基础研究、产业转化、生产制造等链条环节，通过空间集聚催生协同创新，有效带动本地产业集群发展（图3）。

2.3 阶段三：区域创新集群（2005年至今）

随着科创产业发展规模的不断壮大，大德科学城的人力、技术、资本优势超出行政管辖范围，依托轨道交通实现了与周边世宗产业集群、清州高新技术园区以及五松生物谷等重点功能区协同互动，形成创新功能融合发展的大德区域创新集群（Daedeok innopolis）。

2008年，韩国政府提出了国际科学产业带的国家战略，通过对基础研究的持续投入，引导创新成果产出，带动区域产业集群发展，也因此明确了大德科学城对国家科技发展的重要战略平台作用。目前，大德区域创新集群已发展成为覆盖大德、光州、大邱、釜山和全北五个园区，包含5081家科研创新主体、78家韩国科创版上市企

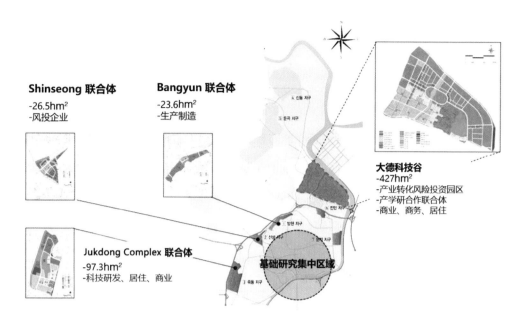

Shinseong 联合体
-26.5hm²
-风投企业

Bangyun 联合体
-23.6hm²
-生产制造

大德科技谷
-427hm²
-产业转化风险投资园区
-产学研合作联合体
-商业、商务、居住

Jukdong Complex 联合体
-97.3hm²
-科技研发、居住、商业

基础研究集中区域

图 3　大德科学城创新联合体空间分布 [2]

业、7.28 万科研人员及 10.5 万产业工人的国家科技创新中枢，年均研究与试验发展（R&D）经费投入达 9.96 万亿韩元（约合 100 亿美元），科技创新总产出 44.6 万亿韩元（约合 450 亿美元），累计国内、国际专利授权量超过 11 万件。

3　大德科学城的经验

日本筑波科学城与大德科学城 "年龄" 相仿，前者是大德科学城起步对标的榜样，半个世纪之后，后者却比前者获得了更多赞誉，荣膺政府行政力量主导下科学城建设的经典范本。那么，大德科学城如何实现"徒弟反超师傅"？其经验值得我们一探究竟。

3.1　经验一：举国体制＋财团加持＋企业支撑——韩国特色的产学研融合创新之路

举国体制保证科创要素的快速集聚。大德科学城建设伊始就被定位为国家级科技发展战略，在选址、产业定位、规划建设等方面均带有浓厚的国家意志，聚集科创要素方面更是体现了举国体制特色。

在选址方面，着重考虑首都地区和南部工业区辐射的均衡性。在大田、华城和清原三个选址方案中，最终确定的大田市是距离首都最远的一个，彼时的交通条件难以支撑与首尔之间的通勤，但从空间区位看，大田居于国土中央位置，也是京釜高速公路和湖南高速公路的交汇点，交通条件有利于全国人员往来，且靠南的选址对韩国而言安全风险相对较低，综合比较而言更具优势。

在科研要素集聚方面，充分发挥出举国体制优势。首先，大德科学城由韩国科技部管理，是直属于韩国中央政府的开发特区，有《大德科学城行政法》和《大德研究开发特区法》等作为专门法律保障。其次，在大德科学城的发展初期，政府采取一系列行政手段，短时间内将一批国家级公立研究机构（GRI）和高校引入。公立研究机构的进驻过程相比于同时期的筑波科学城更加顺利，一方面是因为大德科学城与首尔的距离超出了首尔通勤圈，有效形成了反磁力中心；另一方面是由于 20 世纪 70 年代韩国经历了新技术的快速兴起，大量新兴学科在大德科学城建设第一所研究院，有效规避了院所搬迁的问题。启动搬迁之后的 11 年时间内，这里实现 19 家国家公立研究机构总部和 3 所大学主校区的进驻。

财团加持助力科研成果转化。财团（chaebol）是韩国经济生态中极具特色的组成部分，控制着国家的经济命脉。大德科学城早期建设阶段，新兴研究机构的成立有效满足了财团业务转型的诉求，使大德科学城获得了强劲的产业转化动力。财团介入还注入了丰富的资本和人力资源，科研成果也加强了财团在新兴领域的综合实力。20世纪 70~80 年代，电子通信产业兴起，三星、LG 等财团觉察到巨大发展机遇，开始部署相关业务板块，开展电子交换机、CDMA 移动通信技术商用化的研发工作。由于自身技术基础薄弱，长期依赖技术进口也时常遭遇不对等待遇，韩国本地财团逐渐意识到提振本国研发力量的重要性。1987 年，韩国通信电子研究院（ETRI）在大德科学城成立，三星电子、LG 等财团企业即刻与 ETRI 发起多个合作项目，后者负责技术研发，财团协助完成商用转化，最终实现了 CDMA 等技术在韩国的商用化。

开放政策赢得中小企业的支持。尽管财团介入有效推动了科技成果产业化，但其模式推广程度有限。究其原因，一是大多数企业无法为公立科研机构项目提供充足资金；二是彼时大德科学城不允许科研机构开设营利性业务，且政府对科研成果转化保有诸多限制，合作机制尚不健全。在此背景下，1997~1998 年的金融风暴中，中小企业大量破产，极大地打击了韩国经济。之后，韩国政府通过一系列政策调整，逐步构建开放的政策环境，赢得中小企业等多元创新主体的支持。具体来说，1999 年，政府出台《大德开发特区修正法案》，允许在大德科学城内进行生产性行为，并在后续开发的大德科技谷和大德工业园区中规划了更多空间用于引入中小企业的研发生产部门。同时，加快公立科研机构，尤其是大学的产业孵化职能，大德科学城内 5 所高校成立技术创新中心和技术商业孵化器。此外，政府积极引进风险投资相关的金融机构，辅助创新成果的活化。在一系列努力之下，2010 年前后，大德科学城实现了单一研究开发园区向复合创新功能的转型，区域创新体系更加完善（图 4）。

3.2　经验二：分期开发实现产业逻辑与空间逻辑耦合

分期开发的土地利用思路是大德科学城实现可持续发展的重要保障。在空间布局上，除偏安于西侧山间的国防科研片区，由南向北依次布局科学小镇、大德科技

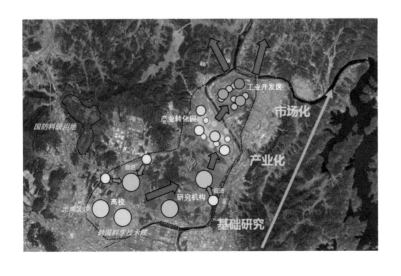

图 4　从基础研究向成果转化的完整创新生态系统

谷、大德产业综合体和绿色空间四个组团，各组团分别代表一个建设分期，每个建设期内只集中开发一处，每期间隔 5~15 年。各组团功能的差异性在很大程度上取决于所处时代的发展主题。从科学研究到成果转化，再到产业集群发展，客观反映在了空间布局上。依据大德科学城规划，作为战略储备区的北部绿带中的 Sindong 地区和 Dungok 地区将布局大科学装置与生活配套设施。

3.3　经验三：适应发展阶段变化，建立灵活的调控机制，不断完善空间布局

大德科学城的可持续发展还得益于高效适应新的发展要求，及时调整城市布局，保持城市活力。前期开发的综合科学研究区、技术产业园等区域功能单一，用地松散，对提升大德科学城的创新活力和市民生活便利度具有消极影响。因此，在新的规划方案中，一方面摒弃单一大院的模式，鼓励土地混合利用和适应自然的空间布局，缩小道路尺度，优化路网格局，保障宜人的城市形态；另一方面强化生活配套设施建设，在科研用地周边均衡布局居住以及服务功能，特别是优质的基础教育设施，让科研人才切实感受到最为便捷的城市生活服务（图 5）。

图 5　大德科技谷 1997 年版与 2000 年版规划方案对比[3]

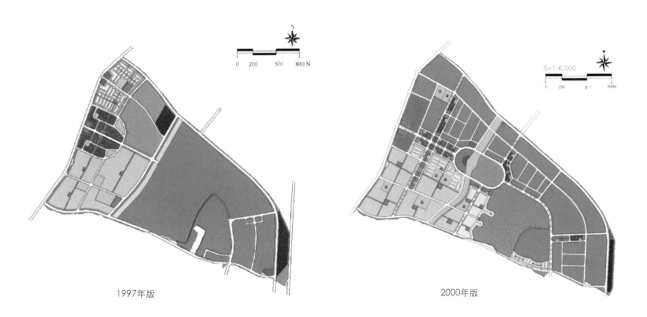

1997年版　　　　　　　　　　　　2000年版

4　结语

从科学小镇到创新联合体，再到区域创新集群，大德科学城的案例为我们提供了一个由举国体制建设科学城的研究范本。面对发展过程中的阶段性问题，在政府主导以及适应市场需求的转型过程中持续优化调整思路，与时代特征相耦合，与发展规律相匹配，最终成就了大德科学城的高水平发展。在我国全面推动新型举国体制发展科技创新的今天，韩国大德科学城的经验值得学习借鉴。

参考文献

［1］ OH D S，YEOM I . Daedeok Innopolis in Korea：from science park to innovation cluster[J]. World Technopolis Review，2012，1（2）：141-154.

［2］ OH D S. Sustainable development of technopolis：case study of Daedeok Science Town/Innopolis in Korea[J]. Technopolis，2014，5（6）：91–116.

［3］ OH D S, KSIM K B, JEONG S Y. Eco–industrial park design：a Daedeok Technovalley case study[J]. Habitat International, 2005, 29（2）：1–284.

［4］ 洪银兴. 创新驱动经济发展战略 [J]. 济学家，2013（1）：5–11.

［5］ 曾鹏. 当代城市创新空间理论与发展模式研究 [D]. 天津：天津大学，2007.

［6］ 白俊红，蒋伏心. 协同创新、空间关联与区域创新绩效 [J]. 经济研究，2015，50（7）：174–187.

［7］ 张京祥,何鹤鸣. 超越增长:应对创新型经济的空间规划创新 [J]. 城市规划,2019,43（8）：18–25.

［8］ 刘洁贞，曾艺元，李颖，等. 粤港澳大湾区中微观创新空间设计——以佛山三龙湾为例 [J]. 规划师，2020（3）：65–72.

［9］ 徐佳，魏玖长，王帅，等. 开放式创新视角下区域创新系统演化路径分析 [J]. 科技进步与对策，2017，34（5）：25–34.

美国硅谷的创新平台建设经验

王　亮

摘　要：本文介绍了美国加利福尼亚州硅谷地区的发展概况，并从大学的原始创新平台、大学周边的创新孵化平台和创新服务体系建设三个方面来观察硅谷创新空间建设的经验，供北京建设科技创新中心借鉴。

1　硅谷概况

硅谷（Silicon Valley）位于美国加利福尼亚州北部、旧金山湾区南部，是美国乃至全球科技创新活动的重要集群。在空间上，硅谷大致包括圣克拉拉县（Santa Clara）全部、圣马刁县（San Mateo）全部以及阿拉米达县（Alameda）和圣克鲁兹县（Santa Cruz）的部分城市，共计 39 个城市，占地面积约 4800km^2（图 1）。2016年，硅谷地区常住人口约 305 万，其中就业人口 159 万，人均年收入达 12.56 万美元。硅谷地区以加利福尼亚州 1.2% 的国土面积、7.8% 的常住人口和 9.5% 的就业人口，创造并产生了全州 10.4% 的 GDP、21% 的企业并购活动、47.2% 的专利注册、29.6% 的风险投资活动和 28.8% 的天使投资活动。硅谷地区的创新和发展经验成为全世界科技创新园区建设的学习标杆。

2　硅谷创新空间建设的经验

2.1　经验一：注重原始创新平台建设的投入

创新活动受资本投入和技术投入影响的弹性较大，其形成稳定的循环产出又存在一定周期，自发形成创新活动的成本高、周期长、风险大。一般会由政府通过税收减免、土地投入和产出激励等优惠条件在特定空间创造出价格洼地，通过"筑巢引凤"为创新活动提供有效支撑。特别是针对原始创新的发展需要，需要在发展战略指导下，通过加大政府投入，搭建起国家级创新空间平台。

例如，美国联邦能源部在加州大学伯克利分校设立了劳伦斯伯克利国家实验室（Lawrence Berkeley National Laboratory，LBNL），旨在推进物理学、生命科学、化学等基础学科以及能源效率、先进材料、工程和计算机科学等应用研究的发展。劳伦斯伯克利国家实验室坐落在美国加州大学拥有的 0.81km^2 的伯克利山中。实验室由加州大学负责管理，共有约 3232 名员工、约 800 名学生，此外每年该实验室还接待超过 3000 多名参加合作的客座人员。美国政府非常注重对劳伦斯伯克利国家实验室的投入和支持，如 2014 财务年，美国政府对劳伦斯伯克利国家实验室的支持经费高达7.85 亿美元。而通过实验室的创新研究平台，不仅能够推进能源、新材料、医学等领域的创新转化，还能对加州湾区 9 个县的直接经济影响超过 7 亿美元 / 年，并直接

作者简介
王　亮，北京市城市规划设计研究院首都功能规划所正高级工程师。

创造 5600 个就业机会。对全美国而言，实验室每年能够直接创造超过 16 亿美元的经济影响和超过 12000 个就业机会。实验室成果转化和孵化出来的新技术则能够进一步创造出数十亿美元的经济价值。

新时期北京通过重点打造"三城一区"来建立全国科技创新中心，重点之一是提高原始创新能力建设。在发展中，要瞄准世界科技前沿，面向国家重大需求，加强基础研究经费的投入和政策配套。在空间上，利用好中关村科学城高等院校集中、怀柔科学城原始创新要素集聚、未来科学城国家研发创新集群及创新型产业集群和中国制造 2050 创新引领示范区的转化平台，有序引导优质创新要素发挥动能。

2.2 经验二：注重大学周边创新平台的建设

加州湾区汇集了著名的斯坦福大学和加州大学伯克利分校，这些高等院校成为硅谷创新发展的原动力。这些大学具有原始创新的氛围，能够在创新的技术环节和成果孵化方面为创新主体提供坚实的基础。一是依附于大学实验室和孵化器，为初创型小微企业提供孵化支持；二是依靠优秀的创新氛围，形成创新集聚区或科技园区，为具有专利或一定能级的企业提供加速器支持，助力这些企业的发展壮大。

例如，"硅谷之父"弗雷德里克·特曼（Frederick E. Terman）从斯坦福大学校园的土地中划出一部分土地，创建了斯坦福科技园（Stanford Research Park）——以斯坦福大学为中心，集研究、开发、生产、销售于一体的创新园区（图 1）。其为斯坦福师生的创业带来较低的创新空间成本，并成为助力硅谷腾飞的创新引擎。目前，斯坦福科技园距离斯坦福大学不足 3.2km，占地面积约 2.8km²，汇聚了超过 150 家创新企业。斯坦福大学孵化器坐落在斯坦福科技园中，每年超过 250 个初创企业在这里完成孵化，进入市场。斯坦福科技园拥有汽车研发、软件、生物制药、国防工业研发、硬件设备和专业服务等多个产业门类，汇聚了 20 余家风险投资机构，2015 年产生了 1333 个、总额超过 273 亿美元的交易，具有最好的法律服务机构，拥有 2015 年《财富》杂志评选的 100 家优秀雇主中的 5 家，吸纳了超过 50% 的斯坦福大学毕业生。

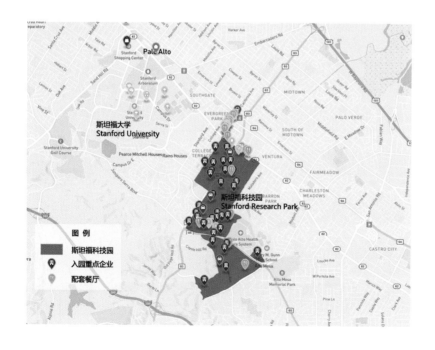

图 1 斯坦福科技园入园企业和配套餐厅
资料来源：谷歌地图 google map

我国大学周边的科技园区的科技创新空间规模则相对较小，许多大学的科技园区距离大学园区很远，有的甚至远离大学所在的城市。未来需要借鉴国外成功的经验，我国大学园区周边应预留一定的科技创新空间，供大学生们创业使用。大学科技园也应布局在大学校园周围，向"产学研用"开放多元共享科技创新空间转变。

2.3 经验三：加强科技服务体系和配套环境建设

创新活动对创新空间的需求从来不是单一功能的空间单元，其外溢要求空间连续性高，因而是功能多元、融合开放的创新空间。美国硅谷的创新空间具有以市场为连接点、相互影响、相互依赖、密切联系的组织结构。在发展过程中，形成了具有风险投资完善的投融资体系、具有宽松的创业环境的人才培养机制和具有"产学研空间"的高度功能融合的空间形态。首先，从生产配套体系上来看，硅谷的创新活动具有完整、开放的科技服务体系。特别是硅谷的"产业集群"式卫星城集中了较为完整的"研究开发＋检验检测＋科技成果工程化＋科技成果产业化＋科技服务信息化＋商品转化"环节，形成了完整的配套体系。其次，从生活配套体系上来看，硅谷依托101洲际公路的便捷交通干线，串联起地区的会议会展、金融商贸、酒店餐饮、商业服务、教育健康以及生活社区等功能组团和设施，以实现创新企业工作人员的科学交流、商务洽谈和生活消费等更加多元的需要（图2）。斯坦福大学科技园的一则路标指出，在这里"既要吃好、喝好、购好，还要思考好"（eat，shop，drink，think）。这才是硅谷优秀软环境的集中体现。

图2 加州硅谷红木城地区创新园区环境

3 硅谷经验对北京建设科技创新中心的启示

北京在营造科技创新中心的过程中，不仅需要加强园区、集群等实体空间的建设，更需要加大投入，打造吸引创新要素的软环境，这需要政府加大配套投入，实现科技创新竞争力的显著提升。一方面，要求构建起更加开放共享的科技支撑体系，加强研发服务、科技监测检验，及研究成果的工程化、产业化等平台的建设，助力优化、提升科技链条。同时，需要构建起完善的创新服务体系，积极引导创新园区和创新集群的会计、法务、金融、宣传等功能的建设，特别是加强金融服务对科技创新的有效支撑，引导创新空间在功能组织上形成完整的链条，确保科技创新活动能够从实验室模型到产品，再到商品的转化。另一方面，政府也需要做好城市综合配套服务的提升，营造良好的创新社区服务氛围，创造良好的生活、休闲环境，提供多层次公共配套服务，来解决创新企业科技人员生活配套需求，避免产生职住分离问题，为更好地吸引高端创新人才的集聚创造条件。

参考文献

［1］ 陈鑫，沈高洁，杜凤娇. 基于科技创新视角的美国硅谷地区空间布局与规划管控研究 [J]. 上海城市规划，2015（2）：21-27.

［2］ 陈军，石晓冬，王亮，等. 北京城市创新空间回顾与展望 [J]. 北京规划建设，2017（2）：74-79.

［3］ 陈军，石晓冬，王亮，等. 存量空间视角下北京市创新空间增长机制及其对策研究 [J]. 北京规划建设，2017（3）：84-87.

纽约硅巷发展历程及其对北京城市转型的启示

黄 斌

摘 要： 本文将硅巷近 30 年的发展历程分为三个发展阶段，对每个阶段的发展状况进行梳理并分析其背后的原因，从而总结出硅巷的发展经验，并探讨其发展给北京城市转型所带来的启示。

作者简介

黄 斌，北京市城市规划设计研究院交通规划所教授级高级工程师。

位于美国东部的纽约硅巷，与美国西部的加州硅谷遥相呼应，也是全球主要的科技创新中心之一。

1 硅巷发展历程

1.1 1990~2000 年：从 0 到 1，在经济危机中萌芽并迅速发展至第一次巅峰

硅巷起始于 20 世纪 90 年代。1990 年美国爆发经济危机，金融业发达的纽约首当其冲，受到重创。年轻人纷纷失业，20 世纪 70 年代房地产行业发展兴建的大量办公楼开始闲置，其中就包括在曼哈顿第五大道和 23 街交汇的熨斗大厦（Flatiron Building）。这个大厦及其周边地区（熨斗区）后来成为硅巷的发源地。

失业的年轻人由于找不到工作，开始自己创业，最初从事的是与广告有关的新媒体产业。为什么是广告业？因为曼哈顿是全球广告业的中心，大部分的全球战略和广告创意都在此完成，全美前 10 的广告巨头中有 7 个在曼哈顿。熨斗大厦的开发商为了吸引这些新媒体创业团队，开始对办公楼进行光纤改造，并提供低廉租金。随着初创企业的增加，硅巷开始从熨斗区沿着第五大道和百老汇大道往南延伸至 SOHO 区，往北延伸至中城南部（图 1）。

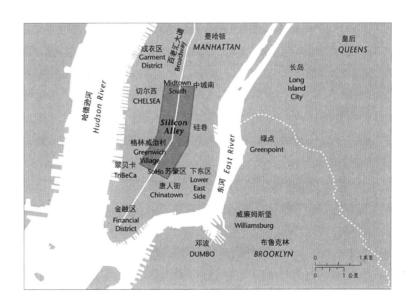

图 1 1990~2000 年硅巷范围示意图[1]

1990~2000 年，伴随着互联网产业的蓬勃发展，硅巷的新媒体产业融入大量高科技，纽约开始形成科技、艺术与商业融合的新经济模式。硅巷新创企业涉及广告、新媒体、金融科技、时尚、电子商务等领域，范围进一步延伸至整个下城。同时，市政府通过 PPP 模式开发推波助澜，将硅巷延伸至第 125 街（Harlem）、布鲁克林水岸（Brooklyn Waterfront）和皇后区的长岛市（Long Island City）。

1999 年，纽约已经拥有 3831 家高新科技企业，提供近 14 万个就业岗位；2000 年，政府预测硅巷未来会有 20 万个就业岗位，需 260 万 m^2 办公面积，于是对曼哈顿西岸和皇后区长岛市进行密集开发，硅巷发展达到第一次高峰。

1.2　2001~2006 年：互联网泡沫破灭，硅巷迎来第一次挑战，从发展受阻、规模收缩到重新崛起

2001 年互联网泡沫破灭，大量科技公司破产，硅巷范围也开始收缩，企业从下城纷纷回到了下城与中城之间的廊道区域，下城的高楼大厦又回归由金融企业使用。与此同时，从 2001 年开始纽约下城房价迅速上涨，开发商纷纷将商务办公楼改造成价格高昂的高档公寓。10 年间（1998~2008 年），近 130 万 m^2 办公面积改为公寓，其中就包括华尔街 23 号摩根大通的总部大厦。高昂的房价使得硅巷的艺术家们被迫离开下城。到 2002 年，已经有 15% 的艺术家离开下城，另有 20% 准备离开，往布鲁克林、皇后区发展。

硅巷的初创企业开始慢慢复苏。到 2004 年，硅巷已经基本从 2001 年的互联网危机中恢复，企业总数达到 3893 家，回到 1999 年高峰时水平（表 1）。

2004年硅巷企业分类及其规模　　　　　　　　　表1

所属行业	企业数量（家）	备注
建筑设计服务业	596	包括建筑设计、景观设计等
应用设计服务业	1410	包括室内设计、摄影工作室、影视制作、图形处理等
计算机服务业	608	包括编程、系统设计等
咨询服务业	582	包括管理咨询、人力资源咨询、市场营销咨询等
广告传媒业	697	包括广告业、公共关系服务等
总计	3893	—

1.3　2007~2017 年：直面金融危机挑战，硅巷迎来新的发展阶段，影响力日趋强大，作为新经济引擎带动纽约强劲复苏

2007 年美国爆发金融危机，华尔街再一次受到重创，纽约市政府更加清晰地认识到过于单一的财政收入对城市发展的不利影响，因而寻求多元化发展方式，并将高科技产业作为新的发展方向。纽约科技就业岗位从 2008 年到 2012 年增长了 28.7%，达到 4.1 万个，高科技产业成为纽约仅次于金融业的第二大产业。

纽约市政府意识到硅巷的发展离不开高科技人才。除了积极引进人才，纽约市也计划自己培养高科技人才。2011 年，纽约从数十家大学中选择了康奈尔大学及以色列理工学院（Technion-Israel Institue of Technology，据称其被称为"以色列的斯坦福"）共同创建和运营专门培养高科技人才的研究生院。研究生院建在纽约市的罗

斯福岛上，预计总投入 20 亿美元，其中包括 1.5 亿美元的风险投资基金。资金来源主要为个人和机构的捐款与投资。

硅巷对全球互联网巨头的吸引力也越来越强。谷歌、Facebook、eBay、Twitter、微软等在 2011 年前后纷纷在纽约开设大规模的研发中心。以谷歌为例，2011 年谷歌在硅巷的切尔西地区（中城与下城之间）建立了有近 700 名员工的分部，规模仅次于硅谷总部。而谷歌选择切尔西地区的原因也很简单：首先，这里已经汇聚了 700 多家跨界广告公司、1400 多家设计公司、600 多家 IT 企业，其中就包括谷歌用 31 亿美元收购的 DoubleClick；其次，切尔西地区有 300 余家画廊，附近的 Meatpacking 区有纽约市最好的餐厅与酒吧，为谷歌员工提供了良好的文化和生活环境。

时至今日，硅巷已吸引到诸多高科技企业，形成了若干科创圈，纽约超越波士顿成为美国第二大科技重镇（图 2、图 3）。

2 硅巷发展经验小结

硅巷的发展离不开经济危机、金融危机，从经济危机中寻找生机，从金融危机中发展壮大，历经发展—衰退—发展的经济周期，至今已经成为纽约第二大产业基地，并超越波士顿成为全美第二大科技重镇。与硅谷不同，硅巷科创企业并非单纯的互联网企业，而是更多地将互联网技术与纽约的传统产业相结合，形成更具生命力的新经济模式。

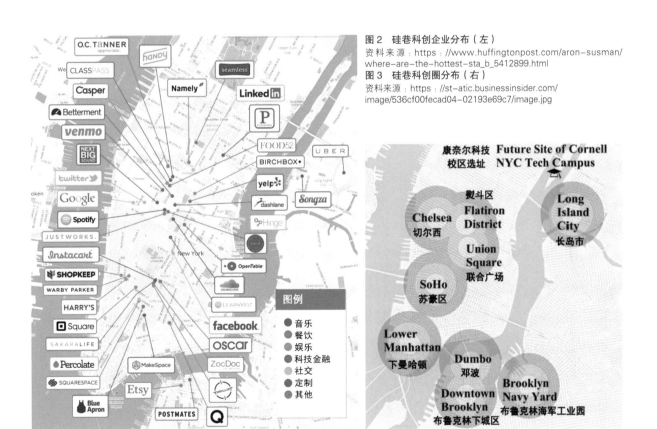

图 2　硅巷科创企业分布（左）
资料来源：https://www.huffingtonpost.com/aron-susman/where-are-the-hottest-sta_b_5412899.html
图 3　硅巷科创圈分布（右）
资料来源：https://st-atic.businessinsider.com/image/536cf00fecad04-02193e69c7/image.jpg

3　硅巷对北京转型发展的启示

很多国家纷纷开始打造自己的"硅巷"。上海市静安区便提出要借鉴纽约硅巷经验，着力打造"上海国际创新创业活力区"。而实际上，北京、上海、深圳、杭州都具备良好的科技基因，从独角兽企业（估值 10 亿美元的未上市企业）数据可窥一斑。在这方面北京（45%）遥遥领先于上海（26%）、深圳（8%）和杭州（10%）。北京拥有 37 家独角兽企业，是上海、深圳与杭州三座城市独角兽企业之和。

北京作为全国科技创新中心，可以参考与借鉴硅巷的一些做法。

3.1　引进与培养人才

如同斯坦福对于硅谷、剑桥大学对于剑桥城的重要性一样，不论是纽约大学、哥伦比亚大学，还是后来引入的康奈尔大学、以色列理工学院，都旨在为硅巷提供源源不断的创新人才。因此，北京应当总结清华大学、北京大学等高校对于中关村发展的经验，在未来规划发展新的科技创新中心周边同步规划一流高校的分校。

纽约通过 NYC Talent Draft 人才引入计划和各种措施吸引高科技人才来硅巷创业。北京与纽约一样，作为国际城市，应该利用自身的优势，出台人才引进计划，吸引全球优秀的高科技人才。

3.2　政府通过规划调整为产业发展提供用地

纽约最初作为港口城市发展制造业，随后制造业转型为金融、服务业，纽约制造业从第二次世界大战后最高峰达到 100 万个就业岗位，到 1980 年只剩下近 50 万个就业岗位，消减一半。20 世纪 80 年代开始金融业和服务业的发展使得纽约成为全球城市，但紧接着 1987 年发生的经济危机、2001 年互联网泡沫的破灭、2007~2009 年次贷问题引发的金融危机，使得纽约市金融和服务业不断受到冲击，开始向高科技产业转型发展，与产业变迁相对应的便是用地的调整。纽约从 2001 年开始，随着硅巷的发展，对 6000 多个地块进行了规划调整，将制造产业用地调整为居住、商业或混合用地，从而适应新的产业需求和经济发展。同时，进行保障房建设。一方面，政府通过为市民修建保障房，以获取市民对工业用地规划调整的支持；另一方面，为了鼓励开发商建设保障房，给予其商品房容积率奖励。北京在疏解非首都职能的同时进行用地调整时，可以考虑高科技产业的用地需求。

3.3　政府通过完善基础设施、生活服务设施为高科技企业及其员工提供良好的工作、生活环境

熨斗大厦最初的改造就是为了满足初创企业的需求，通过铺设光缆、隔成多个小面积的办公室及提供短租期、低租金来吸引企业入驻。政府还资助创建了大量分享型办公场地和创业孵化器。据不完全统计，纽约共有 74 个政府资助的创业孵化中心和 220 个低租金的共享办公地点供创业者使用。

硅巷改善企业创业环境的同时，对周边的学校、医院、餐厅、咖啡馆等生活服务设施也同步进行改善，为企业员工提供良好的生活环境。并通过共享办公、餐厅等场所创造交流机会，如 General Assembly 就是硅巷的一家专门提供共享开会、工作和教育地点的企业。

3.4 积极探索城市转型路径，产业多元化发展，避免产业结构过于单一

纽约由于过度依赖金融业，一旦爆发金融危机，整个城市经济受到影响，因此，纽约提出多元化经济结构，发展以高科技与传统产业相结合的新经济模式。硅巷与硅谷不同的一点是，硅巷的初创企业往往将高科技与纽约传统产业强项相结合，如广告传媒、时尚、影视制作等。北京同样可以考虑将互联网与实体经济相结合，发展"互联网+"的新经济结构，助推城市升级转型。

参考文献

［1］ INDERGAARD M. What to make of New York's new economy? the politics of the creative field[J]. Urban Studies, 2009, 46（5-6）: 1063-1093.

［2］ MAX S. Silicon Alley's vanishing act[J]. Interactive Week, 2001, 8（5）: 58.

［3］ WELLMAN B, HAYAT T, etc. Venture labor, media work, and the communicative construction of economic value : agendas for the field and critical commentary[J]. International Journal of Communication, 2017, 1（11）.

［4］ ANDREW E G, AIDAN H J, GIBBS D C. Managing infrastructural and service demands in new economic spaces : the new territorial politics of collective provision[J]. Regional Studies, 2010, 44（2）: 183-200.

伦敦科技创新发展纵横

杨 滔

摘 要：本文论述了伦敦科技创新发展的情况及其特征，揭示其金融科技与创意产业之间的互动关系，描述出伦敦创新产业聚集的内在机制，强调了高等教育和研究机构及其创新中小企业的重要作用，而伦敦的全球技术和金融的匹配能力则是推动科技创新的最根本动力。

1 伦敦科技创新的画像

伦敦被普遍认为是欧洲科技聚集地，也是生命科学的研究中心；与此同时，伦敦正逐步成为数字技术的世界领跑者之一。2016 年，欧洲 47 家独角兽企业（估值超过 10 亿美元的创业企业）中有 14 家位于伦敦，包括 Blippar、Transerwise、Shazam、Rightmove、Funding Circle 等。伦敦老金融城（The City）内主要有科技金融企业，如 Transferwise、Algomi、Iwoca、eToro 等为大型银行服务的企业。伦敦东区出现了面向手工制作艺术的独角兽企业，如 Kano、SAM Labs、ROLI 等，2012 年伦敦奥运会公园的一部分也被改造为 6.8 万 ft^2 的联合办公空间。在伦敦北部，亚比路录音室开始孵化音乐技术企业，以及巨大的电子商务在推动平台建设，包括 Farftech、Matchesfashion.com 以及 Depop 等，大量的共享办公空间也遍地开花。

近年来，伦敦科技产业蓬勃发展。2016 年伦敦共有 9 万 ~9.5 万个科技企业，雇用了 70 多万员工，占伦敦经济总量的 15%，其中共有 82 个企业连续两年的增长率超过 20%。其中大部分企业是数字行业，超过一半的企业集中在威斯敏斯特（Westminster）、伦敦老金融城（The City）、卡姆登区（Camden）以及哈克尼区（Hackney）。这些科技企业大体分为五类，即数字技术、生命科学和医疗健康、出版和广播、高科技制造以及高科技服务。

2003~2013 年，伦敦的就业人员增长了 16%，其中科技就业人员增长了 15%。然而，不同类型的科技企业具有相当不同的表现，数字技术的就业人员增加了 29%，科技制造则下降了 45%。此外，企业个体数量方面，伦敦科技企业增加了 37%，而其他所有企业则只增加了 18%。

不同地理空间范围内的科技企业表现不同，内伦敦企业个体数量增加了 29%，而外伦敦降低了 6%。这种差别在数字技术中体现得更为明显，内伦敦增加了 54%，而外伦敦下降了 4%。其中，伦敦中心区和东伦敦增加得最快，都超过了 50%。总体而言，内伦敦的科技企业占全伦敦的 70% 以上，这说明伦敦中心区对科技企业的吸引力仍然占主导地位。牛津在科技金融和广告科技领域只有较少的员工；而剑桥的科技企业则更多聚集在生物技术和医药技术领域。

科技企业中增长最快的行业领域是数字技术，主要集中在伦敦中心区和东区。这些科技企业还可分为科技商业、风险投资、科技金融、广告科技、教育科技等。其与

作者简介

杨 滔，中国城市规划设计研究院未来城市实验室执行副主任。

传统产业很难有明确的区分，特别是小型企业对自身的定义都很模糊，在成长之中寻求发展机遇。

所有研究都表明，科技企业并没有从伦敦中心区离开，去寻求伦敦之外更低的租金等所谓的优势。当然，公司成长速度（以员工数量定义）受到房地产价格的影响。然而，很多这些公司会在伦敦之外设立分支或合作机构，以平衡伦敦总部的成本，如某些公司在葡萄牙或卢森堡等地还有分支机构，或在网上雇佣员工。当然，伦敦数字技术企业的聚集与伦敦的市场规则和标准也密切相关，这给初创公司带来了更多支持。

2 伦敦创新的特征

伦敦的创新企业发展与其城市自身的特征密切相关。首先，伦敦是非常成功的世界城市，具有世界一流的基础设施，包括几个国际机场、高速铁路联系；同时，也拥有世界一流的大学，如剑桥大学、牛津大学、帝国理工学院、伦敦大学学院、伦敦政治经济学院，吸引了世界各地的国际学生，并在科学、金融、经济等领域世界领先，同时还具备推动科技商业创新和成长的巨大财力。因此，伦敦是欧洲最适宜初创科技企业发展的地方之一，具有支撑性的创新生态系统、企业精神、年轻的高科技人才。

其次，伦敦提供了全球范围的匹配技术产业与商业资源，这是其他很多城市无法比拟的优势。于是，伦敦注重加速科学和技术成果的转换，演化为科技金融、科技广告、科技教育等。

最后，伦敦与英国和世界其他地方的创新中心不仅存在竞争关系，而且还存在合作协同。例如，旧金山或硅谷以及纽约与剑桥、牛津、伦敦构成的"金三角"有密切的功能性互动，而不能把它们看成彼此孤立的个体。它们之间存在人才、资金、信息的高度流动。在其独特的创新生态环境中，伦敦形成了以生物技术以及物理、材料、工程和生物科学为主体的基础性研究部分，并通过数据和电子技术以及科技金融整合开创了跨学科的产业，包括数字健康、清洁能源技术、广告技术、教育技术、农业技术等（图1）。这些又与传统的产业有密切的关联，带动了上下游产业的发展。一部分产业具有很强的科学内涵，另一部分则与数字技术密切相关。不管怎样，这些产业及其市场在跨领域地快速变化及融合。

伦敦的优势虽然有利于推动初创科技企业的发展，然而对科技企业的发展却并不有利，特别是那些需要长期培育、依赖房地产等方面的科技企业。这源于伦敦较高的

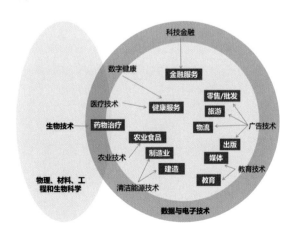

图1　伦敦科技创新的生态圈
资料来源：根据参考文献 [1] 改绘

房地产成本和生活成本、交通拥堵以及金融风险等因素。因此，在这些方面，伦敦与硅谷等美国创新城市存在一些差距。不管怎样，伦敦创新的特征在于两点：一是基于伦敦金融优势的科技融资与创新，二是依托伦敦世界城市贸易网络的创意产业发展。

2.1 金融科技

伦敦金融科技的发展源于伦敦在金融、人才和科技方面长期以来的积累，如企业天才、强大的科技聚集以及最具有竞争性的金融财团。相比于其他国际城市，伦敦在这方面有明显优势。例如，2016 年伦敦在科技金融中有 4.4 万名 IT 员工，纽约有 4.3 万名，旧金山（硅谷）有 1.1 万名。实际上，金融科技公司的出现并不是新现象。为了降低成本，改善决策，维持新顾客，伦敦的金融服务公司一直都持续追逐新技术，典型案例包括 FIS 为银行和保险公司提供数据与软件，以及 FirstData 提供后台服务。而传统金融科技更多是外包服务供应商或商业服务供应商，而非技术或金融服务公司。

对于新兴的金融科技公司，突变型的创新尤为重要。新兴的金融科技公司以新技术为杠杆，特别是采用互联网以及消费者彼此的联系，以使市场更为高效，开启新的市场类型。伦敦四种常见的金融科技公司业务包括付款和汇款、银行借贷、投资保险、软件数据。

伦敦金融科技既有优势，也有劣势，包括如下四个维度。一是因素条件。伦敦具备优秀的金融创业人才；提供了多元的专业服务性企业，可作为训练场地和金融监管技能的渠道；制定了容纳外籍工作者和吸引人才的税收政策，以吸引更多的国际优秀人才。不过目前英国收紧了签证政策，并有更高的劳工成本。二是企业策略与竞争环境。英国政府出台积极的业务推广计划，积极推动投资、创新和再定位，为科技公司提供优厚的税收、移民政策和常规的监管环境；并制定有利的金融监管制度，促进科技金融的积极创新。然而脱欧的影响较为严重。三是相关和辅助产业。伦敦具有强大的风险投资／私募股权的环境，形成了成熟的金融市场和国际投资银行中心，并汇集了大量的高水准专业服务供应商。不过，伦敦与美国在投资环境上仍存在差距。四是需求状况。伦敦有世界上最密集的全球金融机构，包括银行、投资市场、保险和资产管理，且当地中小型企业和个人消费者已表现出对科技金融创新，如非接触式的支付方式的需求。

因此，伦敦的科技金融形成了五大板块，包括以英国金融服务管理局、英国财政部以及英格兰银行为核心的监督管理部门，以英国科技城、英国商业银行、金融科技城、专业孵化器、国际金融机构等为主的推广机构，以企业基础设施和员工福利为主的基础设施，以教育机构、金融机构、全球科技和电信机构为主的人才库，以伦敦创新生态系统等为主的相关行业（图 2）。

2.2 创意产业

伦敦创意产业不仅是英国首都经济的重要组成部分，也是英国经济的重要部分。这里的创意产业被定义为：在个体创新、技能以及天赋上有原创性的，且通过知识产权的增值和利用来获取财富并提供工作岗位的产业。2015 年伦敦毛附加价值（gross value aolded，GVA）为 420 亿英镑，占伦敦总量的 11.1%，也占英国创意产业的 47.4%。从 2009 年到 2015 年，伦敦创意产业的增长为 38.25，而其他产业为 30.6%，其中 IT、软件和计算服务占比最大，2015 年占创意产业的 38%。2016 年

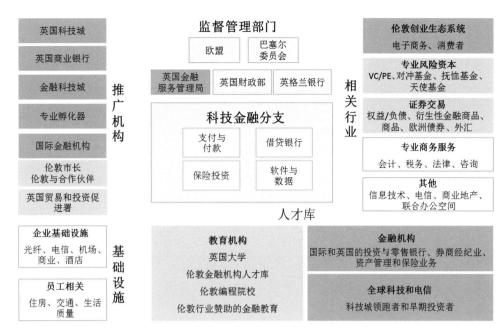

图2　伦敦金融科技发展的体系
资料来源：根据参考文献 [2] 改绘

伦敦创意产业的工作岗位为 62.26 万个，相当于伦敦总工作岗位的 11.9%。考虑传统行业中的创意部分，2016 年工作岗位为 88.29 万个。

相对于英国其他城市，伦敦的创意产业占有绝对优势，体现了伦敦对创新的多元化追求。例如，出版业和音乐、表演和视觉艺术业占比超过 50%，而电影、电视、广播和摄影业接近 50%（表 1）。此外，伦敦的创意产业仍然聚集在内伦敦，特别是伦敦中心城区，以及伦敦的西部地区。这说明了密集而活力的城市氛围仍然是城市创新的基础之一。这对于创意企业尤为重要。知识、个人之间的交流以及灵活的技能是超越日常或自动化工作的重要因素。

2015年伦敦和英国其他城市创意产业的毛附加价值[2]　　　　表1

创意产业	伦敦 GVA（百万英镑）	英国其他城市 GVA（百万英镑）	伦敦占比（%）
广告市场	4146	5389	43.50
建筑	1671	2272	42.40
手工业	82	172	32.30
产品和时尚设计	1215	1650	42.40
电影、电视、广播和摄影	8592	8780	49.50
IT、软件和计算服务	15953	19573	44.90
出版	5679	4813	54.10
博物馆、美术馆和图书馆	502	1306	27.80
音乐、表演和视觉艺术	4173	2648	61.20
总计	42014	46602	47.40

数字技术不仅促进了城市中心区的更新，而且对创意产业的发展具有变革性的推动作用。例如，伦敦是英国电子游戏簇群增长最快的城市，2012 年占英国电子游戏产业的 19%，其创意成功的企业仍然聚集在内伦敦的哈克尼区（Hackney）、伊斯灵顿（Islington）、威斯敏斯特（Westminster）以及卡姆登（Camden）。再如，伦敦

创意产业基地是苏活区（Soho），这是世界上最具有影响力的媒体、电影、广告、电视和广播公司聚集区。苏活区提供了英国 20% 的电影发行产业工作岗位以及 25% 的电影制作岗位。爱彼迎（Airbnb）是网上出租和租赁住宿平台，2008 年在旧金山成立，目前有超过 100 万的用户，遍及世界 3.4 万个地区，提供传统的旅游设施服务。英国有 2/3 的爱彼迎用户位于伦敦，该公司从伦敦游客处赢利，同时也提供更具本地特色的住宿空间，提升游客的体验。

3　创新簇群和聚集特征

总体而言，伦敦为科技企业提供了良好的创新生态，推动了创新簇群及其多元聚集（图 3）。这不仅支持诸如医学城、科技城以及创新中心等机构，而且推动了高校新校区的发展，如帝国理工学院西部校区和伦敦大学东部校区。这些创新簇群使地理上彼此联系的公司聚集，如专业化的供给方、服务供给方、与产业相关的机构和公司。公司有可能从周边其他产业获得好处，如通过其与周边产业交易或招聘新员工。物理距离上的靠近只是形成簇群的一个方面，而公司也可以在虚拟空间中协同工作，如在线工作平台。

此外，靠近性还能推动知识的贡献，包括高校的溢出效应，包括信息和想法的传播等。虽然研究表明面对面的交流对创新非常重要，然而数字技术也创造了交流和合作的新渠道，大家可远程互动。例如，GitHub 提供平台和数据，让软件开发者分享代码，并协调软件开发项目，这些代码的共享不仅推动创新知识，而且促进了跨专业的协同。然而，地方化的企业也面临困难，即聚集的成本。伦敦在成功的同时，高房价、交通拥堵、专业人员高薪酬等也都会限制伦敦的发展。不管怎样，伦敦仍然是许多人创业的起点，这归功于伦敦创新的生态环境。

对于创新簇群和聚集，伦敦具有非常动态性、流动性的科技创新生态，并且在不断地演化。例如，肖尔迪奇区（Shoreditch）的特点是非正式化、流动性强、快速变化、

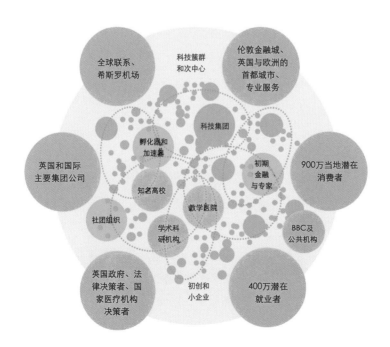

图 3　伦敦科技创新簇群和聚集生态圈 [3]

大量年轻人以及与全球紧密联系。其背景在于,伦敦在某种程度上类似于美国西海岸,推动了大量全球科技企业的成立,不过这背后还有无数的中小型科技企业。肖尔迪奇区不是伦敦唯一的电子产业所在地,这些产业与更为广泛的孵化器以及推进器紧密相关,孕育了创新企业的成长。内伦敦的吸引力非常强大,虽然其企业成本很高,包括客户的风险特别是科技金融客户的风险,宽带供应的不确定性,房地产供给和价格问题,伦敦科研基地的限制性等。不过,伦敦仍然被视为欧洲科技创业环境的最好城市,其证明就是企业家从各地涌向伦敦,开展全球化的业务。

伦敦这些多元化的族群都从更为广泛的聚集中获益。这需要创新想法,并培育机遇。"肖尔迪奇区泡沫"不应该去机构化,不能使之成为"肖尔迪奇区城堡"。相反,其内在的"混乱"应受到鼓励,也许这不能精确度量。伦敦的科技产业具有大尺度、多样性以及动态性,这给予科技创业者非常丰富的环境和机遇,可跨专业去挖掘不同专业市场之间的融合,最为明显的例子就是数字健康。然而,组织结构化的机构更关注专业领域,因此需要关注如何通过非正式的交流与合作去发掘共赢的机会。

伦敦的科技产业还包含大量的小公司,其中很大一部分处于天使创业阶段,也是形成之中的公司,包括松散的联盟,它们常常来自不同国家。与此同时,绝大部分大企业在科技产业中也非常活跃,包括谷歌(Google)、葛兰素史克(GSK)、天空广播公司(BSkyB)等。伦敦的大学和其他成熟机构(如大型医院和BBC)都在一些科技领域扮演了重要角色,当然也不是所有的机构都如此。所有伦敦这些科技簇群和聚集区都与商业密切相关,构成了致密的网络,而伦敦则为那些公司提供了快速成长的可能性,也提供了坚实的法律等方面的支持。

因此,对比英国或全球的其他城市,伦敦具有孵化科技产业的所有动态生态体系,包括两个过程。一是聚集,专业的软硬"基础设施"彼此迭代发展,刺激和支持了以科技为主的商业发展。从这个角度而言,伦敦与其他地方的知识经济平行发展,包括牛津和剑桥,也包括巴塞尔和硅谷。二是簇群,这是伦敦的核心优势,并且对于不同规模的簇群来说具有不同的优势。伦敦区别于牛津和剑桥的优势在于规模。伦敦是全球城市,并具有独特的经济优势,其可对标的城市是纽约和旧金山。

4 伦敦科技创新机制

伦敦科技创新有其独特的机制,包括如下四点。

第一,伦敦的众多创新中心与高校和研究机构密切联系。例如,2001年伦敦生物科学创新中心基于英国皇家兽医学院,关注生命科学,并形成商业模式。另一个案例是基于帝国理工学院校园的帝国孵化器,提供一系列的实验室和办公空间,面向新成长的商务,从医疗设施和软件到机械工程。该孵化器是帝国理工学院创新中心的一部分,也是技术转化公司。第三个案例是白教堂地区(Whitechapel)的玛丽皇后生物医学创新中心,属于玛丽皇后学院的技术转化中心,共有3600m^2,提供一系列的孵化器,培育实验室。

第二,伦敦鼓励科技原创性概念,通过竞争去加速商业增长。例如,贝克利(Bakery)是关注广告科技的加速器。自从2013年成立以来,主要的品牌公司(如Heinz、Panasonic、BMW)以及广告公司(如Vizeum、Havas Worldwide London、

Karmarama）都对该公司有支持。广告科技企业就加速器项目对地段进行竞争，成功者可获得免费办公空间、一定的金融支持以及半个月的指导。作为回报，贝克利将获得股份。

大部分伦敦创新公司基于商务关系，与某些大型集团密切互动。很多相关技术的突飞猛进归功于大型集团对新兴技术感兴趣，并希望靠近那些新兴技术公司。例如，伦敦的谷歌校园于2012年开始提供免费活动的场所，包括高速wifi、自助的办公桌空间、初创空间等。2013年有2000多家初创企业进入校园，一般的企业都可获得谷歌导师的指导。根据谷歌的研究，"初创者对该校园两个最为重要的认知是，这是学习与指导的场所，以及与相似初创者社交的场所"。其他案例包括思科公司和西班牙电信公司，它们的孵化器位于布鲁姆斯伯里（Bloomsbury），属于伦敦大学学院孵化器的一部分，也是国际设施网络联系的一部分，由思科和西班牙电信公司所资助。

第四是大量地方性的创新小企业和个人，广泛地分布于伦敦的各角落。他们大多呈现小的簇群。例如，在伦敦城市更新基金和其他资金的支持下，卡姆登区（Camden）形成了卡姆登集体基金会，为初创公司提供免费的办公场地，这对于某些初创企业的前几个月非常关键。再如，伦敦南岸（South Bank）也提供共享办公的场所，不过这是以吸引美国公司为目标的商业模式。其中一个数字健康公司认为："员工喜欢南岸，顾客喜欢南岸，这儿绝对是城市的中心，每个员工都积极参与到城市生活之中。虽然这笔消费非常昂贵，但这儿是令人兴奋的场所，将提升我们的商业价值。"其他的小型创新簇群还包括白城（White City）的前BBC录影棚，聚集了小型创新媒体企业；克罗伊登区（Croydon）科技城，提供科技专家联合办公和孵化场所；数字格林威治创新中心；托特纳姆（Tottenham）639企业中心，聚集了时尚设计师；东伦敦对赛诺菲（Sanofi）旧厂房再利用，为小型生命科学公司提供孵化基地。

这些都是新兴的创新模式，彼此交织在一起。例如，欧洲创新与科技实验室于2014年建立了伦敦中心，合作伙伴是帝国理工学院、伦敦大学学院以及因特尔和英国电信公司，关注虚拟和物质系统、智慧能源、未来云技术、健康和幸福、城市生活和交通等。该中心位于帝国理工学院的西部，由合作机构共同资助，为初创科技企业提供各种服务，帮助其快速成长和广泛传播。

总而言之，正如《伦敦2036战略规划》所指出的，伦敦科技产业的特点反映了其全球金融和商业中心的特征："对比旧金山，伦敦科技产业的优势在于数字媒体、销售、市场以及金融服务，而在硬技术产业方面并不具有优势。"

参考文献

［1］　TOGNI L. The creative industries in London[R]. Greater London Authority, 2015.

［2］　CHAPAIN C, COOKE P, DE PROPRIS L, et al. Creative clusters and innovation[R]. NESTA, 2010.

［3］　MATEOS-GARCIA J, BAKHSHI H. The geography of creativity in the UK[R]. Nesta, 2016.

［4］　Department for Digital, Culture, Media & Sport. Creative industries mapping documents[R]. Department for Digital, Culture, Media & Sport, 2001.

［5］　Department for Business, Energy & Industrial Strategy. Creative industries : sector deal[R]. Department for Business, Energy & Industrial Strategy, 2018.

火车站：地标的文化担当

刘 欣

摘 要：纽约中央火车站、京都火车站和伦敦国王十字火车站，分别处于世界不同经纬，所在城市的历史迥异、个性鲜明，但这三座铁路客运站的更新改造都具备共性特征——引入建筑技术创新、整合区域用地和景观环境、商贸科教文化交流活跃、多方利益主体分工合作，因而成为超越交通枢纽功能、彰显本土文化魅力和制度精华的城市地标。他山之石可以攻玉，期待这三个国际城市案例对北京站及周边地区的更新改造有所借鉴。

一座文化之都，不仅需要文物保护单位、文博场馆等"主力军"肩负起传承历史、展示文化魅力的重大担当，也需要其他各类设施空间成为文化"志愿者"，从不同侧面关怀人本需求，提供润物无声的专业服务，进而体现城市的文化素质与价值导向。

火车站作为城市重要门户和人流集聚的大型公共场所，文化关怀尤为重要——人最多的地方也是文化需求最迫切的地方，外来旅客在这里获得的第一印象可能主导他对整个城市的文化认知。本文选取纽约、京都和伦敦这三个国际城市样本，看一看他们的火车站如何超越交通枢纽功能，成为彰显本土文化魅力、拉动地区复兴的城市地标。

1 纽约中央火车站：活力四射的国家历史地标

纽约曼哈顿岛上有两个铁路客站，即纽约宾夕法尼亚车站（New York Pennsylvania Station）和中央火车站（Grand Central Terminal）。二者均始建于20世纪初，前者于1910年建成，后者于1913年建成，都是投资巨大、气势恢宏、震撼人心的古典式建筑。宾夕法尼亚车站更是略胜一筹，甚至被赞为"运输史上的多利安神庙"。然而，如今成为纽约地标的却是中央火车站。

在20世纪60年代铁路客运萧条、维护资金有限的时期，宾夕法尼亚车站拆除了地面候车大楼，建成经济效益更高的办公大厦。该事件引发了纽约市乃至全美保护经典建筑的浪潮，并最终促成《纽约市地标建筑保护法》（*New York City Landmarks Law*）的通过及纽约市地标建筑保护委员会（Landmarks Preservation Commission）的成立。在该法令要求下，中央火车站得以保留下来，并于1976年被列为国家历史地标（图1）。

1.1 非凡气场的古典建筑空间

在曼哈顿的高楼丛林背景下，如今100多岁的中央火车站早已不是当初雄霸一方的模样，但走近了依然可以感受到它的非凡气场——高大的柱式、巨型的拱窗，代表商业、智慧、道德的神像和国鸟白头海雕高悬在对称式建筑的顶部中央（图2）。

作者简介

刘 欣，北京市城市规划设计研究院城市更新所教授级高级工程师。

纽约宾夕法尼亚车站

中央火车站

图1 老照片中的宾夕法尼亚车站和中央火车站
资料来源：https://simple.wikipedia.org/wiki/Pennsylvania_Station_（New_York_City）#/media/File：Penn_2163723600_1bb4d3f9c6_o.jpg（左）；
https://texashistory.unt.edu/ark：/67531/metapth28618/m1/1（右）

从主入口进入车站大厅，迎面的巨型主楼梯令人联想起法国巴黎歌剧院。中央圆形柜台环绕的信息咨询处以猫眼石四面钟为突出标志，周边是票务区和通向各月台的入口。仰头即可看到壮观的蓝色穹顶上的12星座壁画（图3）。大厅地面以下则是最核心的交通空间——44个站台、67条铁轨，中央火车站也因此成为世界上站台最多的火车站。

除了普通乘客所看到的古典式建筑华丽外表，从工程技术的角度来看，中央火车站在20世纪初启动的巨型地下工事，堪称改变纽约城市史与整个西方建筑史的创举——沿着公园大道（Park Avenue）从50街到中央火车站大楼所在的42街，即从北向南开挖了上下堆叠的双层场站平台，便于北郊过来的铁路轨道束分层进站，而原来场站占据的近10个街区地面则完全被释放出来另作新用。

支撑地下场站的是高达8英尺的巨型工字钢梁，而这些钢结构成为日后新建摩天大楼的地基，并创新性地使得上空权（air rights）成为可与土地财产权分割交易的标的。

1.2 对话周边的城市发展助力

中央火车站1913年竣工即成为纽约最重要的交通中心，不仅将长途客运线、郊区通勤铁路线与市区地铁系统和街道连在一起，也成为曼哈顿中城地下交通网络运行的中介地。连绵的地下铁路和地铁系统并列或相交于这个轴心铺设，同时又与地面的街道和高层建筑通过电梯提供的垂直交通相连。

中央火车站地上交通组织包括一处1919年投入使用的高架桥——公园大道（Park Avenue）在46街向南穿过赫尔姆斯丽大厦（Helmsley）后，上升到二层高度从中央火车站大厅的东、西两侧穿过，在42街上会合后向南并逐渐降低高度，于40街和地面道路重新合二为一。

图2 今日的中央火车站（左）
资料来源：https://untappedcities.com/2021/12/16/beaux-arts-buildings-nyc
图3 中央火车站大厅（右）
资料来源：https://commons.wikimedia.org/wiki/File：Grand_Central_Terminal_（9071977643）.jpg

高架桥创造性地解决了南北干线公园大道与中央火车站的地面交通协调问题，也在环绕站厅的高架桥下形成"裙房"，成为可供出租的临街零售空间（图4、图5）。1983年这段高架桥列入《美国国家史迹名录》（*National Register of Historic Places*）。

在中央火车站的数排铁轨下沉入地之前，露天场站充满嘈杂和尘土，是曼哈顿中城的交通障碍和贫富区域的分界线。入地之后，其使"一个城市发展的惰性障碍变成城市活力的发动机"——长长的铁路线变成优美宽阔的公园大道，修复了45街到56街横贯全城的街道，公园大道成为吸引开发投资的南北走廊，车站、办公大楼、旅馆和公寓、使馆、公园绿道等和谐地融为一体，使曼哈顿中城的景观焕然一新，拥有了新鲜空气。

美国城市规划者菲奇和怀特总结道"中央火车站是新城市全面发展的助推器"，其也因此成为20世纪初美国城市美化运动的成功范例。

1.3 多元服务的开放城市客厅

中央火车站每天约有75万人次往来，是纽约市仅次于时代广场的人流集散地。这里如同一个开放的城市客厅，不仅为搭乘铁路、地铁、公交、机场巴士等不同交通工具的乘客提供便利服务，也让专门到访的游客感受到各种温暖与惊喜。不仅如此，通过网站还可以实时查询车次、购票、地图等信息，甚至电梯运行状态通告、自行车租赁、自驾线路引导等在线服务也一应俱全。

中央火车站内约有60家商户（包括书店、超市、专卖店等，价格及质量与别处基本没有差别）、35处餐饮店以及多处开敞空间，可满足休憩、购物、私人聚会、小型展览等各种活动需求。例如，每年圣诞月由大都会交通博物馆举办火车模型展；为不同对象提供展示空间，如2013年为我国艺术家宋昕举办剪纸作品展，2016年、2017年分别为上海、南京举办城市文化宣传展。

正如2013年时任纽约市长布隆伯格在中央火车站的百年庆典上致辞时所言，中央火车站是纽约这座伟大城市的象征，它始建于一个辉煌的年代，同时又无比现代；它展现了美与艺术，也见证了商业与工业的发达。

1.4 公私合作的百年历史壮景

100多年前，中央火车站工程由当时的中央铁路公司主持，而该公司为美国铁路之王范德比尔特家族私有。1982年，中央火车站由大都会北方铁路公司接手，受大

图4 老明信片上的中央火车站与高架桥（左）
资料来源：https://www.treasu-rechest-ofmemories.com/cent-ury-old-honeymoon-journal-new-york-city-in-1916
图5 今日中央火车站与高架桥（右）
资料来源：https://www.nytimes.com/2013/01/20/nyregion/the-birth-of-grand-central-terminal-100-years-later.html

都会交通运输署（MTA）监管，其是由各级政府、铁路公司、工会等各方代表组成的管理机构，对中央火车站内外从行人到车辆，从铁路到地铁、公交、机场巴士等进行全方位的统筹管理。

如果说中央火车站的古典建筑工程更多地体现了范德比尔特家族的意志品味，那么不同时期的建设、维护、运营及管理，则完整映照了建筑师与实业家、政府与企业以及不同部门之间通力合作的壮景。

2　京都火车站：充满活力的大众之家

今天的京都火车站（Kyoto Station）是由 1991 年国际竞赛遴选出的最优方案实施而成，于 1997 年建成并成为日本当时最大的火车站。初期，建筑师原广司的设计方案引起了广泛关注和质疑，主要争议在于其现代风格和庞大体量是否与京都这座重量级的历史文化名城相匹配。但自投入使用以来，越来越多的人开始用欣赏的眼光看待这个"巨无霸"。

京都火车站大厦占地 3.8hm^2，建筑面积 3.2 万 m^2，包括地上 16 层、地下 3 层，高 60m、宽 470m、深 80m（图 6）。除承载地铁、铁路等交通功能外，其还集合了百货公司、购物中心、文化中心、博物馆、旅馆、停车库等多种功能，附带大量室外、半室外的公共活动空间，是个名副其实的"城市综合体"。

图 6　京都火车站大厦外观

资料来源：https://up-load.wikimedia.org/wik-ipedia/commons/b/b1/130609_Kyoto_Station_Kyoto_Japan03s3.jpg

事实上，为了在古都保护的同时促进发展，京都火车站设计国际竞赛从一开始就明确了新车站肩负着振兴京都文化、旅游及经济的任务，发展目标应包括更新公共交通系统，更好地接待乘客，焕发市区活力。新车站建筑功能定位于京都的门户空间，要有外来人员使用的旅馆、能反映京都文化生活水准的综合商业设施，用于文化交流和民间庆典。

如果从这些角度来评判，京都火车站所交出的无疑是一份高分答卷。对此，原广司本人解释道："简单地说，新京都火车站是一个大众建筑，是一种每个人都能懂的文化。"

2.1 富于活力的人性化空间

京都火车站大厦外部是大面积的玻璃墙面，配以灰色石材、混凝土和金属面板，看似平淡但处处有精巧细节。暂且放下建筑师赋予它的城市之门、聚落、山谷等设计理念，来听听体验者的感受："这里好像是众人聚集的充满活力的家"。

从主入口进去即为宽敞、挑高的中央广场，广场周边设置票务中心、交通和大厦信息咨询柜台及检票口。向更远处的东、西两翼看去，地面则以不同方式逐步升高。东翼呈台地状堆叠向上，各层台地通过自动扶梯联系，尽端是剧院、旅馆区以及屋顶广场。西翼是几组大尺度弧形宽台阶和自动扶梯形成连续上升的坡面，每层有开口与百货店和停车场相连，屋顶为开敞广场。宽台阶既是疏散通道也是视野开阔的观众席，屋顶广场则可在俯瞰全城景观的同时举办小型聚会（图7、图8）。

此外，大厅半空45m高处的空中连廊将东广场与西部大台阶相连，为大厦的多维空间组织又增加了炫酷元素。如此多元、错落的空间，凭借缜密而具有创造性的思维，最终形成完整而人性化的回路。

京都火车站还有一项技术突破，即所谓的"空中地面层"，由日本结构学家木村俊彦完成。京都火车站位于电气化铁路和地铁线路交叉点，底层车站部分要求大跨度到50m。因此，在距地面高15m处，采用4m高的空中桁架结构形成了一个整体的空中基盘，一部分透空与大厅连接，可以灵活布置不同开间的建筑，并满足未来增加轨道交通线路立交，或者扩充南北新、旧城区之间交通联系的建设需求。

2.2 与城市对话的"积极分子"

单就景观效果而言，京都火车站如同一个被人工楔入的巨大箱体，对于融入传统城市风貌的确是个不小的挑战。但事实上，京都火车站位于老城区的南侧，比同样富有争议的京都塔更远一个街区。并且，改造之前的老车站及附近街道早已失去传统城市肌理，因此采用现代建筑形式更新并未加剧与相邻街区的异化。

此外，京都火车站在最大化开发土地价值、整合各种市政功能的同时，不遗余力地使自己成为与城市对话的"积极分子"。譬如，对外开放的屋顶广场成为欣赏城市风貌及远山风景的最佳视角。大厦内部设立的通道，不仅将车站南、北广场贯通，也成为跨越铁路、连接南北城区的城市支路。

图7 京都火车站内部中央广场（左）
资料来源：https://www.agoda.com/travel-guides/japan/kyoto/getting-around-kyoto-station-train-lines-shopping-things-to-do-nearby?cid=-151

图8 京都火车站宽台阶灯光秀（右）
资料来源：https://www.granviakyoto.com/zh/kyoto_station/

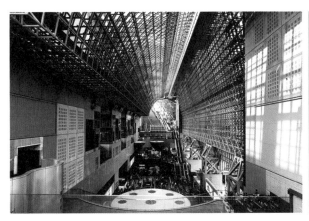

2.3 服务多元化的交通枢纽

作为交通中枢，京都火车站集合了 8 条以上的铁路加地铁线路，为乘客提供市内交通和日本国内交通服务。在地面交通接驳方面，除公交车、出租车、小汽车、摩托车、自行车停放场地等基本配置外，还提供自行车租赁和城市观光巴士服务。有更多观光需求的游客可以到旅游信息中心进行咨询。

车站大厦内的宾馆、商店和餐馆众多，从国际品牌到本地字号不一而足。需要安静享受精神食粮的乘客还可以找到剧院、美术馆和博物馆。在特定时段大台阶还会展示巨型灯光秀，中央广场也会不定期举办美食节等活动。

可以说，这里几乎可以满足吃、住、行、游、购、娱的所有需求，不仅吸引到访京都的外来游客，甚至成为本地年轻人的聚会场所和婚礼现场。"在火车站办婚礼"听上去不可思议，现实却可能"一宴难求"。

2.4 双重管理下的共同利益诉求

京都火车站受京都市政厅和日本铁路公司的双重管理，1989 年二者与商业部门共同成立了筹备公司以推进重建计划和国际竞赛，1992 年竞赛中标及实施方案获得市政厅和议会的批准。从 1993 年 12 月开始建设直至 1997 年竣工交付使用的 4 年左右时间内，京都火车站的交通运营服务并未受到太大影响。

日本铁路公司和京都地方政府共同主导着车站的发展导向，而综合体模式是二者的共同选择。

从铁路公司的角度来看，自从 1987 年日本国家铁路公司分割为七个公司，并将国有经营权转为民营后，置身于市场中的铁路公司清楚地意识到仅靠交通运输无法实现收支平衡，必须想方设法使多元化经营收入达到总营业额的 30%，因此决定将经营重点放在有大量旅客上下车、有购物和消费潜力的车站建设上。

从京都市政厅的角度来看，作为关西地区的三大城市之一（另外两个为大阪、神户），京都有 20 多所大学，是任天堂、欧姆龙等国际企业的总部基地，国际会议承办地及国际旅游目的地，抓住京都火车站建设的发展契机，将在满足相关人员出行需求的同时，提供更加舒适、宜人、便捷的城市公共空间，有利于进一步激发科研人员的创造力和生产力。

3 伦敦国王十字火车站：古今交融的复兴引擎

伦敦市内有多处火车站，其中国王十字车站（London King's Cross Railway Station）位于市中心北部，始建于 1852 年，曾经是繁荣的工业中心和货物集散转运中心。然而，随着 20 世纪工业经济逐步退出伦敦，该地区成为低收入人群密集、租金低、环境差的典型区域。

1998 年 John McAslan + Partners 事务所（以下简称 JMP）接受委托，着手国王十字火车站改造研究。改造研究于 2005 年完成，火车站被定位为世界级交通枢纽、融合最新技术与维多利亚艺术的场所空间。2007 年改造工程启动，2012 年项目竣工并于伦敦奥运会前向公众开放。如今，国王十字火车站不仅成为伦敦的标志性建筑，

图9 国王十字火车站改造方案及周边地区鸟瞰
资料来源：http://www.constructionenquirer.com/wp-content/uploads

也成为周边区域整体开发的引擎（图9）。

3.1 创新性改造的历史建筑空间

进出国王十字火车站的铁轨是南北走向，站台在东侧，候车和配套服务在西侧。改造工程采用建筑升级与翻新、场所营造等手法，对交通枢纽空间进行了重新梳理。

主入口是老车站的历史留存部分，改造后不仅亮化了被遮挡的砖石外立面，也修复了第二次世界大战中被炸的北翼，并在其西侧新建了优雅的半圆拱形大厅（图10）。西大厅是改造工程的最核心部分，高20m，面宽150m，面积7500m²，由极具表现力的锥形中央漏斗状屋面辐射至周边的16根树状钢柱承重，是当时欧洲单体跨度最大的车站建筑（图11）。大厅南端通过国王十字广场与尤斯顿路相接，西南端与历史建筑大北方酒店（Great Northern Hotel）的弧形外立面搭接。

图10 国王十字火车站主入口广场（左）
资料来源：https://zh.wikipedia.org/wiki/File：King%27s_Cross_station,_August_2014.jpg
图11 国王十字火车站西大厅改造方案（右）
资料来源：https://www.newcivilengineer.com/archive/kings-cross-the-ugly-duckling-09-07-2009/

改造工程将主列车站台和市郊列车站台进行整合，为进出和通过车站的客流重新组织流畅的路线。乘客既可以从西大厅的地面层入口进入，经由西楼到达站台，也可从北翼夹层入口进入，经由新建的人行玻璃天桥到达各站台，从而加强了高峰期的车站运营能力。

同时，改造工程立足于绿色发展目标，将2500m²节能光伏阵列添加到修复后的主列车棚上，可替代10%的能源供应；新建雨水回收系统可满足30%的车站东区用水需求。

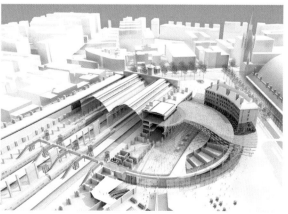

3.2 公共导向下的地区发展引擎

与国王十字火车站改造同期启动的还有其北部的国王十字中心区规划建设。国王十字中心区总面积27hm²，改造前充斥着废弃多年的铁路专用线、市政设施和工业仓储建筑，相当数量的贫穷艺术家、少数族裔等聚居于此，高犯罪率、低就业率和生活环境低劣等问题较为突出。

尽管如此，基于珍贵的土地和历史资源、交通枢纽带来的客流经济、毗邻奥运场馆的地缘优势，伦敦发展规划战略将国王十字地区视作五大发展机遇区之一，而国王十字火车站的改造将是整个地区更新复兴的引擎。

首先，从空间织补的角度看，国王十字火车站的西大厅建成后，不仅连接另一个交通枢纽——圣潘克拉斯国际火车站的东侧入口，也成为向北侧摄政运河景观区域延伸的起点。

其次，从社会环境修复的角度看，火车站现代建筑与历史遗存的友好对话增强了人们对本地区的归属感与认同感，加上中心区强调公共导向、私人管理的空间创造与生长意识，文化导入功能水到渠成（图12）。在谷仓建筑群改造利用的吸引下，2011年中央圣马丁艺术学院的4700名学生及1000多位工作人员进驻该区域。目前，国王十字火车站及周边地区已经成为伦敦市区租金最高的区域之一，并吸引了谷歌、LV、环球唱片、《卫报》等公司相继将总部设在这里，经济结构也逐步向科技和创新产业转型。

图 12 谷 仓 广 场
（Granary Square）
资 料 来 源：https：//
www.onlondon.
co.uk/clare-hebbes-
landscaping-is-key-to-
making-london-many-
places-in-one/

3.3 魅力十足的文化艺术场所

在国王十字火车站，火车与地铁、公共汽车之间的换乘非常便捷，车站内配备了餐饮、日用品、药品、化妆品、文具、货币兑换等基本服务。

国王十字火车站与西侧一墙之隔的圣潘克拉斯国际火车站完全互通，不仅相互共享小汽车和自行车停车场，还可以找到更多的艺术共鸣——圣潘克拉斯国际火车站大厅顶棚悬挂的各种艺术作品、拯救历史建筑的约翰·本杰明先生塑像、可随意演奏的钢琴、内存7500首歌曲的自动唱片点唱机，还有慈善团体或社区的集会、新兴音乐家的演奏会、大牌时装表演等。

更有特色的是，国王十字火车站再现了当代女作家 J. K. 罗琳女士在其作品《哈利波特》中描写的搭乘特快列车通往霍格沃茨魔法学校的 $9\frac{3}{4}$ 站台（图13）。站台雕

图13 国王十字火车站再现《哈利波特》中的9¾站台

资料来源：https://www.popsugar.com/smart-living/photo-gallery/41271958/image/41273240/Platform-9-34-King-Cross-London（左）；https://www.dreamstime.com/editorial-photo-kings-cross-station-wall-visited-fans-harry-potter-to-phot-london-uk-mar-photograph-sign-platform-nine-three-image86332806（右）

塑可供人照相留念，还有主题商店可买到魔杖、分院帽、活点地图等年轻魔法师的装备，因此吸引了大批哈利波特迷和游客前来参观。

3.4 通力协作的交通枢纽典范

早在20世纪80年代，英国铁路公司便计划与开发商合作，对国王十字地区进行整体开发，但是遭到当地居民和社会组织的强烈反对，人们不希望看到这里变成又一个被企业占据的金丝雀码头。加之其他因素影响，1992年国王十字火车站所在的肯顿区政府否决了英国铁路公司的规划。其后随着1996年海峡隧道铁路计划获批，英法海底隧道通车，紧邻国王十字火车站的圣潘克拉斯国际火车站确定成为欧洲之星列车的终点站，对2012年伦敦奥运会期间国王十字火车站客流量大幅度增长的预测直接将车站改造计划提上日程。

在这个总投资5.5亿英镑的改造项目中，铁网公司（Network Rail）作为业主，一方面加强公司管理结构优化，统筹分工合作，另一方面集合JMP（建筑设计）、Stanton Williams（广场设计）等设计力量，在铁路公司内部商业团队的成本顾问指导下，请Tata Steel Projects公司承担了屋顶和平台更新及步行桥工程，请Arup公司承担了西楼和新大厅的施工建设。最终众多团队通力协作完成了这个卓越的交通枢纽工程，它满足甚至超越了21世纪对综合性交通枢纽的空间需求。

4 小结：对北京的启示

纽约、京都、伦敦的火车站为我们提供了不同时期火车站改造的文化样本，共性特征包括引入建筑技术创新、整合区域用地和景观环境、商业服务与文化交流活跃、多方分工合作，因而成为超越交通枢纽功能、彰显本土文化魅力和城市管理能力的城市地标。

"当国外火车站已是城市地标，本土火车站为何还是脏乱差代名词？"面对这样的吐槽，遗憾的是首都北京也没能例外：交通乱、环境脏、服务差，好像到了城乡接合部……而且这些吐槽并非出自若干文化精英的特殊洁癖，而是普罗大众的真实表达。

作为"文化中心"的首都北京，自然绕不开火车站的门户建设与文化担当。以地处首都功能核心区的北京站为例，初步提几点优化建议如下。

第一，将北京站的建设与运营充分融入城市背景，加强火车站与周边道路网络、业态经营、公共空间组织等方面的对接，使之不再成为孤岛上的交通枢纽，而是可组合、可共享的公共设施。

北京站处于东二环，北京站东、西街和崇文门大街围合的东西1000~1400m、南北450m左右的超大地块核心。从现状道路交通网络来看，朝阳门小街和花市大街在此处无法对接，区域南北向交通不得不分流到东单大街和东二环，加剧了两条干线道路的负荷；从区域功能组织来看，火车站与北部中粮广场、恒基中心，与南部的明城墙遗址公园等处公共空间均未形成"对话"关系，场站区域相对孤立封闭；在火车站东、西两侧区域，居民社区与各类企事业单位混杂、房屋破旧、秩序混乱，此区域虽在努力列入市级棚户区改造项目，但简单的房屋改造和居民安置并不能从根本上达到火车站周边"治乱"的目的。

规划建议通过下穿方式连通北京站前的南北道路，避免火车站区域成为阻隔城市交通的"屏障"；正面引导旅客流量经济对区域就业和功能组合的拉动作用，加强火车站与北部商务区、南部明城墙遗址公园之间的空间联系，让前者成为火车站的服务区，后者成为火车站的户外候车厅；将北京站东、西两侧的棚户区改造与场站改造统筹考虑，在摸清交通运输规律及其衍生空间需求的基础上理顺与居民社区、业态经营的关系，从而达到标本兼治。

第二，对场站空间进行优化重组和精细化设计。在符合老城历史文化保护的前提下，应用建筑技术创新，充分挖掘地下空间和上盖潜力；关注乘客需求，优化场站内外动线设计与交通组织的同时，提供多元化的商业服务、文化交流与休憩场所。

北京站是新中国成立10周年献礼的首都十大建筑，已被列为普查登记文物，是弥足珍贵的历史文化遗产。然而随着时间演进，客运量和旅客需求增长，候车空间与配套设施短缺，进出站与地铁、公交、出租等城市交通子系统衔接不畅以及车站交通和休憩空间被过度商业化等问题逐渐暴露出来。

规划建议对北京站内外进行现代化更新改造：以系统设计理念和建筑工程技术手段重新组织地上、地下空间，将大量线路入地以释放地面空间，优化进出站、候车、检票、接送站等动线设计及功能组合，把最基本的大众交通服务做好；从乘客需求出发提供多元化的配套服务，兼顾人口基数大、素质与支出能力参差不齐的现实问题，优化环卫、寄存等设施的产品设计与使用管理；引导消费需求和审美意向，尽可能挖掘火车站内外的文化空间，利用候车厅、走廊等处空间灵活推广创新、创意文化内容。

未来北京站如有扩建可能，可预留更多的公共艺术空间；或可借力、连接周边文化资源，如连通火车站及其南部的明城墙遗址公园，使遗址公园延伸为候车厅的文化大观，让户外游憩发挥放松神经的"文化按摩"作用；可通过精心设计的游览线路和标识系统，引导到发乘客合理规划时间，就近体验海关总署博物馆、斯诺夫妇故居、崇文门教堂等历史文化景点。

第三，场站区域综合改造涉及多方利益主体，从铁路局到地铁公司再到居民社区，因此加强分工合作、多方统筹协调，是实现文化地标、门户建设的关键因素。比工程技术创新更难的是制度瓶颈的突破。火车站区域改造有"三难"：一是部门协调难，场站区域涉及地铁、公交、城管、住建委等多个市区两级政府部门；二是相关居民搬迁安置难；三是中央级的"铁老大"与地方政府的对接难。

规划建议将火车站改造、街道环境整治、棚户区改造、文化设施建设等多类重点工程加以整合，将相关利益主体、管理部门纳入协同治理平台，在权责关系、利益分配公正明晰的基础上发挥合力推进城市改造，体现城市管理能力和制度文化的升级换代，使其成为迎接 2022 年冬奥会国内外游客的一张金名片。

参考文献

［1］ 天津外国语学院社科部 . 20 世纪初期纽约城市的美化——纽约中央站的改造 [J]. 天津外国语学院学报，1997（4）：56-58.

［2］ Crusader. 纽约大中央火车站——一段城市地表的消弭史 [EB/OL].[2011-12-22]. https：//www.douban.com/note/191326459.

［3］ 孙艳丽 . 日本京都地铁车站的建筑设计 [J]. 城市轨道交通研究，2007（7）：74-76.

［4］ 卜菁华，韩中强 . "聚落" 的营造——日本京都火车站大厦公共空间设计与原广司的聚落研究 [J]. 华中建筑，2005（5）：43-45.

［5］ 姚如青 . 伦敦激活国王十字火车站的启示 [J]. 中共杭州市委党校党报，2010（3）：42-45.

城市门户的"法式风情"——浅析里昂帕第枢纽区

徐碧颖

摘 要：本文以里昂帕第枢纽区为例，研究分析了法国在新建高铁车站枢纽地区的规划方法与实施机制，聚焦协议开发区的运营管理，以及以多元城市功能、便捷综合交通及优质城市空间为核心的规划设计理念，并综合评估了帕第枢纽区的实施成效，为当前国内诸多车站地区的建设发展提供借鉴。

法国是欧洲铁路建设的核心区。20 世纪 80 年代起，全面推进高速铁路（TGV）建设，并借此拉动经济复苏与城市振兴，规划建设了诸多以高铁车站为核心的枢纽地区，总结完善了一套行之有效的"法式"规划方法与实操机制，为当前国内诸多车站地区的发展提供借鉴。

法国高铁站建设一般通过两种形式实现：一是扩建老站，往往位于历史城区核心位置，在不改变城市风貌的基础上，通过地下空间开发等手段扩大车站承载能力，提高铁路和城市交通运能，如巴黎东站、巴黎圣拉扎尔站等；二是建设新站，其选址基本都与历史城区保持一定距离，减弱对老城的直接冲击。但多数高铁站都位于城市集中建设地区，往往能够带来大量人流，成为新的发展触媒，逐步演化形成充满特色与活力的门户地区。相较于简单的以高强度开发实现土地价值最大化的思路，法国在门户地区的规划建设过程中，更多关注活力的培育和品质的提升，使之成为城市网络中的有机组成部分，充分体现了欧洲在该类地区规划中的独到理念，里昂帕第枢纽区正是其中的典范。

1 交通枢纽：综合开发势在必行

里昂位于法国东南部，是法国第三大城市、重要的文化艺术之都，1998 年被联合国教科文组织列为世界人文遗产城市。里昂也是法国重要的商贸博览中心，每年 4 月举行规模盛大的国际博览会，吸引 40 万人前来参观。工业革命后，里昂基于其优越的地理位置进一步迅速发展。1981 年，欧洲第一条高速铁路在巴黎和里昂之间通车，标志着法国进入大力发展高速铁路的时代。

里昂市共有三个主要火车站：帕第火车站（Gare Part Dieu）是法国铁路公司（SNCF）在里昂市所在地区的主站，主要承担国家级交通运输职能，另有机场高铁站和位于老城中心的佩拉什火车站（Gare Perrache）。目前，帕第火车站年客运量达到5000 万人次，是整个法国除法兰西岛大区外最大的火车站。帕第枢纽区便是基于该火车站的选址定位而规划建设的（图 1）。

作者简介

徐碧颖，北京市城市规划设计研究院详细规划所正高级工程师。

图 1　帕第枢纽区区
位图
底图来源：google earth

2　协议开发区 + 联合公司：全域全生命周期的一体化运营管理

帕第枢纽区位于里昂市第三区，其历史可追溯到文艺复兴后期，直到 20 世纪 50 年代，该地区仍隶属于法国军方。1957 年，随着法国国防部的权力削弱，里昂市政府果断买下帕第区域土地，以适应城市不断发展的需求。

1967 年土地完全转让后，里昂市随即成立了 SERL 公司（罗纳河和里昂设施开发公司），着手帕第区土地平整工作。1978 年，帕第火车站建成，里昂至巴黎的高速铁路通车，将这两大城市间的距离缩短至 2h 车程。第二年，里昂市随即批准建立帕第协议开发区（ZAC Gare de la Part Dieu），成立里昂都市圈的市政联合体，并重新组建了由政府、法国铁路公司、地方银行和企业共同组建的 SERL 公司，由这家政府主导、市场参与的公司全权负责地区综合开发的规划建设与运营管理工作。

帕第区一期占地面积约 24hm^2，早期规划职能包括文化中心、购物中心以及行政办公，计划将该地区建设成为里昂的第二个城市中心。到 20 世纪 90 年代，一期用地已近饱和。同时，在经历了一系列结构性改革之后，法国经济逐步复苏，国内需求旺盛。1995 年，帕第区规划增加 25hm^2 建设用地，核算道路后区域总用地面积达到 60hm^2。

在这一发展过程中，SERL 公司作为开发区建设主体，组织规划并完善了地区市政交通网络，有效连接老城区；并通过财税政策和空间规划，优先吸引龙头企业，全面提升产业功能，使大量欧洲领先的产业和具有探索意义的新技术项目落户帕第，包括新兴能源、基础设施系统、IT 和数字技术等。2011 年，SERL 公司在戛纳国际地产投资交易会期间推出新一版帕第区更新规划，扩大政策区范围至 117hm^2，进一步提升该地区的吸引力。

3　站城一体：枢纽地区规划建设典范

帕第区根据市场新需求不断调整规划理念，其更新规划的主题为"从野心勃勃到创意无限"（from ambition to creation）。设计师和使用者希望能够在现状基础上进一步优化地区功能，更新城市空间，提供完善的城市服务，创造新的生活习惯，到 2020 年，将该地区打造成为具有强大竞争力的综合性城市商务中心区。帕第区更新规划不仅关注产业，而且将综合开发的领域拓展到城市生活的方方面面，包括：①提供多样化的住宅产品和完备的服务设施，促进区域活力的提升；②扩大地区公共交通出行比例，促进慢行交通发展；③梳理并创造区域共享空间和环境景观，提高员工和居民生活质量；④利用地区文化设施，加强文化活动和文化事件；⑤创建创新型、智能型社区等。

3.1　多元城市功能

帕第区规划注重各类城市功能的多元混合，形成以街区网格为肌理的规划布局。

区域内商务办公现状建筑规模约 100 万 m²，提供就业岗位 56000 个，入驻约 2500 家公司机构，空置率仅为 3%。同时，该地区拥有 12 家各级酒店和 8 家酒店式公寓，共能提供 2000 余间客房和大规模的会议展览设施，是里昂都市圈最重要的商务商贸洽谈地之一。

增加住宅是帕第区近年发展的核心策略之一。该地区早期建设以公共建筑为主，20 世纪 90 年代南扩以来，该地区规划因单纯功能的商务区会带来种种弊端，而逐步增加居住规模。截至 2016 年，该地区拥有 13500 套住房，其中部分为政府廉租房，保证各阶层的社会融合。目前，该地区居住人口约 2 万，人口密度达到 1.76 万人 /km²，是里昂名副其实的城市中心之一。

兼顾职住平衡的同时，积极促进城市级服务设施的更新与完善，保障地区可持续发展。其中，帕第购物中心建筑面积约 13.4 万 m²，共有 267 个商店和百货公司，是欧洲最大的购物中心之一，年均接待顾客 5475 万人次，年销售额 8.2 亿欧元。该地区还拥有传统特色美食市场、音乐厅（2120 个座位）、里昂中心图书馆（2.7 万 m²）、体育馆等，提供全面优质便捷的生活保障。

3.2　便捷综合交通

帕第区交通优势显著，以高铁车站为中心，形成由铁路、市区轨道、机场快线、快速城市公路、地区路网等共同构成的综合交通网络，形成多种交通方式联运的城市枢纽。

在轨道交通方面，2010 年该地区建成机场快线，可 30min 抵达里昂圣艾修伯里国际机场，实现国际至国内的空铁联运。地铁 B 线及电车 T1、T3 和 T4 线共 4 条轨道线路在此设站，快速引导大量人流的聚集与疏散。在公交方面，11 条公交线路将该地区和里昂的各角落联系在一起。此外，帕第区还设有电动汽车租赁站、自行车租赁站等设施，倡导绿色出行。同时，区域内共设有 7500 个公共停车位（含购物中心停车场 5300 个停车位），保障地区机动车可达性。

该地区快速推进加里波第街（Rue Garibaldi）改造工程。加里波第街北段是帕第区域的西侧边界。道路建成于 20 世纪 60 年代，双向 6 车道，过宽的尺度严重影响了这一地区的空间品质。街道改造项目旨在通过街道空间的再塑造，创造一个环境优美、品质高尚的生活场所。其主要策略包括：①重新利用道路下穿后的地面空间，为地铁和周边功能性建筑所使用；②修补东西向支路系统，联系商务区和老城区；③道路断面再设计，鼓励多种交通方式和谐共存；④增设带室外咖啡座的林荫步行道，创

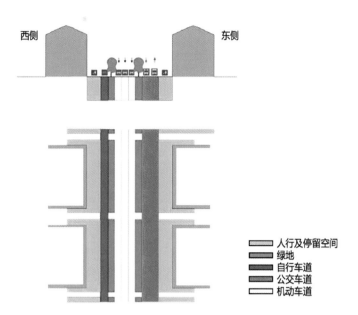

西侧　　　　　东侧

人行及停留空间
绿地
自行车道
公交车道
机动车道

图 2　加里波第街道
改造断面示意图[1]

造活跃的公共空间。项目总投资达 9700 万欧元，于 2014 年年底完成，成为里昂索恩河东最富活力的城市轴线之一（图 2）。

3.3　优质城市空间

该地区对城市空间品质的关注主要体现在公共空间系统和天际线塑造两大方面。2012 年，里昂宣布了帕第区公共空间改造计划，旨在重建该地区公共空间序列，创造一个"对城市开放的车站"。该计划希望通过部分建筑的拆除、改建和环境景观的重塑，建立一条自东向西，由火车站、音乐厅和传统美食市场连接而成的景观斜轴线，为该商务区提供自我完善提升的新方向。

帕第区作为车站前区，是里昂重要的城市门户区，诸多标志性建筑对整个城市的天际线具有重要影响。1977 年建成的帕第塔（Tour Part Dieu）高 164m，共 42 层，长久以来一直是整个里昂唯一的摩天楼。2010 年，氧气塔（Tour Oxygene）在帕第区建成，与帕第塔共同构成里昂建筑天际线的最高点。在新规划中，该地区将新建 9 处摩天楼建筑，最高将达到 220~240m，共同构建里昂突出的摩天楼群天际线。

4　成效与反思

2010 年起，帕第区已发展成为全法国规模仅次于拉德芳斯的第二大综合性商务区，然而，相较于拉德芳斯办公建筑 500~700 欧元 /m^2（税前）的价格来说，帕第区仅为 250~300 欧元 /m^2，在经济成本方面具有相当的优势。每年有 3300 万人次的商务人士和外地游客到访此地，是里昂重要的城市中心。根据该地区规划，帕第火车站在 2013 年启动扩建工程，使车站日均可接待人次由 14 万增长到 25 万。商务区将继续向东南扩张，将车站南侧沿铁路用地纳入规划范围。至 2030 年，该地区将进一步增加 65 万 m^2 的商务办公规模，可提供 40000 个就业岗位；增加 2200 套住宅，满足新增 3000 人的居住需求。可以预见的是，帕第区将成为里昂都市圈最具活力的城市门户区，为里昂提供一个新产业类型和新生活方式的独特"容器"。

　　另外，在帕第区快速发展为老城带来蓬勃活力的同时，一些负面影响也逐渐显现出来。作为里昂都市圈最集中的摩天楼所在地，该区域对里昂城市的天际线产生了严重影响。从老城中心白莱果广场（Place Bellecour）的摩天轮上可以看到，原本由多个高耸的蓝色教堂穹顶和连绵的富有地区特色的红色住宅屋面所形成的极富感染力的老城第五立面被164m高的帕第塔打破（图3）。可以想象的是，随着规划建成的多个标志性高楼在该地区聚集，里昂的城市天际线将被彻底改变，这对一座具有2500多年历史的世界文化遗产城市来说将有不可逆的影响。

　　同样受到影响的还有里昂老城的城市肌理。源自文艺复兴时期整齐的方格网和大轴线在帕第区被分解，大尺度路网同时对该地区的慢行交通和道路空间品质提出挑战。

图3　白莱果广场向东看里昂城市天际线

5　借鉴与思考

　　目前，我国新建火车站无论在客运承载力或建筑设计方面都已达到国际领先水平，但其出行环境及周边地区规划建设却广受诟病。以里昂帕第区为代表的法国高铁站门户地区具有很强的借鉴意义，主要体现在以下三个方面。

5.1　注重先期规划预判与后期动态调整相结合

　　从帕第区历版规划和建设情况可以看到，在规划先期，划定具有一定用地规模的门户区范围有利于明确各方利益，共同应对发展过程中的各类挑战。车站门户区在发展初期往往受到火车站的强烈刺激，形成以商务办公为主要功能的开发区。其后，在成长期随着交通职能逐渐被弱化，地区发展以功能混合、职住兼顾为导向，发展综合性城市中心。成熟期地区建设更注重提升与更新，在土地资源有限的前提下倡导集约发展，探索"城市之上再建城市"。区域发展各阶段均反映出地区规划建设在预判城市发展走向的同时应根据市场需求不断调整适应。因此，城市高铁车站门户区综合开发应具有动态规划编制与调整实施机制，实现地区的可持续发展。

5.2　注重政府控制与市场引导相结合

　　帕第区开发伊始，里昂市政府即成立专门的发展公司，统一铁路与地方、政府与市场等各方利益，有效推进地区规划建设工作。政府控制体现在阶段性反思地区建设，积极促进多功能混合，提供多样化的城市服务设施，并建设各类市政交通支撑设施，保障地区安全、健康成长。在此基础上，政府与市场紧密合作，通过市场调控机制引导各类新型产业落户，形成高效产业链条，并把控具体建筑的功能、规模，提供完善的商业、会展、酒店、商贸等服务，促进城市事件的发生和都市活力的聚集。在综合开发的模式下，政府与市场各司其职、相辅相成，共同把握门户区建设的有序和繁荣。

5.3　注重提升建设强度与优化城市品质相结合

帕第区发展至今已逾 40 年，地区建设从量的扩张向质的提升上转变。所有新建建筑必须符合法国低碳生态的建筑标准，并邀请诸位建筑大师设计，塑造了有别于欧洲历史城市的崭新的城市门户区形象。同时，对建筑物的单一关注逐渐转变为对城市空间的全面提升。多项针对地区公共空间的完善工作逐步展开，希望建立可达性强、舒适宜人的公共空间网络，降低由铁路造成的城市空间割裂的不利影响，形成兼具实用性和娱乐性的城市活力空间，逐步成为城市的活力中心。

参考文献

［1］ MIPIM. Be you be in Lyon，press kit [EB/OL]. [2011–03–10]. http：//lyoncapitale.fr.

走进兰斯塔德，体验都市"绿心"

崔旭川

摘　要：兰斯塔德地区位于荷兰西部，是全荷兰人口最密集的地区。举世闻名的"绿心"恰好位于兰斯塔德地区的核心，其独特的城乡建设用地围绕生态绿化地区的格局，使其成为城市发展与环境保护和谐共处的典范，对北京城镇空间发展布局具有重要借鉴意义。

1　兰斯塔德"绿心"概况

荷兰位于欧洲西部，国土面积 41528km²，全国人口约为 1740 万（2020 年）。近年来，低出生率和人口净输出两个主要因素使得荷兰人口增长持续走低，但荷兰仍是欧洲人口密度最高的国家之一。

兰斯塔德（Randstad）地区位于荷兰西部，地跨南荷兰（South Holland）、北荷兰（North Holland）和乌得勒支（Utrecht）三省，是一个以"绿心"（Green Heart）为核心的多中心城市群。兰斯塔德地区总土地面积约 11000km²，人口约 710 万。其区域面积仅占荷兰全国面积的 1/4，但聚集了荷兰总人口的 40%，是欧洲人口密度最高的地区。兰斯塔德地区包括阿姆斯特丹（Amsterdam）、鹿特丹（Rotterdam）和海牙（Hague）三个大城市，以及乌得勒支（Utrecht）、哈勒姆（Harlem）、莱登（Leiden）三个中等城市和众多小城市，各城市之间的距离仅有 10~20km（图 1）。北京城乡发展地区与荷兰兰斯塔德地区有较多相似之处，对兰斯塔德地区形成和发展模式进行分析，可为北京未来城乡建设与生态控制统筹协调提供重要借鉴。

兰斯塔德最主要的空间基础在于由阿姆斯特丹、鹿特丹、海牙和乌得勒支形成的环形城市结构，以及中间被保留下来称为"绿心"的大面积地区。兰斯塔德城市

作者简介

崔旭川，北京市城市规划设计研究院交通规划所高级工程师。

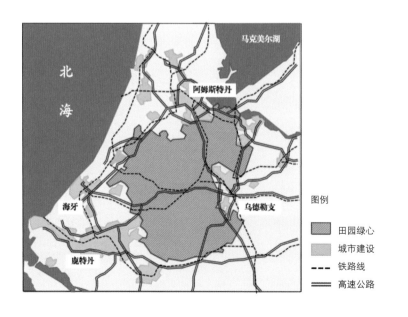

图例

▨ 田园绿心

▨ 城市建设

--- 铁路线

━━ 高速公路

图 1　兰斯塔德"绿心"及周边城镇布局示意

资料来源：根据荷兰绿心保护协会资料改绘

群的突出特点是它的"多中心马蹄形"环状布局，同时把一个大城市所具有的多种职能分散到大、中、小城市，形成既分开又联系，并有明确职能分工的有机结构[1-3]。兰斯塔德地区的核心是举世闻名的"绿心"，这里阡陌纵横、水网密集，农牧业发达，形成了完全不同于城市面貌的田野风光，同时也成为荷兰主要的农业经济区。以下将从兰斯塔德"绿心"的由来、发展及保护三个方面介绍这一独特的"绿色"空间结构。

2 兰斯塔德"绿心"由来

兰斯塔德空间结构的形成与这一地区的自然地理环境有关。该地区河网水系发达，土地以黏土和泥炭土为主。因此尽管这里土地肥沃，人们却难以进入和定居。早期的城市只能沿着岗丘和河岸堤坝发展，随着拦海大坝和内部水渠建设，阿姆斯特丹和鹿特丹建设成形，并逐渐发展为贸易城市。城市之间的地区由于地势低洼，基础设施难以建设，因此开发只能环绕"绿心"进行，形成了独特的空间形态。

1930 年，荷兰国家航空公司官员艾伯特·普莱斯曼（Albert Plesman）决定在荷兰西部设置一个国家级中心航空港，首次用"兰斯塔德"（Randstad,荷兰语"Rand"指"环形"）来描述西部城市群。20 世纪 50 年代，人们在描述阿姆斯特丹、鹿特丹、海牙和乌得勒支等城市快速发展并相互聚合的状况时，进一步强化了"兰斯塔德"这一概念，但当时还仅是指环形城市而不涉及内部的开放空间。到了 60 年代，"绿心大都市"（Green Metropolis）才被用来说明兰斯塔德多中心聚合城市与作为农业景观的"绿心"中央开放空间的结构形态，"绿心"一词逐渐被人们广泛运用。

3 兰斯塔德"绿心"发展

现如今"绿心"范围包含了 43 个完整的行政区和另外 27 个行政区的部分地区，内部有 3 万家企业，是荷兰温室园艺最为发达的地区，高附加值的农业经济特征十分明显。与以往"与世隔绝"的环境地位不同，如今"绿心"内的绝大多数地段从周边城市的高速公路开车下来只要 10min 就能到达。"绿心"成了一个紧邻大城市却又十分宜人的生活居住空间，并逐步吸引工业、物流等相关产业的发展。这些变化给"绿心"面积和结构的维护带来不小的压力：一方面，"绿心"外部的城市群逐步扩张，侵占了外围的部分用地；另一方面则是"绿心"内部的发展变化对内部空间造成影响[4-5]。

从现状用地统计来看，"绿心"内约有 75% 的土地为农牧业用途，8% 的土地为相关湖泊水渠，剩余土地作为各类其他用途，包括居住、公共设施和特色产业。近10 年来，约 8.5km² 的土地由农业用地改作其他用途，"绿心"内由农业用地改作建设用地的土地占总土地面积的 14%。与此同时，有近 700 万人生活在"绿心"外围兰斯塔德地区，该地区也因此成为由阿姆斯特丹、鹿特丹、海牙及乌得勒支为主组成、彼此紧密关联的城市连绵区域，成为荷兰最大的城市发展群。

图2 "绿心"保护与
经营开发
资料来源：荷兰"绿心"
保护协会

4 兰斯塔德"绿心"保护

近年来，"绿心"的一系列变化引起了荷兰政府和当地民间保护机构的重视，大家普遍意识到地区的盲目扩张与无序发展会给生态带来一定的负面影响，并着手采取应对措施来缓解兰斯塔德"绿心"地区的压力。

首先，政府进一步加大了"绿心"的保护控制力度，逐步将"绿心"规划制度化。对"绿心"的保护不仅是规划愿景，而且被确立为荷兰的国家政策。其次，在"绿心"生态建设方面建立了"生态重要结构体系"，将现有自然保护区内用于自然保护和生态廊道建设的地块联系起来形成网络。同时，修复生态网络的断裂部分，在一系列具体的实施措施中促进"绿心"的生态保护和环境建设。

除刚性的保护举措外，政府还制定了一定的弹性保护措施，如改变以往"绿心"内禁止一切活动的封闭性态度，除了严格控制商业及居住发展外，政府开始鼓励在"绿心"内发展旅游、休闲等服务业。在形式上，政府也允许乡村地区土地与城市建筑形式的融合。一方面保持了紧凑的形式，有利于节约利用土地；另一方面也能够适应现代的生活方式，尽可能利用既有土地进行改造。

此外，政府还同民间团体共同成立联合机构，广泛邀请"绿心"地区的相关利益群体参与商讨"绿心"的保护与发展。出于共同的利益诉求，各参与方形成统一的价值体系，并成立了一个旨在服务于"绿心"保护的公益机构，对各项政策的具体执行进行监督（图2）。

5 启示与展望

参考兰斯塔德"绿心"保护案例，北京城乡发展地区应充分认识地区生态环境保护的重要意义。面对大规模城市建设、人口迁移安置和产业经济发展，客观分析地区实际需求，将生态和发展两部分内容放在同等位置进行权衡，实现地区长远可持续发展。

与此同时，宜先行开展现状的深入调研，从社会、经济、体制和个人意愿上了解本地区居民的生活现状和基本诉求。并先行试点土地整理改造，尝试建立基本农田试验区，探索绿色空间的可持续经营方式，赋予"绿色空间"以创新的经济价值。同时动态监测"绿色空间"保护与实施效果，保证地区整体生态环境不被破坏。

参考文献

［1］ 袁琳．荷兰兰斯塔德"绿心战略"60年发展中的争论与共识——兼论对当代中国的启示［J］．国际城市规划，2015，30（6）：50-56.

［2］ 王晓俊，王建国．兰斯塔德与"绿心"——荷兰西部城市群开放空间的保护与利用［J］．规划师，2006（3）：90-93.

［3］ 吴德刚，朱玮，王德．荷兰兰斯塔德地区的规划历程及启示［J］．现代城市研究，2013，28（1）：39-46.

［4］ 谢盈盈．荷兰兰斯塔德"绿心"——巨型公共绿地空间案例经验［J］．北京规划建设，2010（3）：64-69.

［5］ 卢明华．荷兰兰斯塔德地区城市网络的形成与发展［J］．国际城市规划，2010，25（6）：53-57.

环球影城的成功经验

崔吉浩　吕海虹

摘　要：环球影城作为全球最受欢迎的主题公园之一，其独特的商业模式直接影响其项目选址、空间布局、建筑景观设计。奥兰多环球度假区作为最为完整、最具代表性的环球影城项目，其可持续发展理念、产业培育过程、规划空间模式，对北京环球主题公园的未来建设具有重要借鉴意义。

1　主题公园概述

主题公园起源于欧洲，兴盛于美国，是随着时代发展、生活方式转变而兴起的一种创意人造旅游目的地。目前全球主题公园呈现出美、欧、亚三极化发展的态势，欧洲、北美作为主题公园的成熟市场纷纷步入集约化和多样化发展阶段，而亚洲主题公园市场异军突起，步入了扩张和选择发展的快速增长期[1]。日本是亚洲最早引入西方主题公园品牌文化的国家，以 1983 年东京迪士尼乐园开业为标志，此后韩国乐天世界（1989 年）、日本大阪环球影城（2001 年）、中国香港迪士尼（2005 年）、新加坡环球影城（2010 年）等陆续开业。

在中国，华侨城集团较早地进入了主题公园这一领域，先后投资建设了深圳锦绣中华、中国民俗文化村和世界之窗主题公园，并依托主题公园进行地产开发，是典型的旅游主题地产发展模式。华侨城后续又投资建设了概念更为完善的大型主题公园欢乐谷（深圳，1998 年；北京，2006 年；成都，2009 年；上海，2009 年；武汉，2012 年；天津，2013 年），现已逐渐形成品牌连锁经营的模式，并取得了一定的成功，但在产品多元化、衍生化等方面仍与国际一线主题公园品牌存在一定差距。

中国作为亚洲快速崛起的最大市场，近些年来十分渴望邂逅最具竞争力的国际品牌主题公园。2009 年 11 月，国务院批准了迪士尼度假区在上海建园的立项报告，2016 年 6 月，上海迪士尼乐园开园。2021 年 9 月，北京环球主题公园开园。至此，国际上最具影响力的两大主题公园即迪士尼、环球影城分别落户上海、北京。

2　迪士尼乐园、环球影城的吸引力

迪士尼乐园、环球影城无疑是全球目前最受欢迎的主题公园，两者均是美国主流媒体品牌下的旅游产品，是以最有影响力的旗下出品电影（或购买版权）为主题公园创意内容，属于经过二次创意加工的电影类主题公园。正是由于美国好莱坞电影文化的世界霸主地位，保证了旗下电影主题公园具有较强文化影响力以及市场竞争优势，好莱坞电影便是其产品广告营销的最佳渠道。

相比于环球影城，迪士尼乐园更为中国大众所熟知。究其原因，一方面是由于迪士尼乐园在全世界范围内数量规模的优势；另一方面则是迪士尼动画进入中国更早，

作者简介

崔吉浩，北京市城市规划设计研究院城市副中心规划所高级工程师。

吕海虹，北京市城市规划设计研究院土地与自然资源利用政策研究所所长，教授级高级工程师。

影视作品较早形成品牌效应。自 20 世纪 30 年代起，《白雪公主》等迪士尼影片和角色已进入了中国内地观众的视野，早期好莱坞电影几乎在中国同步上映。1986 年动画片《米老鼠和唐老鸭》在中央电视台每逢星期日播放，而这一时期正是电视机在中国家庭普及的阶段。

　　环球影城主题公园属于美国 NBC 环球集团，美国最大的有线电视运营商康卡斯特公司是 NBC 环球集团的控股公司，环球影城主题公园影视文化"血统纯正"。环球影城最早起源于好莱坞的一个电影拍摄片场，1915 年美国电影业大亨卡尔·莱莫在一个改建的养鸡场创立了这个电影片场，1964 年起片场开始开放经营，部分摄制棚改为游览项目，逐步发展演变为主题公园。目前，NBC 环球集团在美国洛杉矶好莱坞和奥兰多、日本大阪、新加坡圣淘沙等地拥有和管理 6 个大型主题公园（按园区统计计算），累计接待游客超过 4 亿人次，平均年接待游客总数近 4500 万人次。

3　奥兰多环球度假区简介

3.1　奥兰多发展情况

　　奥兰多位于美国南部的佛罗里达州中央、传统度假胜地迈阿密的北部，气候温暖潮湿，湖泊众多。20 世纪 20~50 年代后期，奥兰多先后经历柑橘种植业、航天航空产业的蓬勃发展，为该地区带来丰厚的收入和大量的就业机会。由于这里阳光充足，非常适于旅游开发，20 世纪 60 年代奥兰多开始发展旅游休闲产业。1971 年，奥兰多迪士尼乐园开业，其后该市旅游业迅速发展。

　　20 世纪 60 年代至今，历经以下三个发展阶段，旅游休闲产业发展成为奥兰多的支柱产业，现已形成相对成熟的完整体系。

　　20 世纪 60 年代，迪士尼、环球影城、水世界等主导产业逐渐形成号召力；

　　20 世纪 60~90 年代，众多类型衍生产业追随跟进，补充产业链条；

　　20 世纪 90 年代至今，场所体验、文化创意、传媒再生、会议会展等产业功能相互依附，形成可持续发展的良性循环。

　　相关产业呈集约高效的带状布局沿道路不断"生长"，产业发展空间的规模及形态为产业追随者预留更多的可能，重在产业培育，并适时作出调整，是一个"生长"过程，而非房地产开发模式的"一锤子买卖"（图 1）。

图 1　奥兰多带状发展空间结构示意
底图来源：谷歌地图

3.2　最为完整、最具代表性——奥兰多环球度假区

众多环球影城中属奥兰多环球度假区最为完整、最具代表性。1990 年，奥兰多环球影城主题公园开业。1992 年环球公司对整个区域进行了全新的规划、设计，形成集主题公园、餐饮商业、酒店住宿等多种功能的完整的旅游度假区。1999 年，环球影城主题公园开始进行扩建，增添了冒险岛园区（另一个主题公园）、城市大道、多个配套酒店、两个多层停车场，并用水体将这些功能区串联起来（图 2）。奥兰多环球度假区共占地 4km²，目前开发的总面积约 3km²，还保留了一定的可扩展用地。

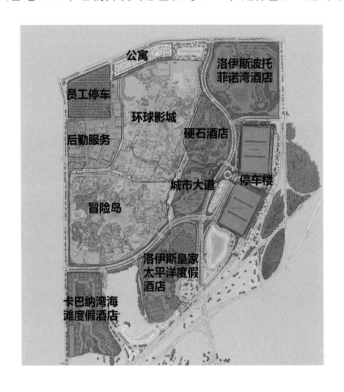

图 2　奥兰多环球度假区布局示意
资料来源：美国奥兰多环球度假区建设运营团队技术资料，2013

3.3　空间布局源自成熟的商业模式

环球影城主题公园度假区整体布局以游览路线设计、产品经营管理等方面为依据，是一种成熟商业模式的空间体现。"一核多园、游线固定"是环球影城主题公园一贯的设计手法，各功能区分布及交通组织方式相对固定，哪里入园、哪里消费、哪里排队、排多久，通通帮你安排好，是一种相对封闭、自成系统的高效布局。经营者试图将最成熟、最成功且最受欢迎的产品作最简单的复制，以达到盈利的目的。

所以，环球影城主题公园度假区空间布局最主要的特点便是重景观、重体验、重经营、重管理。但是由于自身局限性，其往往对外围整体衔接部分考虑不够充分，如外部交通组织等。

3.4　拥有完整的产业链及盈利模式

环球影城其主题游览收入比例只占到业务总收入的 30%，其余收入来源是由主题娱乐设施带动而产生的关联产业，且关联产业收入超过了主体产业。主题园区不再是其唯一的核心竞争力，而是通过主题娱乐设施的带动，创造出核心层、积聚层、衍生层等相互承接的产业链条。

主题公园作为一种旅游产品，进入主题园区的游客成为第一层次产品的消费者，第二层次的盈利点是与主题公园相配套的各类演出演艺、度假休闲、会展消费等，第三层次则是基于主题公园知识产权衍生出来的品牌经营产品。

3.5　保持持续不断的生命力

主题公园以相对不变的旅游形态来满足旅游群体不同阶段的需求，这便要求主题公园保持持续不断的生命力，所以主题公园产业在某种程度上更接近创意产业的特征，是以人的创造力为核心技术的产业类型。

重游率是评判主题公园成功与否的重要衡量标准之一。要不断吸引游客重游，便要求要有新的产品不断诞生；另外，只有不断创新才能适应时代的变化，才能在残酷的市场竞争中得以生存（图3、图4）。而国内主题公园大多缺乏核心创新力以致最终失败。

图3　持续更新的项目及"万能的方盒子"

图4　"一层皮"街景

4　对北京环球主题公园的几点建议

第一，规划应重点保证交通、市政设施等外部支撑条件，用地应为园区发展预留更多弹性空间。

第二，外部空间应为更多追随衍生产业预留空间，慎重选择住宅、商业等房地产大规模开发，因为快速回收成本的同时可能放弃的是未来长久收益。

第三，产业发展应求"精"，不求"大而全"，"放之四海皆准"未必是最适合的产业发展路径。可研究各类业态对发展规模、空间形态等的定量需求，用以指导空间布局。

第四，奥兰多环球度假区发展近 25 年，奥兰多旅游休闲产业发展将近 50 年，北京应作好打"持久战"的准备。

参考文献

［1］　赵抗卫 . 主题公园的创意和产业链 [M]. 上海：华东师范大学出版社，2010.

［2］　AECOM. 2013 全球主题公园和博物馆报告 [R]. 主题娱乐协会（TEA），2014.

韩国世宗市复合社区中心建设经验及启示

李秀伟

摘　要：本文重点阐述了韩国世宗市建设复合社区中心的经验，主要包括：建设"一站式"服务理念的复合社区中心，使居民一次出行获得多项服务，高效便捷、空间集约；复合社区中心致力于人、教育、艺术的融合，成为市民自我提高和激发创造能力的基本平台；老城区没有条件建设复合社区中心的地方，重点在已有服务设施的基础上进行补充和增加；高频度使用的复合社区中心实现社区全覆盖，低频度使用的其他福利设施按照组团布局。目前，北京城市副中心提出建设家园中心，类似于世宗市的复合社区中心，在规划布局、建设模式上都有一定的借鉴意义。

2017 年 7 月笔者赴韩国世宗市参加了世界行政城市大会，会议组安排参观了新建成的复合社区中心。通过实地考察和相关资料翻译整理，本文拟对世宗市复合社区中心的建设经验加以总结和分享，以期为北京城市副中心正在规划建设的家园中心提供参考借鉴。

1　世宗社区中心规划建设理念

1.1　建设"一站式"服务理念的复合社区中心，使居民一次出行获得多项服务，高效便捷、空间集约

世宗特别自治市总体发展目标是"建设幸福城市"，实行"市 + 社区"的单层管理体制，空间布局为"6 个组团 +22 个社区"，社区是市民感知幸福城市的基本单元。因此，世宗市以"围绕社区构建城市"为抓手，为市民建设高效便捷的社区生活圈，在社区层面强化契合居民的便民服务。

社区人口规模 2 万 ~3 万，生活圈服务设施包括社区行政服务（行政服务办公室、社区健康中心分支机构、警察部门、消防部门等）、教育设施（幼儿园、小学、中学、高中等）、社区商业设施（超市、邻里商业区等）、社区福利设施（儿童照料处、社区儿童中心、儿童图书馆、老年中心、老年学校等）、社区文化体育设施（文化室、图书馆、剧院、游泳池、健身房、社区公园等）。

在社区生活圈中，幼儿园、小学、中学、高中、大型商业设施一般是单独布置，消防、警察安保等职能一体设置，公园绿地和户外活动空间居中连续布置。除此之外，将行政福利设施和居民文化、体育、医疗等便民设施集中在一栋建筑内，成为"一站式"的复合社区中心，占地 1~3hm²，可以使居民在一地就享受到多样的公共服务，构建居民一起参加各种文化休闲活动、相互进行交流的共同体。

以世宗阿岚洞复合社区中心为例，其总占地面积约 2.3hm²，附属功能包括：

①丰富的文化设施，为市民追求精神愉悦提供场地。图书馆专门开辟了儿童阅览

作者简介
李秀伟，北京市城市规划设计研究院总体规划所正高级工程师。

区，是各年龄段居民读书和学习的地方。社区剧院（图1）约可容纳600人，是社区居民表演或组织演出的地方，演出一般由居民自己策划。

②多样的健身和娱乐设施，为居民室内活动提供场地。健身设施包括游泳馆、舞蹈室（图2）、健身房等，为居民提供各类室内体育锻炼的地方。老人活动室是老人相约下棋、交流的地方。

③简单的餐饮功能，如咖啡馆（图1）、水吧等，也是市民休息、交流的场所。

④行政服务办公室，包括邑、面、洞事务所，以及信息咨询室等。

⑤健康诊疗区，包括社区医疗室、健康咨询室等，为居民提供基层的康体服务。

图1　社区剧院、舞蹈室和休息区的咖啡屋

1.2　复合社区中心致力于人、教育、艺术的融合，成为市民自我提高和激发创造能力的基本平台

复合社区中心以居民自治参与、自我管理为主要方式，提供终生教育功能（图2），积极鼓励居民通过自我需求开展各类继续教育、文化艺术活动、公益活动等，如开设舞蹈课、外语课、技能课等，为市民提供自我提升、继续教育的社区平台，也不断激发居民的创造能力，形成全民进步、全民提升的社会风气。

图2　复合社区中心构建理念
资料来源：世宗城市介绍材料《The city of Sejong》，2017

1.3　加强老城区社区中心的复兴和完善，没有条件建设复合社区中心的地方，重点在已有服务设施的基础上进行补充和增加

在城市地区，一般参照社区服务设施配置标准的上限，建设规模相对较大的复合社区中心。新建区从一开始就建设复合社区中心，设施齐全，对比之下，老城区的设

施相对落后，导致新、老区之间的设施配置不均衡问题。为此，结合老城区的具体条件，世宗市加强提供老城区社区复兴空间，重点是基于现有设施增加或补充必要性福利或文化设施，以提高老城区居民的生活质量。

在农村地区，为适应农村低密度和相对分散的居住模式，一般参考社区服务设施配置标准的下限，配置规模相对较小的社区中心。

1.4 高频度使用的复合社区中心实现社区全覆盖，低频度使用的福利设施按照组团布局，作为社区中心的补充

到 2030 年，世宗市规划建设 22 个社区级复合型居民公共设施，实现社区服务全覆盖。而使用人群相对较少、使用频率较低的福利服务功能，设置了 6 个组团级福利中心，服务更广域的组团范围。

福利服务功能分为一般类、残障类，包括儿童、青少年、身体残疾或智力障碍人士、女性、老人的医务治疗、康复服务、日间护理、信息咨询服务、教育服务等。

2 对北京城市副中心的启示

北京城市副中心是在京津冀大战略格局下，为破解北京发展长期积累下来的深层次矛盾和"大城市病"问题而建设的北京新两翼之一。因此，北京城市副中心建设要更加宜居才能起到吸引中心城区功能疏解的战略作用。也正因为如此，副中心的核心定位之一是建设国际一流和谐宜居之都的示范区，并将副中心划分为 36 个幸福家园，每个家园面积在 4km^2 左右，人口规模在 3 万~5 万，按 15min 步行可达的原则设置家园中心，类似于世宗市的复合社区中心，以期为市民更加便捷、更加宜居的生活圈服务。参考世宗市复合社区中心建设经验，可以考虑在以下几方面进行创新式建设。

2.1 从布局上，建设更加复合式、混合化的社区中心，为市民提供便捷、高效的社区服务

社区服务功能的布局模式一直是国内外城市的基本问题。实践证明，集中式的社区中心便于居民一次出行获得其想要的多项服务，可以使多重目的出行一站式解决，因此，集中式的社区中心越来越被推崇。

以便于居民使用、步行范围可达为原则，将千人指标中涉及的各类设施进行集中布置，增强使用的便捷性，强化社区中心感，提升居民的归属感。集中形式分为两种，一种是功能单独占地但布局相对集中，另一种是将兼容性、互补性功能高度集约化地设置在一栋建筑中，建设功能复合的社区中心。

2.2 从功能上，建设更加符合现代居民需求的社区设施，为市民提供更加富有品质、可以得到自我提升的社区服务

传统的居住社区服务主要以商业中心为主，文化体育等功能规模较小，设施种类与社会需求存在一定差距，因此，居民与社区联系较少。北京城市副中心的家园中心应结合居民特征，进一步提高社区文化、康体服务的标准，与时俱进地配置社区服务

设施，如提高文化、康体方面的功能，增加"互联网＋"形成的新生活方式的相关设施等，使社区中心成为市民精神文化需求、自我提升的基层服务平台。

2.3 从规划和建设模式上，改革以往的社区服务配置方式，统筹整合各方资源，强化社区中心感

北京市对社区空间的营造不断演进，从新中国成立初期的苏联式街坊到20世纪70年代中期的"单位大院"，再到现今的"居住区、小区、组团"模式，各项社区设施一般按居住公共服务设施的千人指标来配置，并建议尽量集中设置，但开发商拿地之后在方案设计中有一定的自由度，将社区设施布局在空间边缘甚至拆分成更多零星空间，造成各类设施建设位置不良、布局分散和规模过小等问题，往往形成符合规范要求、与便捷高效的使用需求不符的设计，既不利于居民使用，土地使用也不集约，社区的中心感不强。

在北京城市副中心家园中心规划建设过程中，改革现有社区设施配置的形式，建议明确划定社区中心用地，将千人指标中的设施位置、空间形式等加以控制，从规划层面引导复合社区中心建设。

按照现在的建设模式，社区服务设施部分由开发商在居住区中配建，部分由各类设施主管部门申请经费来建设，建设复合型社区中心，需整合开发商、各类设施主管部门，统筹解决各专项规划设施统筹开发建设、集约利用问题。

2.4 以幸福家园为社会基本单元，转换城市社会组织、社会管理方式，建设共建共享共治的社会共同体

社区是社会管理的微观组织，承担了基层行政管理、社区服务和民主自治的三大基本职能。通过家园中心建设，在市民高频度享受家园中心服务的过程中，增加社区成员交流的机会，为社区成员提供参与社区发展的众多机会，增加社会互动，有利于促进社区的价值整合。

现实中，规划社区和行政社区的界限存在不一致的现象，规划社区往往根据人口分布情况划定并配置相应的设施，行政社区往往是为行政范围内的居民提供行政服务或社区服务等，因此，应该使行政上真实服务范围与规划单元尽量一致，需要在副中心建设家园中心中给予考虑。

2.5 新建区和已建区要把握好社区服务的均衡发展

北京城市副中心规划范围155km²，其中约70km²为已建成区，随着新建区的社区服务设施的高标准建设，有必要改造和提升已建设区社区服务设施，并采用灵活的方式进行设施补充和增加，使新建区和已建区具有相当的社区服务水平。

3 结语

本文通过所见所闻及相关材料整理，介绍了世宗市复合社区中心的建设特点，结合北京城市副中心正在建设的家园中心，建议在布局模式、功能设置、规划建设管理方式等方面创新模式，通过建设更加便于居民使用的社区中心，提升市民生活质量，

培育社区居民归属感，使社区成为宜居示范区的重要载体，助力城市治理模式改变，助力副中心战略作用的发挥，实现首都的可持续发展。

参考文献

［1］戴德胜，姚迪，段进. 比较与重构——中外典型社区中心空间发展模式的调查研究 [J]. 城市规划学刊，2013（6）：112-118.

［2］宋聚生，孙艺，孙泊洋. 基于行政边界优化的社区中心规划——以重庆市江北区为例 [J]. 规划师，2016，32（8）：98-105.

03
PART

第三部分
交通出行·未来城市

迈向绿色交通的慕尼黑公共交通体系规划

重塑地面公交线网：世界城市的行动启示

纽约自行车交通发展的启示

自行车高速路国内外案例研究

国外停车换乘（P+R）知多少

日本停车治理——日本有位购车制度的立法背景和实施过程

国内外大城市功能区交通系统特征经验小结

未雨绸缪，无人驾驶时代街道设计畅想

协同实施走向公平、可持续的城市未来——"人居大会"的历程与《新城市议程》指引的方向

以"新"为鉴——新加坡水资源可持续发展策略的启示

低碳生态建设的北欧样本——以斯德哥尔摩、哥本哈根为例

"韧性城市"的概念解析及典型案例分析

美国联邦应急管理架构及 FEMA《2018—2022 战略规划》概述

为什么维也纳智慧城市全球排名第一？——《维也纳智慧城市战略框架（2019—2050 年）》

迈向绿色交通的慕尼黑公共交通体系规划①

崔旭川

摘 要：慕尼黑是德国巴伐利亚州的首府，同时是公共交通体系构建发达的现代城市。本文系统介绍了慕尼黑市的公共交通体系，涉及对外公共交通枢纽、市内公共交通系统、公共交通管理制度、步行和自行车交通环境以及停车和附属设施等方面内容。

纵观城市发展历史，每一次交通方式变革都带来城市肌理的剧烈变化。交通成为改变城市空间结构，影响居民生活方式最为活跃的因素之一。当前，我国正处在小汽车大规模扩张阶段，很多家庭都拥有一辆甚至两辆小汽车。小汽车在为个人提供便利的同时，也带来相应的环境、社会等负面效应。

慕尼黑作为德国巴伐利亚州的首府，是一个典型的依托高科技发展起来的充满活力的现代城市。除了拥有傲视全世界的科技馆及众多著名汽车企业外，这里更值得称道的是近乎完美的现代公共交通体系。

1 慕尼黑基本情况

慕尼黑位于德国南部阿尔卑斯山北麓的伊萨尔河畔，是德国主要的经济、文化、科技和交通中心之一，也是欧洲最繁华的城市之一。慕尼黑是德国第三大城市，都会区人口 270 万，城区人口 130 万，约有一半的居民居住在市区以外。

慕尼黑城市交通出行结构比例为公共交通 23%、机动车 33%、步行 27%、自行车 17%，都会区千人拥有小汽车量为 550 辆，城区交通出行总量为 281 万次 /d。由此估算慕尼黑都会区汽车保有量约 150 万辆，城区平均人均出行次数为 2.1 次 /d。尽管在德国（尤其是慕尼黑这样的汽车工业城市）小汽车拥车率非常高，但政府着力试图改变人们的出行观念向其他友好型的交通方式转变，并由此促成了慕尼黑发达的公共交通体系（图 1）。

作者简介

崔旭川，北京市城市规划设计研究院交通规划所高级工程师。

图 1 慕尼黑城市内景及晚高峰城市环路景象

2　慕尼黑公共交通体系

慕尼黑对外的公共交通枢纽为机场和火车站，成为与外界联系的主要纽带。它们与城市内部的公共交通系统有非常好的联系，便于全方位、立体化的公共交通工具出行。慕尼黑城市内部的公共交通体系主要分为四级，分别为 S-Bahn（郊区到内城的通勤轻轨线路）、U-Bahn（内城地铁）、Tram（有轨电车）及 Bus（公交汽车）。它们在城市内部各司其职，保障了良好的交通运行秩序。

2.1　连接区域的外部交通枢纽

2.1.1　慕尼黑机场

慕尼黑机场位于慕尼黑市区东北 28km 的埃尔丁（Erding）沼泽，紧邻弗莱辛（Freising）。以旅客吞吐量统计，该机场现列德国第 2（仅次于法兰克福）、欧洲第 7 及世界第 30 位。对于汉莎航空和星空联盟成员而言，慕尼黑机场是一个重要的基地枢纽，其转机乘客占机场总客运量 37% 的份额（图 2）。在与城市公共交通系统衔接上，慕尼黑机场主要通过 S-Bahn 中的 S1 和 S8 线与市区相连（图 3）。此外，在高速公路上还有公交大巴和出租车与市区连接。

慕尼黑机场现拥有两座航站楼，即 T1 和 T2，其中 T2 航站楼还拥有一座卫星厅。值得一提的是，慕尼黑机场不仅是一座大型的民用机场，其最大的特色还在于其在 T1、T2 航站楼中间建有"中央休闲广场"，使其不仅成为机场不同航站楼之间的交通联系纽带，同时也创造了丰富的公共空间生活（图 4）。

2.1.2　慕尼黑中央火车站

作为区域对外的交通枢纽，慕尼黑中央火车站与城市内部公共交通体系衔接更为紧密，共同构成了一个有机整体。慕尼黑中央火车站每天运送乘客大约 45 万人次，与德国其他大型车站如汉堡中央火车站和法兰克福中央火车站运送乘客人数相当。慕尼黑中央火车站主线是具有 32 个平台的终端站，由主站（Hauptbahnhof）及两个翼站（Holzkirchner Bahnhof、Starnberger Bahnhof）共同构成。主站主要为所有 InterCityExpress（ICE）、城际（IC）、EuroCity（EC）等国际长距离出行服务，两个翼站主要提供区域性出行服务（图 5、图 6）。

此外，该枢纽火车站还与拥有 2 个车站平台的 S-Bahn 和拥有 6 个车站平台的 U-Bahn 接驳，火车站外还有 Tram（有轨电车）、公交汽车等其他交通方式衔接。作为公共交通运营服务的重要一环，慕尼黑中央火车站发挥了巨大作用（图 7）。

图 2　慕尼黑机场总平面图（左）
资料来源：根据 https://www.munich-airport.com 网站资料改绘

图 3　慕尼黑机场轨道及公路衔接示意图（右）
资料来源：根据 http://www.muenchen.de/en/transportation 网站资料改绘

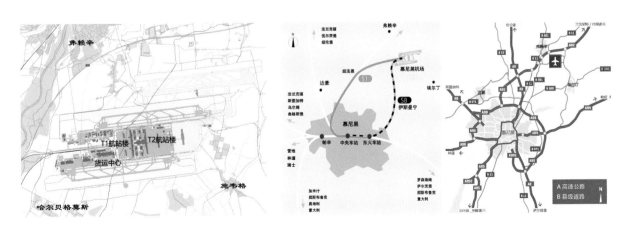

图4 慕尼黑机场中央休闲广场

图5 慕尼黑中央火车站内景
资料来源：根据 http://www.muenchen.de/verkehr 网站资料改绘

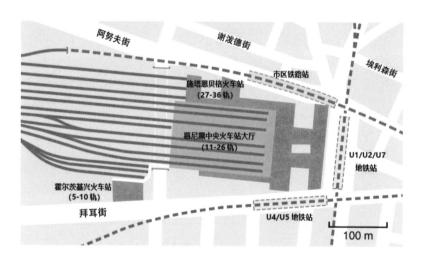

图6 慕尼黑中央火车站及周边接驳交通设施布局
资料来源：根据 http://czech-transport.com 网站资料改绘

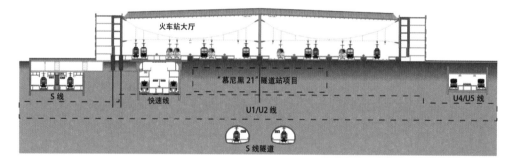

图7 慕尼黑中央火车站剖面示意
资料来源：根据 http://czech-transport.com 网站资料改绘

2.2 精准覆盖的轨道交通线网

在城市内部，S-Bahn 和 U-Bahn 在中长距离的高峰交通路线上承担了重要职能。S-Bahn 系统为城市周边地区和内城中心区建立了密切联系，U-Bahn 主要为内城范围内各区域间提供高速直通的交通服务。

S-Bahn 由德国铁路公司经营，慕尼黑目前有 S1~S8 共 8 条线路，线路总长 442km。S1~S8 均途经市中心，以慕尼黑中央火车站为基点向八个方向辐射，并在两端向不同方向延伸，连接市区、郊区和周边城镇。U-Bahn 由慕尼黑运输公司（简称 MVG）运营，系统隶属于慕尼黑交通协会。U-Bahn 一共设有 6 条线路，分别是 U1~U6，设 96 座车站，营运里程 103km。

2.3 有轨电车及公交便捷衔接

慕尼黑的有轨电车（Tram）活动区间较 U-Bahn 范围小，一般主要分布在市中心步行区域以及周边小镇的主干线上。在开放区域行驶的有轨电车速度相对较慢，但有些区域利用封闭的半边道路作为有轨电车的专用线路，行驶速度较快，舒适性也相对提高。有轨电车因其行驶路线固定又能够欣赏到城市风光，而为这座城市平添了几分趣味性和仪式感。其带来的不仅是城市的出行效率，还形成了一种城市秩序和人文关怀。公交汽车则主要提供更低一级的交通衔接服务，起到将乘客运送到各轨道交通站点的连接作用。

2.4 公共交通制度完善保障

慕尼黑公共交通的扩展除了大规模基础设施建设之外，也伴随着配套服务体系的不断完善。在慕尼黑，公交线路、公交站点、时刻表和自动售票点都很好地整合在一起，大大减少了换乘的平均时间。有轨电车通过改进轨道和推出新车型被赋予了新的形象。在混合交通中，公共交通在交通信号和交通法规上都被给予了优先权。许多车站站点都进行了翻新，而且通过无障碍设计使这里的残障人士无须旁人帮助就可以方便地享有便捷的公共交通服务。

公共交通系统的不断完善也带来个人票价的上涨，因为只有增长票价才能够让公交运营的政府补贴维持在原来不变的比例。但是，相比于其他财政支出，人们已普遍认为维持好一定的公共交通服务功能是城市最好的财政投入选择，因此普遍对上涨的公共交通支出并未提出反对意见。此外，近年来随着外来移民涌入和游客人数的增多，慕尼黑也加大了对购票制度的普查力度以保证公共交通的赢利稳定。

3 步行和自行车交通环境

慕尼黑将自行车出行与步行作为城市慢行交通出行活动的整体来对待，在道路空间内、外侧安全区域统一设置步行和自行车道。目前慕尼黑提供了总长度大约为 500km 的沿街自行车道以及总长度约为 140km 的位于公园、森林和风景区中的自行车道。此外，还大规模地在各公共交通站点设置自行车停放点来鼓励自行车换乘（图 8）。

4 停车及附属设施

在慕尼黑城区内基本上看不到违法停车现象。道路两侧一般会设置停车划线位，但数量有限。当地面停车位无法满足停车需求时，则必须在附近的地上或地下停车场寻求解决。

图8　慕尼黑城市公共自行车道

此外，在地铁车站（如慕尼黑奥林匹克公园站）设置 P+R（驻车换乘）停车场和自行车停车场等交通接驳设施。P+R 停车场地上、地下共有两层，距离地铁站仅十几米远。地铁站口则直接设有自行车停车场，并配有公租自行车。整个地铁站口的接驳设施设计非常精巧，与当地人口规模及该站的出行人流量相匹配（图9）。

图9　慕尼黑奥林匹克公园地铁站口 P+R 停车场

5　结语

慕尼黑给人整体感受是无论身处城市的任何角落，随时都可以找到足以带你到任何地点的四通八达的公共交通系统。这种交通上的极度便捷从根本上形成了以慕尼黑为代表的欧洲大型城市的基本生活格局，即人们拥有更为绿色、多样的交通出行生活方式选择。

"后现代化的工业、后现代的城市、后现代的生活"，这些都是慕尼黑城市的表象，真正让人折服的是其对待城市、对待交通的态度。由于社会、经济、政治环境的不同，德国的城市建设模式并不一定完全适合我国城市，但其对待相似问题的态度和理念值得我们深入学习。主要有以下两点启示。

①优秀的城市规划设计可以帮助建立起交通和土地利用之间的和谐关系，二者需要在区域范围内高效整合。其中，特别重要的是城市主导交通发展策略的制定，需要考虑到城市生活中每个人的切身需求。

②改变人们现有的出行观念尤为重要，而真正实现观念改变的前提是提供更加优质高效的交通出行服务选择。同时，高质量的交通出行服务不仅是某段出行的优化或交通工具的升级换代，还需要完整交通出行链上各环节的优化完善。

只有践行以上两点，才能真正实现绿色交通出行理念，使永续利用城市建成资源、享受惬意生活成为可能。

注释

① 　本文发表于崔旭川 . 德国慕尼黑市公共交通体系营建 [J]. 北京规划建设，2018（1）：25–30.

参考文献

[1] 顾媛媛 . 慕尼黑公共交通系统特征研究 [J]. 规划师，2012，28（S2）：33–36，39.

[2] 张智彬 . 走向紧凑的城市形态：公交都市慕尼黑 [R]// 中国城市规划学会 .2004 城市规划年会论文集 . 北京：中国城市规划学会，2004.

[3] 燕文 . 德国慕尼黑的城市交通 [J]. 交通与运输，2016，32（5）：57.

[4] 吴唯佳 . 德国慕尼黑的城市建设 [J]. 国外城市规划，1995（4）：37–44，21.

重塑地面公交线网：世界城市的行动启示 ①

魏 贺

摘 要：巴黎、伦敦与纽约于 2017 年后陆续开始展开地面公交线网重塑行动，其实践经验启示有助于重新理解公共交通乃至公交改革的深刻内涵、行动路径和实施要点。本文首先系统分析了三座世界城市重塑地面公交线网的行动特点：巴黎 70 年来首次实施线网改革，提升综合服务品质以适应城市发展形势；伦敦借助较完备的规划设计运营流程与机制强化《市长交通战略》引导下的有序发展；纽约出台一揽子计划，推进公共交通系统改善并逐区开展地面公交线网再设计。其次总结出完善基础研究、推进制度改革和明确竞合关系的三点启示。最后从分析技术、政策制度和理念认识三个层面思考本土化实施路径。

自 2002 年首尔地面公交改革[1] 起，重塑地面公交线网这一行动陆续出现于全球各大城市，如 2012 年巴塞罗那地面公交线网改革[2]，2013 年悉尼地面公交线网优化[3]，2017 年都柏林地面公交线网再设计[4]，以及 2015 年以来美国多个城市开展的公交线网再设计[5]，包括休斯敦、巴尔的摩、达拉斯、波特兰和洛杉矶等。

巴黎、伦敦与纽约这三座世界城市也于 2017 年开始陆续展开地面公交线网重塑行动，其实践经验启示有助于重新理解公共交通乃至公交改革的深刻内涵、行动路径和实施要点。

1 巴黎：实施线网改革提升服务品质

1.1 70 年以来首次线网改革

巴黎地面公交线网（此处指大巴黎环城公路以内 105.4km² 范围）设计于第二次世界大战后的 1945~1951 年，功能定位为轨道交通线路的"饲喂"补充，近 70 年来骨架结构未发生过大幅改变。

2019 年 4 月 20 日巴黎实施全新地面公交线网，调整巴黎公共交通公司（Régie Autonome des Transports Parisiens，RATP）经营的 59 条内部服务线路和 24 条内外联系线路，包括新增 5 条线路、取消 3 条线路、保持不变 19 条线路、调整 38 条内部服务线路、调整 4 条内外联系线路，涉及法兰西岛 190 万出行者与巴黎 110 万出行者的地面公交出行服务。

线网改革最终促成与市政府的 3 次对话，采购 110 辆清洁能源车辆，实现 4000 个公交站点和 265 个轨道交通换乘站点的改建、重建，每年可获得 4000 万欧元财政补贴。巴黎地面公交线网改革始于 2016 年，共经历以下六个阶段。

2016 年 1~9 月，开始编制、公示线路站点方案；

2016 年 9~12 月，首次协商征求公众意见；

作者简介

魏 贺，北京市城市规划设计研究院交通规划所高级工程师。

2016 年 12 月 ~2017 年 6 月，深入线网优化技术论证，根据行业主管部门、公私运营商、公众乘客等多方意见完善线网设计；

2017 年 6 月 ~2018 年 7 月，逐线路确定线由走向与站点，制定预算，确定费率、费制；

2018 年 7~12 月，巴黎市政府全面审查运营财务、授权运营并完善运营基础设施；

2018 年 12 月 ~2019 年 3 月，进行线路涉及道路的整修，招聘新员工进行培训。

1.2 线网线路重构

重构前后的巴黎地面公交线网具有很大的相似性，意味着其公交线网是具有高度继承性与识别性的，基本不存在一次性的、颠覆式的线网改革。线网重构具有 8 个特点，即减少重复线路、重新均衡中心、补齐服务 / 功能区联系、绿荫寻线、便捷联系、多措并举提升效率、清晰寻站和清洁动力。

重构思路可概括为明确节点、横竖骨架、放射结构和环线分流。重构重要节点以铁路枢纽和重要活动场所为主，包括巴黎北站、巴黎南站、里昂站、蒙巴纳斯站圣拉扎尔、夏特雷、奥斯特里兹和歌剧院。

在线路序号规则上，巴黎地面公交体现"大公共交通"和"空间区划"的特点，号段 1~19 表示轨道交通线路，号段 20~99 表示内部服务线路，号段 100 以上表示内外联系线路。在线路编号规则上，有别于沿革继承式编号规则，具有清晰明显的"分区联系"特点，如 38 号线意味着出发地为第 3 区巴黎北站，目的地为第 8 区奥尔良门。在线路服务信息上，既发布详细的线由与站点信息，又发布明确的工作日、节假日分时段时刻表（发车频率）信息，还针对线路调整分阶段实施特点发布局部线由调整信息。

此外，还发布公交线路场所服务蛛网图，提供重要场所站点布局位置与轴辐式线路多模式换乘（地面公交、有轨电车、地铁、铁路等）信息，从更好地服务乘客的视角实现由运营商效益最大化到重要场所空间服务、乘客出行体验收益最大化的转变。

2 伦敦：完备机制流程强化战略导向

2.1 多层级监测评估机制

伦敦交通局（Transport for London，TFL）为评估地面公交运营情况制定长期监测评估机制，确定高频线路超时等待时长、低频线路准时比例、低频线路提前出发比例、线路运营里程比例、线路运营里程和线路服务分原因损失里程六个运营状态为主要评估指标。

伦敦地面公交运营评估体系由线路（route）、行政区（borough）和线网（network）三个评估层级构成。行政区和线路层级评估以季度或月份为时间单位。季度层级评估关注计划等待时长、超时等待时长、平均等待时长、超时延误指数、10min 档位等待概率，月份层级评估关注平均观测速度和分时段可靠性。线网层级评估以年为时间单位，包括四大类评估内容。

①全体线路。计划运营里程、实际运营车里程比重、员工损失里程比重、机械故障损失里程比重、交通原因损失里程比重和平均运营速度。

②高频线路。平均计划等待时长、平均超时等待时长，以及等待 10min 以下、10~20min、20~30min、30min 以上概率。

③低频线路。准时出发比例、提前出发比例、5~15min 严重延误比例和未服务比例，夜间线路的准时出发比例和超时等待时长。

④综合方面。乘客满意度和站点安全、车内安全、拥挤度、可靠性、信息服务、车辆状态、清洁度、首末站、停靠站与站台、乘坐平稳度、员工行为和票价。

2.2　公交审视规划流程

伦敦地面公交服务具有五个特点[6]：频次（frequent），应对高峰时段具有充足的承载能力；可靠（reliable），确保低频次服务高准时性，高频次服务低超时等待；简单（simple），线网线路便于理解、记忆和整合；综合（comprehensive），全域覆盖，可精准识别各用户群体；可收益（cost-effective），在合理预算范围内保证最高收益。

伦敦交通局会定期以利益相关方咨询的方式对各重点地区、医院[7]与轨道新增线路周边地区[8]的公交线网线路进行服务审视（bus services review），咨询群体包括本地居民、运营服务商、运营企业雇员、游客、通勤者、感兴趣群体和乘客。

以近期开展的中央伦敦地面公交服务审视为例[9]，咨询内容包括易于服务的出行、难以服务的出行、可替代出行选择、收益/影响、客流、咨询、服务频次变更、总体情况、换乘问题（承载能力、舒适性、费用、难度、时间、就近性、安全性）和建议（可替代出行、承载能力、频次、线路）等方面。此外，还会进一步补充支撑材料[10]，进行公平性影响评价[11]，对新增线路进行使用与服务规划[12]，制定 1h 免费换乘"Hopper"制度的车票退款细则[13]，对咨询主要问题进行答复[14]等。

目前，伦敦地面公交线路规划采用"数据研判→收益分析→线站选择→公众咨询"四步法，线网规划正在由私有化市场运营公司赢利最大化导向转变为《市长交通战略》政策规划导向。尤其在外伦敦地区，正在设计不同层次的公交线网，通过推动线网改革进一步强化对活动中心和发展机遇区的服务。公交规划中亟待解决的关键问题如表 1 所示。

伦敦地面公交规划关键问题汇总表[15]　　　　　　　　　表1

编号	关键问题
1	如何评估分析公交线网，如何改变服务区域、线路与频次
2	英国地面公交规划背景（外伦敦未规制地区）
3	与主要世界城市对比，伦敦的公交线网改革进程
4	公交线网满足多模式换乘的条件如何，这些换乘是否绘制成图并形成战略
5	中央伦敦、内伦敦、外伦敦各自的换乘机遇如何
6	公交站点密度如何分析
7	公交站点密度在线网规划中发挥何种作用
8	地方公交线路与服务不足地区能否较好地实现用户收益与运营费用的平衡
9	这些服务能否成功地补充主要线路以实现所需要的额外能力与频次
10	规划公交服务能否满足现有的或保障新增的居住就业
11	能否规划不同的公交线网满足伦敦不同的区域
12	更好地使用多源大数据

2.3 线网重构战略导向

相关研究表明，过去 50 年英国地面公交运营速度每 10 年下降 10%，对应减少 10%~15% 的客流。影响公交出行选择的因素包括费率、出行时间、服务水平、安全性、实时信息、等车环境、换乘便捷性、小汽车使用成本和收入，而进一步影响客流的因素包括运营速度与成本、票制与票价弹性、车内运行时间、可靠性和准时性（图 1）。

伦敦议会交通分委员会也指出伦敦地面公交线网的六点问题，并提出五点规划要求。地面公交客流下降的首要原因就是道路交通拥堵，应基于干线—接驳模式设计更高效的地面公交线网，针对地面公交的具体建议见表 2。

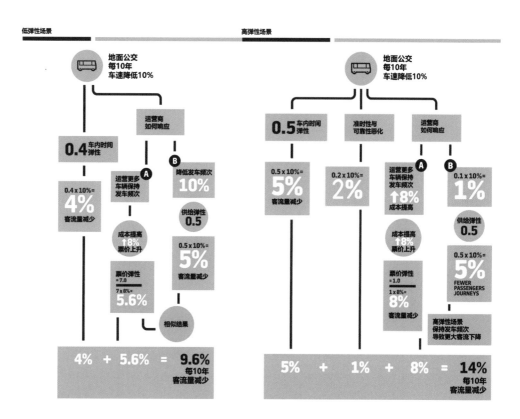

图 1 道路拥堵对公交客流的影响示意图[16]

伦敦议会交通分委员会关于地面公交若干建议汇总表[17]　　　表2

主要发现	规划要求
①公交客流开始下降，道路交通拥堵是主因	①缓解道路交通拥堵，停止公交客流下滑
②市长要求伦敦交通局扭转降势，尚未出台详细方案，当前措施不够"激进彻底"	②重新布局外伦敦地区地面公交服务，重新分布承载能力
③市长要求"从小汽车走进公交"，外伦敦地区需要重新布局线网与分布运力	③基于干线—接驳（trunk-feeder）模式设计更高效的线网
④应简化主要廊道线路，形成更多环线与快线	④改革公交服务投标流程
⑤公交廊道战略规划极有可能被逐线迭代零碎的调整优化方式所阻碍	⑤改善公交体验吸引新乘客
⑥ 提升公交服务品质，尽可能吸引小汽车使用群体	

伦敦交通局解决措施从《市长交通战略》出发作出回应，对应《大伦敦市长交通战略 2018》[18] 中"健康街道和健康市民"（healthy streets and healthy people）与"良好公交体验"（a good public transport experience）两方面主题。

"健康街道和健康市民"主题回应交通分委员会的①、⑤项规划要求，提出实施道路改造方案、公交优先项目、路网运营管理和与乘客进出、换乘、可达性改善相关的多项措施。

"良好公交体验"主题回应交通分委员会的②～⑤项规划要求，提出以下四项举措。

①伦敦中央区与内伦敦要实现供需匹配，可结合如牛津街步行化改造等重大项目规模化调整线路。

②外伦敦要强化公交服务覆盖并实施资金资助，以更好地接驳轨道新线，服务所开发的保障性住房。

③公交服务要更好地联系主要医院，优化夜间公交以更好地繁荣夜间经济。

④通过诸多综合设计手段提升地面公交出行品质与服务水平，包括新增快速公交线路、实现干线—接驳网络模式、提供需求响应型服务、结合城市设计改良站点、优化线路广告、定制优化设计的车辆、完善招投标流程和提供更智慧的乘客信息服务。

3 纽约：实施多行动推动线网再设计

3.1 四项行动推进公交改革

2017年以来，纽约市相继出台一揽子行动计划，推进公共交通系统现代化改革。

2017年10月纽约交通局（Department of Transportation，DOT）发布《地面公交向前进2017》[19]，承诺以合理的成本快速改善地面公交服务，强化专属地面公交服务（select bus service，SBS），解决地方公交服务关键瓶颈。

2018年5月大都市公共交通管理局（Metropolitan Transit Authority，MTA）发布《快速向前进：纽约市公共交通现代化规划》[20]，要求对地面公交线网进行重新设计，包括以下五点措施：基于乘客需求，通过乘客咨询与出行格局分析重新设计地面公交线网；联合纽约交通局设置12条优先线路，改善目标公交出行廊道；战略性扩展平峰服务，打造高频次服务核心线网；咨询地方社区与纽约交通局以合理布局站点，降低出行时间，消除低利用站，合并近距离相邻站点；联合纽约交通局安装现代化候车站台，完善实时信息和无障碍设施。

2019年4月纽约交通局发布《更好的地面公交行动计划》[21]，其通过设置地面公交快速通行廊道，借助专用道、车道跳转信号、路缘管理等10项公交优先工具和所有行政区公交线网再设计协调等手段设计实现公交优先、技术、执法、停靠站点、工作机制方面的10个目标。

2019年5月纽约市发布《一个纽约2050：创建更加强壮与公平的城市》[22]。该战略规划旨在营造一个可靠、安全、可持续的交通选择，让纽约人不再需要依赖小汽车。该战略规划要求在全市范围开展公交优先，提升地面公交性能，包括以下四点策略：纽约交通局将联合大都市公共交通管理局通过设置专用道、执法确保专用道优先提升地面公交服务，纽约交通局将加速设置信号优先交叉口；支持每个行政区通过道路改善对公交线网进行重新设计；2020年前将通过强化专属地面公交服务、专用道、信号优先、车外付费、全车登降等措施，提升25%地面公交运营速度，由现状13km/h提高到16km/h；联合警察部门拖车和视频执法保障公交专用道优先。

3.2 审计介入谏言改善措施

2017 年 11 月纽约市审计办公室发布《其他的公交危机：如何改善纽约地面公交系统》，谏言地面公交系统改善所面临的七大危机，包括：公交系统客流自 2011 年持续下降，主要集中于曼哈顿区；公交车平均运行速度不足 12km/h，位居全美大城市末位，曼哈顿区已低至 9km/h；低收入群体与移民群体是公交车的主要用户，但又无法充分为其服务所覆盖；客流下降发生在纽约经济与社会结构转型期，比以往更需要需求响应型服务，尤其是曼哈顿以外地区；客流下降的部分原因在于管理者在执行运营标准和时刻计划方面的失败；公交系统发展被割裂式管理结构所阻碍，无法统筹运营经费，无法共享场站服务，分散、分隔的场站无法提供稳定的高频次服务；相关部门尚未下决心实施新技术与配置关键设施以改善公交服务速度与可靠性。

为应对上述危机，纽约市审计办公室相应提出 19 条建议措施（表 3）。

纽约市审计办公室关于地面公交危机应对建议措施汇总表[23]　　　表3

编号	建议措施
1	大都市公共交通管理局应进行公交线网综合审视以更好地布置线路，适应变化的城市
2	两大公交集团应更好地互相协调工作以改善时刻表计划与规划
3	纽约交通局应在公交线网重新设计中发挥更主动的作用，更整体性地规划公交服务
4	大都市公共交通管理局应增加平峰时段发车频次，并彻底修改时刻表计划制定导则
5	纽约交通局与大都市公共交通管理局应改善协作性，加速实施主要线路公交信号优先项目
6	纽约交通局与大都市公共交通管理局应强化工程计算能力，加速实施公交信号优先项目并提升调度水平
7	大都市公共交通管理局应审视并改善线路站间距，并修改站间距制定导则
8	大都市公共交通管理局应通过全车登降和感应支付降低站点停靠时间
9	市政府应采纳公平收费方案并协助银行卡乘客以降低站点停靠时间
10	大都市公共交通管理局应采纳更快速、直接的网格式公交线网，并将设计原则融入服务标准
11	市政府应提升公交专用道的维护、设计与执法
12	纽约交通局应更关注外围专属地面公交服务通道的公交专用道设置
13	大都市公共交通管理局应更严格地遵守专属地面公交服务设计标准，纽约交通局必须加强公交专用道设计与执法
14	大都市公共交通管理局应维持公交车辆的常态更新替代周期
15	大都市公共交通管理局应更新电动车辆，更新技术方便车辆运行与进出站停靠
16	大都市公共交通管理局应在市政府的协助下建造更多的公交枢纽，以减少占用街道空间
17	大都市公共交通管理局应考虑建造更多的综合车场，协调两大公交集团的车场运营
18	市政府应增加候车厅数量，更好地设计路缘与步道以突出站点和线路
19	大都市公共交通管理局与市政府应协作提高公交系统的易辨认性

3.3 协作式公交线网再设计

纽约市地面公交线网重构将公交线网再设计定义为一种协作式规划[24]，其愿景是塑造一个更加连通、民主、清晰、公平的公交线网，改善乘客体验，而不是为了简单提升客流指标。

基于此愿景，重构的地面公交线网将更加直接、清晰、快速、可靠，从以往中心放射、减少换乘次数的轴辐模式（hub-spoke based）转变为切断长线、减少曲折、提高频次、确保可靠性、增加换乘次数的网格模式（grid based）。

纽约市地面公交线网重构主要考虑地面公交低速运营、服务可靠性差、客流量下滑和曼哈顿地区拥堵收费四个方面的问题。公交线网再设计的目标确定为：便捷连通，全天覆盖；干路线路更简单直接；降低线路转向，避免迂回曲折；改善东西廊道，加强地铁接驳。

实现再设计目标的主要手段包括以下措施：增加连通性，平衡站间距，保障无障碍，扩展快速公交网络，更高频次、更高可靠性和严格执法，登降提速，提升体验，主动服务管理，建立世界级零排放车队。

纽约市地面公交线网再设计高度重视全流程、全群体的协作式公众参与。例如先行启动的布朗克斯区，基于全面公开的公交服务现状[25]和线网重构草案[26]，展开深度公众咨询，公众对线网再设计的基本原则与构造层级表达选择倾向（图2）。

在关于线网规划建议的问询中，假设固定服务车辆总量，需要在覆盖率与频次、简单直接线路与复杂曲折线路、更多停靠站点与更少停靠站点三种模式中进行选择。55%的公众选择频次模式，认为公交服务应集中于高频次核心线路上，即使步行接驳距离更长（5min步行）；70%的公众选择简单直接的线路模式，认为可以接受更长的步行接驳距离，但要求更短的等待时间和更快的出行时间；63%的公众选择更少停靠站点模式，认为不能忍受更长的出行时间和可靠性更低的服务。

图2　纽约市地面公交线网再设计公众参与模式选择示意图
资料来源：https://new.mta.info/system_modernization/bus_network/about

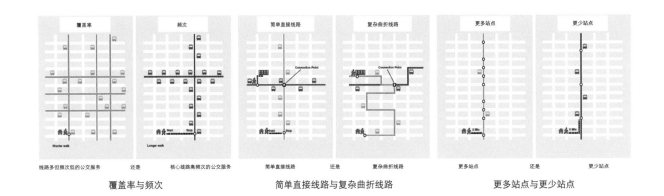

覆盖率与频次　　　　　简单直接线路与复杂曲折线路　　　　　更多站点与更少站点

4　启示与思考

4.1　三点启示

一是完善基础研究。三个世界城市均采用目标导向、数据支撑、经验研判的地面公交线网重构方法，尚未形成系统性、共识性的方法论体系，对城市规模、线网形态、线路层次、线路走向、站点间距、时刻频次等重要设计因素并未提炼出适用于超大城市多模式交通的重构规律。尽管如此，规划设计人员与决策者仍可以从《2005年面向中等城市地区高品质公交研究》中得到丰富的经验借鉴。该研究受欧盟跨境合作发展项目资助，目标为构建高品质公交所需流程发布5个最佳实践指南[27-31]，即公共交通与用地规划、公共交通与线网规划、公共交通与城市设计、公共交通与制式选择/技术方案和公共交通与市民需求。

二是推进制度改革。英国交通部发布的《地面公交服务法案2017》(*Bus Services Act 2017*)授权伦敦以外的各地方政府可以推行地面公交改革。全新的强化合作伙伴(enhanced partnership)与高品质合作伙伴(advanced quality partnership)为政府提供了与运营商协同工作、共享愿景的制度框架。全新的开放数据提供权限与票务权力规章将有利于乘客更便捷地乘坐公交车,实现不同方式、时刻表、费率与线路间的无缝衔接。全新的特许经营权制度允许各地联合政府享有与伦敦同等的权力。

三是明确竞合关系。三个世界城市均实行"大公共交通"管理机构模式,整合轨道铁路与地面公交规划、设计、建设、运营等全流程要素,更有利于统筹资源配置、资金分配、行动计划等要素,以更好地实现战略愿景与发展目标。其是明确的良性互动关系(或是内部竞争→调节→合作关系),而不同于国内部分城市的非良性竞争关系。巴黎市地面公交运营完全私有化,主要由RATP运营;伦敦市执行线路特许经营模式,授权15家私有运营商;纽约市则实行公有私有混合运营,以公有为主。"大公共交通"管理机构模式如图3所示。

公交管理机构	交通网络	运营机构
巴黎 **STIF** Syndicat des Transports d'Île-de-France	**轨道** **Metro**	RATP(私有)
	有轨电车 **Tramway**	SNCF(公有)
		SNCF
	铁路 **Railway**	RATP (部分Train)
		SNCF(部分Train,Transilien)
	地面公交 Bus (Noctilien, Mobilien, T-Zen etc.)	RATP
		Optile等79家(私有)

公交管理机构	交通网络	运营机构
伦敦 **TFL** Transport for London	**路面交通** **Surface Transport**	*London Buses*地面公交(公有) 特许经营,授权15家私有运营商
		*London Streets*街道 *London River Services*河运 *London Dial-a-Ride*约车 *Victoria Coach Station*大巴 *London Taxi & Private Hire*出租车 *Barclays*公共自行车
	Crossrail	Crossrail
	铁路地铁 **Rail and** **Underground**	*London Underground*地铁 *Docklands Light Railway*轻轨 *London Overground*地上轨 *London Tramlink*有轨电车 *Emirates*缆车

公交管理机构	交通网络	运营机构
纽约 **MTA** Metropolitan Transportation Authority	**轨道** **Subway**	**MTA** 纽约城市公交
	地面公交 **Bus**	NYCT(公有,235条线)
		MTABC(DOT特许经营,私有) MTA Bus Company(7个,90条线)
	铁路 **Railroad**	**MTA Metro-North Railroad** 北部铁路
		MTA Long Island Rail Road 长岛铁路
	桥隧 **Bridges and Tunnels**	**MTA Bridges and Tunnels** 桥隧

图3　世界三大城市"大公共交通"管理机构模式

4.2　三点思考

一是分析技术层面的"走新路"。对标三个世界城市，我国要形成本土化的通用公交数据标准（general transit feed specification，GTFS），每个城市都要大力推进开放数据平台的建设，并下决心推动信息开放。

在数据研判中，除了关注谋算法、建模型、搭平台，更要重视基础网络数据的定期维护与更新。"就公交言公交"的分析方法无法表征隐藏特征，要扩展多源数据分析维度，利用轨道数据优化接驳线路首末班车，利用私家车数据确定可替代需求并制定多样化政策，利用网约车数据识别线路盲区，弥补服务空白。

二是政策制度层面的"接地气"。重塑地面公交线网，要以乘客、运营商、决策者为抓手，精准定位并解决各群体对象的诉求、需求与要求，三者闭环才能形成有效的政策组合与合规的制度逻辑，推动实施，达成预期。

回应乘客群体诉求包括：强化公众参与，完善全出行链智慧信息服务，积极反馈建议意见，提高品质，设计奖励机制培育忠实乘客，全龄友好与无障碍精细化设计提升出行公平性等。回应运营商需求包括：完善合作伙伴制度优化特许经营模式，出台差异化补贴政策以激发高品质服务能动性，制定乘客本位考核标准重新评估运营指标，长期监测评估线网、区域、线路、站点运营状态，定期发布服务审查以推动动态微调等。回应决策者要求包括：完善顶层制度设计有法可依，编制战略方针引领发展方向，出台政策机制支持路径实施，明确功能定位差异化服务供给，推动基础设施建设保障有路可走、有道可划、有线可塑、有站可停、有场可用等。

三是理念认识层面的"守初心"。重塑地面公交是交通战略体系转型升级，实现由"公交优先"到"公交导向"再到"公交引领"的杠杆支点，其所追求的终极目标是构建一个可以摆脱小汽车依赖的城市，相关的政策措施不应仅仅局限于城市交通领域，更应形成一个系统整合、推拉组合、动态调整、多路径可达的城市发展战略体系。

地面公交要与轨道交通从制度、机制、模式、方式等各方面共同构建"大公共交通"服务体系，强调"互补并重、双保险服务"格局，而不是竞争或主次关系，强调"渐进迭代、滚动调整"模式，而不是彻底颠覆或期许一次成功。重塑地面公交应着力提升城市自身的战略高度与政策引导性，是促进城市可持续发展、实现发展愿景目标、提升出行体验的政策工具及有效路径，同时必须突破运营机构的客流指标、局部利益和短视发展观。

注释

① 本文发表于魏贺．重塑地面公交线网：世界城市的行动启示 [J]．交通与港航，2019（4）：28-37．

参考文献

［1］ SEG. Seoul public transportation [R]. Seoul：Seoul Metropolitan Government，2014.

［2］ AdB. Nova Xarxa de Bus de Barcelona [R]. Barcelona：Ajuntament de Barcelona，2012.

［3］ NSW. Sydney's bus future：simpler，faster，better bus services [R]. Sydney：

Transport for New South Wales，2013.

[4]　NTA. Dublin area bus network redesign public consultation report [R]. Dublin：National Transport Authority，2018.

[5]　Transit Center. Bus network redesigns [R]. Transit Center，2017.

[6]　TFL. Guidelines for planning bus services [R]. London：Transport for London，2012.

[7]　TFL. Review of bus access to Queen's and King George Hospitals [R]. London：Transport for London，Surface Transport，Buses Directorate，2016.

[8]　TFL. Changes o suburban bus services to support the Elizabeth Line：technical note [R]. London：Transport for London，Mayor of London，2017.

[9]　TFL. Central London bus services review：consultation report [R]. London：Transport for London，2019.

[10]　TFL. Central London bus services consultation-updated supporting material [R]. London：Transport for London，2018.

[11]　TFL. Central London bus service change proposals equalities impact assessment [R]. London：Transport for London，2018.

[12]　TFL. Route RV1：review of usage and service planning [R]. London：Transport for London，2018.

[13]　TFL. Central London bus services review Appendix O：Hopper Fare Refunds [R]. London：Transport for London，2019.

[14]　TFL. Central London bus services review：responses to issues raised report executive summary [R]. London：Transport for London，2019.

[15]　JRC. Bus planning literature review-research and report [R]. Jonathan Roberts Consulting Ltd，2017.

[16]　BEGG D. The impact of congestion on bus passengers [R]. Greener Journeys Campaign，2016.

[17]　BERRY R. London's bus network [R]. London：London Assembly，Transport Committee，2017.

[18]　GLA. The mayor's transport strategy 2018 [R]. London：Greater London Authority，2018.

[19]　NYCDOT. Bus forward 2017 [R]. New York City Department of Transportation，2017.

[20]　NYCMTA. Fast forward：the plan to modernize New York City transit [R]. New York：New York City Metropolitan Transit Authority，2019.

[21]　NYCDOT. Better buses action plan [R]. New York：New York City Department of Transportation，2019.

[22]　NYC. OneNYC 2050：Building a strong and fair city [R]. New York：The City of New York，Mayor Bill de Blasio，Volume 8，Efficient Mobility，2019.

[23]　NYC Comptroller. The other transit crisis：how to improve the NYC bus systems [R]. New York：New York City Comptroller，Scott M. Stringer，Bureau of Policy and Research，2017.

[24]　Transit Center. Untangling transit：bus network redesign workshop proceedings [R]. TransitCenter，2018.

［25］NYC. Bronx bus network redesign：existing conditions report [R]. New York：The City of New York，Borough Bronx，2019.

［26］NYC. Bronx bus network redesign：draft plan [R]. New York：The City of New York，Borough Bronx，2019.

［27］HiTrans. HiTrans best practice Guide 1：public transport & land use planning [R]. HiTrans，2005.

［28］HiTrans. HiTrans best practice Guide 2：public transport-planning the networks [R]. HiTrans，2005.

［29］HiTrans. HiTrans best practice Guide 3：public transport & urban design [R]. HiTrans，2005.

［30］HiTrans. HiTrans best practice Guide 4：mode options and technical solutions [R]. HiTrans，2005.

［31］HiTrans. HiTrans best practice Guide 5：citizens' requirements [R]. HiTrans，2005.

纽约自行车交通发展的启示

黄　斌　李　伟

摘　要：纽约市的城市道路本来没有自行车道，但纽约人意识到自行车回归城市的重要性，开始调整交通发展政策和相关规划。近 10 年来，自行车交通进入快速发展期，通过缩减机动车道、增加自行车道等措施，自行车交通量成倍增长。纽约的做法值得研究借鉴。本文探讨了纽约自行车交通发展对北京的启示。

1　纽约自行车交通快速回归

　　20 年前，纽约几乎从零开始发展自行车交通，前 10 年为探索期（1997 ～ 2007年），自行车发展缓慢，2007 年为应对人口增长和环境压力，提出建设可持续城市，强化交通安全性和公平性，纽约发布了纽约自行车规划，由此开始进入快速发展期，2015 年纽约市自行车日均出行达 45 万人次，是 20 世纪 90 年代的 4.5 倍。

　　纽约目前自行车路网已有约 1600km，并且修建速度不断加快，过去 5 年修建了480km 自行车道，其中 72km 为机非隔离自行车道。当然，从数量级别上还是无法与我国大多数特大城市相比（如北京中心城自行车道总长约 7200km）。

　　为保持快速发展势头，2016 年纽约市交通局发布了《纽约交通战略规划：安全.绿色.智慧.公平》（Strategic Plan 2016：Safe. Green. Smart. Equitable），提出2017~2021 年 5 年间纽约市交通发展的战略目标及其实施策略，对自行车交通提出如下目标。

　　（1）使骑车人数增加一倍，成为美国最好的自行车城市（2014 年骑车人数为77.8 万人，因此，2021 年骑车人数将达到约 156 万人）。

　　（2）每年新增 80km 自行车道，其中至少 16km 有机非物理隔离的自行车道，到2021 年共新增 320km 自行车道。

　　（3）将公共自行车 Citi Bike 扩展到纽约市 5 个区，到 2017 年年底达到 1.2 万辆，750 个租赁点。

　　此外，该交通战略规划中还提出修建自行车停车设施；规范日益增长的电动自行车的使用，提高其安全性；联合执法，移除"僵尸车"；完善法规，允许折叠自行车进入建筑物客梯等目标。

作者简介
黄　斌，北京市城市规划设计研究院教授级高工。
李　伟，北京市城市规划设计研究院规划研究室主任工程师、教授级高工。

2　纽约自行车道设置方法

　　纽约自行车道的设置方法主要有两种：一种是设在机动车道两侧，另一种是设置在机动车道一侧。恰好，基丝汀街（Chrystie Street）改造前后正好代表了这两种方法。基丝汀街是连接曼哈顿桥与第一大道、第二大道的一条主干路，自行车流量约 6243

辆／天，高峰小时自行车流量约416辆，同时，基丝汀街也是纽约公共自行车服务的核心区域。其现状道路宽约18m，两侧机动车停车约2.5m，自行车道宽约1.5m，机动车双向3车道，车道宽约3.35m，道路横断面如图1所示，与我国大多数城市现在的布局方式相同。

纽约与大部分美国城市不同，驾驶人遵章率不高，道路拥堵时大量机动车也会占用自行车道行驶，再加上机动车进出车位时也要占用自行车道，骑车人经常被逼进入机动车道与机动车混行，自行车的路权无法得到保障，骑行安全隐患巨大。

为此，纽约对基丝汀街横断面进行了改造，将自行车道从两侧合并设置到一侧，双向通行，将机动车停车位移至中间，与自行车道之间增加缓冲区并设置护栏。这样，机动车无论行驶还是停车都不影响自行车，从而保障了自行车的安全和路权。改造后如图2所示。

图1　纽约基丝汀街改造前
资料来源：www.nyc.gov/html/dot///downloads/pdf/chrystie- st-bike-lane-mar2016.pdf

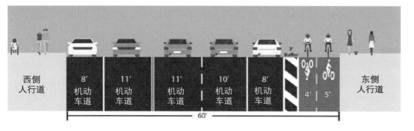

图2　纽约基丝汀街改造后横断面布置
资料来源：www.nyc.gov/html/dot///downloads/pdf/chrystie- st-bike-lane-mar2016.pdf

3　分析与借鉴

由于纽约的自行车道是从无到有（从不完整到完整），与我国绝大多数城市本来就具备较为完整自行车道的状况（基本完整）截然不同，在经验借鉴上不应盲目照搬，应该结合自行车自身特点和所在城市的状况，加以比较分析，取之精髓，为我所用，扬长避短。

3.1　方案的缺点

改造方案最大的问题点是将两侧自行车道合并至一侧。问题主要有以下三方面。

第一，不方便。由于道路另一侧没有自行车道，但有大量商店等公共设施以及居民，骑车人进出需过道路然后在人行道上推行。丹麦城市设计大师扬·盖尔认为自行车道属于街道，自行车道应与沿道设施紧密相连。骑自行车是一种生活方式，人在骑车时可以看见商店和人行道上的行人，可以随意变换速度，可以随时下车做其他事情，再骑车前进。

第二，一侧双向通行方式在交叉口处的交通组织、信号控制等比较复杂，需要特殊处理，与人们的常规交通习惯不同，自行车和机动车都会不适应，容易成为安全隐患，尤其是电动车高速通行时更加危险。

第三，纽约目前的自行车流量还不大，两个方向还可以互相借用，一旦流量上升，双方的干扰将会加剧而成为新的安全隐患，通行能力也难以保障，骑行速度以及通畅感也会相应下降。因此，这种方式不适合我国城市道路。

3.2　方案的优点

以这个方案为代表的纽约自行车交通改善也有许多可圈可点的方面，值得我国城市借鉴。

首先是理念和措施力度。纽约增设的自行车道原本是机动车空间，为了让自行车回归城市，压缩了一条机动车道。我国城市极少有这样大刀阔斧的做法，在"步行和自行车改善"项目中都是避免触碰机动车道。国务院批复的《京津冀区域协同发展规划纲要》明确要求实施道路使用空间向步行和自行车倾斜政策。在道路空间极其有限的现实情况下，将过去20年机动车多占的道路空间还给自行车等绿色交通，应该也即将成为我国城市道路空间再配置的主流。

其次是具体改善措施，有以下两点值得借鉴。

3.2.1　机非物理隔离

纽约的自行车道走过了从划线分离到物理隔离的道路，这并非偶然，原因也与我国极其相似。纽约自行车道当初的划线形同虚设，无法杜绝机动车道占道行驶和停车。根据对北京市骑车人的需求问卷调查也发现，"设置机非护栏"在骑车人的关切中排名第一，说明机非物理分离的重要性和紧迫性。即使是"划线＋彩色铺装"也阻止不了机动车对非机动车道占用（图3）。要确保自行车路权，物理隔离最有效。

3.2.2　"内嵌式停车"

"内嵌式停车"又称"哥式停车"，是"哥本哈根式路侧停车"的简称，因为这种形式最早出现在哥本哈根而闻名。传统的方法是机动车停车位设置在车行道最外侧紧贴路缘石的位置，对自行车交通的干扰和威胁比较大，影响骑行安全和顺畅，自行车

武汉　　　　　　　　　　　　纽约

图3　机动车占用彩色铺装停车
资料来源：wwww.nyc.gov/html/dot///downloads/pdf/chrystie-st-bike-lane-mar2016.pdf（左）；
https://www.changjiangtimes.con/2012/09/411060.html（右）

道往往"名存实亡"，骑车人意见最大。而"内嵌式停车"是将机动车空间（通行与停放）与自行车通行空间分隔、机动车停车不干扰自行车，从而从物理上避免机非冲突的停放方式，如图4所示。

在北京，"内嵌式停车"最早出现在大约10年前的南礼士路，如图5所示，由于自行车道只有3m宽，停进去后无法驶离，来就餐的机动车便自发地停在了外侧机动车道内，虽无人管理却秩序井然。

2014年，北京市宣武门南大街的辅路上设置了"内嵌式停车"，由于辅路宽达9m，与自行车道之间设置了缓冲区，如图6所示。

2015年，北京友谊医院周边道路由于空间不足，以机非护栏进行了隔离，如图7所示。

图4　哥本哈根式路侧停车
资料来源：杨·盖尔事务所

图5　南礼士路"内嵌式停车"（左）
图6　宣武门南大街"内嵌式停车"（右）

图7 北京友谊医院
周边道路"内嵌式停
车"（左）
图8 唐山市道路"内
嵌式停车"（右）

　　2017年4月，北京市石景山区交警支队正式划设了"内嵌式停车"，媒体首次对这种方式进行了报道和宣传。停车位与机动车道之间设置了缓冲区，与自行车道之间设置了阻车桩。

　　此外，唐山市交警支队2016年在每条主干道两侧的原非机动车道上设置了"内嵌式停车"。因为宽度有限，为了方便机动车进出停车位，每两个车位之间设置了2m宽的间隙（图8），既方便了进出，又减少了对通行的干扰，这一点非常值得推广。

　　安全起见，为避免停车开门与通行车辆发生冲突，当道路空间有条件时，停车位两侧均应设置缓冲区。当空间不许可，无法设置缓冲区时，也应设置"内嵌式停车"，开车门问题也存在于传统的路侧停车方式，而"内嵌式停车"至少消除了机动车通行以及进出车位时对自行车的干扰。

　　道路是用来行车的，机动车停车应当在建设用地内解决，这是原则。以上所论"内嵌式停车"，只是针对建成区停车配建不足、公共停车设施不完善，且停车有刚性需求的地区。

说明

文中纽约的介绍及图片资料来自纽约市交通局，哥本哈根的图片来自杨·盖尔事务所。

参考文献

［1］ Strategic Plan 2016：safe. green. smart. equitable[R]. New York：New York City Department of Transportation，2016.

［2］ Cycling in the city：cycling trends in NYC[R]. New York：New York City Department of Transportation，2017.

［3］ Chrystie St two-way protected bicycle lane[R]. New York：New York City Department of Transportation，2016.

自行车高速路国内外案例研究

李世伟

摘　要： 在《北京城市总体规划（2016—2035年）》中，将"建设步行和自行车友好城市"作为提升出行品质的未来目标之一。在全力规划建设非机动车道的同时，国外一个被称作"自行车高速路"的概念传入北京。对于这个在国内出现的新鲜事物，从规划者到普通市民了解较浅，其"高速路"的命名也遭到业界人士反对，认为以工程的思维命名自行车道，在理解上造成偏差。本文通过对自行车高速路在国内外的定义、特性及规划使用情况的梳理，介绍自行车高速路相关情况。

1　自行车高速路定义

　　自行车高速路在国外统称为 cycle/bicycle superhighway，直译为自行车高速路，但在各国家对其有不同的名称，在英国将它称作 cycle/bicycle superhighway[1]，为自行车高速路；荷兰将其称为 fietssnelweg、snelfietsroute、doorfietsroute 或 snelle fietsroute，译为自行车公路或者快速自行车道；在德国也将其称为 Radschnellweg，译为快速自行车道。

　　国外对自行车高速路的定义不统一，丹麦与荷兰作为自行车"高速路"的先行者，对其的定义主要为"拥有最高优先级，增加通勤者的速度、安全和舒适程度，同时尽量减少在道路上停靠等待的次数"①②；英国对自行车高速路的定义为"给予骑手在城市内更安全、更快捷、更直接的出行，成为最好最快的到达工作地点的方式"[1]。北京在研究各国自行车高速路规划使用情况后，结合本市实际情况，将"自行车高速路"更名为"自行车专用路"，第一条自行车专用路的定义为"具有独立路权、供自行车快速通行的城市道路，主要服务中短距离的通勤通学出行"。本文将"自行车专用路"统称为"自行车高速路"。

2　自行车高速路的规划原则

　　丹麦宣传自行车高速路的介绍中，对自行车高速路的规划提出了相应要求。在线位选择上，其线位应连接工人和学生的居住区，以及办公区、公共交通站点。在规划理念上，自行车高速路应该具有三个特点：快速，即直接连接至目的地，尽量减少自行车在交叉口停留，在条件允许的情况下可采用绿波交通；舒适，即铺设高质量的柏油路面，高水平维护，减少路面的破损和路面材质带来的颠簸；安全，即在自行车高速路与机动车道相交的路段，为机动车设置停车线与警示灯，引导自行车先行。在标识设计上，独立设置不同的标识，良好地引导骑行者找到自行车高速路，同时在自行车高速路上骑行时不会迷路。对于自行车高速路"快"的定义不是指骑行必须达到很

作者简介

李世伟，北京市城市规划设计研究院交通规划所工程师。

高的速度，而是不会与机动车交叉，路面情况良好，无交通信号灯，平均速度比在普通自行车道上快。

伦敦对自行车高速路的规划原则包含四点：直接连续，即从起始点到目的地都有连续的自行车专用路；舒适，即使用平滑的路面材料铺设；标识明显，即有清晰、独特的特性可以区分该道路与其他道路的区别；安全，即有单独信号灯，路上有标识提醒。

北京市首条自行车高速路计划采用更连续的、更宽阔形式的自行车道，并通过信号控制或工程措施保障路口及瓶颈节点的优先通行。

截至本文完成时，总结自行车高速路的规划原则包括六点：专用性，即自行车高速路与机动车道完全隔离，禁止汽车进入，原则上禁止行人进入，保证自行车独立路权；舒适性，即路面采用高标准材料铺设，平滑舒适；安全性，即与机动车冲突较少，事故率较低；特色性，即结合途经地区特点进行建设；优先性，即在交叉口处采用信号优先、绿波交通等方式保证自行车先行；连续性，即在穿越高速公路、快速路或铁路时，可以考虑采用上跨建设自行车桥或下穿建设隧道的方式通过，保证瓶颈节点通行。

未来随着研究的进一步深入，会随着在北京的使用效果情况进一步对原则进行调整。

3　国内外自行车高速路规划建设情况

本节对国内外规划建设自行车高速路的主要国家与城市，包括丹麦、荷兰、伦敦、德国、比利时、法国、瑞典和中国的情况进行梳理[2]。

3.1　丹麦

丹麦第一条自行车高速路于2012年建成，连接哥本哈根市中心和阿尔贝特斯隆的市郊，长度为22km。总计划建设26条自行车高速路，总长度超过300km[②]，在2017年已建成开通4条线路。在相关部门的统计中显示5km以下的日常出行中，有60%的人选择自行车，超过5km仅有20%的人选择自行车。为了鼓励居民选择自行车出行，丹麦政府开始建设自行车高速路。其最初的目标群体为通勤距离在5~15km的通勤者（图1）。

图1　丹麦自行车高速路系统
（深橘色为已经建成，淡橘色为已经投资，灰色为已经规划）
资料来源：https://americas.uli.org/wp-content/uploads/ULI-Documents/Copenhagen-Cycle-Superhighways.pdf

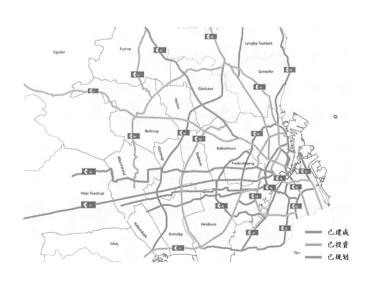

3.2　荷兰

荷兰是世界上最早建设自行车高速路的国家，最初是为了提供快速安全骑行，同时也作为试验段，观察高品质的自行车设施能否增加自行车的使用。试 2003 建设了一条 7km 的示范段 [2]，全段使用沥青铺装，最窄处 3.5m 宽，试验取得很好的效果，为未来规划建设自行车高速路网提供了有力支持。2017 年荷兰已在全境规划了自行车高速路网络，并已建设完成了一部分。

3.3　伦敦

英国伦敦第一条自行车高速路（CS）于 2010 年建成，截至 2017 年建成 7 条自行车高速路，计划共建设 10 条，分别是南北向自行车高速路、东西向自行车高速路，CS1—CS5 及 CS7—CS11，呈放射线覆盖伦敦区域③（图 2）。其建设方式主要是在缺少自行车道的道路上建设独立路权自行车道；重新设计了交叉口，提高自行车优先度；建设公交港湾，避免公交车与自行车冲突；为骑行提供更好的环境等。同时，英国建有一种称作 "静道"（quietway）[1] 的自行车道，建设在交通流相对较小的街道上，来补充自行车高速路网，为骑行者提供安全的骑行体验。

3.4　德国

德国 2017 年建设一条超过 100km 的自行车高速路，称作 Radschnellweg 1（RS1）④，同时也计划建设共 9 条连接不同地区的自行车高速路。RS1 大部分沿着鲁尔工业区废弃的铁轨展开，全部建成后，将连接 10 个德国西部城市与 4 所大学。自行车高速路为双向专用车道，总宽度 4m，中间设有分隔带。其目标群体为居住在高速路附近 2km 内的居民，作为日常通勤使用。

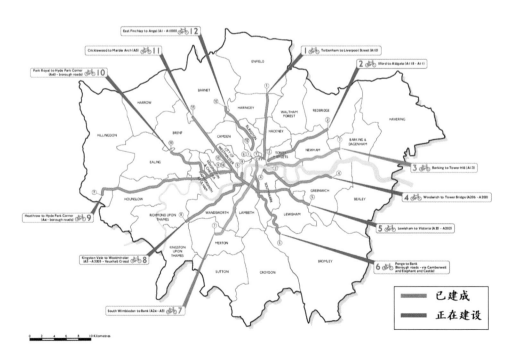

图 2　伦敦自行车高速路系统
（红色为已建成，蓝色为正在建设，绿色为有希望建设）
资料来源：https://road.cc/content/news/4718-mayor-announces-first-two-cycle-superhighway-routes

3.5　比利时

比利时规划了 2400km 的自行车公路（bicycle highway），共计 110 条自行车道，2016 年已经有 61 条投入使用。通过采用特殊的标识将自行车高速路与其他道路区分开，便于市民使用，建设主要目的为吸引通勤者选择自行车出行。自行车公路网建设完成后将连接 5 个省份。

3.6　法国

为使自行车出行距离超过 5km，法国斯特拉斯堡城市协会在 2013 年出台了建设高等级自行车公路网络的计划，计划在该地区建设"Velostras"系统，包含 9 条放射线与 3 条环路，共计 130km。其中，大部分道路为原有自行车道，其余为无自行车道或自行车道未达到标准的道路。斯特拉斯堡期望通过建设 Velostras，到 2025 年使全市能达到 16% 的自行车分担率。

3.7　瑞典

瑞典建设的第一条 4 车道自行车高速路，连接瑞典的玛尔摩与隆德，并与丹麦的哥本哈根连接。玛尔摩是瑞典最有活力的城市，而隆德是这片区域重要的大学所在地，与玛尔摩距离 16km，适合在两城市之间建设自行车高速路（图 3）。

3.8　中国

中国厦门于 2016 年建设了一条自行车高速路，称作"空中自行车道"（图 4）。空中自行车道是一个独立高架的骑行系统，总长 7.6km，主要沿快速公交系统（BRT）两侧布置，悬挑于厦门 BRT 中段位置。全线包含 11 处出入口，其中有 6 处出入口和 BRT 站点衔接，3 处与人行天桥衔接。同时，示范段全线将与 11 个普通公交站点接驳[3]。

图 3　瑞典自行车高速路（左）
资料来源：https://malmo.se/download/18.d8bc6b31373089f-7d9800028228/1491304844445/Pendla_kartbroschyr.pdf
图 4　厦门"空中自行车道"（右）
资料来源：https://www.sohu.com/a/120944925_411872

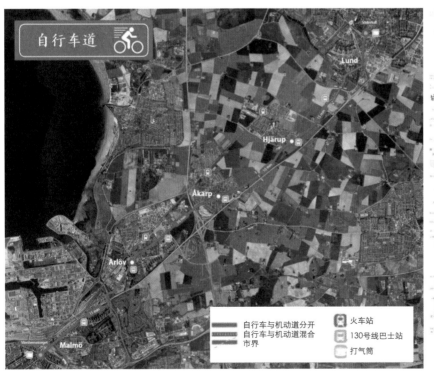

北京市建设一条连接回龙观与上地地区的自行车高速路，全程 6.5km，满足当地通勤需求。同时，在未来计划建设多条包括通勤功能与休闲功能的自行车高速路，形成完整的覆盖全市的自行车高速路系统。

4 自行车高速路建设形式

本研究选取荷兰及英国，对比自行车高速路建设前后变化情况，观察国外实际建设情况，作为北京市未来建设自行车高速路的参考。

4.1 荷兰

本次选取荷兰乌得勒支至阿莫斯福特一条已经建成的自行车高速路进行研究。该条道路是乌得勒支规划的 7 条自行车高速路之一，长度约 20km。在道路上选取 A、B、C、D 四个点，截取由谷歌地图提供的历史图片和现状图片进行对比（图 5 ）。

A 点：截取道路断面，道路在 2009 年改建为自行车高速路前为四幅路，分离式自行车道，在 2018 年改建后将部分人行道划为自行车道并用红色标明自行车专用道，道路断面无明显变化（图 6 ）。

B 点：截取道路断面，2009 年及 2018 年道路断面无明显变化，仅在车道上涂红色铺装（图 7 ）。

C 点：人行道与自行车道共用此处分叉为自行车专用道并竖立标识（图 8 ）。

D 点：道路接近城镇路段，无显著变化（图 9 ）。

图 5 自行车高速路总线位

2009年

2018年

图 6 A点对比图

图7　B点对比图　　　　　　　　　　2009年　　　　　　　　　　　　　　　　　　2016年

图8　C点对比图　　　　　　　　　　2009年　　　　　　　　　　　　　　　　　　2016年

图9　D点对比图　　　　　　　　　　2009年　　　　　　　　　　　　　　　　　　2018年

可以看到，荷兰在将道路改建为自行车高速路后，对原有自行车道改善较小，仅将原有自行车道进行了提升改造。

4.2　英国

本次选取伦敦CS3自行车高速路进行研究，是一条已经建成的自行车高速路。在道路上选取A、B、C、D四个点，截取由谷歌地图提供的历史图片和现状图片进行对比（图10）。

A点：截取宪法山（Constitution Hill）道路断面，道路改建前后无明显变化，该路段车辆较少，没有强制划分自行车高速路，骑行车道较为随意（图11）。

B点：截取乔治街一号（One Great George Street）道路断面，道路改建前无自行车道，有三上三下机动车道。道路改善后划分自行车高速通道，设置机动车与非机动车分隔带，新增自行车高速通道，机动车道缩窄为两上两下双向车道（图12）。

C点：截取A3211道路断面，道路改建前无自行车道，有两上两下机动车道。道路改建后划分自行车高速通道，设置机动车与非机动车分隔带，新增自行车高速通道（图13）。

D点：截取A3211道路断面，道路原有断面有上下行约1m宽自行车道，有两上两下机动车道。道路改建后拓宽原有自行车道，将两侧自行车道设到一侧，设置自行车道与机动车道分隔带，将机动车道缩窄为两上一下三条车道（图14）。

图 10　CS3 自 行 车
高速路线位

旧

新

图 11　A 点对比图

旧

新

图 12　B 点对比图

旧

新

图 13　C 点对比图

旧

新

图 14　D 点对比图

可以看到，伦敦将道路改建为自行车高速路后，对原有无自行车道的道路缩窄机动车道，设置自行车道；对自行车道狭窄的道路，将两侧自行车道合并到一侧，加宽自行车道，缩窄机动车道；对原有自行车道与机动车道有隔离的路段，未作明显改建。

荷兰与英国两个国家均对道路断面进行了小幅调整，工程量较小。本文由于篇幅原因没有对其他建设形式大幅展开介绍。其他建设形式包括如厦门采用了全高架封闭形式，禁止自行车以外的交通工具进入道路；在节点处采用修建桥梁方式跨越自行车通行困难节点，缩短出行距离等方式，将在后续文章中进行介绍。

5　结语

本文通过梳理国内外自行车高速路的发展及规划情况，对自行车高速路建设情况作了初步介绍。国外拥有自行车高速路的国家多已规划相应系统，和国外城市相比，目前北京、厦门各自只规划建设有一条自行车高速路，没有形成网络系统，尚未找到完全适应当地情况的高速路建设形式，缺乏可持续性和发展性。

我国未来建设自行车高速路，首先应明确功能定位，确定服务群体；其次明确原则，确定安全快捷、统筹协调、绿色智慧等原则。通过功能原则决定下一步自行车高速路建设形式，建设体现当地特色、特点的自行车高速路系统。

自行车高速路在北京的发展尚属起步阶段，其交通组织与布局形式还需要时间进行研究。同时，自行车高速路作为全市远期自行车专用路体系建设的一部分，不能仅将其作为一个解决近期区域性问题的孤立项目，建议开展全市的自行车交通路网综合规划和设计。

注释

① https：//ec.europa.eu/transport/sites/transport/files/cycling-guidance/cycle_superhighways_2018.pdf.

② https：//www.regionh.dk/english/traffic/cycling/Documents/CycleSuperHighwaysENDELIG2.pdf.

③ https：//tfl.gov.uk/modes/cycling/routes-and-maps/cycle-superhighways.

④ https：//www.radschnellwege.nrw/rs1-radschnellweg-ruhr, 2016.

参考文献

［1］Transport for London. Cycleways [EB/OL]. [2018-12-01]. https：//tfl.gov.uk/modes/cycling/routes-and-maps/cycleways.

［2］European Cyclists' Federation. Fast cycling routes[EB/OL]. [2018-12-01]. https：//ecf.com/what-we-do/urban-mobility/fast-cycling-routes.

［3］人民日报. 探访厦门空中自行车道 [EB/OL]. [2017-04-01]. http：//www.xinhuanet.com/local/2017-04-01/c_129523165.htm.

国外停车换乘（P+R）知多少

张 鑫 李 琦 孙海瑞 王 婷

摘 要： 停车换乘既作为一种停车设施，又作为一种交通需求管理的重要手段，对缓解城市交通压力、促进小汽车交通方式向公共交通转移发挥重要作用。英国、美国、荷兰以及加拿大等国家对此应用较早，有丰富的实践经验，值得关注和借鉴。

停车换乘的概念，最早始于 1927 年，由宾夕法尼亚大学的奥斯汀·麦克唐纳提出，他建议"城市中的驾车人可以开车到交通拥堵边缘，把车停在一个方便的地方，然后选择其他交通工具，可能是电车，完成他的出行"，"这种安排可以使驾驶人浪费时间最少、舒适度最高，同时可以减少交通拥堵"[1]。

从这个概念上看，对整座城市来说，换乘停车场的好处是引导小汽车换乘公共交通，减少一定规模的私人小汽车进入城市中心区，从而缓解中心区交通压力[2-3]。它应该是一种随城市发展而变化，服务特定区域的交通需求管理措施。从服务的目标人群看，换乘停车场（park and ride，P+R）应该服务从城市中心区以外、公共交通服务不足的地区出行的人群，通过提供一定停车收费优惠政策，鼓励这类人群停车换乘公共交通，在提升出行效率的同时增加公共交通的吸引力。

1 美国休斯敦

休斯敦是美国第四大城市，人口 200 多万，是一座"航天城"，是美国宇航局所在地。休斯敦是美国得克萨斯州人口最多的城市，2017 年人口普查估计人口为 231.2 万。休斯敦市域面积 1553km²，市中心面积 250km²，相当于北京四环路以内的面积（299km²）。休斯敦以 610 号州际公路为界，内部为休斯敦市中心，外部为郊区，P+R 停车场均布在休斯敦郊区。

休斯敦地区共有 25 个 P+R 停车场，累计 34471 个停车泊位。最大的 P+R 停车场规模为 5734 个停车泊位，最小的为 382 个，平均每个 P+R 停车场规模 1379 个停车泊位，约 80% 的 P+R 停车场规模是在 1500 个及以下（图 1）。

2 美国华盛顿特区

华盛顿特区是美国的首都，面积 177km²，人口 68 万。华盛顿特区及其周边共有 80 个 P+R 停车场，共有停车泊位数 7.5 万个，其中特区内有 6 个，占总数的 7.5%；特区周边 74 个，占总数的 92.5%。换乘轨道交通的 P+R 有 37 个，共有泊位数 6.3 万个，占总泊位数的 84.2%（表 1）。

作者简介

张 鑫，北京市城市规划设计研究院交通规划所副所长。
李 琦，北京市城市规划设计研究院区域所高级工程师。
孙海瑞，北京智诚智达交通科技有限公司工程师。
王 婷，北京智诚智达交通科技有限公司工程师。

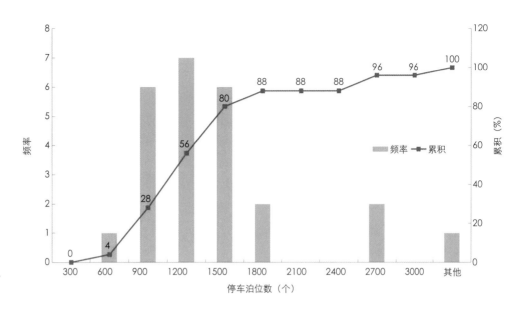

图1 休斯敦地区P+R停车场规模统计图

华盛顿P+R设施情况汇总 表1

P+R 实施位置	停车场数量（个）	停车泊位数（个）	占比（%）
华盛顿特区	6	0.29 万	3.9
华盛顿特区周边	74	7.21 万	96.1
华盛顿特区及周边总计	80	7.5 万	100

　　换乘地面公交的 P+R 大部分均是免费的，换乘轨道交通的 P+R 几乎都是收费的。换乘轨道交通的 P+R 的最高费用为 8 美元 / 天，最低为 4.5 美元 / 天，平均费用为 4.85 美元 / 天，占华盛顿特区每天人均可支配收入的 11.61%（北京为 1.27%）。

　　华盛顿共有 80 个 P+R 停车场，停车泊位数 7.5 万个，单个平均停车规模 937 个，其中换乘轨道交通的最大停车规模为 5745 个，最小停车规模为 194 个。约 80% 的 P+R 停车场规模在 1500 个及以下（图 2）。

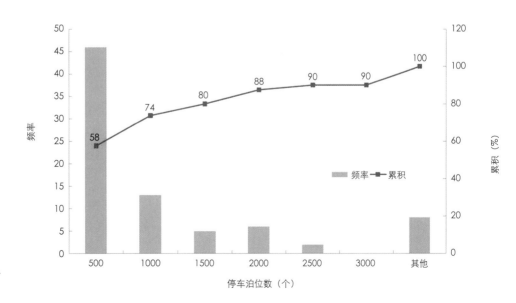

图2 华盛顿特区P+R停车场规模统计图

3　美国弗吉尼亚州

美国弗吉尼亚州 P+R 停车场的资金来源通常有四个渠道，分别是区县政府、当地政府、大都会规划组织（MPO）、新河谷区规划委员会（PDC）。弗吉尼亚州交通局每隔 3 年会发布一个类似现状运营 P+R 停车场的评估表，评估表中会介绍每一个 P+R 停车场的情况。其中，很重要的一项就是会对现状 P+R 规模是否需扩建进行一个评估，并按照优先顺序进行排序。评估表通常包括以下几个方面。

（1）用地需求：根据 P+R 使用情况，调整 P+R 用地。

（2）项目介绍：具体位置、沿线的公路等基础信息。

（3）通勤乘客需求：交通量，需求等级。

（4）运输网络益处：每年减少的人均车辆行驶里程，以及每年节省总成本。

（5）费用估算：设计建筑费用等。

4　美国缅因州

美国缅因州 P+R 停车场的资金来源主要有两个渠道：缅因州交通部（MDOT）和税收增量融资。税收增量融资是一种公共融资方式，在许多国家（包括美国）用作重建、基础设施和其他社区改善项目的补贴（表 2）。

5　英国伦敦

英国大伦敦面积约 1572km^2，内伦敦面积约 319km^2。截至 2015 年伦敦共有 45 个 P+R 停车场，均在伦敦中央活动区以外；距市中心小于 10km（相当于北京的天安门至四环路的距离）的占总数的 6.7%，10~15km（相当于北京的四环路至五环路）的占总数的 46.7%，大于 15km（相当于北京的五环路外）的占总数的 46.6%。

美国缅因州P+R停车场的资金安排示意图　　　　　表2

资金来源	2018/6/30 之前	2018~2019	2019~2020	2020~2021	2021~2022	2022~2023	总计
MDOT	—	24000	—	340000	—	—	364000
镇政府税收增融资（TIF 收入）	—	6000	—	85000	—	—	91000
城镇税收增融资（TIF 收入）	—	—	—	77000	—	—	77000
来源总计	—	30000	—	502000	—	—	532000
资金使用	2018/6/30 之前	2018~2019	2019~2020	2020~2021	2021~2022	2022~2023	总计
环境评估	—	—	—	30000	—	—	30000
初步设计	—	30000	—	—	—	—	30000
建设工程	—	—	—	22000	—	—	22000
施工	—	—	—	450000	—	—	450000
使用总计	—	30000	—	502000	—	—	532000

"伦敦计划"定义了"中央活动区"政策区域，其中包括伦敦市、威斯敏斯特大部分地区以及卡姆登、伊斯灵顿、哈克尼、塔哈姆雷特、南华克、兰贝斯、肯辛顿和切尔西以及旺兹沃思的内部[4]。

　　伦敦 P+R 停车场工作日和周末执行不同的收费标准，工作日收费较高，周末收费偏低。不同的停车场，收费也不同。P+R 停车场平均收费 5.4 英镑/天，占伦敦每天人均可支配收入的 7.26%（北京为 1.27%）。

　　伦敦共有 45 个 P+R 停车场,停车泊位数 8624 个,单个平均停车规模 157 个。其中，换乘轨道交通的最大停车规模 567 个，最小停车规模 13 个，87% 的停车场规模都在 300 个及以下（图 3）。

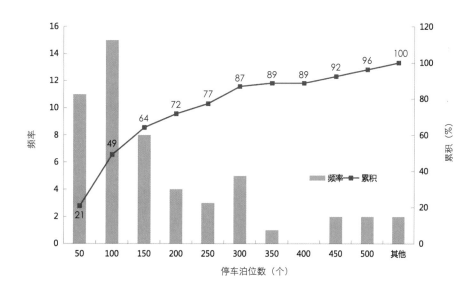

图 3　英国伦敦 P+R 停车场规模统计图

6　荷兰阿姆斯特丹

　　截至 2017 年年底，阿姆斯特丹共有 7 个 P+R 停车场，均布设在市中心区外围，紧邻环城高速 A10 不同出口处。

　　为了吸引和引导市民选择更加绿色低碳的出行方式，阿姆斯特丹城市外围建立了 P+R 停车场，其功能可分为停车（不换乘公共交通）和驻车换乘公共交通两类，收费标准如下。

　　（1）停车（不换乘公共交通）

　　在每个工作日 10：00 前进入 P+R 停车场：8 欧元/24h，之后 1 欧元/24h；在每个工作日 10：00 之后进入停车场为 1 欧元/24h，周末为 1 欧元/24h。

　　（2）驻车换乘

　　单人为 5 欧元/辆/天;两人为 5 欧元/辆/天;三人为 5.9 欧元/辆/天;四人为 6.8 欧元/辆/天；五人为 7.7 欧元/辆/天。

　　P+R 停车场收费 5 欧元/天，占阿姆斯特丹每天人均可支配收入的 8.5%（北京为 1.27%）。

7　加拿大温哥华地区

温哥华地区共有 21 个 P+R 换乘停车场，主要用于连接当地轻轨、西海岸快车（WCE）和主要巴士环路的停车换乘。

运输联线（TransLink）公司是独立的第三方交通运营管理企业，拥有超过 1800km² 的公共交通服务区域，提供广泛的服务和项目，以满足温哥华地区居民和企业的交通需求。作为市政府的合作伙伴，他们还资助并负责主要道路网络和自行车道网络的管理工作。

政府管理的停车场很多是免费的，收费按照小时或天来收。运输联线（TransLink）公司管理的按照天或者包月来收费。

加拿大温哥华地区所有的 P+R 停车场其停车泊位数平均规模是 379 个，其中最小的规模是 6 个，由市政府运营，最大的 1512 个，也是由市政府运营；55% 的 P+R 停车场规模在 200 个及以下（表 3、图 4）。

加拿大温哥华地区P+R停车场分布　　　　　表3

名称	换乘停车场个数（个）	换乘停车场车位（个）
运输联线（TransLink）（蓝色）	9	5618（71%）
市政府（红色）	12	2349（29%）
合计	21	7967

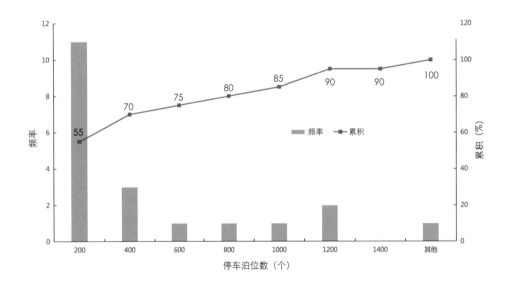

图 4　加拿大温哥华地区 P+R 停车场规模统计图

8　对北京的启示

8.1　明确公益性定位

发展 P+R 的根本目的是让人们选择公共交通工具进入中心城区，国外将 P+R 设施定义为公共交通的组成部分。不可否认，P+R 停车场的设置在一定程度上会导致 P+R 停车场周边一定范围内小汽车使用强度的提高，但同时也会减少进入中心城区小汽车的出行量。因此，P+R整体上可以作为公共交通的组成部分，并建议由政府主导建设，同时可以引入社会资本参与运营和管理。

8.2 合理化布局

根据国外城市（伦敦、阿姆斯特丹、温哥华、休斯敦等城市）P+R停车场分布情况，绝大部分将P+R停车场设在市中心以外。因此，结合北京城市发展的定位和功能布局，不建议在五环路以内设置永久性P+R停车场。

8.3 停车场规模

P+R停车场的规模受轨道交通车站周边用地布局、轨道交通容量、周边道路承载率等多种因素影响，结合伦敦、阿姆斯特丹的P+R停车场规模值，建议北京市P+R停车场规模宜小于500个，对于500个以上的P+R停车场需单独论证。

8.4 定期评估

P+R停车场虽然是公共交通的组成部分，但P+R停车场应主要布局于公共交通相对不发达地区，但随着城市发展，原来公共交通不发达地区有可能在若干年后有所改善，而原P+R停车场的布局可能已不合适。因此，针对P+R停车场应建立一套完善的评估体系。参照美国弗吉尼亚州的管理经验来看，北京市应每隔5年对P+R停车场进行全面评估，评估的指标应包括布局、需求、规模、效益等。

8.5 精细化的收费政策

目前，北京P+R停车场收费为2元/天，过于单一。参照英国伦敦和荷兰阿姆斯特丹的经验，结合P+R停车场的使用特征，综合考虑时段、地理位置、承载率等情况，制定精细化的收费政策。同时，建议适当提高北京市现有P+R停车场收费的基础价格，工作日价格为10元/天左右较为合适，周末收费价格适当降低（表4）。

2019年国外地区P+R停车场使用收费情况汇总　　　　　　　　表4

名称	P+R停车场收费	占每天人均可支配收入比例（%）	与北京的横向对比（元/天）
华盛顿特区	4.85美元/天	11.61	18
伦敦	5.4英镑/天	7.26	11
阿姆斯特丹	5欧元/天	8.5	13

参考文献

[1] MEEK S，ISON S，ENOCH M. 基于公共汽车的停车换乘在英国的作用——历史回顾与评述[J]. 邵玲，吕永波，译. 城市交通，2011（9）.

[2] 蒋冰蕾. 关于发展停车换乘设施（P+R）的几点反思[J]. 交通与运输，2015（5）：49-52.

[3] 关于发展停车换乘设施（P+R）的几点反思[EB]. 中交综合院CTCC，2017（5）.

[4] Marina. 慎思笃行：停车换乘（P+R）三大误区[EB]. [2015-04-14]. https://mp.weixin.qq.com/s/fzlmlfs9K2ZcjVAM3m7aEQ.

日本停车治理——日本有位购车制度的立法背景和实施过程

沈 悦 李 伟 孙海瑞

摘 要：占路乱停车问题是我国城市最严重的"城市病"之一，不仅妨碍通行，还严重影响居住环境和城市公共空间环境质量。去过日本的人普遍感觉日本的街道整洁舒适、标识清晰、秩序井然，几乎见不到国内这种在城市道路上乱停车的景象。众所周知，日本是汽车大国和强国，但他们为什么没有违法占道停车，车停哪里了，从什么时候开始的？其实他们以前停车问题和我们一样严重，1962 年实施的《车库法》发挥了关键作用，是停车从无序到有序的里程碑。沈悦教授不辞辛苦寻找日本半个世纪前的珍贵资料，为我们揭示了当年的立法背景、实施过程和其中的有趣故事，非常值得我国城市借鉴（图 1）。

我国城市　　　　　　　　　　　日本城市　　　　　　　　　　图 1　典型的街道

　　《车库法》是中文的简称，实名为《汽车保管场所确保相关法律》（自動車の保管場所の確保等に関する法律）。其初衷并不是以限制城市车辆增长为目的，而是为还原道路的原本功能而对道路上停车（非法驻车）进行取缔而制定的法律依据。当然在法律生效后它起到了缓解城市车辆自然增长的作用，腾退了所占道路空间，降低了事故发生率，对社会治安的提升也起到了一定作用。因此，《车库法》在日本城市交通问题对策史上具有重要地位。这部法律是由警视厅主导编制并推动实施的交通安全对策法规。也正是因此，可公开资料极少，加上当年参与者年事已高，故本文只能依据不同片段信息而尽可能连接归纳整理。

作者简介

沈 悦，日本兵器库县立大学教授，东京大学博士。
李 伟，北京市城市规划设计研究院规划研究室主任工程师、教授级高工。
孙海瑞，北京交通发展研究院高级工程师。

1 立法背景

第二次世界大战后，占领军总司令部全面禁止了日本的汽车生产，后来朝鲜战争爆发，使日本经济获得空前的转机。不仅日本的工业获得了"军需生产"的大订单，汽车工业也以"战火运输"为名恢复了生产能力和研究开发，很快恢复到了第二次世界大战前的水平。到了和平条约缔结的 1952 年，已形成年产四轮机动车 38966 辆的规模，并被政府列为积极扶植的对象产业。1955 年，日本通产省发表了《国民车育成纲要案》，又进一步加速了小汽车进入普通市民家庭进程。这些政策不仅极大地推动了城市汽车的增长，同时也给道路交通造成了极大压力。

在经济高速发展的背景下，日本主要大都市机动车流量显著增加，道路交通逐渐出现拥堵，特别是交叉口的拥堵和交通事故日益恶化。据统计，从 1950 年到 1954年，机动车保有量增长 3 倍，交通事故数也增加约 3 倍。1957 年东京都内 110 个主要交叉路口交通量调查结果显示，机动车流量已是道路承载能力的 2 倍，随后的几年依然递增。1955 年死于交通事故的人数很快突破了 10000 人，1965 年死者记录更是达到 16700 多人，现代史中称其为"交通战争"（甲午战争 2 年内的战死者人数为17282 人）。严峻的现实促使日本政府不得不下决心深入调研每一个细节以寻求具体对策。

通过调查，各地方政府搞清了道路交通问题不只是移动的通行车辆本身，而是"通行车 + 临时停车 + 长期停车"三种要因的相互关联所致，要想使交通顺畅、道路安全稳固，就必须解决占路停车问题（有不少多车道道路往往仅剩一条车道可供行驶）。

调查同时使政府搞清了很多事态，如在对某个车种实行限行后，便会刺激很多车主多余购车以便应对；在主要干道出现拥堵时，大量车流会涌入街坊生活区道路，冲击市民生活。由于日本自古以来就没有城市广场，儿童们的玩耍也一直在街坊生活道路上，当车流涌入时严重冲击了街坊路的安全性，以至于当时实行了儿童游玩时间段的机动车通行禁止等限制措施。

2 立法

当时的政府采取了 3 项措施：第一是推动立法，第二是在政府的最高阁僚内设置交通安全机构以随时讨论对策，第三是推动全民的交通安全运动。

在立法方面，1947 年曾制定了《道路交通取缔法》，1957 年对此进行了改正，特别设定了对路上停车的限制。同年，《驻车场法（停车场法）》公布，激活了民间资本的准入，推动了路外停车场的规划建设，带动了各城市大规模停车场的形成。1960年实施了新的道路交通法，此法在强化所有道路上通行者（人、车）规制的同时，导入了对妨碍交通车辆（违法停车）的移动措施。

每一项法律的颁布都要至少经过 2 年的议论和不断修订才能在国会通过而正式公布。道路交通法的制定也同样先参考了欧美各国的相关法律，另请了在外使馆常驻人员亲身讲述国外行车、停车的种种体验，综合各种因素归纳而成。议论过程中重要的意见是对停车空间及违法占路停车的取缔，政府也应尽早立法。不然也根本无法应付将于 1964 年举办的东京奥运会。

在这样的背景下，深受交通问题困扰的日本六大都市圈的公安委员会，于 1961 年 12 月联合向国家公安委员会提出规制无车库私家车等四项提案六大都市圈为东京都、大阪府、京都府、兵库县、爱知县、神奈川县；四项提案分别为规制无车库自家车，改造车牌以防止撞人事故后逃跑，大型机动车的事业更改要加入公安委员会的意见，在警视厅新设交通局。

经此，《车库法》的拟定进入实质性的论证阶段，同年 12 月根据阁僚会议的决定成立了"临时交通机关阁僚恳谈会"，汽车保管场所的制度化、法律化问题提上了日程。继而由总理府、警视厅、运输省、建设省联合讨论做成法律草案，其中起核心作用的是警视厅。制定中参考了诸先进国家的各种经验以及分析了在日本当下汽车保有与车库的连带是否可行，特别是法律制定后对汽车产业是否会有影响。经过讨论，基本上对此项法律出炉是利大于弊这一点达成了共识。最终在 1962 年 4 月 17 日向国会提出审议，4 月 26 日由众议员表决通过，6 月 1 日公布了该法律；又于 8 月 20 日发布《确保汽车保管场所相关法施行令》，9 月 1 日开始实施。

法律对汽车的限制主要有以下几点。

（1）汽车保有者如不提交有关保管场所书面证明，将不能进行车辆登记上牌。

（2）道路上的空间不能当作汽车保管场所。

（3）强化禁止停车和时间限制的停车措施。

法律议论过程中曾有两个顾虑的问题，一个是法律实施后能不能在每辆车的登记上顺利进行，另一个是关于汽车产业会不会受到影响。对于第一个问题，首先采取的方针为：①限制实施范围（首先是在六大都市重点区的有限范围实行）；②车辆限制（新车登记即新车上牌登记和旧车换新车时登记）；③法律上没有对违法车辆写有明确的罚则，意味着对法律施行后保持一定时期的容忍，以观其效。另外，从公布到施行有 3 个月时间留给汽车所有者作准备。此外，还动员了媒体对民众作了宣传，对违法停车进行取缔以造声势。这样进行了一年，除了一些个案外基本上没有引起社会波动，达成了"软着陆"。

至于对汽车工业及附属销售业的影响，产业界虽然提出了一些忧虑，但由于当时日本的汽车产业正处在蒸蒸日上时期，从内需到出口都很强劲，所以并没有形成妨碍立法的势力。而立法自议论阶段也为汽车行业保留了一定的空间，如法律的生效施行首先是在中心城市而并不是全国；轻型机动车（四轮轻型机动车发动机排量为 660cc 以下的小型车）也暂时不受法律限制，轻型机动车有物美价廉、省油等特性，被认为是可迅速普及的适合日本国民使用要求的车辆，将其除外显示了当时立法的立场。此后轻型机动车一直享受优遇，直到 1990 年的法律修正才涉及轻型汽车，那时轻型汽车的比重已占小汽车总数的四分之一。

除了立法，各级政府也曾经出台过各种限行的行政措施，但它带来的效果有限，不能从根本上解决交通拥堵问题。

3 《驻车场法》的作用

1958 年实施的《驻车场法》是一个强化停车场建设的法律，推动了停车场建设，为 1962 年推出的《车库法》奠定了基础。

在 20 世纪 50 年代,光天化日之下的违法停车（在日本称作"青空驻车"）是常态,1952 年东京的丸之内地区有约 1800 辆车停于"青空"之下。随着经济发展后的车辆暴增,"青空驻车"行为带来的问题日益严重。

当时由于道路上停满了小汽车，上班的人很难驱车到写字楼下，很多人不得已便在道路中央停车后下车，为此而诱发的交通事故接连出现，使得丸之内管区内的交通事故占东京警视厅辖区事故的 12%，被称为"交通地狱"。交通警察不得已在此设立了停车时间限制，8：00~17：00 连续停车将被取缔。这一时期城市停车的重要性才被普遍认同。

《驻车场法》形成的原因，除了机动车占路停车以外，1964 年东京奥运会的申办也是一个要因。为了展示第二次世界大战后日本作为一个和平国家的"第二次崛起"，加强了城市基础设施建设。除了公共停车场的建设，民间空地的持有者也不断将空地改造为停车场进行经营。在日本停车场协会的大力推动下，首都圈的机动车公共停车位增长迅速，从 1958 年法律施行初年度的 3031 个停车泊位，增加到 1962 年的 24367 个，缓解了车位不足的压力（现今东京在册的公共停车泊位是 166 万个，此外还有大量自家车库）。

《驻车场法》是一个强化停车场建设的法律，推动了停车场建设，但对大量"青空驻车"没有约束力。尽管交通警察不断取缔"青空驻车"，由于车辆激增、停车场总数仍然不足，以及已经养成了免费占路停车习惯、停车费用高等，导致违法占路停车依然严重，屡禁不止。

虽然自《驻车场法》生效以来行政机关指定了一部分道路上的可停车区域（设有咪表），但仍然无法控制道路上的违法停车，道路空间的一部分实际上在夜间已经沦为车库，在夜晚甚至急救车也无法通过。在城市道路空间再也无法拓宽的情况下，制定一部以取缔违法停车为中心的法律成为城市管理机构的最大愿望。于是，当《车库法》进入议题时，得到了建设省、运输省大力支持。他们同警视厅一道共同努力，促进了《车库法》的及时生效。

4 《车库法》的不断完善

在日本，法律是处于不断修订的状态。《车库法》也同样是在实际运行中不断发现问题而不断修正完善的法律之一。该法在 1962 年颁布后，又经历了 1964 年、1967 年、1969 年、1971 年的修改，历次小修改又迎来了 1991 年的较大幅度修改。

《车库法》生效后，没有出现什么大的成为当时社会问题的波动，但局部还是出现了一些问题。例如，首先遇到的是停车场经营者的过量签约，当他们领到了自营场所可适合作为停车场的证明书后便把超过收容能力的借租契约签给客户，继而又向警察署提出多重申请，被称为"空中楼阁"式的申请。也有的停车场经营者制造了1万份"使用承诺书"出卖。还有只能收容一个停车泊位的空间，在申请得到准许并领到许可证后，又把这个空间堆放物资成空架登记的车位，而自家车照旧停放于道路上。种种现象促使后来的执法在现场调查这一环节上形成了非常严格的核对，具体在何处保管什么牌号的车都经过严格记录。即便是个人私有的车库也一定要清查过去的所有记录以防重复申请。现场调查的主旨是"申请车位是否在任何时候都能够保持有车辆保管的状态"。故此，现场的审查通过时向申请者发行的许可证书上由当初的"适当"一词改成了"可确保"的文字表现，并一直沿用至今。

在法律生效后随即出现的另一个问题是登记的车库与汽车保有者在地点上的相隔距离。《车库法》制定时，申请人（保有者）在租借停车场的情况下，申请人住所与车库间的距离被规定在500m以内。这在当时是根据人的"行动生理学"所提倡的"步行忌避距离"的限界值。也就是说，人在超过这个距离的情况下不愿步行，当停车位远离车主时很有可能不把车辆停放在500m以外的车位而将其停在离家很近的路上。为避免这种可能法规中限定了500m距离。但是在地价很高的城市中心确保这样近距离的车库非常困难，法律颁布后也导致了车位价格的高企。面对这种状况首先是汽车行业表示了不满，而后又有社会各界加入。他们以车库证明这一规制会给汽车销售带来过大的负面影响为由向有关机构反映意见并提出了修改法规要求。最终政令发布机关将法规修改为"本处位置与保管场所之间的直线距离在2km以内"。这种改变对于大规模运输行业的企业来说虽然是个福音，但对一般的私家车持有者来说如果真正租用了距离2km的车库，由于车库位置与本人住所距离大大超过了"步行忌避距离"，不愿步行的心理可以想象，最终是这一类车主没有每天按规矩停车。这样，道路上的违规停车现象虽然在法律生效后有过一段时间的好转，最终还是回到了道路上停车的常态。这也是导致这部法律在1991年再作较大修订的原因之一。

由于《车库法》颁布时只先施行于六大都市（而后才随着社会车辆的增加而不断地扩展适法区域），而当初的登记审查也都起自于各省、各市的自治体，当时没有全国联网，这导致在城区无法确保停车场（或无经济能力确保停车场）的人便干脆把车户口登记在法律规定区域的地区以外（郊区或乡下）。他们在当地的警察署领取合法的车库许可证并在当地的运输局办理车辆运行许可的一切手续，首先保证登记齐全，而后再在形式上形成人车分离。人住在城内，车辆保管也在城内，而在郊外登记的车库实际上并不使用。这种"脱法行为"被称为"车库飞行"式的违法。它的出现使得后来的车库申请时不得不以提交个人户籍证明等较为复杂的程序为解决代价。由于日本的户籍可以随时自由移转，有人便以户籍移转作掩护以达到实现"车库飞行"的目的，以至于在警察署对申请者很难确信时需要追加资料，以车主所交的公共料金（每月交的水电费收据）为依据进行手续处理。

法律施行以后，对拥有汽车企业的事业所得税的缴纳也增加了检验，在防个别漏税上起到了多一环核查作用，这是预先未估计到的经检效果。

交通事故数量的增长是《车库法》修改的主要原因之一。以对路上停车的调查结果来看，东京都区部（23区）停车20万辆、大阪20.4万辆、名古屋9万辆。在这些停车车辆中，东京有88%违法，大阪有86%违法，名古屋有60%违法。除此之外，还有相当一部分车辆以停车时间延长的方式违规。特别是违法车辆妨碍了紧急救灾、救护、避险等车辆的通行，给国民生活造成了直接影响，因而又一次成为紧急课题。

违法停车导致的事故统计所示，1990 年比 1954 年交通事故高峰年的死亡事故数还增加了 1.32 倍，特别是因为与占路停车车辆的相撞事故所引起死亡的例子在不断增加。

这样的趋势已不仅是因拥堵造成社会经济损失，它还直接涉及生命、涉及城市"窒息"。这种情形下，修改法案的工作便及时地进入讨论阶段，1991 年由国会顺利审议通过并实施。

这次法律修订的第一个重点在于强化汽车保管场所义务的履行。在立法的目的上加上了"道路上的危险防止"一条，又把至今为止对轻型汽车可以不受限的"恩典"取消。规定在中心城市圈的轻型汽车也必须登记车库。后续政令规定了轻型汽车的车库手续为向当地相关机构"届出"（登记）而不是像普通车那样必须提出申请，经警察机构现场确认批准后才算合法。这一个"度"的差异使得轻型汽车工业所受的影响不大。

这次法律修订的第二个重点是对包括轻型汽车在内的所有车辆统一实行标章管理，即如同车检标章那样，把有车库信息的标章贴于后窗玻璃或侧边明显处，以便随时随地都能够查到车辆的保管场所。

法律修改的另一个重点是规定了要建立罚则（第 17 条），由于到此次修订为止《车库法》一直无罚则（或是利用其他法律如道路交通法的罚则来处置违法停车），所以不仅有"飞行车库"式的违法，还有不少虚假车库的申报事件。在 1962 年立法时的本意曾是希望汽车保有者遵守义务，但后来事实证明，没有罚则的法律必有失效之处。1991 年的修正法是使其完善的一个标志。关于罚则，1991 年以后又有数次修订。目前的罚则如表 1 所示。

法律修订后，各地的汽车销售协会也开始主动地针对法律施行开始协作。汽车行业过去因为受销售竞争的影响，整个行业对"车库飞行"趋于容忍，也助长了这种现象的横行。在法律更新而强化执法后，汽车行业也对过去的行为进行了反省，转而以帮助客户为取得合规车库而增加服务项目为销售竞争。有些地方私家车协会还协助警方一同进行夜间道路调查，及时举报违法停车。有些协会协助警方作启发宣传并开展各种讲习会解说法规，向各售车点发送《车库证明取得手册》。以上种种被认为是汽车行业看到《车库法》不会有倒退性的修改，便以一种积极的态度进入，态度的转变使整个行业进入了良性循环。

罚则规定 表1

违反内容	罚则
虚假的保管场所证明申请	20 万日元以下的罚金
道路作为车库使用	3 个月以下的徒刑或罚则 20 万日元以下的罚金
道路上的长时间驻车	20 万日元以下的罚金
轻型机动车保管场所不提出、虚假提出	10 万日元以下的罚金

《车库法》的历次修改都要听取"经团连"这个经济产业团体的最高联合机构的意见，"经团连"每年都要提出对政府的政策修正要求，如此这般《车库法》又经过了数次小修改（最近一次修改是 2004 年），目前已成为一个趋于完善的法律。

在与城市的关系上，《车库法》从生效施行起就促进了城市空间的有效利用，它使得一些闲散在城市各角落的大小空地有效地变成了可以吸纳停泊车辆的空间，也使有许多私有空地而无投资建设楼馆的人员纷纷进入了停车场经营行业。市中心区域的一个车位在 2.5 万～3.5 万日元／月，《车库法》的生效使得整个城市空间利用得到了有效提升。在汽车总量增加的情况下，《车库法》的施行也激活了停车场经营层面的城市经济活动，至今还有很大潜力。

5　总结

综上所述，我们可以从几个层面看到《车库法》形成的必然性。

（1）在社会经济层面：经济的发展和汽车工业的壮大使得社会车辆迅猛增加，直接带来交通事故的攀升。

（2）城市空间层面：车辆增加引起城市可利用的空间不足，由于日本土地私有化，不可能都在理论上合理的地段实施建设，只有靠立法，兼收公有地、私有地各方面的潜力，以政策诱导的方法提高城市运营的效率化。

（3）政策运作层面：在《车库法》出炉之前，政府已先后施行了《道路交通法》和《驻车场法》，以求综合地解决交通安全问题。它们的收效不佳使政府意识到不规定每个车辆的固定停车位，不建立统一的"车户口"，就很难有效控制危及城市正常运行的路上违法停车（特别是夜间泊车），社会需要一个得以确保车库的法律。

（4）特殊层面：东京曾申办 1960 年奥运会，但在奥组委现场审查后给出的意见是基础设施及交通管理未达到要求，被建议申请下一届。在 1964 年东京奥运会举办权终于被奥组委承认后，为使奥运会顺利召开，形成了官民协同的好局面，为立法的通过提供了较好的环境。

在上述要因的综合推动下，给城市的每一辆车规定必须保管的固定场所，把不许在路上停车这一行为通过法律的形式义务化，成了解决问题的唯一选择。

《车库法》的正面效果可归纳为：

（1）大幅减少占路停车，减少道路拥堵，使得道路交通安全顺畅。

（2）减少因停车引起的交通事故及其隐患，维护生命安全，提高安全感。

（3）有助于建立良好的交通秩序和良好的公共空间秩序。

（4）急救车辆通行顺畅，城市防灾减灾功能得以发挥。

（5）能保障步行和自行车交通路权，有利于绿色交通发展。

（6）促进城市空间的有效、综合利用。

（7）有助于提升道路空间景观质量，有助于城市经济活力的提升。

（8）在税制上更有助于监管，减少漏税。

（9）提高了社会治安水平和有助于各种案件办理。

它的负面影响在于：

（1）对汽车销售有一定影响（1 年左右）。

（2）使出租汽车业、物流业的运营成本提高。

（3）使汽车的维持成本提高。

我国当今大城市占路停车问题已经十分严重，其状况和半个世纪前的日本极其相似，虽然一些城市采取了一些措施，但收效甚微，不具有长久性。迫切需要健全法律体系，推出有力度的治本措施。日本通过《车库法》来解决问题的思路和方法非常值得借鉴。在实施策略上需要注意：第一，首先要改革公共停车场投资、建设、运营和管理政策与机制，差异化增加停车供给；第二，适时推出有位购车的法案，法案对管理者和被管理者均须有罚则；第三，新车、旧车区别对待；第四，先易后难，分区域逐步推进；第五，程序上要做到精细化设计和管理，杜绝各种漏洞；第六，强化巡视和对违法车辆的监控与处罚。

国内外大城市功能区交通系统特征经验小结

王耀卿

摘　要： 以开发强度和区位等因素对国内外多个城市功能区借鉴案例进行分类研究，分别从大容量、多样化的公共交通服务，对外连接的时效性，交通服务品质等方面总结了城市功能区交通系统特征和发展经验，以指导北京城市重点功能区交通适配性现状分析，适配策略制定等相关研究。

《北京城市总体规划（2016年—2035年）》明确了"新北京"的发展要求，要求坚定不移疏解非首都功能，优化城市功能和空间结构布局，高水平建设"三城一区"，科学配置资源要素，突出重点功能区"高端引领"，提供更平等均衡的公共服务，提高可持续发展能力。《北京市"十三五"时期现代产业发展和重点功能区建设》是北京市国民经济和社会发展第十三个五年规划中的市级重点专项规划，明确提出优化重点产业功能区，引导高端产业功能区集约高效发展，为建设国际一流的和谐宜居之都提供重要支撑。重点功能区作为城市最主要活动区域，也是目前"大城市病"最突出的区域，需通过落实治理城市交通拥堵等"大城市病"的要求，助力提升城市治理水平。

本文对国内外交通系统建设较为成功的城市功能区进行分类研究。第一类是以大型城市中央商务区（CBD）为代表的重点功能区，该类重点功能区一般位于城市中心区位，聚集了城市重要资源要素和大量工作岗位，土地开发强度较高，包括纽约曼哈顿（Manhattan）、伦敦金融城（City of London）等。第二类是以筑波科学城（Scientific Town of Tsukuba）为代表且位于城市远郊的低开发强度功能区。

1　功能区基本特征总结

高强度开发功能区包括纽约曼哈顿（Manhattan）、伦敦金融城（City of London）、金丝雀码头（Canary Wharf）、巴黎拉德芳斯（La defense）、香港中环、东京丸之内（Marunouchi）和东京新宿（Shinjuku-ku）。

曼哈顿（Manhattan）是纽约市（New York City）的中心区。纽约著名的百老汇、华尔街、帝国大厦、格林威治村、中央公园、联合国总部、大都会艺术博物馆、大都会歌剧院等名胜都集中在曼哈顿岛，使该岛中的部分地区成为纽约的CBD。这里银行、保险公司、交易所及大公司总部云集，是世界上就业密度最高的地区。

伦敦金融城位于整个大伦敦（Greater London）的中心，面积只有2.90km²，是伦敦传统的金融中心。根据全球金融中心指数2013年排名，伦敦位居世界第一，这里有世界最大的外汇市场，2013年伦敦日均外汇交易约2.5万亿美元，占世界41%的份额，伦敦是全球最大的OTC金融衍生产品交易市场，2013年日均交易额约1.5万亿美元，占全世界几乎50%的份额。同时，伦敦还有世界第二大的国际保险市场，有最古老的证券交易所、黄金市场，而且这里的欧洲货币市场和商品市场在国际上也

作者简介

王耀卿，北京市城市规划设计研究院交通规划所工程师。

具有举足轻重的地位。该地区居住人口为 7185，人口密度达 2478 人 / km²，岗位数约为 31.22 万个，岗位密度达 10.76 万人 / km²。

伦敦金丝雀码头是英国城市更新促成的新兴商务区、高强度开发的总部型商务区，正在成为与伦敦金融城争锋芒的新兴 CBD，位于道克兰港区（Docklands），距离伦敦传统商务区金融城约 6km。20 世纪 80 年代起，包括金丝雀码头在内的道克兰港区开始了城市更新的步伐。经过 30 多年的建设，金丝雀码头发展成为伦敦重要的新兴金融商务区，现状总占地面积约为 39 万 m²。区内的工作人口超过 10 万，年客流量约 2600 万人次。区内已开发的办公面积约 37 万 m²，商业配套面积约 9 万 m²。区内的办公楼以总部型客户为主，大型金融机构总部是金丝雀码头的核心客户。区内的商业主要服务于区内的工作人群，业态包括零售、餐饮、便利店和休闲娱乐等类型。

位于东京千代田（Chiyoda）的丸之内地区是当今日本金融办公的中心，这一地区早期是东京市中心的高级居住区之一，从 20 世纪 20 年代开始便具有商务办公性质，60 年代以来伴随着日本经济战后重建，金融办公设施激增，进行了大规模的写字楼建设。到 80 年代末，丸之内已成为东京国际金融机构高度集中之地，达到饱和状态。

东京新宿的形成得益于 20 世纪 60 年代东京疏散城市功能的政策，政府计划将位于银座以西约 5km 处的新宿地区建设成为综合性副都心。经过几十年的发展，新宿 CBD 已成为国际知名的 CBD 之一新宿总用地面积已达到 270hm²，其中集中商务办公区占地 56hm²（未包括边缘办公区及零星分布的办公面积），零售、商业、娱乐功能占地 84hm²。

拉德芳斯是巴黎都会区首要的中心商务区，位于巴黎城西的上塞纳省（Hauts-de-Seine），距旧的巴黎中央商务区 2km，临近塞纳河畔纳伊。作为欧洲最完善的商务区，拉德芳斯是法国经济繁荣的象征。它拥有巴黎都会区中最多的摩天大厦，除此之外地标建筑新凯旋门即坐落于此，商务区面积 1.6km²，办公场地约 300 万 m²，各类入驻企业 1500 家。建区以来，拉德芳斯不再局限于商务领域的开拓，而是将工作、居住、休闲三者融合，环境优先的拉德芳斯也正在成为一个宜居区域。而 85% 的员工依靠公交车上下班，也证明了其交通方面的便利条件。

第二类功能区以日本筑波科学城为代表，一般由于中心城区功能疏解形成，位于城市远郊，土地开发强度较低，用地功能混合程度较高。

筑波科学城位于茨城县南部筑波市，距离东京站约 60km，距成田空港约 40km，占地约 284km²。筑波科学城呈南北向狭长分布，主要由核心区筑波研究学园和周边开发区域（约 257km²）两部分组成。2018 年人口约为 2.2 万人其中科研人员为 2.2 万人。目前，筑波科学城是日本最大的科技新城和研发中心，集聚了 300 多家国家级科研、教育机构和民间企业。其核心区用地约 27km²，一半规划为研究教育设施用地（54%），另一半规划为相关配套用地，其中居住用地占全部用地面积的 25%。

2　以 CBD 为代表的功能区交通特征总结

2.1　以轨道交通为核心的大容量公共交通服务

高强度开发类型的功能区，潮汐交通流特征显著，容易产生大量朝至夕去的客流。例如，伦敦金融城工作日通勤客流在 30 万人次左右。工作日的 6：00~9：00 和

16：00~20：00，伦敦金融城的对外交通是全球最繁忙的。

研究表明，以轨道交通为核心的公共交通系统是高强度开发的 CBD 最重要的通勤出行方式，公交通勤比例在 70% 以上，早高峰期间公交通勤比例会进一步提高，达到 80% 以上。当 CBD 的岗位密度达到 8 万人 / km² 时，其合理的通勤交通模式为公共交通：小汽车：其他出行方式 =7：2：1，因此高比例的公交出行是 CBD 唯一可行的交通支撑方式。

2.2 多样化的公共交通服务

高开发强度类型的功能区强调由轨道交通提供高强度、高水平和多模式的交通服务，如纽约曼哈顿接入了 10 条通勤铁路线路、16 条城际铁路线路、20 条地铁线路和一条 PATH 快轨线路。伦敦城除 8 条地铁线路外，也接入了国铁系统和轻轨系统。东京丸之内地区总共有 6 条新干线、7 条市郊铁路、1 条特快线路和 6 条地铁线路为其提供服务。

2.3 与主要枢纽连接具有较高的时效性

高强度开发功能区在商务出行联系上，均注重通过轨道和高（快）速路系统实现与主要枢纽的快速通达，同时强调直接联系，尽量减少换乘的次数和时间。例如，曼哈顿地区到纽瓦克国际机场（Newark Liberty International Airport）可通过两次换乘到达航站楼，经改善后延伸 PATH 快轨系统至机场，可通过一次换乘机场火车线路到达。

伦敦道克兰轻轨第四次延伸实现了与机场的通达，2009 年开通了第二条向南延伸过泰晤士河的延长线——伍利治阿森纳线。该条延长线也串联起位于皇家码头的伦敦城市机场，使得机场客流更加方便使用道克兰轻轨，弥补了道克兰轻轨建设之初未能直接连接伦敦城市机场的遗憾（图 1）。

2.4 强调轨道交通站点地下空间连接的便捷性

该类功能区多围绕轨道交通站点，打造高强度开发区域，实现站点与周边区域一体化耦合，并通过构建友好通达的地下空间系统，与大部分办公地点衔接，进行高效率的内外客流转换组织。例如，东京站围绕站点构建了跨度约 0.8km 的地下步行空间系统，新宿站的地下步行系统则覆盖了跨度为 2km 的范围。

东京地铁站上盖物业开发强度较高，南、北两侧容积率分别达到 8.73 和 26.8，新宿枢纽周围已建成商务区约 16.4hm²，建筑面积超过 200 万 m²，容积率高达 12（图 2、表 1）。

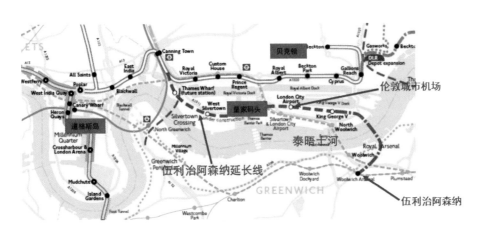

图 1 伦敦道克兰地区与机场联系示意图
资料来源：London Docklands Development Corporation History Pages

图2　东京地铁站上盖物业开发示意图
资料来源：东京站官方网站

东京地铁站上盖物业开发情况　　　　　　　　　　　表1

开发项目名称	容积率	场地面积（m²）	总建筑面积（m²）	楼层（层）
东京大厦北塔	8.73	14439	212395	43
东京大厦南塔	26.80	5230	140168	42

资料来源：http://www.tokyostationcity.com/

2.5　高品质交通系统服务

2.5.1　道路网系统

在道路网系统方面，高开发强度功能区强调构建城市微循环路网系统，并采用单双结合的交通组织形式，以提高整个区域路网的交通承载能力和可达性，同时丰富道路网络的功能分类，提高各类道路的服务水平。例如，在曼哈顿中城地区，路网密度达到20km/km²，并采用外围双行、内部单行的交通组织方式。东京新宿同样也采取了单双结合的交通组织方式。

曼哈顿下城将街道按其服务功能分为五类：①通过型街道，与到达型街道类似，但服务于穿过下曼哈顿的主要交通流和公交路线；②到达型街道，为到达下曼哈顿的主要交通流和公交车路线服务；③活动型街道，行人在此集聚，进行工作、购物、社交以及搭乘地铁；④支持型街道，用于货品投送和接取、卸货和停车场入口；⑤居住型街道，居住用地边的街道。管理部门针对每一类型的街道，对行人、出租车、卡车、私家车、公交车和自行车提出不同的改进策略。

2.5.2　慢行系统

在慢行系统方面，高开发强度功能区强调建设人车分离的慢行交通体系，同时注意增强步行系统与周边用地的联系，服务于各种出行需求。特别是许多功能区建设了特色城市空中连廊系统，为城市发展打造友好的人车分行交通架构，丰富了功能区空间形态层次，并构筑了多功能的城市观景平台和网络化复合公共空间，大幅度提升了功能区服务水平。

中国香港行人天桥系统呈组团式发展，成片地分布在中环、金钟、湾仔等多个商圈内，其中规模较大的中环行人天桥系统长约4.4km，于1988年初步建成，其他空中连廊系统均以中环行人天桥系统为范本。该天桥系统主要通过并联式的组织方式，将过街天桥、大厦中的二层走廊及各种零售店、地铁站等活动场所有机地连接在一起，形成四通八达的空中步行系统。空中连廊接入建筑后使高层建筑多了一层进入的方式，因此连廊空间也复合了门厅空间的功能（图3）[1]。

巴黎拉德芳斯交通系统将行人与车流彻底分开，互不干扰。利用地面二层及步行道建成约67万 m² 的步行系统，该步行系统于2004年建成，主要采用平台式的组织模式。地面二层建设超大的屋顶花园，屋顶花园为纯粹的公园及步行道，通过屋顶平台及天桥将各栋大楼步行出入口进行连接（图4）。

美国明尼阿波利斯空中连廊（Minneapolis Skyway System）总长约18km，跨越80个街区，于2002年基本建设完成。明尼阿波利斯空中连廊主要采取串联式的组织模式，将城市的重要设施相连接，如地铁、汽车站、市政厅、公园、城市会展中心、城市滨水区、图书馆及大型购物中心等。在设计方面，明尼阿波利斯市规定空中连廊宽度不应小于6m，净高不小于2.4m。连廊最大限度地开窗并尽量使用通透的玻璃材质，设置暖通空调和照明以适应其寒冷的城市气候（图5）[2]。

2.5.3　停车管理政策

在停车管理政策方面，高开发强度功能区多采用弱化机动车的需求管理政策，辅

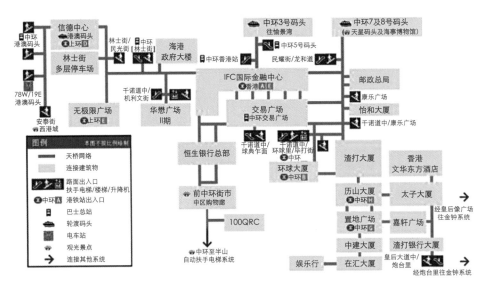

图3　中国香港中环步行系统示意图[1]

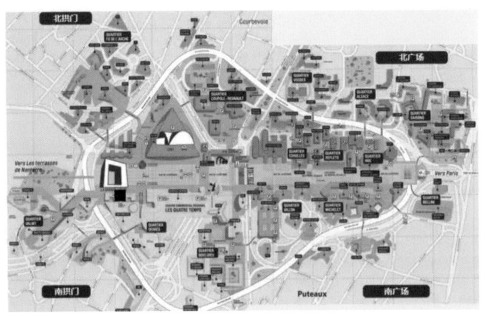

图4　拉德芳斯步行系统示意图

资料来源：北京规划国土公众号

之以严格的路侧停车违章罚款制度，净化功能区内出行环境，助力提高公共交通使用效率。例如，曼哈顿地区平均停车收费约为 30 美元 /h，路侧停车违章罚款为 150 美元。伦敦自 2003 年 2 月起在内环路以内实施拥堵收费政策，在每周一到周五 7：00~8：00（公共假期除外），收取 10 英镑 / 天的拥堵费用。自拥堵收费政策以来，区内交通和环境状况得到明显改善，车流量减少约 30%，机动车行驶速度提高 5~10km/h，交通事故率下降，减少了约 15 万 t 的二氧化碳年排放量。

3　以筑波科学城为代表的功能区特征总结

3.1　以轨道交通为核心的大容量公共交通服务

以筑波科学城为代表的位于城市远郊的低开发强度的功能区，在对外交通方面，强调依托大容量的轨道交通，保持与中心城区的高效联系。筑波科学城通过轨道筑波快线（通勤轨道）与东京区部实现快速联系。筑波快线于 2005 年 8 月开通运营，线路长度 58.3km，速度目标值是 130km/h，日均客流量达到 28.3 万人次。筑波科学城内设置筑波站、研究学园站、世博纪念公园站和原野站。根据统计，2010 年 4 个站点每日客流总计约 2.29 万人次。筑波站至东京区部秋叶原站最快列车行程仅需 45min。

3.2　多样化的公共交通服务

在此类低开发强度功能区的空间布局上，更加强调轨道交通对其用地主要发展轴的锚固作用，如筑波科学城的商业集中地区均于筑波快线沿线分布（图 6）。

同时，该类地区会发展多样式的中低运量系统，为地方通勤交通等多种目的提供服务。例如，美国硅谷运行的圣克拉拉轻轨（VTALightRail）系统，该系统有三条线路，共 62 个车站，总长 42.2 英里（67.91km），日客流量 3.4 万人次。

3.3　与主要枢纽连接具有较高的时效性

低开发强度功能区同样注重与主要枢纽之间的快捷联系，以避免成为孤岛。筑波科学城通过轨道和高速公路，实现了与东京市中心和成田国际机场的快速联系（表 2、图 7）。

筑波科学城与主要枢纽联系情况表　　　　　　　　　表2

联系区域	直线距离（km）	交通方式	时长（min）
筑波—秋叶原 （东京市中心）	50	筑波快线	45
		常磐高速公路（小汽车）	57
筑波—成田国际机场	45	首都圈中央联络高速公路（小汽车）	56
		首都圈中央联络高速公路（机场大巴）	55

3.4　轨道交通站点接驳服务的便捷性

该类低强度开发功能区围绕轨道交通站点可以提供更为充足的自行车与步行配套及服务设施，如筑波快线在筑波科学城内站点除配置机动车停车场外，还配置大量的非机动车停车场，并将自行车和电动自行车分类停放，方便出行者选择绿色交通方式接驳。

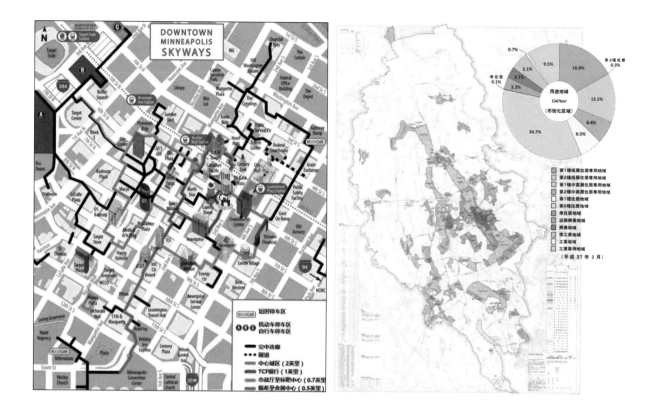

图 5　明尼阿波利斯空中连廊分布图（左）
图 6　筑波科学城用地分布（右）
资料来源：日本国土交通省

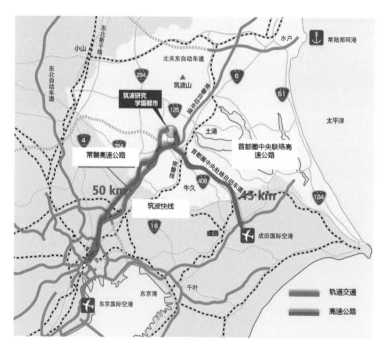

图 7　筑波科学城与主要枢纽联系示意图
资料来源：日本国土交通省

3.5　高品质交通系统服务

3.5.1　慢行系统

此类型功能区会通过对既有区域交通设施进行改造，提供高品质的休闲慢行空间，增加功能区活力。同时，更强调慢行系统的宜人和休闲性。例如，筑波自行车道由环绕筑波山麓的铁道改造而来，建成于 2002 年，建成后的自行车道成为首都圈居民休闲与运动的胜地（图 8）[3]。

图 8　筑波自行车道
环境图[3]

　　筑波市注重步行道的连续性和高品质，以步行者专用道路网的主步行道作为城市中轴线，把城市的三项基本功能，即市中心区、大学和科研单位联系起来，并实现空间的连续性。在城市活动频繁的市中心地带或大学核心区，主步行道采用半路堑式，和城市主要公路高差达一层楼，采用立体交叉。专用人行道既是步行途径，又是各种户外活动的场所，特别是主步行道，将是集会、祭祀（日本例行风俗）等公共活动场所。道路两侧采用榉树、白桦、银杏、橡树等高大型树种，专用人行道强调对人的关怀，注意花、香、色彩、季节感和景观的变化，给人以愉快、幽静、和谐的感觉。城市中轴线的主要树木以象征日本的代表性树种——樱树为主，形成城市绿带。

3.5.2　停车管理政策

　　低强度功能区多采用灵活的停车收费政策，如研究学院站停车场收费标准为周一到周五停一天收费 800 日元，周末停一天收费 900 日元，按小时计费 8：00~20：00 每半小时收费 100 日元，20：00 至次日 8：00 每小时收费 100 日元。

　　同时，由于筑波快线的建设时序滞后，轨道交通站点未能有效引导周边用地功能优化。因此虽然现阶段筑波科学城内在轨道交通站点附近设置了很多 P+ R 停车场，但未能发挥有效的"反磁力"作用。

4　总结

　　本文将国内外发展较好的城市功能区根据其开发强度和区位进行分类，并从大容量、多样化、便捷性、时效性、高品质等多方面总结交通系统配置特征和发展经验，为北京市城市功能区的规划建设提供了借鉴。在低开发强度的案例借鉴方面仍需进行更深一步研究。

参考文献

[1]　焦艳丽，戚勇，王昊. 浅析天桥步行系统在 CBD 内的应用——以香港中环地区为例 [J]. 建筑设计管理，2008（6）：40–43.

[2]　亢德芝，胡娟，曹玉洁，等. 美国城市空中连廊规划建设研究及其启示——以明尼阿波利斯为例 [J]. 国际城市规划，2014（5）：112–118.

[3]　余思奇. 废弃交通基础设施的新生 ——日本茨城县筑波自行车道 [J]. 小城镇建设，2018（4）：103.

未雨绸缪，无人驾驶时代街道设计畅想

杜娇虹

摘　要：无人驾驶汽车技术的普及与应用对一座城市的影响将是巨大的。为了提升公众出行效率和出行体验，在无人驾驶时代，以下六个因素或许是城市街道设计的切入点：行车车道、卸客车道、路标和信号灯、自行车道和人行道、停车场和土地重新开发的机会。

1　中国无人驾驶汽车行业发展状况分析

1.1　中国新能源汽车行业发展

2017 年 3 月，在北京召开的两会明确了我国电动汽车的发展方向：一是坚决打好"蓝天保卫战"，二是鼓励清洁能源汽车的使用。其中，人工智能话题虽是首次被纳入政府工作报告，但国家政策却对其给予了高度重视。我国在《节能与新能源汽车技术路线图》中把智能网联汽车作为中国汽车工业技术突破的主攻方向之一，让汽车发展与人工智能的结合越来越密切。

2015 年中国电动汽车产销量超越美国成为全球第一，约占全球总量的 64%（图 1）。新能源汽车产销量同比增长 4.3 倍和 4.4 倍，其中，纯电动车型产销量同比增长 4.2 倍和 4.5 倍。2016 年，我国新能源汽车产销量一路"扶摇直上"，同比增长了 51.7% 和 53%（图 2）。

2017 年上半年我国新能源汽车供需受国家政策影响明显，整个产业发展对政策依赖性强。最初的销量跌落发生在 2016 年年末，财政部、工业和信息化部、科学技术部、国家发展改革委四部委发布了 2017 年新能源汽车补贴方案。该条例规定各类车型获得补贴的技术标准提高，补贴金额降低，且各地补贴不得超过中央补贴的 50%。2017 年 2 月开始，"国家补贴政策的关键词是调整完善"，销量开始回暖。新政策包括提高推荐车型目录门槛，督促推广新能源汽车应用等。总体来看，2017 年上半年我国新能源汽车的产销量都有大幅度增长，但同比生产增长率比销售增长率高 10% 左右，说明政策对生产的刺激大于市场购买（表 1、表 2）。

1.2　中国新能源汽车行业政策分析

2015 年工业和信息化部部长苗圩表示，政府将鼓励自动驾驶汽车的发展，并希

作者简介

杜娇虹，北京市城市规划设计研究院规划研究室工程师。

图 1　2015 年全球新能源汽车销量对比（单位：万辆）（左）
资料来源：2017 电动汽车发展与展望；根据 MARKL INES 数据整理

图 2　2009~2016 年中国新能源汽车产销量对比（右）
资料来源：中国汽车工业协会行业信息部

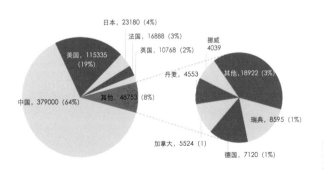

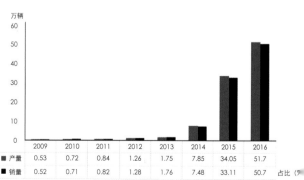

2017年6月新能源汽车生产情况　　　表1

	6月	1~6月累计（万辆）	环比增长（%）	同比增长（%）	同比累计增长（%）
新能源汽车	6.5	21.2	25.9	43.4	19.7
新能源乘用车	4.9	17.9	9.6	43.2	44.6
纯电动	3.9	14.6	4.7	53.1	70.3
插电式混合动力	1	3.3	33.3	14.6	−13.3
新能源商用车	1.6	3.3	130.0	43.9	−38.0
纯电动	1.5	2.9	126.6	52.5	−39.7
插电式混合动力	0.1	0.4	191.1	−20.1	−20.4

2017年6月新能源汽车销售情况　　　表2

	6月	1~6月累计（万辆）	环比增长（%）	同比增长（%）	同比累计增长（%）
新能源汽车	5.9	19.5	30.1	33.0	14.4
新能源乘用车	4.3	16.4	10.4	26.1	35.9
纯电动	3.3	13.2	3.3	33.3	62.9
插电式混合动力	1	3.2	45.9	5.9	−19.9
新能源商用车	1.6	3.1	149.1	55.9	−37.6
纯电动	1.5	2.7	141.8	64.0	−39.6
插电式混合动力	0.1	0.4	275.5	0.9	−17.7

资料来源：根据中国汽车工业协会数据整理

望科技公司与传统厂商展开深入合作，在自动驾驶领域占得先机。同年，国务院出台《中国制造2025》，把智能网联汽车提升至国家战略高度。2016年6月，工业和信息化部批准了国内首个"国家智能网联汽车（上海）试点示范区"在上海嘉定正式投入运营。测试区可为无人驾驶汽车提供综合性测试场地和功能要求。同年10月，在工业和信息化部的指导和参与下，中国汽车工程学会（SAE）发布了长达450页的无人驾驶技术线路图，虽然遗憾的是这版线路图在V2V（车到车通信）与V2I（车与周围设施通信）方面没有建立统一标准，但它制定了汽车行业在未来三个五年阶段需要达成的目标，其中包括自动驾驶车辆的发展目标。同年12月，SAE常务理事付于武先生表示，中国将于2018年完成V2V的制定，并在之后设立全国通用的标准。

2017年8月，深圳和美国密歇根州一起宣布了一项具有标志性意义的合作：打造广东首个无人驾驶产业集群小镇，首期投资100亿元。除了建设无人驾驶测试基地之外，还把智能汽车上游的核心元器件和技术供应商，中游的整车企业，以及下游的运输、交通、金融、保险等企业汇聚在了一起。投资人称，"产业聚集效应所带来的投资效率、成功率和收益率的乘数效应，并非普通股权投资或产业投资所能比拟"。这意味着无人驾驶正处在一个变革的时代风口，它已经进入了越来越成熟的商业化时代。

2　畅想无人驾驶汽车时代的来临

2.1　自动驾驶汽车等级划分及定义

中国对自动驾驶汽车还没有明确的分级标准，业界用的两套标准分别来自于美国高速交通安全管理局（NHTSA）和国际汽车工程师协会（SAE International）。前者将汽车自动化等级定义为L0~L4，后者定义为L0~L5。美国交通部现在选择使用SAE的分级标准，"主要考虑到它的分级说明更加详细，描述更为严谨，能更好地预见自动驾驶汽车的发展趋势"（表3）。

百度自动驾驶事业部（L4）的技术如果以SAE的标准来解读，只能算作是在特定的设计范围（ODD）内完成的自动驾驶，跟我们想象中的L5（设计范围无限大，覆盖几乎所有工作状况）还有差距。在作无人驾驶时代设想的时候，会假设未来道路上的汽车将被L5完全自动化汽车所替代。即使在激烈驾驶和极限情况下，机器在操作和战术等方面都能进行自动处理。在此过程中，机器将不断学习和优化驾驶技术。

智能驾驶技术的分级　　　　　　　　　　　　　　　　　　　　表3

自动驾驶分级		称呼（SAE）	SAE 定义	主体			
NHTSA	SAE			驾驶操作	周边监控	支援（辅助）	系统作用域
0	0	无自动化	由人类驾驶员全权操作汽车，在行驶过程中可以得到警告和保护系统的辅助	人类驾驶员	人类驾驶员	人类驾驶员	无
1	1	驾驶支援	通过驾驶环境对方向盘和加减速的一项操作提供驾驶支援，其他驾驶动作都由人类驾驶员进行操作	人类驾驶员 & 系统			部分
2	2	部分自动化	通过驾驶环境对方向盘和加减速的多项操作提供驾驶支援，其他驾驶动作都由人类驾驶员进行操作				
3	3	有条件自动化	由无人驾驶系统完成所有的驾驶操作，根据系统请求，人类驾驶员提供适当的应答	系统			
4	4	高度自动化	由无人驾驶系统完成所有的驾驶操作，根据系统请求，人类驾驶员不一定需要对所有的系统请求做出应答含限定道路和环境条件等		系统	系统	
	5	完全自动化	由无人驾驶系统完成所有的驾驶操作，人类驾驶员在可能的情况下接管，在所有的道路和环境条件下驾驶				全部

资料来源：汽车科技

这部分能力包括转向、加减速、监控环境、应答时间、变道、转弯等。

2.2　未来城市街道设计案例分析

美国电气电子工程师学会（IEEE）曾用行业数据进行过大胆预测。它的一份报告称，在2040年路上所有行驶的车辆总和中，75%会是无人驾驶汽车。除去不确定的因素，我们可以肯定的是，如果无人驾驶汽车广泛应用于人类日常生活中，我们会经历一个由两种车（有人驾驶汽车和无人驾驶汽车）同时共享一条道路的过渡期。所以，城市规划师们首先要考虑怎样确保安全又流畅地度过过渡期，然后再考虑如何面对无人驾驶汽车完全取代人类驾驶汽车之后的完成期。

2017年5月在纽约召开的美国规划师协会年会上，一组探讨未来城市和规划的系列演讲尝试回答了这个问题。Tim Chapin（美国佛罗里达州州立大学社会科学和公共政策学院院长）演示了一份由他的团队发表的世界上第一批相关研究报告即《畅想佛罗里达州的未来：无人驾驶汽车时代的交通和土地利用》（*Envisioning Florida's Future：Transportation and Land Use in an Automated Vehicle World*）。这篇报告从多视角对无人驾驶技术进行了探讨和验证，并分析了其未来会给现有的建成环境和土地使用所带来的设计、规划和功能上的影响。报告以让城市更好地适应无人驾驶汽车为目的，应用了可持续性发展和以人为本的设计原则，并提出了重塑城市形态的建议。

这篇报告从六个方面探讨了城市设计将受无人驾驶汽车影响的因素：行车车道、卸客车道、路标和信号灯、自行车道和人行道、停车场、土地重新开发的机会。

2.2.1　更窄、更有效的行车车道

无人驾驶汽车具有外形更小和行车更智能的优点。它们能有序行驶，并使两车之间距离缩短，因此未来行车车道在数量和宽度上的需求会大大减少。公路之间的中央隔离带也会呈减少和缩小的趋势，现有的空间能被更有效地分配给其他用途（图3~图6）。

2.2.2　增加卸客车道和卸客点

无人驾驶汽车可以自行找到停车位。或由于卸下一个乘客的需求，可能需要继续

图3　典型的汽车优先的道路设计
资料来源:《畅想佛罗里达州的未来:无人驾驶汽车时代的交通和土地利用》

图4　过渡期的街道设计
资料来源:《畅想佛罗里达州的未来:无人驾驶汽车时代的交通和土地利用》

图5　无人驾驶汽车被广泛应用后的新街道设计
资料来源:《畅想佛罗里达州的未来:无人驾驶汽车时代的交通和土地利用》

行车。它们首先满足乘客的需求,在离目的地最近的地点让乘客下车。因此,在尽可能不影响交通流的情况下,卸客车道和卸客站点会被大量融入街道设计当无人驾驶汽车完全取代人类驾驶汽车时,只需要两条较窄的、为不同方向服务的行车道。剩下的空间可以用于卸客车道、自行车道,还有更宽的人行道。

2.2.3　路标和信号灯

交通信息将通过无线网络实时传送到无人驾驶汽车上,所以无人驾驶汽车对路标和信号灯的需求会越来越少。昂贵的、容易遮挡视线的信号灯会被V2I和V2V取代,并且使用车辆间通信系统的无人驾驶汽车不再需要使用道路上安置的信号灯和路标。使用车辆间通信系统的无人驾驶汽车允许车辆在有保障安全的情况下缩短距离,以提高道路上的容车量。

2.2.4　自行车和步行设施

虽然变窄的行车通道使得完整街道的理念能被更好地实施,但它同时也带来两个阻碍步行导向交通发展的问题。第一,因为路标和信号灯的减少,行人和自行车使用者在交通拥堵地区可能要面临长时间等待,直到无人驾驶汽车接收到信号改变指示;第二,无人驾驶汽车可能需要在几乎所有的道路上设置上车和下车空间。这一项设计会碎片化自行车道和人行道网络,给行人和骑行者带来不便。另外,如果街道设计被卸客车道主导,也会遇到同样的问题。

图6 普通街道的设计（右图为对未来街道的设想）
资料来源：《畅想佛罗里达州的未来：无人驾驶汽车时代的交通和土地利用》

2.2.5 停车

因为无人驾驶汽车能够自己寻找停车空间再自行出现在乘客指定的地点，所以停车场的位置不一定要局限于目的地附近。在城市高密度地区，可以建立类似机场的、单栋的停车楼，以供需求。曾经被用于街边停车的空间，也可改建为卸客点。

2.2.6 重新开发的机会

当停车位与行车道的需求减少，无人驾驶汽车为规划师们提供了一个新的机会去思考和重新开发城市中心地带。开发商们也跃跃欲试，寻求重新利用省出来的土地的办法。其中的一个可能性是利用土地开发加强街道美化和营造，另一个则是增加娱乐性设施，如街边艺术和街边公园。当然，市场需求在考虑中也占有非常重要的比重。

3 学习与借鉴

《畅想佛罗里达州的未来：无人驾驶汽车时代的交通和土地利用》这一报告的大背景是在跟中国城市街道设计有差异的美国佛罗里达州，但通过学习和总结可以找出启示中国街道设计的亮点。一是行车道和街边停车省出的空间可用于环境建设，增加街边小公园等设施，丰富居民生活体验。二是出行环境优化，有益于商家创造收益和提升公众出行效率。三是无人驾驶车有体形小的优势，使得道路容车量提高。四是由于无人驾驶汽车的高性能和高智能设计，在环境方面减少了温室气体和污染性气体的排放，提高空气质量，符合我国政策的引导方向；在交通方面舒缓了交通压力，使行车流畅，出行有效率；在安全方面减少了交通事故发生，出行人士的安全保障得到提高。五是无人驾驶汽车提供了共享经济平台，一辆车完成一趟行程后会自动前往下一地点服务下一位乘客，汽车利用率高。六是停车空间和行车道省出的空间可供其他土地利用，空间利用率提高。七是用户范围扩大，低龄、老年、残障人士外出需求得以解决。

除城市设计外，值得思考的是无人驾驶汽车的应用难点不仅仅在于技术的完善，更在于其挑战了传统的交通法规，以及其与城市基础设施建设的直接关系。希望未来相关法律和政策可以不断完善，让阻碍逐渐消除。一是无人驾驶汽车的所有人和维护责任承担人该怎样界定？应该是政府买单还是私人买单，又或者是企业买单？这些问题在未来规定需要明确。二是无人驾驶车过度依赖电子系统，若是一个环节或一辆车出故障，会不会造成连带效应，产生不堪设想的后果？三是当车与车之间的距离缩短，是优势还是劣势？即使考虑到汽车的智能性，忽略不计驾驶人（机器）的反应速度，车与车之间还是应留出足够的安全距离，以确保紧急刹车情况下不会发生追尾和连环撞车。四是卡车和其他运输城市等重要物资的大型货车是否考虑在内？五是缩减下来的停车道用于建设卸客道后，并没有让街道环境变得更宜人、更优美。六是如果试图用无人驾驶汽车替代公共交通工具，城市只会更拥堵。在纽约，一辆公交车可以取代50 辆私家车，一条地铁线路 1h 之内可以取代 2000 辆私家车，而在中国这个数字只会再增加。七是如果无人驾驶汽车体形有减小的趋势，对公众来说，是否真的更便利？为什么有的人需要用和喜欢用 SUV？八是并不是所有城市都适用无人驾驶模式。在拥有大量需要交通出行人数的城市，使用无人驾驶汽车可能会减少流动性。在美国，有趋势证明投资者更喜欢投资无人驾驶汽车而非公共交通工具，政策决策者需要有相关认知，到底该更鼓励哪一方的建设才能更便民利民。

4　无人驾驶街道的设想总结

无人驾驶汽车既可能改善行人和骑行者的使用环境，也可能产生阻碍。分析后可以得出它既可能舒缓交通压力，也可能增加拥堵。除此之外，无人驾驶汽车的广泛应用对区域发展会产生何种影响？低成本和更容易的出行，是否会加剧城市蔓延？因为法律法规的缺失，事故责任归属无法可依，无人驾驶汽车能否在试行推广前就上路？答案牵扯的因素太多，现在还无法一一作答，但这些问题都需要在无人驾驶汽车广泛推行前考虑到位。可以预测，无人驾驶汽车一旦被应用于日常生活中，对一座城市的影响将是巨大的。但怎样才能让无人驾驶汽车的使用更有价值、更环保，更有利于城市发展？未来在不远的地方，无人驾驶汽车离我们越来越近。规划师和交通部门从现在开始重视无人驾驶汽车对出行需求和道路可能带来的影响，不是天方夜谭，而是运筹帷幄、有备无患。

参考文献

［1］何琳. 电动汽车发展展望 [J]. 电动自行车，2017（3）：4.

［2］2017 政府工作报告影响汽车六大关键词 [J]. 中国汽配市场，2017（1）：2.

［3］张忠岳. 新一年新形势，新能源汽车产业如何走 [EB/OL]. [2017-08-15]. http：//www.xevcar.com/hangye/0204HcH017.html

［4］蔡书红. 路透社：中国将设立无人驾驶汽车通信标准 [EB/OL]. [2017-08-15]. https：//auto.gasgoo.com/News/2016/12/22013443344470003616C601.shtml

［5］威尔·奈特. 美国无人驾驶汽车专用小镇正在建设中 [J]. 科技创业，2014（10）：1.

［6］深圳与密歇根州联合建立首个无人驾驶示范基地 [J]. 模具工业，2016，42（8）：1.

［7］裴腾. 为何美国交通部选用 SAE 的自动驾驶分级，而弃 NHTSA [EB/OL]. [2017-08-15]. https：//www.sohu.com/a/116000253_115873

［8］宋媛. "无人车" 研发：中国还在追 [EB/OL]. [2017-08-15]. http：//ihl.cankaoxiaoxi.com/2013/0826/261329.shtml

［9］CHAPIN T, STEVENS L, CRUTE J, et al. Envisioning Florida's future：transportation and land use in an automated vehicle world[R]. Tallahassee：Florida Department of Transportation，2016.

协同实施走向公平、可持续的城市未来
—— "人居大会"的历程与《新城市议程》指引的方向

伍毅敏

摘　要：本文回顾了"人居一""人居二"大会的历史背景、重点内容和意义，总结了"人居三"大会强调实施、强调公平、强调韧性、强调协作的理念创新，归纳了人居系列会议对全球城镇化发展和城市未来的启示。

　　"人居大会"全称为"联合国住房与城市可持续发展大会"，每20年召开一次，是全球共商城镇化挑战应对策略的峰会，也是全球城市规划建设领域规格最高、参与国家和人数最多的盛会。回顾"人居一""人居二"的发展历程可以了解过去40年关于城镇化发展的国际共识和历史经验，"人居三"大会则对未来20年作出了预判和指引。加深对人居大会的了解有助于拓展关于城市规划建设和城镇化问题的研究思路。

1　人居大会历史及其成果

1.1　"人居一"与《温哥华人居宣言》

　　20世纪60年代以来，由于城市经济前景的向好和农村地区的极度贫困，全球城市人口进入激增进程。快速的城市化进程也伴随着贫民窟、棚户区、城区无序蔓延等负面影响，这些问题的解决在发展中国家尤为迫切。许多政府开始寻求重塑城市化秩序的方法，然而这些问题并未进入当时主流的国际讨论中，对城市化基本的概念认知和统一术语都尚未形成，因为此时全球2/3的人口仍居住在农村。

　　有感于城镇化问题的愈加重要与迫切，联合国大会决定召开以"住房与城市可持续发展"为主题的全球首脑会议。1976年"人居一"大会在温哥华召开，132个国家参会并分享了他们关于城镇化的经验和困惑。会议通过了《温哥华人居宣言》及其行动计划，提出64项关于在国家层面改善人居状况的政府行动建议，加深了全世界对住房与城镇化问题的理解和共识。《温哥华人居宣言》明确了应采取全面而整体的方法应对城镇化及其衍生问题，要求各国制定国家战略和政策，解决土地使用和土地权利、人口增长、基础设施、基本服务、提供适当住房和就业等问题，同时考虑社会维度以及弱势群体和边缘人群的需求。"人居一"还促成了联合国人居署（UN-Habitat）的前身——联合国人居中心的成立。

　　"人居一"大会首次在世界范围内针对城镇化问题敲响了警钟。它提出应采取大胆有效的人居政策和空间规划策略，而不是放任城市无秩序地自发生长，并对一个国家的人居政策应包括的要素作出了定义[1]。大会也增强了城市规划和研究的行业信心，卓有成效地巩固了专业人员在城市发展进程中的角色。同时，作为对一个新领域的开

作者简介

伍毅敏，北京市城市规划设计研究院规划研究室工程师。

创性、探索性研讨和倡议，必然也有其不完善和待改进之处，主要包括聚焦在国家政府层面的行动而对地方政府及非政府组织的重视程度不够、在各国成立人居方向行政机构和金融机构的建议实践效果不佳等。

1.2 "人居二"与《伊斯坦布尔人居宣言》《人居议程》

伴随着 1992 年联合国环境与发展大会在里约热内卢的召开，可持续发展理念逐渐成为全球共识。1996 年，"人居二"在土耳其伊斯坦布尔召开。吸取了"人居一"的经验，这次会议着重强调了其作为城市首脑会议的意义。"人居二"通过了两份重要文件，即《伊斯坦布尔人居宣言》及《人居议程》，前者明确了住房和城镇化是本次会议及此后 20 年全球发展的核心议题，后者则提出了更详细的行动计划及实施策略，以实现人居署的两个核心工作目标，即"使人人享有适当的住房"及"在持续城市化进程中人居环境的可持续发展"。

"人居二"的主要成就和进步包括：与 1992 年的联合国环境与发展大会形成了良好的衔接关系，成为可持续发展理念在城市层面的实践指导书；扩大了合作范围，邀请各国城市政府、民间组织、学术界、私营部门等参与讨论，提倡各利益相关方共同合作解决城市问题；创新性地提出了"城市治理"理念，倡导多元共治、制度建设，对全球化进程中市场经济、参与式民主等范式的发展起到了推动作用。不过，在此后 20 年的实践中，"人居二"也被认为在目标和政策的执行、跟踪、评估方面有所欠缺（Adelphi，2015）。

2 "人居三"及《新城市议程》出台的背景

自"人居二"以来，在全球化和城镇化的综合作用下，城市以前所未有的速度发展和扩张，城市人口激增，随之而来的是全球空间和能源资源日益紧张，突出的问题包括计划外增长、环境污染及不平等的加剧等。当前全球城市人口数量在历史上首次超过了农村人口，占到 54.5% 左右，城市以 2% 的土地面积创造了 70% 的 GDP，也产生了 70% 的温室气体、70% 的垃圾、超过 60% 的能源消耗。这样的现实使"人居三"获得了世界各国的广泛关注，因为这场会议代表着人类栖息方式发展演进中的一个分水岭，人类对自己未来最主要的家园——城市可持续发展路径的思考。

"人居三"试图提供一个机会，促使国际社会针对未来 20 年的城镇化挑战和机遇取得共识，并形成一份新的决议。其筹备过程持续了两年时间，期间联合国系统、利益相关方、合作伙伴、地方和区域政府以及各成员国共同开展讨论，这是第一次将国家层面以下的各级政府视为特定机构前置性地纳入决策过程。因此，"人居三"大会秘书长 Joan Clos 将会议筹备过程本身称为"这次会议最有价值的遗产、人居会议史上的包容性标杆、国际城市治理运动的里程碑"。"人居三"于 2016 年 10 月在厄瓜多尔首都基多市召开，在多方共同努力下，大会最终选择了"公平"与"可持续"作为核心议题，并通过了《新城市议程》这一重要成果。《新城市议程》承载着全世界对城镇化新范式、可持续发展新战略、城市治理改革新路径的期许。

3 《新城市议程》的理念创新

3.1 知行合一，强调实施

《新城市议程》主要包括"为所有人建设可持续城市和人类住区基多宣言"与"新城市议程基多执行计划"两部分内容。与前两次人居大会将"宣言"与"行动计划"分成两个文件不同，"人居三"将其合二为一，强调了从目标到行动的前后贯彻，也使《新城市议程》承载了更重的分量。在"人居三"大会上，主办方也通过设置各种平行议题引导与会者将讨论焦点向实施战略倾斜。因而，《新城市议程》不仅是一张仰望星空的美好蓝图，也有脚踏实地的行动路线图。历次人居大会的主要成果形式为"宣言"（Declaration）"议程"（Agenda）而非《巴黎气候变化协定》那样具有法律效力的"协议"（Agreement），因此执行力和约束力一直是其短板，为此《新城市议程》制订了更加详细的行动方案，并加大了在全球宣传推广的力度，这一进步值得肯定（图 1）。

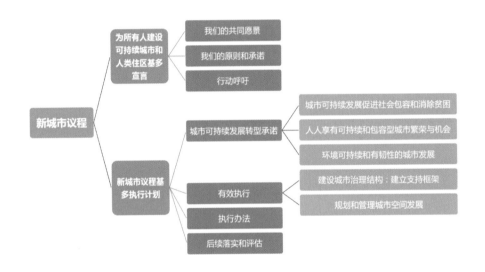

图 1 《新城市议程》全文框架结构及各级标题

《新城市议程》认为，使城市愿景走向实施的三大支撑要素是城市法律法规、城市规划设计、城市财政及融资，它们必须与国家的城市政策相结合，在城镇化与国家发展进程之间建立起动态联系。这一观点也再次重塑了城市规划设计的重要地位，确立了城市规划、城市设计学科不是城市政策的工具或附属品，而是对城市进行组织、优化、管理的独立方法和有效实践手段。

3.2 聚焦城市，强调公平

"人居二"的《伊斯坦布尔人居宣言》中反复提及"人人获得居所"，表达了应使所有人得到庇护、改善"贫民窟"问题的目标。对于实现公平、减少歧视也有所提及，但更多的是作为一种"锦上添花"的愿望。与 20 年前相比，当今全球人口中极端贫困、居无定所的比例得到了显著降低（中国在其中作出了巨大贡献），公平问题转而进入了讨论的核心。因此，《新城市议程》的"基多宣言"部分提出，未来 20 年全人类居住栖息的共同愿景为：人人平等地使用和享有公正、安全、健康、便利、负担得起、有韧性和可持续的城市与人类住区。从"住房权"（right to housing）到"市民权"（right to the city），从人人有房可住到人人平等地享有在城市中安居的各种权利和机会而不受任何形式的歧视，就是此前 20 年和此后 20 年城镇化的核心目标转变。

《新城市议程》认为，在城市已成为人类主要聚居形式的今天，每个人都有平等、体面地居住在城市中的权利，城市应当：提供住房、安全的粮食和水、教育、卫生、基础设施、空气质量等方面的公共产品和优质服务，促进市民参与性，实现性别平等，借助城镇化推动可持续的经济增长，履行跨行政边界的地域职能，促进要素流动，降低面对灾害的脆弱性，保护生态环境。实现上述愿景的过程中需遵循三大原则：社会上，绝不让任何人掉队；经济上，确保可持续和包容型的城市经济；环境上，确保环境可持续性。《新城市议程》第二部分"基多执行计划"中"城市可持续发展转型承诺"一节提出了三个重要承诺，即是与这三大原则相对应。

3.3　承前启后，强调韧性

《新城市议程》首次将应对自然灾害、污染、气候变化等环境风险列为城市发展的关键问题之一，提出城市的规划、融资、发展、建设、治理和管理方式应促进城市韧性。"韧性城市"是近两年的研究热点，从广义上来看既包括城市应对气候变化和自然灾害的弹性与复原能力，也包括应对政治经济风险、金融危机、社会事件、犯罪等人为风险的能力。《新城市议程》主要关注前者，认为近年来的全球经验表明，世界各地尤其是发展中国家的城市中心特别容易受到气候变化以及其他自然和人为危害的不利影响，包括地震、极端天气、洪水、干旱、土地沉陷、水和空气污染等。增强城市韧性的方法主要包括：采用新技术促进环境友好，加强粮食、水等资源的就近供应，加强土地、水、能源、森林等资源的可持续管理，以无害环境的方式管理和减少各类废弃物，鼓励节能和可再生能源利用，发展优质基础设施和制定空间规划，提高公众风险意识以及事前预防和灾后及时反应的抗灾能力建设，定期评估灾害风险等。

《新城市议程》传承了人居大会坚持 40 年的可持续发展理念，与同时期联合国可持续发展领域的重要文件相互呼应，旗帜鲜明地表达了以城市为主体对气候变化担负责任和采取主动措施的态度，同时接受并发扬了"韧性城市"这个"年轻"的概念，为未来一段时期的工作提供了方向性指引，发挥了承前启后的作用。

3.4　多元共治，强调协作

"人居三"认为《新城市议程》的有效执行更需要建立长期有效的合作机制，以包容各方、可执行和参与式的城市政策为依托，在各级政府、私营部门、民间社会、联合国系统和其他行动者之间建立更加密切的国际合作和伙伴关系。

《新城市议程》提倡国家适当下放财政、政治和行政权力，增强地方当局作为政策和决定制定者的权能，同时促进地方政府间对大都市区、城市走廊、跨界地区等新形态城镇化空间的有效协同治理。另外，非政府组织在实施中的重要作用被着重强调，《新城市议程》提出面向未来的城镇化综合方法必须涵盖一个强大的公民社会参与决策机制，包括建立利益相关者的多方伙伴关系、社区评估、合作机制、咨询和审查机制、所有权和责任共享的实施平台等。

多元共治这一理念并不新鲜，但怎样转化成务实措施并持续推动一直是难点所在，也是《新城市议程》未来是否能够持续发挥影响力的关键。当前确定的实施监督评估方案是由联合国秘书长办公室从 2018 年开始每 4 年公布一次《〈新城市议程〉实施进展报告》，并在 2018 年的报告中确立一套各级行动主体分工明确的实施监测机制。

其具体成效将在未来的长期实践中得到验证。

4　三次人居大会的启示

4.1　人居走向新的城市时代

从"人居一"开启了关于城镇化问题的全球性研讨，到"人居二"强调可持续发展理念下的住房与城镇化政策，再到"人居三"对城市如何公平、强韧地容纳所有人居住、生活的思考，可以看到，我们正迎来人居发展的历史转折点，城市一步一步成为人类最重要的家园。城市将成为未来最重要的创新承载地、转型引领者、行动实施主体，引领全球发展向更加公平、可持续的方向前进，这已成为世界性的共识。对城市的研究方兴未艾，在历次人居大会奠定的基础之上，我们可以从更宏大的视角、更长远的眼光来审视城市的作用，探索城市的可能性，开创更美好的人居城市时代。

4.2　国际、国内发展主要矛盾发生转化

对公平和"市民权"的强调是《新城市议程》的历史性突破，体现了以人为本、公平普惠已成为国际城市发展领域的关注焦点。以资本为动力、以利益为标杆的土地开发和空间发展模式引起了全球范围内的广泛反思，以广大人民需求和权益为中心的城镇化范式可能成为未来的新方向。"十九大"提出，我国社会主要矛盾已经由人民日益增长的物质文化需要同落后的社会生产之间的矛盾，转变为人民日益增长的美好生活需要和不平衡不充分的发展之间的矛盾，与"人居三"的判断是一致的，显示了国际、国内发展进程在一定程度上的同步性，也显示了发展均衡问题是世界性的难题。我国正在推进的一系列重大改革，包括以人民为中心的城镇化、实施乡村振兴和区域协调发展战略、创新社会治理等，既是实现社会主义现代化的必由之路，也是为解决人类共同问题贡献的中国智慧、中国方案。

4.3　更美好的城市未来必须依靠协同实施

《新城市议程》是全球各参与方在长期研讨、博弈和协商之下形成的对未来20年全球城市发展提出关键倡议的纲领性文件，代表了一种阶段性的集体共识。它的创新无疑将激励城市问题研究者和工作者捍卫其事业，推动其实施。它也将影响全球各地的相关政策框架制定，并触发大量关于未来城镇化模式的研究、实践和反馈。实质性的改变正是在这种分散实施中发生的。只有更多国家和城市、更多行业和团体不断参与到城市发展改革实践中，同心同向，才能使更美好的城市未来成为现实。

参考文献

［1］　HAGUE C, 刘宛. 伊斯坦布尔之路："人居Ⅱ"大会对规划师和建筑师的挑战 [J]. 国际城市规划, 2009, 24（S1）: 180-183.

［2］　吴志强. "人居三"对城市规划学科的未来发展指向 [J]. 城市规划学刊, 2016（6）: 7-12.

［3］　BIAU D. What did we learn from Habitat I and II?[EB/OL]. [2017-3-6]. https://cities-today.com/learn-habitat-i-ii/.

以"新"为鉴
——新加坡水资源可持续发展策略的启示

王　君　张晓昕

摘　要：受城镇化和人口增长的影响，水资源短缺、水污染和水生态退化等问题日益凸显，城市水安全普遍受到威胁。城邦岛国新加坡虽然水资源禀赋不足，但通过开辟新水源、强化节水和统一管理，有效解决了城市发展中的人水矛盾。本文详细介绍了新加坡走向水资源可持续发展的案例，并分析了典型缺水城市北京的水资源开发利用情况及面临的问题，通过对比，总结提炼出新加坡水安全保障策略对我国缺水城市的启示。

1　关于新加坡

　　坐落在东南亚中心、扼守马六甲海峡南口的城邦岛国新加坡，因其重要的地理位置，一直以来在世界贸易中扮演着重要角色。它位于连接印度洋和太平洋的海上通道，是欧洲、非洲向东航行到东南亚、东亚及大洋洲最短航线的必经之路，同时是东南亚的物产集散地与货物转运站。自 19 世纪初成为英国殖民地，新加坡先后受制于英国、日本、英国、马来西亚，直至 1965 年独立。然而无论由谁统领，水的问题始终困扰着新加坡的管理者，水安全问题更曾一度威胁其地区安全[1]。

　　新加坡由新加坡岛和 62 个小岛组成，总面积约 718km²，其中约 20% 来自填海造陆。新加坡岛地势低平：西部和中部为丘陵，东部及沿海为平原，全岛平均海拔15m，地理最高点武吉知马海拔仅 163m。典型的热带雨林气候"造就"了这里全年高温多雨的特点。

　　高度城市化的新加坡被划分为五个大区（图 1）：中部、东部、东北部、北部和西部。中部为传统的商业区，东部主打休闲娱乐，东北部是新兴的住宅区，北部以自然保护区著称，西部则是唯一的重工业区（主要产业为电子和石油化工）。2017 年新加坡总人口达到 561 万（人口密度 7815 人/km²），城市化率为 100%，GDP 达到 3239 亿美元。

作者简介
王　君，北京市城市规划设计研究院生态规划所工程师。
张晓昕，北京市城市规划设计研究院市政规划所高级工程师。
校对：黄鹏飞

图 1　新加坡总体规划图
资料来源：www.ura.gov.sg

2　极度缺水的新加坡

新加坡的地理位置和地形决定了这里注定少水的局面。首先，新加坡没有地下水。直至今日，新加坡尚未探测到地下水资源，这是由于海岛地域狭小，地下水层受海水影响严重。其次，地表水资源非常有限。新加坡是热带雨林气候，全年高温多雨，多年平均降雨量高达 2400mm（北京为 585mm，广州为 1800mm），降雨相对集中于 11 月至次年 1 月。然而平坦的地势、有限的地域使这里难以形成长河和大河（最长的加冷河全长仅 10km），更缺少天然湖泊，因而降水难以存蓄，地表水资源十分有限。根据联合国粮农组织全球水与农业信息系统（http：//www.fao.org/aquastat）公布的数据，新加坡本地淡水资源总量约 6 亿 m^3，全部为地表水，人均水资源量仅 $110m^3$，比同为极度缺水城市（人均水资源量低于 $500m^3$）的北京（2017 年人均水资源量 $137m^3$）还要少。此外，与其他众多人口稠密地区相似，新加坡也曾面临严重的水污染问题，使本就有限的水资源更加稀缺[1]。

资源的稀缺性是一个相对概念，源自于供需的不平衡。随着人口增加和区域发展，新加坡对水的需求日益激增，早已远远超过本地水资源的承载能力。以人口这一要素为例，过去 30 年间，新加坡的人口数量翻了一倍，达到 561 万，人口密度逾 7815 人 /km^2（这一数字超过中国香港 7040 人 /km^2，低于北京市城六区 8755 人 /km^2）。据新加坡公用事业局（新加坡的水管理部门）估计，目前新加坡日需水量约 195 万 m^3，其中居民家庭生活用水约占 45%；而到 2060 年，预计总需水量将翻倍，主要增长来自非居民家庭生活用水（将占总需水量的 70%）[2]。

3　新加坡的坎坷开源之路

为了满足与当地水资源量不匹配的需水量和支撑社会经济的持续发展，自 1959 年自治至 1965 年独立，再至今日，新加坡始终把水作为政府工作的重中之重，并投入大量资金进行基础设施建设和技术研发。20 世纪 60 年代初，新加坡与马来西亚签署协议从柔佛州进口淡水资源，大规模的跨境调水有效解决了当时的缺水问题，更重要的是，使新加坡获得了充足的时间去开发其他水源。经过几代人的长远规划和长期投入，新加坡确立了"收集每一滴雨水、无限循环利用、淡化海水"的水资源开发利用总体策略，形成了四大国家水龙头，即收集本地雨水、跨境调水（进口淡水）、新生水、淡化海水，并计划在 2061 年与马来西亚的供水协议到期之前实现水的自给自足（图 2、图 3）。

3.1　收集本地雨水

新加坡有丰富的降水，将雨水收集起来并利用，即为一项最基础的水源。独立之初，本地雨水的收集利用面临两大难题：一是缺少湖泊等水体存蓄雨水，二是河流普遍污染严重。针对缺乏天然湖泊的问题，新加坡新建和扩建了多个蓄水池，从独立之前只有本岛上 3 个蓄水池至 2011 年全国已建成 17 个蓄水池，收集降落在国土三分之二面积之上的降雨。针对污染问题，新加坡采取了一系列强有力的措施清洁河流和流域，包括转移安置沿岸居民、拆除违建、强制关闭污染严重的养殖场和工厂。以新

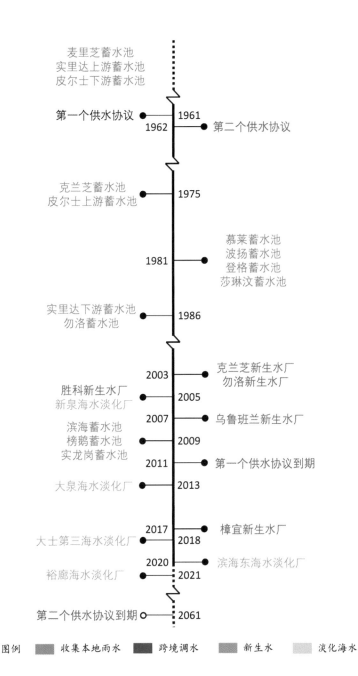

图2 新加坡四大水
龙头发展时间轴

图例 ▨ 收集本地雨水 ▨ 跨境调水 ▨ 新生水 ▨ 淡化海水

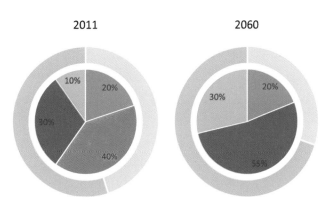

图3 新加坡现状及
规划水资源供需平衡
分析图（2060年数据
为每种水源的生产能
力）

加坡河与加冷河为例，为清理这两个流域共转移安置了 4.6 万人，关闭了 610 家养猪场和 500 家养鸭场。

新加坡还采取了一系列配套措施来保障雨水收集利用的效率和水质。首先，严格限制集水区内的开发建设。最初的 3 个蓄水池所在区域（即今日的中央自然保护区）被划为严格保护的集水区，在这个区域内不允许进行任何开发建设；其他集水区为非严格保护的集水区，允许开发建设，但仅限于住宅及无污染工业。其次，全面实现了雨污分流。再次，构建了完整的雨水收集系统。排水渠、输水渠道和天然河道等错落交织，形成了 8000km 长的河网（图 4）。此外，在 2006 年，新加坡启动了"ABC 水计划"（Active，Beautiful，Clean Waters）项目，类似我们的"海绵城市"建设或西方国家提倡的"低影响开发"，旨在将水资源管理与城市环境更好地融合，通过打造雨水花园、生态调节池等，净化和存蓄雨水，同时使居民可以更亲近水。

① 登格蓄水池　⑤ 克兰芝蓄水池　⑨ 实里达上游蓄水池　⑬ 滨海蓄水池　⑯ 勿洛蓄水池
② 波扬蓄水池　⑥ 裕廊湖　⑩ 实里达下游蓄水池　⑭ 榜鹅蓄水池　⑰ 德光岛蓄水池
③ 慕莱蓄水池　⑦ 班丹蓄水池　⑪ 皮尔士下游蓄水池　⑮ 实龙岗蓄水池
④ 莎琳汶蓄水池　⑧ 皮尔士上游蓄水池　⑫ 麦里芝蓄水池

图 4　蓄水池及受保护的集水区示意图
资料来源：根据新加坡公用事业局网站资料改绘

新加坡现有 17 个蓄水池，收集三分之二国土面积之上的降水，总生产能力能够满足 30% 的需水，这其中不乏富有创新性和挑战性的集供水、防洪、娱乐于一体的滨海蓄水池（图 4）。新加坡计划未来将集水区进一步扩展到覆盖国土面积的 90%。

3.2　跨境调水（进口淡水）

水是一种自然资源，从资源充足的地方调取或购买是最容易想到的策略，可能也是最便捷的权宜之计。20 世纪 60 年代初，新加坡自治邦政府与马来西亚先后签署两份协议从柔佛州进口淡水资源。第一份协议签署于 1961 年，已于 2011 年到期且未续签。这份协议规定新加坡拥有完整和专有的权利，可以每天从埔莱蓄水池、地不佬河及士古来河无限量地抽水，但须将取水量 12% 的处理后的水返给柔佛州。第二份协议于 1962 年签署，有效期至 2061 年，约定新加坡每天可从柔佛河取水 110 万 m³，同时将取水量 2% 的处理后的水返给柔佛州。

2000 年之前，本地雨水的收集利用和进口淡水一直是新加坡的主要水源，直到 21 世纪初，进口淡水供水占比仍高达 50%。但受政治、价格、气候变化（气候变化将导致柔佛河向新加坡可供水量减少[3]）等诸多因素的影响，新加坡政府决定第二份供水协议到期后将不再续签，作出如此决策的信心来自于再生水和海水淡化的技术突破，而反过来这项决策也成为新加坡发展再生水和海水淡化的直接动力和压力。

3.3　再生水的升级版——新生水

早在 1966 年新加坡便在裕廊建造了第一座再生水厂，以二次处理乌鲁班兰污水处理厂排出的中水来供工业使用。随后的 20 世纪 70~80 年代，再生水被推广用于公寓冲厕，然而由于水质较差，运行期间造成了高昂的管道维修和更换费用，该计划最终于 1990 年以失败告终。直到 90 年代末，再生水的生产技术才又有了新的突破。

新加坡开创了四步工艺法生产高品质的再生水（图 5）：①传统处理工艺，使废水经处理后达到全球公认的适合排放河流的标准；②微滤（超滤），除去水中悬浮物、胶体粒子、致病细菌、病毒、原生动物包囊等；③反渗透，过滤去除水中溶解盐和有机物；④紫外线杀菌及酸碱平衡，进一步确保所有残留微生物的活性被破坏，并还原酸碱平衡。经过以上四步工艺生产出的再生水水质超级纯净，通过了 15 万次水质检测，达到所有国际饮用水标准和准则，可谓是再生水的终极版，因而被命名为 NEWater（中文译为新生水）。

新生水目前主要用于工业和空调冷却，少量间接供给生活用水。因其超高的纯净度，新生水能够直接满足超洁净用水要求的生产（如晶圆制造业、电力发动及冷却等）。随着新生水生产能力的扩大和生产成本的下降，大部分工业用户都改用了新生水。在降水相对较少的季节，少量新生水（约 1%）被输送至蓄水池，与原水混合后供给居民生活。这种间接供给生活用水的方式，一方面可以给新生水补充微量矿物质，进一步提高其安全性，另一方面更易于被公众接受。

新生水的大规模生产和推广使用，还离不开两项投资巨大的配套工程：一是全覆盖的污水管网，二是深层隧道排污系统。一期深层隧道排污系统已于 2008 年完工，总投资 36.5 亿新加坡元，干线总长 48km，直径 3.3~6.5m，埋深约 50m，另有支线 60km；二期预计 2025 年完工，含 40km 干线和 60km 支线。深层隧道排污系统将

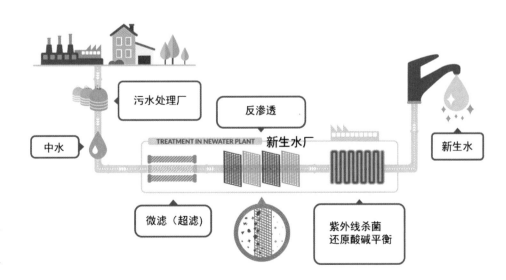

图 5　新生水的生产流程
资料来源：根据新加坡公用事业局资料修改

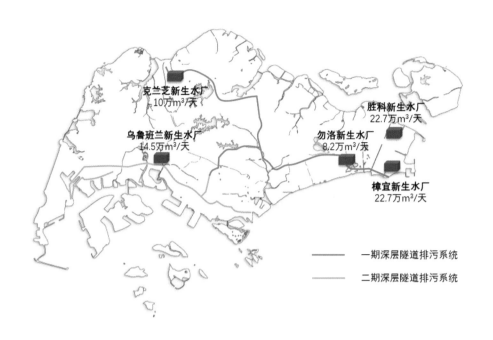

图 6 新生水厂和深层
隧道排污系统示意图

主要污水管网、排污口和污水处理厂连接起来，有效扩大了污水系统的容量，并能够节省约 50% 的污水处理设施（如泵站和小型污水处理厂）用地。至 2017 年，新加坡已有 5 座新生水厂建成和投产（图 6），总生产能力达 78 万 m³/ 天，相当于需水的 40%。计划到 2060 年，新生水供水比例达到 55%。

3.4 淡化海水

新加坡四面被大海包围，向海问水是新加坡从 20 世纪 70 年代就坚持的信念。直至 21 世纪初，膜技术的成熟才使海水淡化足够可靠和经济可行。至 2020 年，新加坡已有 4 座海水淡化厂建成投产（图 7），总处理能力达 72.6 万 m³/ 天。另有 1 座海水淡化厂正在建造中（图 7），位于裕廊岛，规划处理能力为 13.6 万 m³/ 天，值得一提的是，这座滨海东海水淡化厂将是世界首座双模式海水淡化厂，即既可淡化海水也

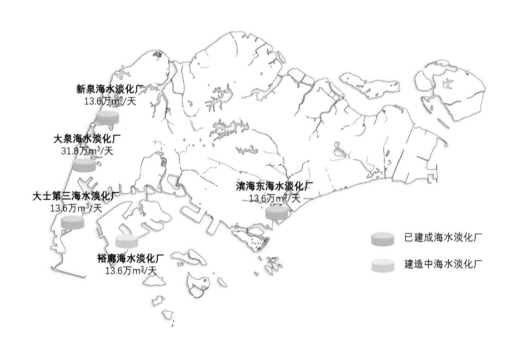

图 7 海水淡化厂分
布示意图

可处理原水,将根据季节和天气决定从大海或蓄水池中取水进行处理。计划到 2060 年,淡化海水的供水比例达到 30%。

4 新加坡的节水历程

对于任何一个缺水的地区,一味地开源都不是长效的解决办法,必须同时对需水进行管控。新加坡一路摸索,采取了诸多措施以提高用水效率,鼓励节约用水和降低需求,其中有些效果良好,也有些收效甚微,具体包括以下几个方面。

减少管网漏损。新加坡已实现自来水的全覆盖,并长期致力于输水管网和配水管线的翻修与监测,目前漏损率仅 4.6%,是世界上最低的地区之一。

用水效率标签计划。为推广节水型产品、提高用水效率,新加坡公用事业局对生活中用水设备的耗水情况进行评级,为居民的购买决策提供参考。2006 年该项目开展初期,制造商和供应商自愿参加,项目效果并不明显,因为基本只有节水型产品才被送来参评。2009 年新加坡公用事业局将用水设备分为两类,即需强制或自愿参加节水评级,并将结果全部公开。

制定合理水价。继连续 20 年水价保持不变之后,新加坡从 2017 年开始分两期将水价上调并调整了水价结构。调整后的水价由基础水价、水资源保护税和污水处理费三部分构成。基础水价反映的是水的生产和供应成本;水资源保护税按基础水价的百分比计算,反映的是寻找替代水源的代价;污水处理费产生于后续的污水处理和污水系统管理。以居民家庭生活用水为例,调整后每月 40m³ 以内的价格为 2.74 新加坡元 /m³,超出 40m³ 后为 3.69 新加坡元 /m³。

节水宣传和教育。为提高居民的节水意识,新加坡开展了一系列不同主题、不同形式的宣传教育活动和倡议,如 1971 年起每年一次、持续了十余年的 "水是宝贵的" 运动,20 世纪 80 年代的 "让我们不要浪费宝贵的水资源" 运动,90 年代的 "聪明地用水" "关闭水龙头" 等倡议,2003 年的 "高效用水家庭计划" 等。通常,在这些活动进行中人们都有很高的积极性,而活动结束不久,节约用水可能就又被置之脑后。但新加坡始终在坚持,并将节水教育引入学校,使节约用水成为居民从小培养的日常习惯。

经过多方长期不懈的努力,人均居民家庭生活用水量逐步下降,从 2003 年的 165L/ 天降到 2014 年的 150L/ 天,又降到 2017 年的 143L/ 天。新加坡政府的目标是到 2030 年降到 130L/ 天。

5 以 "新" 为鉴

历年《北京市水资源公报》在陈列诸多统计数据与分析之后都会以 "人多水少是北京的基本市情水情" 作为结语。"人多水少",这也是新加坡的基本国情水情。虽然两地的规模较为悬殊、发展情势各有异同,人水矛盾却是两地发展中共同面临的挑战。表 1 给出了两地的基本情况,在此需要说明的是,新加坡作为城市型国家,将北京市城六区与之作比较更为匹配,但有些统计数据只有北京全域可得,故此列出新加坡、北京市城六区与北京市三列。

新加坡与北京市现状基本指标对比　　　　　　表1

	新加坡	北京城六区	北京市
面积（km²）	718	1381	16410
人口（万）	561	1209	2171
人口密度（人/km²）	7815	8755	1323
年GDP	3240亿美元 （约21870亿人民币）	19661亿人民币	28000亿人民币
人均GDP	5.78万美元 （约39.02万人民币）	16.26万人民币	12.90万人民币
水资源总量（亿m³）	6（2014年）	—	29.77
人均水资源量（m³）	110	—	137
总供水量（亿m³）	7.1	17.9	39.5
本地地表水	20%	—	9.0%
本地地下水	—	—	42.1%
外来水	40%	—	22.3%
再生水/新生水	30% 工业99% 生活1%	— 生产用水7% 生活用水2% 河湖补水89% 环卫绿化2%	26.6% 生产用水6% 生活用水2% 河湖补水88% 环卫绿化4%
海水淡化	10%	—	—
用水结构	居民家庭生活41% 其他59%	居民家庭生活31% 河湖补给34% 其他35%	居民家庭生活25% 河湖补给27% 其他48%
供水管网漏损率	4.6%	11.2%	11.6%
单方水GDP	456美元 （约合3078人民币）	1098人民币	709人民币
人均居民家庭生活用水量（L/天）	143	127	125
居民家庭生活用水价格 （2018年最新标准）	按月度用水阶梯计价： 0~40m³为2.74新加坡元 /m³ （约14人民币/m³） >40m³为3.69新加坡元 /m³ （约19人民币/m³）	按年度用水阶梯计价： 0~180m³为5人民币/m³ 181~260m³为7人民币/m³ >260m³为9人民币/m³	

注：本表根据《北京市水资源公报（2017）》《北京市水务统计年鉴2017》等文献及公开资料整理而得，如未特殊标注，均为2017年数据。因缺少以美元计的北京市GDP，为方便比较，故将新加坡GDP按年平均汇率粗略折算为人民币，据中国国家统计局公布，2017年美元兑人民币平均汇率为1美元≈6.75人民币。2019年8月25日新加坡元兑人民币中间价为1新加坡元≈5.10人民币。

　　根据表1中所列数据，结合上文，对于解决北京的人水矛盾，我们也许可以得到启发。

　　多水源联合配置及应对未来风险。因本地水资源有限，新加坡积极开拓新水源，如进口淡水、循环用水、淡化海水和寻找地下水，并最终决定大力发展新生水和淡化海水，因为这两种水源不受气候等因素影响。北京市同样致力于开源，目前除本地常规水源之外，外调水与再生水占比接近50%。北京不具有新加坡四面环海的优势，故而外调水对北京的重要性无可替代。考虑到未来气候变化，本地水资源量及水质可能遭受影响，外调水水量和水质也可能受到不同程度的影响，因此北京仍需积极探寻新的战略储备水源，搭建和实施多水源优化配置。

污水收集与再生水的利用。新加坡已全面实现污水收集和雨污分流，新生水大量供给工业、少量间接供给生活。北京市城六区内仍有部分地区为雨污合流，再生水目前主要用于河湖补给。新加坡的再生水水质标准很高，对北京来说全面推广可能并不适用，但若再生水水质标准制定合理且完全达标、输配水管网等配套设施建设完善且管理到位，北京市完全有条件进一步增加再生水的使用量并优化使用结构，如增加冲厕、环卫绿化和工业等方面的用水比例。

节水是北京市应该长期坚持的战略措施。节水永远都有空间，虽然有时出于投入产出比的考虑，有些措施可能并不适用。与新加坡相比，北京市的供水管网漏损率仍然较高，居民节水意识尚且不够，总体生产用水效率仍有较大提升空间。新加坡的经验告诉我们，节水需要奖励与惩罚并重，更需要长期坚持、不惧往复。

长期规划很重要，规划实施更重要。水资源的开发利用与管理的规划包括而不限于以上方方面面，今天的城市与水资源管理者都意识到了长期规划的重要性，但是规划的实施比制定更为重要，也往往更加艰难，很多效益可能几十年后才能显现，可持续的水资源系统离不开管理者、专业人员和普通民众长期不懈的坚持和努力。

6　结语

新加坡国父李光耀曾说："Every policy had to bend to the knees of our water survival"（所有政策的制定都必须把水奉为至高准则）。正是新加坡几代人的长远眼光、长期努力和坚定信念，才把这个曾经靠购水而生的国家打造成水技术的世界领先者，并有望依托新生水和淡化海水来实现水的自给自足，同时在应对气候变化方面，新加坡也已经走在前列。在理水和兴水的征程上，新加坡的经验值得北京和国内很多城市结合我们的政治制度和管理体系进行学习借鉴。

参考文献

［1］陈荣顺，李东珍，陈凯伦. 清水 绿地 蓝天——新加坡走向环境和水资源可持续发展之路 [M]. 毛大庆，译. 北京：团结出版社，2013.

［2］PUB Singapore. Our Water，Our Future[R]. Singapore：PUB Singapore，2018.

［3］JOON C C，HO H，CHOW T L. Trans-boundary variations of urban drought vulnerability and its impact on water resource management in Singapore and Johor，Malaysia[J]. Environmental Research Letters，2018，13（7）.

低碳生态建设的北欧样本
——以斯德哥尔摩、哥本哈根为例

陈　猛

摘　要： 在全球气候变化和能源紧缺的背景下，低能耗、低污染、低排放的低碳发展模式被越来越多的国家和地区重视。关于低碳和生态化的建设，以英国、瑞典、丹麦等为代表的北欧国家或地区已经经历了多年的实践和积累，成为低碳和生态发展的积极践行者与引领者，诸如英国的贝丁顿（Bedzed）零碳社区、瑞典的哈马比（Hammarbycity）生态城、马尔默（Cityoftomorrow）的明日之城等，为世界范围内的生态城市建设起到了示范性作用。笔者在此将以斯德哥尔摩、马尔默和哥本哈根等城市的低碳与生态建设为主，围绕低碳构建、新建筑、自行车交通和城市基础设施（以垃圾焚烧厂为例），希望对我国的城市建设起到借鉴作用。

2015 年召开的气候变化巴黎大会将应对气候变化提升到了一个全球治理的高度。在全球气候变化和能源紧缺的背景下，低能耗、低污染、低排放的低碳发展模式被越来越多的国家和地区重视，中国也正式提出将大力推进生态文明和绿色循环低碳发展，并将构建低碳能源体系、发展绿色建筑和低碳交通等作为重要的发展战略。

关于低碳和生态化的建设，以英国、瑞典、丹麦等为代表的国家或地区已经经历了多年的实践和积累，并在相当程度上引领了发展潮流，成为低碳和生态发展的践行者与风向标，诸如英国的贝丁顿零碳社区（Bedzed）、瑞典的哈马比湖城（Hammarbycity）、马尔默的明日之城（Cityoftomorrow）等，为世界范围内的生态城市建设起到了示范性作用，相关建设经验可供我们参考和借鉴。

1　低碳建设从制定目标开始

北欧的低碳与生态城市建设首先是从制定符合项目特点的环境目标开始的，为了保证实施效果，通常会有具体的机构负责执行。以哈马比生态城为例，相关的环境质量目标是由住房、建筑与规划署直接负责的，环境目标包括宏观层面、执行层面和具体目标等多个层次，并通过街区的设计导则进行落实，确保了操作层面和宏观指向的良好衔接。

宏观层面目标主要涉及生态建设所关注的若干重要方面，更多的是城市的发展愿景；执行层面目标主要是关注落实总体目标的实施方式，涉及生态措施的原则和倡导的方向性描述；具体目标则是在相应的实施方式下所应该实现的具体标准。以哈马比生态城为例，"可持续的能源消耗"作为总体目标层面的重要目标之一，在执行层面则进一步明确为"对能源和自然资源的消耗应减至最少，应最大限度地利用可再生能源""鼓励回收利用废热和其他可再生能源""应在实施过程中推进可持续技术策略的

作者简介

陈　猛，北京市城市规划设计研究院数字技术规划中心副主任，教授级高级工程师。

使用，以减少交通以及对能源和自然资源的消耗，推进废弃物的循环利用"等几个方面；在具体目标层面则明确为量化的要求，如采用普通通风系统的住房建筑能源使用标准为每年 100（kW·h）/m²，采用全热回收通风系统的住房建筑能源使用标准为每年 80（kW·h）/m²，同时对供应的热能来源也明确要求"应来自垃圾处理和其他可再生能源"。

实际上，哈马比生态城的目标体系不仅涉及能源，还涉及交通、垃圾处理、水处理、建筑材料、土地使用、土壤净化等多个方面，正是内容全面、逐级细化、要求明确的目标体系，成为其构建低碳城市典范的重要前提。

2 绿色的交通出行

低碳的城市离不开绿色交通系统的支撑。哥本哈根是典型指状发展的城市结构，其高效的公共交通系统与城市空间布局的协调发展也成为很多城市学习的样板。

在这个城市系统中，公共交通资源的配置与居住和就业密度是高度重合的，交通枢纽地区也恰恰是就业和居住密度最高的地区，充分发挥了公共交通的利用效率并为居民出行提供了最大限度的便利。在这个方面，对北京来说，很多专家也曾对城市的交通与土地的协调发展进行过相关研究，结果表明北京人口活动密集度与公共交通输送能力关联程度则相对较低，交通运输的平均化导致局部地区运力严重不足，从而导致系统性的低效，局部地区不得不采取限流、人为增加换乘距离等手段，使公共交通系统的舒适和便捷性大打折扣。

在哥本哈根的交通出行中，最具特色的应该莫过于自行车交通了。哥本哈根的自行车道约 350km，其中还有完全与机动车道不交叉并享有独立路权的自行车绿色通道 40km，在整个城市层面构建了完整的自行车系统。为了保证安全性，大部分的自行车道和机动车道都通过高差或分隔的方式进行了物理隔离。

目前哥本哈根每天有 60 多万市民（哥本哈根大区居民总数约 170 万）骑车出行，总里程达到 120 万 km。据估算，哥本哈根市民每年的骑车里程，如果是汽车完成的，每年将要多排放 10 万 t 以上的二氧化碳，无处不在的骑车人成了哥本哈根的象征，让它成为世界领先的自行车城市（图 1、图 2）。

图 1 哥本哈根城市自行车战略示意图（左）
资料来源：哥本哈根城市自行车战略 2011—2025
图 2 哥本哈根高速自行车道（右）
资料来源：https://www.sohu.com/a/287562608_395807

231

图 3　从机动车到自
行车 vs 从自行车到
机动车
资料来源：RAMBOLL

实际上，在瑞典、丹麦的很多城市或地区，交通出行方式的选择不仅仅作为一种交通策略，更成为一种社会所倡导的环境目标和生活方式，将国内的发展历程与之对比来看，还是值得我们深思的（图 3）。

3　多元策略整合的新建筑

生态化的策略在北欧的建筑设计中也是非常明显的一个特点。欧洲的建筑从古罗马时期威特鲁威提出的"坚固、实用、美观"三原则，经历中世纪、文艺复兴和启蒙运动以及工业革命，已经有了重大发展，加之人们在新技术、新材料和哲学、理论上的探索，形成了现代建筑的新型多元化的理论体系。

而北欧地处极地或临近极地的极端自然环境，人们似乎对自然条件和资源具有一种与生俱来的敏感和关切。早在 20 世纪 60 年代，瑞典一些激进的环保主义者在小范围内试验所谓的"生态村"建设就显示了在建筑领域针对传统建设方式及其产生的环境问题的反思与批判。所以，以生态化的建筑理念和技术为特色的多元策略整合的理念也始终作为一条重要的原则贯穿于建筑和城市之中。笔者在此仅以"八字住宅"和"山"住宅为例进行阐示。

"八字住宅"（8 House）是由丹麦 BIG（Bjarke Ingels Group）建筑事务所设计的，位于奥瑞斯塔丹市（Orestad）城市外沿最南部的乡村地带。整个大楼平面布局呈"8"字形，其设计理念以大胆创新而闻名，生态化技术、立体街道、功能混合成为其重要的技术策略，并在形式和功能上得到理性结合。

在功能上，通过居住、商业办公的综合设置，增加了空间共享和交流，创造了三维立体城市社区，把郊区生活融入商业和居住功能共存的城市活力当中。在空间上，两个相互连接的内院组成了基本的外部空间，中间部位则是一个 $500m^2$ 的供所有住户使用的会所，会所楼下是一条 9m 宽的通道，将东、西两个庭院连通，东侧是公园区域，西侧与附近的水道相连。在交通上，构建了一个从街道标高拉伸到顶层的连续公众步行道，人们也可以骑车沿着层层露台花园直至 10 楼的顶层公寓。屋顶设计则根据社区对生态或能源利用的不同需求，选择了绿色屋顶，内院也是采用以草坪和松散石子为主的渗水地面，有效增加了雨水下渗，降低了地表径流过大造成的水资源流失（图 4 ）。

"山"住宅也是同类案例。在该项目中，场地面积的 2/3 要求用于停车，仅 1/3 可作为住宅，按照普通的设计思路，处理好住宅品质与大量停车功能将是很困难的一件事情。项目设计将联排住宅安置在停车场之上，形成层层退台跌落的居住空间组织，下面则是以全坡道形成的停车空间，将停车与上下的坡道合而为一，每一层住宅标高均可直接与停车空间同标高相连，所以无障碍设置也一并得以解决。该住宅从外部看是每户带有屋顶花园的、流动在一个 10 层高的"山"坡上的郊外花园住宅社区，实现了郊区生活与城市密度的共生。"山"住宅内的 80 家住户成为奥斯塔德地区首批能在自己家门口停车的居民（图 5、图 6 ）。

图 4 绿色屋顶及贯通各层的步行道

图 5 绿色屋顶（左）
资料来源：BIG 建筑事务所
图 6 内部坡道＋停车空间（右）
资料来源：BIG 建筑事务所

这种基于实际问题解决的多元策略的整合以及从功能到形式的严谨生成过程，不仅以富有创造力的空间满足了功能要求，而且愈发使这些"小"建筑颇具创意的同时，不经意间流露出内在的逻辑和理性。

4 高效环保的垃圾处理厂

曾几何时，垃圾围城成了我国城市难言的痛，垃圾处理问题也屡屡成为邻避效应的焦点，无论是焚烧还是填埋，所产生的环境影响都使政府、公众极为重视。丹麦则

是世界上第一个用垃圾焚烧代替垃圾填埋的国家，全国只有 6% 的废弃物被填埋。这样既可以节省空间，又可以将焚烧的热能循环利用，这里的垃圾焚烧厂其实叫作垃圾焚烧发电厂，它利用当地的垃圾作为能源（燃料）生产出电能和区域供暖的热能，大大降低了垃圾对环境的污染和对化石能源的依赖。根据丹麦政府的目标，全国将在 2050 年彻底实现零化石能源使用（图 7）。

以 Hofor 垃圾焚烧发电厂为例，这座发电厂位于哥本哈根近郊，每年可以处理当地 140000 户家庭产生的 43.5 万 t 垃圾，可以把 6 磅厨房垃圾，变成 5h 的供暖和 4h 的电力。不过这座垃圾焚烧发电厂已经于 2019 年被著名的 Copenhill 垃圾焚烧发电厂替代，这是哥本哈根基于可持续发展的城市政策、环境关注和应对气候变化的一个例子。Copenhill 垃圾焚烧发电厂可以确保高效率和低排放，生产的能源被用来加热水和发电，15%~20% 的垃圾焚烧剩余物用于道路建设，内部是超高温的垃圾焚烧炉，外部则是长约 1500m 的滑道供公众运动娱乐。它将创新的垃圾处理技术和现代建筑构建完美地结合在了一起，使这里不仅仅是垃圾焚烧发电和供热厂，更成为城市居民日常生活娱乐的空间（图 8）。

其中最关键的还是垃圾焚烧发电厂的污染排放控制。关于垃圾焚烧发电厂气体排放所产生的二恶英等环境污染问题是国内城市的重大困扰，如北京的阿苏卫、六里屯，广东番禺、上海江桥、江苏吴江等多地曾因为垃圾焚烧厂的建设不同程度地引起了公众的强烈反应。实际上按照国内相关程序，垃圾焚烧厂建设不仅要求环境评价，同时还要求与居住等敏感性建设保持相当的距离，不可谓不严格，但是最终的排放控制效果却差强人意。这一方面有垃圾分类与燃烧温度等因素，另一方面，与我们管控的方式也有关系。而丹麦的垃圾处理厂只要满足相关环保标准的终端排放要求，便可以像一座普通的城市基础设施一样建设，选址并不需要任何特别的限制。相反，由于该垃圾焚烧发电厂区位临近城市中心，交通便利，又有在垃圾焚烧发电厂规划设计的娱乐设施，导致周边的房价反而比其他地区还要高不少。这种情况与我国的情况形成了反差。

图 7　哥本哈根近郊的垃圾焚烧发电厂（左）
图 8　Copenhill 垃圾焚烧发电厂鸟瞰图（右）
资料来源：https：//www.copenhill.dk/en/news

参考文献

［1］　张彤 . 绿色北欧——可持续发展的城市与建筑 [M]. 南京：东南大学出版社，2009.

［2］　薛松 . 低碳出行——丹麦哥本哈根的自行车交通 [J]. 动感（生态城市与绿色建筑），2014（4）：84–90.

［3］　司马蕾 . "山"住宅，哥本哈根，丹麦 [J]. 世界建筑，2011（2）：34–43.

［4］　霍渭瑜 .8 字住宅 [J]. 建筑知识，2011（1）：18–23.

"韧性城市"的概念解析及典型案例分析

赵 丹

摘 要："韧性城市"的理念为应对城市危机、保障城市安全提供了全新的思路和视角。本文从"韧性城市"的概念内涵和基本特征出发，辨析了韧性城市规划与应急体系建设规划、综合防灾减灾规划等现行规划的差异，并对国内外韧性城市的研究框架和实践案例进行分析，提出对现行城市规划的一些反思和启示，以期为强化规划引领、提高城市安全韧性水平提供参考和借鉴。

城市由于其规模的巨型化、人口的多元化和流动性，在各类不确定因素和突发事件面前表现出极大的脆弱性。而城市灾害的复杂性、叠加性、连锁性和动态性等特点及新型安全风险的不断涌现也给城市风险治理和应急响应带来重大的冲击和挑战。与传统的防灾减灾相比，"韧性城市"的研究范畴扩展到公共安全的全领域，包含自然灾害、事故灾害、公共卫生和社会安全等各方面，更强调对未知风险和"黑天鹅"事件的适应能力[1]，为应对城市危机、保障城市安全提供了全新的思路。

1 "韧性城市"的概念及内涵

1.1 "韧性"源起和演变

"韧性"（resilience）一词源自拉丁文 resilio，意为"弹回"。"韧性"概念首先应用于哪个领域至今仍有争议，有人说是物理学，有人说是生态学，也有人说是心理学和精神病学研究[2]。但学术界大多认为，"韧性"最早被物理学家用来描述材料在外力作用下形变之后的复原能力。1973 年，加拿大生态学家赫灵（Holling）首次将"韧性"概念引入到生态系统研究中，定义为"生态系统受到扰动后恢复到稳定状态的能力"[3]。自 20 世纪 90 年代以来，学者们对"韧性"的研究逐渐从生态学领域扩展到社会—生态系统研究中，"韧性"的概念也经历了从工程韧性、生态韧性到演进韧性的发展和演变[4]，其外延不断扩大，内涵不断丰富，受关注度也不断攀升。梳理相关文献资料可以看出，学者们对"韧性"概念的界定不一，各有侧重。但究其核心均强调系统在不改变自身基本状况的前提下，对干扰、冲击或不确定性因素的抵抗、吸收、适应和恢复能力。只是在社会—经济—自然复合生态系统中，更关注在危机中学习、适应以及自我组织等能力（表 1、图 1）。

1.2 "韧性城市"及其特点

随着城镇化进程加快，城市这个开放的复杂巨系统面临的不确定性因素和未知风险也不断增加。在各种突如其来的自然和人为灾害面前，往往表现出极大的脆弱性，而这正逐渐成为制约城市生存和可持续发展的瓶颈问题。如何提高城市系统面对不确

作者简介

赵 丹，北京市城市规划设计研究院高级工程师。

有关"韧性"概念的诠释和观点梳理[4-5]　　　　　　　　　　　　　　表1

作者 / 组织	主要观点
Ahern	韧性是在不改变现有的情形下，一个系统在冲击和灾害中重新组织和恢复的能力，为城市遇到冲击时提供了保障
Leichenko	韧性是系统可以承受各式冲击和压力的能力
Tyler and Moench	韧性鼓励实践者去考虑在可预测或不可预测的冲击和压力下恢复、创新与改变
Paton	将韧性视为过程，涉及不断学习和提高决策能力，以应对随时出现的各种灾难，是危机管理策略
Brown et al.	韧性是城市在继续维持基本功能到可接受范围内的同时，有活力并有效地适应气候改变。这个定义包括灾后城市阻挡或承受的能力，为争取最低程度的灾难性损失率和最大程度的幸存率所该具备的恢复和重新组织的能力
Lhomme et al.	韧性是一个城市吸收灾害和灾后功能恢复的能力
Wildavsky	认为韧性是应对不可预期灾难的能力，并能恢复到正常水准。强调灾害发生时的弹性与发生之后的适应能力
Holling	作为生态韧性奠基者，Holling 认为韧性是指系统能较快恢复到原有状态，并保持其结构和功能的能力。强调系统的效率、稳定性、可预见性，关注系统在均衡状态的稳定性、恢复的速度以及对干扰的容忍度
Gunderson	提出生态系统演化动力机制的 Panarchy 模型、多尺度嵌套适应循环模型等
Brunceu	认为韧性包括强度、系统冗余度、快速恢复能力以及随机应变的能力
MCEER	提出了基础设施韧性框架图，利用坚固性和快速性反映韧性的主要特征
Adger	第一批将生态韧性概念拓展到人类社会领域的学者之一，认为社会韧性包括社区或者人群应对由社会、政治和环境变化带来的外来压力能力
Paton	在外界干扰下，系统能够保持正常机能，吸引资源集聚，应对挑战和变化的能力
US National Science and Technology Council	系统、社区或者社会通过抵抗或者改变自己，适应潜在的风险灾害，维持认可的结构和功能。社会系统通过自组织增强学习能力，从过去的灾难中学习，在未来能够提供更好的保护，改进减灾手段
Paton	将韧性视为过程，涉及不断学习和提高决策能力，以应对随时出现的各种灾难，是危机管理策略
Rose	经济韧性是系统对灾害与生俱来的响应与适应、个体和社区在外来冲击发生时以及发生后所采取的灵活应对策略（行为学）的能力，以避免潜在的损失
Polèse	经济韧性是城市在危机中保存自己，并且保持发展活力的能力，并提出了保持经济韧性的条件
Wagner and Breil	韧性是一个社会可以在危机和灾难中承受压力、幸存、适应、恢复和快速前进的综合能力

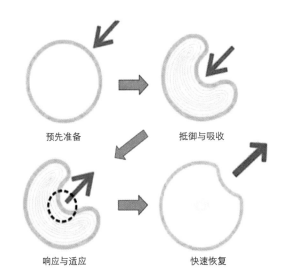

预先准备　　　　　抵御与吸收

响应与适应　　　　快速恢复

图 1　系统受到外来冲击的应对过程图[6]

定性因素的抵御力、恢复力和适应力，提升城市规划的预见性和引导性逐渐成为当前国际城市规划领域研究的热点和焦点问题[7]。

"韧性"的理念为破解这一难题提供了新的研究思路和规划视角。由此，"韧性城市"应运而生，并在全球掀起了韧性城市规划和实践的新浪潮。2002 年，倡导地区可持续发展国际理事会（ICLEI）在联合国可持续发展全球峰会上提出"韧性"概念；2012 年，联合国减灾署（UNISDR）启动亚洲城市应对气候变化韧性网络；2013 年，洛克菲勒基金会启动"全球 100 韧性城市"项目中，中国黄石、德阳、海盐、义乌四座城市成功入选，一跃与巴黎、纽约、伦敦等世界城市同处一个"朋友圈"；2016 年，第三届联合国住房与可持续城市发展大会（人居 III）将倡导"城市的生态与韧性"作为新城市议程的核心内容之一。当前，一场城市安全的保卫战正在如火如荼地进行着，韧性城市规划的理念和策略已被广泛地应用于气候变化应对和灾害风险管理等领域。

梳理和总结相关研究与规划案例，可以看出韧性城市应具备的主要特征包括以下内容。

（1）自组织（self-organization）：能利用从外界摄取的物质和能量组成自身的具有复杂功能的有机体，并且在一定程度上能自动修复缺损和排除故障，以恢复正常的结构和功能。

（2）多样性（diversity）：有许多功能不同的部件，在危机之下带来更多解决问题的技能，提高系统抵御多种威胁的能力[8]。

（3）冗余性（redundancy）：具有相同功能的可替换要素，通过多重备份来增加系统的可靠性。

（4）鲁棒性（robustness）：也称稳健性，系统抵抗和应对外部冲击的能力。

（5）恢复力（recovery）：具有可逆性和还原性，受到冲击后仍能回到系统原有的结构或功能。

（6）适应性（adaptation）：系统根据环境的变化调节自身的形态、结构或功能，以便与环境相适应，需要较长时间才能形成。

（7）学习转化能力（ability to learn and translate）：从经历中吸取教训并转化创新的能力。

1.3 韧性城市的生态本源

透视韧性城市的概念和内涵，可以看到生态学基本理论和思想的渗透。王如松院士提出：生态控制论原理包括开拓适应原理、竞争共生原理、连锁反馈原理、乘补协同原理、循环再生原理、多样性主导性原理、功能发育原理以及最小风险原理等，可以概括为整合、适应、循环、更新四个方面。

城市生态安全是一座城市可持续发展的支持基础，其科学内涵包括：一是生态系统结构、功能和过程对外界干扰的稳定程度（刚性），二是生境受破坏后恢复平衡的能力（弹性），三是生态系统与外部环境协同进化的能力（进化性），四是生态系统内部的自调节自组织能力（自组织性）[9]，如图 2 所示。

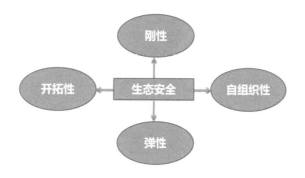

图 2 生态安全的科学内涵

生态安全管理应从深入了解风险的系统动力学机制出发，运用生态控制论方法调理系统结构和功能，诱导健康的物质代谢和信息反馈过程，建设和强化生态服务功能，把生态风险降到最低。这与韧性城市的目标和特征基本一致，可以说韧性城市建设是保障区域生态安全、推动城市可持续发展的重要抓手。

1.4 韧性城市规划与现行规划体系的异同

1.4.1 韧性城市规划 VS 应急体系建设规划

应急体系建设规划侧重于对突发事件的应急响应和紧急救援，呈现灾害破坏之后在最短时间内恢复到原始状态的工程思想。韧性城市规划强调在提高系统自身抵御能力的同时，全面增强其适应性和创新性，从而在远期提升城市系统的整体韧性，体现了不断演进和发展的生态思想。

1.4.2 韧性城市规划 VS 综合防灾减灾规划

与综合防灾减灾规划相比，韧性城市规划的内涵更加丰富，涉及自然、经济、社会等各领域。而且，更注重通过软硬件相互结合、各部门相互协调，构建多级联动的综合管理平台和多元参与的社会共治模式，进而弥补单个系统各自为营、独立作战的短板和不足。此外，将防灾减灾向后端延伸，提升城市系统受到冲击后"回弹""重组"以及"学习""转型"等能力。

2 韧性城市规划的国际案例

目前，国外从理论研究到具体实践积累了大量成果，韧性城市的理念已经开始深入到城市规划制定和实施的各层面，并上升为公共政策。根据对韧性城市概念诠释的差异，可大致分为两类：一类把"韧性"当成解决城市问题的分析框架，另一类则将"韧性"作为城市规划的目标[10]。

2.1 韧性城市研究框架

为了有效评价和科学量化城市韧性，不同研究机构从各自领域出发建立起韧性城市研究的框架体系[8, 11-13]，如洛克菲勒基金会的韧性城市研究框架、EMI 的城市韧性总体规划、韧性联盟的韧性城市研究主体框架、联合国大学环境与人类安全研究所的大韧性城市研究框架、联合国减灾署降低灾害风险的韧性城市研究框架以及日本分别针对城市系统和能源系统构建的韧性城市框架等。

2.1.1 洛克菲勒基金会的韧性城市研究框架

美国洛克菲勒基金会提出：城市韧性是一座城市的个人、社区和系统在经历各种慢性压力和急性冲击下存续、适应和成长的能力，包含 7 个主要特征，即灵活性、冗余性、鲁棒性、智谋性、反思性、包容性和综合性。为切实评估不同城市的韧性水平，奥雅纳公司基于大量研究提出韧性城市的研究框架（图 3），由领导力及策略（leadership & strategy）、健康及福祉（health & wellbeing）、经济及社会（economy & society）、基础设施及环境（infrastructure & environment）4 个维度组成，细化为 12 个目标、52 个绩效指标及 156 个二级指标。

图3　韧性城市框架
及指标体系图[14]

每座城市可根据自身特点，确定各指标的相对重要性及其实现方式，并通过定性和定量相结合的方法，评估城市的现状绩效水平和未来发展轨迹，进而确定相应的规划策略和行动计划以强化城市韧性。其中，定量评估中的指标赋值由评估员根据相关情景分析的平均水平确定，定量评估则综合考虑城市韧性指数的目标值，根据归一化数据的平均值计算得到。最后，将评估结果划分为很差、较差、中等、良好和优秀五个等级，以便于横向和纵向的比较分析。

2.1.2　EMI 的城市韧性总体规划

2015 年，EMI（earthquake emergency initiative）组织针对发展中国家发布了《城市韧性总体规划》（*Urban Resilience Master Planning*）。通过实施灾害风险管理总体规划（DRMMP）的方法为韧性城市建设提供规划框架和实施路径。具体实施过程分为组织与准备、诊断与分析、规划编制、实施监测和评估四个阶段（图4）。

（1）组织与准备（organization and preparation）：组织利益相关者，明确职责分工。

（2）诊断与分析（diagnosis and analysis）：开展风险和脆弱性的全面评估与预测，利用树状图、网络分析等方法确定风险的损失和影响。通过情景分析的方法确定影响城市韧性的主要因素或关键环节。

（3）规划编制（plan development）：制定城市发展目标和相应的规划对策，并明确责任分工、时间节点和投资成本等。

（4）规划实施、监测和评估（plan implementation，monitoring and evaluation）：建立有效的监控和评估机制对规划的实施状况进行评价和反馈调整。

该规划强调由政府和专家、媒体、民众等非政府的利益相关者共同参与，形成上下联动、全民参与的社会响应机制。从灾害风险数据基础库建立、风险脆弱性评价、不同情景预测分析、韧性城市总体规划到灾害风险和韧性评估指标体系的建立，构建科学、完整的灾害韧性评估系统。并注重"多规合一"，提出韧性城市总体规划应与城市总体规划、土地利用规划、社会经济发展规划有效对接，制定分时、分期、分阶段的计划任务，以保证规划的实施落地。

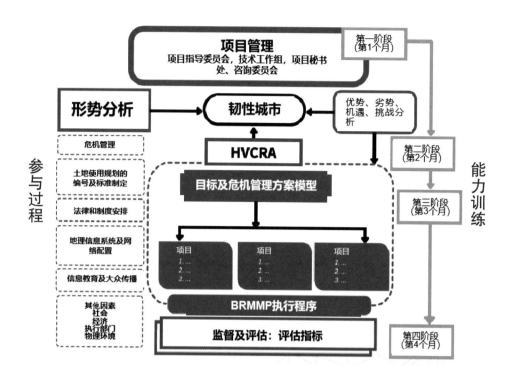

图 4 DRMMP 框架及流程图 [15]

2.2 韧性城市规划实践

在全球变暖的大背景下，面对气候变化的新形势和新挑战，城市需要以更有效、更灵活的方式应对快速变化中的不确定性和突变性。以增强城市韧性为目标的适应性规划正在成为应对气候变化和灾害风险的重要举措和行动指南。邓艳（2013 年）归纳了全球最具代表性的 6 座城市适应规划，如表 2 所示。

以提升"韧性"为目标的适应规划[16]

表2

城市	适应规划名称	发布时间	主要气候风险	目标及重点领域	投资（美元）	总人口（人）
美国纽约	《一个更强大，更有韧性的纽约》（A Stronger, Mote Resilient New York）	2013 年 6 月	洪水、风暴潮	修复飓风"桑迪"影响，改造社区住宅、医院、电力、道路、供排水等基础设施，改进沿海防洪设施等	195 亿	820 万
英国伦敦	《管理风险和增强韧性》（Managing Risks and Increasing Resilience）	2011 年 10 月	持续洪水、干旱和极端高温	管理洪水风险、增加公园和绿化，到 2015 年 100 万户居民家庭的水和能源设施更新改造	23 亿	810 万
美国芝加哥	《芝加哥气候行动计划》（Chicago Climate Action Plan）	2008 年 9 月	夏季酷热，浓雾，洪水和暴雨	目标："人居环境和谐的大城市典范"，包括用以滞纳雨水的绿色建筑、洪水管理、植树和绿色屋顶项目	—	270 万
荷兰鹿特丹	《鹿特丹气候防护计划》（Rotterdam Climate Proof）	2008 年 12 月	洪水，海平面上升	目标："到 2025 年对气候变化影响具有充分的恢复力，建成世界最安全的港口城市"，包括洪水管理，船舶和乘客的可达性，适应性建筑，城市水系统，城市生活质量。应对海平面上升的浮动式防洪闸、浮动房屋等	0.4 亿	130 万
厄瓜多尔基多	《基多气候变化战略》（Quito Climate Change Strategy）	2009 年 10 月	泥石流、洪水、干旱、冰川退缩	生态系统和生物多样性，饮用水供给、公共健康、基础设施和电力生产、气候风险管理	3.5 亿	210 万
南非德班	《适应气候变化规划：面向韧性城市》（Climate Change Adaptation Planning For a Resilicnt City）	2010 年 11 月	洪水、海平面上升、海岸带侵蚀等	目标："2020 年建成为非洲最富关怀、最宜居城市"水资源、健康和灾害管理	0.3 亿	370 万

2.2.1 纽约:《一个更强大、更具韧性的纽约》

2012 年 10 月 29 日,纽约遭遇历史罕见的"桑迪"飓风袭击,屋毁人亡、停水断电,损失惨重。这一极端天气事件直接推动了纽约适应性规划的出台。该规划以应对气候变化、提高城市韧性为目标,以风险预测与脆弱性评估为核心,以大规模资金投入为保障,形成完整的适应性规划体系。报告主要分为五大部分:简介(飓风及其影响、气候变化)、城市基础设施及人居环境(海岸线防护、建筑、经济恢复、社区防灾及预警、环境保护及修复)、社区重建和韧性规划、资金和实施。

其中,以洪灾为重点,利用预期损失模型和成本效益分析法,对纽约 2020 年和 2050 年的气候风险进行预测,明确可能的影响范围及其潜在损失,并对不同规划措施的损益情况进行评估,为政府科学决策提供有力的技术支撑(图 5)。

并针对不同气候变化情景下海平面上升、飓风、洪水、高温热浪等灾害风险的发生概率,提出相应的规划策略及 257 条具体措施,形成翔实全面的行动指南,具有很强的可操作性和可实施性。此外,建立长期的监测与评估体系,每四年对规划实施情况进行评估和调整,以确保规划的顺利实施。

2.2.2 伦敦:《风险管理和韧性提升》

2011 年,伦敦以应对气候变化、提高市民生活质量为目标制定适应性规划,主要内容分为四大部分,共 10 个章节。

第一部分:规划背景,包括了解气候变化的未来趋势,明确目前存在的关键问题和规划实施的责任主体等。

第二部分:灾害风险分析和管理,主要针对气候变化下威胁伦敦的三大主要灾害(洪水、干旱和酷热),提出"愿景—政策—行动"的框架和内容,并从背景分析、现状风险评估、未来情景预测、灾害风险管理等方面进行系统研究。

第三部分:跨领域交叉问题的分析,研究气候变化下各类风险对健康、环境、经济(商业和金融)和基础设施(交通运输、能源和固体废弃物)的影响。

图例说明:
2013年PWM$_5$百年一遇洪泛区
2020年百年一遇洪泛区预测
2050年百年一遇洪泛区预测

图 5 纽约市百年一遇的洪水区地图(2013 年、2020 年和 2050 年)[17]

第四部分：战略实施，制定"韧性路线图"，总结提出关键规划措施的行动计划。

该规划提出气候变化的趋势不可避免，应尽早采取适应性措施以降低灾害风险、促进城市可持续发展。相比而言，前瞻性的行动计划比紧急性的应急响应更经济、更有效。但有一些适应行动非常复杂，需要调动大量利益相关者共同参与，通力协作。此外，随着气候变化的加剧，洪水、干旱、高温等极端天气与气候事件发生的频率及强度也将不断增加，了解城市系统面对这些变化的敏感性和脆弱性尤为重要。因此，制定适应策略的关键在于脆弱性阈值的确定。在此基础上，综合考虑社会、经济和环境利益，制定具有灵活性、有效性的规划方案（图6）。

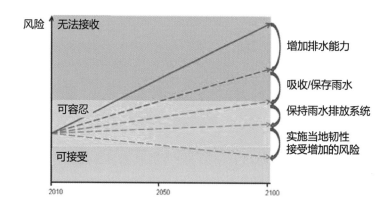

图6 风险管理示意图[18]

2.2.3 北京：《北京韧性城市规划纲要研究》

2017年，北京市城市规划设计研究院联合清华大学、中国科学院地理所和北京爱特拉斯信息科技有限公司共同开展了韧性城市规划的系统研究。该规划从韧性城市的本源出发，以综合风险评估和城市韧性度评价为核心，构建了完整的韧性城市规划理论体系和技术框架，提出北京韧性城市规划的目标、对策和实施路径；并选择洪涝和健康风险为例，进行深入的专题研究，为北京韧性城市建设提供了切实有效的决策依据和规划指引。

该研究前瞻性地将空间流行病学、地理学与城乡规划学相结合，探索城乡规划主动干预人群健康的方法和途径。在北京市典型慢性病和传染病时空分布特征分析的基础上，对脆弱人群的空间分布及其主要影响因子进行探析，提出公共卫生领域的韧性提升对策（图7）。

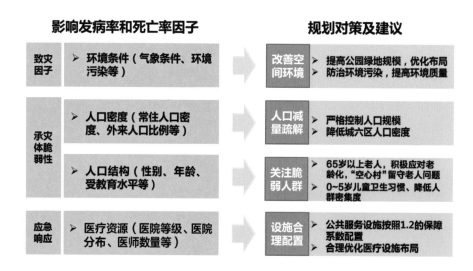

图7 疾病发病率和死亡率与规划要素的关系图

3 思考与启示

近年来，自然灾害和人为破坏等不确定性风险不断增加，给城市安全构成巨大威胁。在新的形势和挑战下，"韧性城市"建设为应对城市危机、保障城市安全提供了新的思路和方向，逐渐成为当前城市发展的新趋势。然而，韧性城市并非坚不可摧，也不能包治百病。作为城市规划者，我们应当以长远的、全局的、变化的眼光来看待城市的发展，不断提高城市应对冲击和风险的适应与转型能力[19]。

（1）从离散到整合：由单一灾害分析转变为多灾种耦合评估，由单尺度、描述性分析到多尺度、机理性评估，由单部门孤军作战到动员全社会力量协同作战。

（2）从短期到长期：由"短期止痛"转变为"长期治痛"，由在最短时间内恢复原状的工程思想转变为在较长时期内不断更新、协同进化的生态思想。

（3）从响应到适应：由"亡羊补牢"转变为"未雨绸缪"，由被动的应急响应转变为主动的规划调控。

（4）从刚化到柔化：由刚性的抵御对抗转变为柔性消解转化，能够从外部冲击、风险或不确定性中获益成长和创新转型。

（5）从静态到动态：由终极蓝图式的静态目标规划转变为适应性的动态弹性规划，探索多种可能的途径以应对城市发展中的不确定性。

参考文献

［1］ 仇保兴 . 基于复杂适应理论的韧性城市设计原则 [J]. 现代城市，2018（3）：1-6.

［2］ HOLLING C S. Resilience and stability of ecological system[J]. Annual Review of Ecological System，1973（4）：1-23.

［3］ 邵亦文，徐江 . 城市韧性 : 基于国际文献综述的概念辨析 [J]. 国际城市规划,2015,30（2）：48-54.

［4］ MEEROW S, NEWELL J P, STULTS M. Defining urban resilience : a review[J]. Landscape and Urban Planning，2016，147：38-49.

［5］ 蔡建明，郭华，汪德根 . 国外弹性城市研究述评 [J]. 地理科学进展，2012，31（10）：1245-1255.

［6］ 别朝红，林雁翎，邱爱慈 . 弹性电网及其恢复力的基本概念与研究展望 [J]. 电力系统自动化，2015，39（22）：1-9.

［7］ 黄晓军，黄馨 . 弹性城市及其规划框架初探 [J]. 城市规划，2015，32（2）：50-56.

［8］ GODSCHALK D R. Urban hazard mitigation : creating resilient cities[J]. Nature Hazards Review，2003，4（3）：136-143.

［9］ 王如松，欧阳志云 . 对我国生态安全的若干科学思考 [J]. 中国科学院院刊，2007，22（3）：223-229.

［10］ BÉNÉ C, MEHTA L, MCGRANAHAN G，et al. Resilience as a policy narrative : potentials and limits in the context of urban planning[J]. Climate and Development，DOI : 10.1080/17565529.2017.1301868.

［11］ 李彤玥，牛品一，顾超林 . 弹性城市研究框架综述 [J]. 城市规划学刊，2014（5）：23-31.

［12］ 彭翀，袁敏航，顾超林，等 . 区域弹性的理论与实践研究进展 [J]. 城市规划学刊，2015

（1）：84-92.

[13] AHEN J. From fain-safe to safe-to-fail：sustainability and resilience in the new urban world[J]. Landscape and Urban Planning，2011，100（4）：341-34.

[14] ARUP. City Resilience Framework：ARUP & the Rockefeller Foundation[R]. ARUP. 2014.

[15] ZAYAS J，BENDIMERAD F. Urban resilience master planning: a guidebook for practitioners and policy makers [R]. Earthquake emergency initiative，2015.

[16] 郑艳. 推动城市适应规划，构建韧性城市——发达国家的案例与启示 [J]. 世界环境，2013（6）：50-53.

[17] BLOOMBERG M R. A stronger, more resilient New York [R]. NYC Special Initiative for Rebuilding and Recovery, 2013.

[18] JOHNSON B. Managing risks and increasing resilience: the mayor's climate change adaptation strategy [R]. Greater London Authority City Hall, 2011.

[19] 刘丹，华晨. 弹性概念的演化及对城市规划创新的启示 [J]. 城市发展研究,2014，21(11): 111-117.

美国联邦应急管理架构及 FEMA《2018—2022 战略规划》概述

何　闽

摘　要：随着国家经济社会发展，重大自然灾害、重大突发事件对人民生命财产安全的威胁越来越受到各级政府的关注和重视。在现有条件下最大限度地减少人员伤亡、降低经济损失，需要建立更加综合的防灾减灾体系，从历次灾害事故中汲取经验教训，加强规划统筹，不断改进应急管理。美国联邦应急事务管理局（FEMA，又译作美国联邦紧急管理署）为应对不断变化的应急响应需求、提高应急管理能力，制定了《2018—2022 战略规划》（*2018—2022 Strategic Plan*）。本文通过对该规划的研究和借鉴，结合新时期我国应急管理的新要求，为国内进一步完善全过程的综合防灾减灾体系和应急管理机制提供参考。

作者简介

何　闽，北京市城市规划设计研究院规划总体所主任工程师，村镇中心副主任。

2014 年习近平总书记在中央国家安全委员会第一次会议时首次提出总体国家安全观，并首次提出"11 种安全"，为新时期构建全面系统的国家安全体系指明了方向。综合防灾事关人民群众生命财产安全，是保障国家安全的重要方面，也是国家体制机制改革的重点领域。2018 年 3 月根据第十三届全国人民代表大会第一次会议批准的国务院机构改革方案，设立中华人民共和国应急管理部，构建新时代中国特色的应急管理体制，提高防灾、减灾、救灾能力。

在全球化背景下，为有效应对近年来自然灾害频发、非传统安全威胁加剧的现实情况（图 1），各国都在强化国家层面综合应急管理体系建设，通过互鉴互助深化合作，更好地应对内部、外部威胁，提高国家应对重大灾害、抵御风险、防范危机的能力。

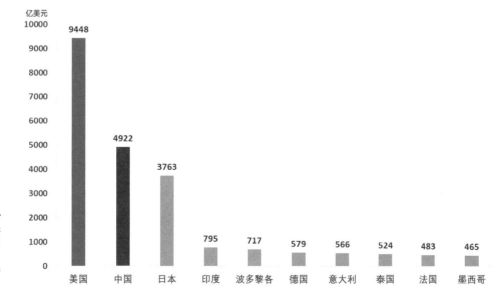

图 1 "1998~2017年贫困和灾害的经济损失"全球前 10 名国家的数据情况资料

资料来源：联合国减少灾害风险办公室

与我国相似，美国拥有广阔的国土、多样的自然环境以及多元的经济社会。美国人口、经济分布主要集中在东、西海岸的三大城市群，其历史上多次遭受自然灾害袭扰，洛杉矶大地震、加利福尼亚州野火、"卡特里娜"飓风、"桑迪"飓风等都给国家和地方造成重大的人员和财产损失。在此过程中，美国国土安全部所属的联邦应急事务管理局（简称FEMA）不断总结经验、教训，从如何提高国家对重大灾难的应急能力、如何减少未来灾害的影响等方面，在机构改革和规划制定等方面进行了持续改进。

1 美国应急管理机构的发展

美国是较早开展应急管理和立法的国家之一。1803年的《国会法案》是美国第一项灾害立法，在大范围火灾后为新罕布什尔州的受灾城镇提供了援助。此后的100年，在国家层面一直采取分散立法的方式应对飓风、地震、洪水和其他自然灾害。这种状况延续到20世纪70年代，随着国民危机意识的增强，为加强国家层面对综合防灾救援等应急事务的协调，吉米·卡特总统于1979年签署了创建FEMA的行政命令，借此由联邦政府向州政府和地方政府提供有序和系统性的自然灾害援助，履行国家援助公民的责任，并对联邦保险局、国家消防和管理局、中国气象局社区准备计划、总务管理局联邦防范机构、联邦灾害援助管理局、国防部的民防职责等机构的相关职能进行整合。

此后一段时期内，虽然在美国社会甚至国会层面要求削弱FEMA职能的呼声一度尘嚣尘上，但在经历了911事件后，FEMA的核心职能仍然得到了进一步强化。2003年3月，FEMA与22个联邦机构、计划和办事处，共同成为美国国土安全部的组成部分，将自然灾害和人为灾害共同纳入联邦政府的综合应急管理协调机制。目前FEMA的组织架构涵盖了灾前防灾减灾政策与计划制定、灾时应急管理与救援、灾后恢复重建与经济救助等主要领域（图2）。

图2　美国国土安全部联邦应急管理局（FEMA）组织架构

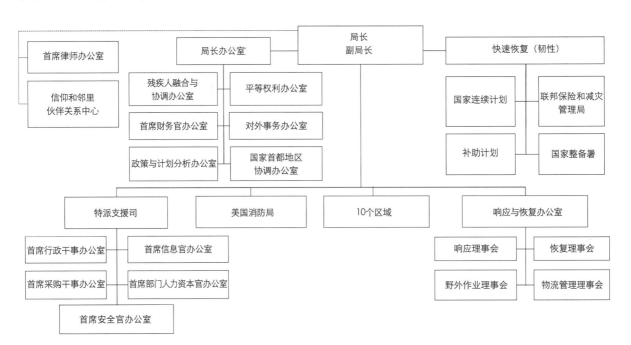

2 FEMA《2018—2022 年战略规划》的制定

2.1 以个体、家庭与社区为基础的防灾体系

　　FEMA 综合防灾战略规划的编制周期通常为每 4~5 年修编一次，与联邦政府的任期基本一致。基于美国的多元主义民主政体，FEMA 作为联邦机构并不能直接干预各州、地方政府的政策及法律制定，因此在其战略规划制定中，一直强调建立以社区为单位的防灾减灾机制，通过影响最基层的社会治理单元来改进应急管理与防灾救灾工作。在《2011—2014 年战略规划》中，FEMA 提出建立一个包括社区在内的整体应急管理办法，使社区领导人能够在必要的时候采取行动。在《2014—2018 年战略规划》中，强调通过使整个社区防灾制度化，使 FEMA 及其合作伙伴能够改善社区和灾难幸存者在应对灾害时的自救及恢复能力（图 3）。在《2018—2022 年战略规划》中，仍然延续了之前两版规划基于社区应急管理的核心理念，将个体、社区作为构建国家综合防灾体系的基础。

图 3　洪水灾害幸存者参加市政厅的社区会议并就援助计划和恢复计划提出问题[1]

2.2 从分散应急向综合应急转变的防灾理念

　　为应对近年来频发的自然灾害和突发事件，特别是在经历了 2017 年大西洋飓风季的持续性袭击后，FEMA 已经意识到没有一个部门或机构能够独自承担综合防灾这项工作，而且在重大灾害面前社区的力量也是非常有限的。正如时任美国国务卿克尔斯琴·尼尔森所指出的，"我们需要各级政府、非营利组织、私营部门企业和各社区共同努力，在灾难发生之前作好准备，并在危机时共同应对幸存者的需求。"因此，在 FEMA《2018—2022 年战略规划》中，提出了要建设一个准备充分的、有弹性的国家，并以此为愿景制定了建立备灾文化、为重大灾害作好准备、降低 FEMA 的复杂性三大战略目标以及 12 项策略及行动计划[1]。

2.3 "多方参与 + 系统分析"的防灾规划编制过程

　　与其他类型规划的编制过程类似，公众参与是必备的法定程序。得益于信息技术的进步，FEMA 建立了开放性、系统性的规划编制方式，包括通过多个参与平台直接听取工作人员和利益相关方的意见，使规划编制更具有广泛的代表性。为了征求外围合作单位的意见，FEMA 与 216 个利益相关方举行了三次网络研讨会，包括区域（SLTT）官员、多个非政府组织和私营部门的代表参与其中并发表意见。此外，FEMA 还利用 IdeaScale（一个在线管理平台），从 FEMA 员工和社区成员那里收集建议和意见。最后这些意见和建议被分类、分组，供 FEMA 高级领导小组参考以进行决策。

3　FEMA《2018—2022 年战略规划》的主要内容

3.1　以战略预测为先导保障规划前瞻性

在规划中，FEMA 立足美国社会现实情况，对未来应急管理的运行环境、影响因素进行了预测，以确保规划富有前瞻性和广泛的视野。基于 SWOT 分析，对防灾减灾成本、新技术应用、多元包容、新的威胁四个主要方面进行了研判。

（1）劣势：防灾减灾成本上升的可能性。由于自然灾害风险不断增加，关键基础设施趋于老化，以及当前美国经济发展的压力等因素限制了政府及社会在提高抵御风险能力方面的投资，因此 FEMA 预测在未来一段时期，灾时应急以及灾后恢复的成本将持续增加。

（2）优势：新技术应用带来创新的机会。通过技术创新能力的提升，促进应急管理的变革。随着私营部门在科技创新方面突飞猛进的发展，FEMA 认为需要利用新技术简化 FEMA 应急管理程序，在提高效率、改善合作伙伴和灾难幸存者的用户体验方面进行创新。

（3）机遇：多元和包容的社会需求。随着美国人口的老龄化，以及在文化、语言和观念等方面的多元化，需要改进 FEMA 的多元与包容，包括 FEMA 自身雇员的构成需要更加多元化，以应对在整个应急管理过程中 FEMA 工作人员与社区进行协调的需求。

（4）挑战：新的威胁带来的挑战。来自各方向的威胁正在扩大，其中网络安全与民族国家的威胁和恐怖主义是目前美国社会普遍关注的问题。因此，在国家安全战略层面需要评估最大的威胁和风险。因此，FEMA 强调领导全国建立备灾文化，包括改善风险管理、加强能力、动态学习和信息共享的重要性。

3.2　以战略目标为核心制定防灾减灾救灾策略

在规划中，针对灾前准备、灾时应急以及灾后恢复的全过程，制定了三大战略目标，全方位提高各级政府、社区、居民的综合防灾、减灾、救灾能力。

（1）灾前准备：其战略目标是建立备灾文化。从国家、社区、个人不同层面，从经济、社会、社区不同方面，培育应对灾害有所准备的意识与观念。围绕该目标制定了四项策略，包括：鼓励增加基础设施投入，通过灾前投资降低灾时、灾后风险及损失，减少各级政府灾害应急救援成本；鼓励购买灾害保险，缩小灾害保险覆盖盲区；帮助人们改善备灾方式；从历次灾害中总结经验，不断改进和创新。

在战略规划中提出，根据美国国家海洋和大气管理局（NOAA）的报告，从 1970 年到 2010 年，美国沿海地区的人口增加了 40%，目前占全国总数 39% 的人口生活在沿海地区，到 2020 年将另外新增 8% 的美国人生活在沿海地区。与此同时，重大灾害申报的平均数量也稳步增加，由于灾害事件的频率不断升高，各地灾后恢复成本不断上升，因此减灾行动对保护人民生命财产安全至关重要。为评估和量化这些持续增加的风险，2018 年，在 FEMA 资助下美国国家建筑科学研究院进行了一项独立研究。该研究表明，联邦政府在减灾措施上每投资 1 美元，未来可以平均为纳税人节省 6 美元的救灾及灾后恢复支出（表 1）。这种投资回报结果表明，在灾难发生之前通过加大防灾减灾方面的投资，可以有效降低未来的应对灾难成本，并能有效加快灾后恢复重建的速度。因此，FEMA 的联邦保险和减灾管理局要求从国家层面增加灾前的防灾减

灾害和缓解措施的效益—成本比分析　　　表1

灾害总体的投资效益: 成本	联邦资助	超过规范的要求
	6:1	4:1
每项灾害的国家投资效益: 成本	联邦资助	超过规范的要求
河流的洪水	7:1	5:1
飓风的风暴潮	拨款太少	7:1
风灾	5:1	5:1
地震	3:1	4:1
城市—荒野结合部的火灾	3:1	4:1

注："超过规范要求"是指超过 2015 年国际建筑规范要求的建设投资效益—成本比。
资料来源：美国国家建筑科学研究院（NIBS），《国家灾害缓解：2017年中期报告》

灾投资。

（2）灾时应急：其战略目标是为遭遇重大灾害时的应急管理和救援作好准备。从 FEMA 自身到各级政府乃至基层社区，加强应急管理的协调以及应急能力建设。围绕该目标制定了四项策略，包括：组织"最佳"的（建立、授权、维持和培训）、可伸缩的和有能力的应急救援队伍；通过 FEMA 整合小组加强政府间协调；在灾时为 FEMA 和整个社区提供尽可能多的救生品、设备和人员；提高灾时连续性和有弹性的通信能力。

美国联邦制的政体一方面决定了州政府、地方政府在行政、立法等方面的独立性，另一方面却导致在应对灾害和重大威胁时各地方政府间协调不足的弊病。甚至于当年在遭受"卡特里娜"飓风袭击时，出现了联邦政府、州政府和地方政府之间互相指责、推诿责任的情况。因此，在战略规划中 FEMA 提出，需要在灾时与地方政府、合作伙伴建立更加直接、快速和有针对性的支援，以提高国家作为一个整体在应急管理工作中的联系、合作与沟通。为此 FEMA 把美国划分为 10 个区域，并设置了 10 个区域办事处，以加强灾时的区域协调能力。

（3）灾后恢复：其战略目标是降低 FEMA 的复杂性。主要是对灾后恢复重建过程进行了反思，进一步提高灾后恢复的效率和能力。围绕该目标制定了四项策略，包括：改善灾难幸存者和受助人的受援体验；完善国家灾害恢复框架；开发创新系统和业务流程，使 FEMA 的雇员能够快速有效地执行该机构的任务；加强补助金管理，提高透明度，改善数据分析。

在灾后恢复过程中，幸存者特别是其中的弱势群体亟待简单有效的援助，通过简化灾后重建的解决方案，既能够节省灾区和国家的资源，又能够促进灾区生产生活的快速恢复。正如我国在 2008 年汶川地震灾后恢复重建过程中，由于中央政府采取了最直接的对口支援灾后恢复重建方式，使得地震灾区在 3 年时间就恢复到甚至超过了灾前的经济社会发展水平。FEMA 同样也认识到了灾后恢复过程中简化程序的必要性，因此从自身程序优化、国家恢复框架完善等不同层面提出了协调灾损评估过程、整合灾后援助计划等对策措施，这也是为了避免由于过度依赖商业化流程而导致灾后重建效率低下的问题。

3.3　以定量评估为支撑全过程跟踪规划实施

（1）全国通用的标准化定量评估系统

经过多年的持续开发，FEMA 已经拥有了较为完备的、开放共享的信息化分析平台，基于全国标准统一的数据库和风险评估模型，可以实现对各项政策执行状态的持续动态跟踪。其中，Hazus 是一种基于地理信息系统的全国通用标准化评估方法，由第三方研究机构提供。该系统包含估算地震、洪水和飓风潜在损失的模型，可用于估算灾害的物理、经济和社会影响。它以图形方式表达在地震、飓风、洪水和海啸等灾害中处于高风险的影响地区（图 4）。在灾前规划过程中发挥关键作用，用户可以将人口、固定资产或资源与地震、飓风、洪水、海啸之间的空间关系可视化，以模拟特定的灾害可能造成的损失。

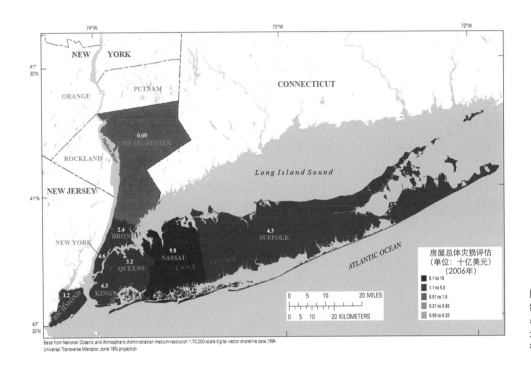

图 4　利用 Hazus 系统对飓风"桑迪"风暴潮造成的纽约部分地区房屋总体灾损进行评估 [2]

该系统为 FEMA 推行的备灾政策及灾后恢复方案提供了技术支持。美国的主要城市在制定规划时均采用该系统模型进行风险评估，并据此制定各区域的灾害保险缴纳系数，在保障土地所有人正当开发权利的同时，为保险公司提供土地开发的风险预估。作为一项鼓励措施，对于在城市规划中开展了风险评估工作的城市，联邦政府在年度的应急管理预算中会给予相应额度的资金支持。

（2）可持续评价的绩效目标

FEMA 在《2018—2022 年战略规划》中依托数据平台的分析和测算，明确了 36 项绩效评价内容的年度目标细节、评价基线和定量数值（表 2）。FEMA 对绩效目标的描述较为详细，特别是与资金、人员等具体操作层面的要素进行了挂钩。

此外，FEMA 提出要使用已建立的内部治理结构来推动战略规划的实施。随着应急管理环境的变化，FEMA 强调了保持灵活性和适应性的重要性，包括定期征求和接受利益相关方的意见反馈，对每个战略目标的进展进行及时评估。

2018—2022 年规划战略目标绩效评价表示例　　　　　　　表2

目标 1.1	绩效指标				
实施国家减灾投资战略，使减灾投资翻两番（单位：美元）					
基准线	2018 年	2019 年	2020 年	2021 年	2022 年
0.99 亿	1.39 亿	1.66 亿	2.00 亿	2.40 亿	3.96 亿
目标 1.2	绩效指标				
通过私营部门或政府将洪水保险覆盖的财产数量增加 1 倍（单位：个）					
基准线	2018 年	2019 年	2020 年	2021 年	2022 年
400 万	420 万	450 万	500 万	550 万	800 万
目标 1.3	绩效指标				
FEMA 和利益相关合作伙伴将提高美国社会的金融素养，使为紧急情况预留了资金的调查对象的数量比 2018 年的基准水平高出 16 个百分点					
基准线	2018 年	2019 年	2020 年	2021 年	2022 年
待定	—	基准线 +4%	基准线 +8%	基准线 +12%	基准线 +16%
为了建立社区的组织能力和恢复能力，共有 22000 个组织将接受 FEMA 及其合作伙伴的培训，其中 65% 的组织报告他们已采取了连续性的防灾规划行动					
基准线	2018 年	2019 年	2020 年	2021 年	2022 年
0	—	5500	11000	16500	22000
基准线	2018 年	2019 年	2020 年	2021 年	2022 年
待定	—	65%	65%	65%	65%
提高调查对象中已采取三项或三项以上防灾准备行动的家庭的百分比					
基准线	2018 年	2019 年	2020 年	2021 年	2022 年
46%	47%	48%	49%	50%	51%
目标 1.4	绩效指标				
在联邦应急视点调查（FEV）中，那些表示"感到被鼓励提出新的更好的做事方式"的 FEMA 员工人数增加 10 个百分点					
基准线	2018 年	2019 年	2020 年	2021 年	2022 年
60%	62%	64%	66%	68%	70%
从国家层面对年度利益相关者预备审查中确定的 25% 的目标进行改善					
基准线	2018 年	2019 年	2020 年	2021 年	2022 年
待定	—	—	8%	17%	25%

4　总结

　　中美两国在国体、制度方面存在差异，但是在应对自然灾害及各种风险挑战时，目标方向是一致的，其核心是要最大限度地保障人民生命财产安全。我国的单一制国家结构，在应急管理方面具有天然的体制优势，在历次重大灾害的应急救援和灾后重建中，"集中力量办大事"和"一方有难，八方支援"的文化传统，以及社会制度的优越性都发挥了重要作用。随着应急管理部的成立和相关领域改革的深化，科技创新能力的不断提升和新技术的广泛应用，未来在国家层面应对重大灾害和风险的能力将会进一步提升。对比来看，在多次灾害中美国的应急救援管理和灾后重建工作饱受诟病。在各方压力之下，FEMA 对防灾体系进行了反思和改进，在《2018—2022 年战略规划》中对灾前、灾时及灾后的规划策略进行了优化和完善，特别是其定量化、可视化、动态反馈的评估系统仍然值得学习和借鉴。应急管理成功的关键是利用有限资源最大限度地降低灾害事故的风险和影响。在我国新的应急管理体系下，应当进一步细化防灾投资，加强部门协调，优化管理程序，完善响应机制，建设信息平台，引导社会各方参与构建防灾、减灾、救灾体系，提高应急管理的水平与效率，提高国家、社会、家庭、个人应对安全威胁和风险挑战的整体能力。

参考文献

［1］ Federal Emergency Management Agency. 2018–2022 Strategic Plan [EB/OL]. [2022–08–19]. https://www.zhangqiaokeyan.com/national–defense–report_LITERATURE_thesis/ENOHDSL_462.html.

［2］ U.S. Department of the Interior，U.S. Geological Survey：Analysis of Storm–Tide Impacts From Hurricane Sandy in New York. U.S. Scientific Investigations Report 2015–5036 [EB/OL]. [2015–12–01]. http：//dx.doi.org/10.3133/sir20155036.

［3］ National Institute of Building Sciences：Natural Hazard Mitigation Saves：2017 Interim Report [EB/OL]. [2017–12–01]. https://www.nibs.org/projects/natural–hazard–mitigation–saves–2019–report.

［4］ U.S. Department of Homeland Security：2015 Emergency Services Sector–Specific Plan [EB/OL]. [2017–12–01]. https://www.cisa.gov/sites/default/files/publications/nipp–ssp–emergency–services–2015–508.pdf.

［5］ Hazus：Estimated Annualized Earthquake Losses for the United States [EB/OL]. [2017–04–01]. https://www.fema.gov/sites/default/files/2020–07/fema_earthquakes_hazus–estimated–annualized–earthquake–losses–for–the–united–states_20170401.pdf.

为什么维也纳智慧城市全球排名第一？
——《维也纳智慧城市战略框架（2019—2050 年）》

张晓东　　叶雅飞

摘　要： 2019 年罗兰贝格全球智慧城市排名中，奥地利首都维也纳获得第一名，其智慧城市战略包含三大方面：一是为每个人提供高质量的生活；二是最大限度地节约利用资源；三是在各领域进行社会和技术创新。本文深入分析了维也纳智慧城市战略框架的制定背景、技术路线、体系内容、实施路径四大方面，总结其经验，从以人为本可持续发展的核心本质、"伞状"规划实施路径与交流对话方式以及通过指标对独立目标和整体框架定期开展监测与评估等角度对首都北京智慧城市规划建设提出了建议。

2019 年罗兰贝格管理咨询公司发布了最新全球智慧城市排名，维也纳凭借总分 74 分在全球 153 个智慧城市中再一次获得第一名（图 1）[1]。同时，自 2018 年以来维也纳已连续两年被英国周刊《经济学人》评选为"全球最宜居城市"。对此，维也纳市政府将宜居城市方面取得的成绩很大程度上归功于"智慧城市"的规划建设。早在 2011 年维也纳时任市长 Michael Haüpl 便开始谋划建设智慧城市，2013 年维也纳市政府启动第一版《维也纳智慧城市战略框架》编制工作，并于 2014 年获得市议会审查通过，正式发布《维也纳智慧城市战略框架（2014—2050 年）》[2]。2017 年，维也纳对智慧城市战略框架进行了第一次评估，发布了《评估监测报告 2017》，针对全球经济社会发展变化和维也纳城市发展需求，提出了评估建议[3]。2019 年维也纳市政府综合考虑联合国《2030 年可持续发展议程》[4]《巴黎协定》[5-6]，以及 2017 年的评估监测报告建议，对 2014 年发布的战略框架进行了优化调整，发布了《维也纳智慧城市战略框架（2019—2050 年）》[7]，希望继续保持在智慧城市规划建设领域的全球领先地位，通过结合新技术与城市规划，实现更美好的市民生活、更集约的资源利用、更创新的经济社会环境等维也纳 2050 年可持续发展目标。

1　智慧城市是实现维也纳可持续发展的重大战略举措

作者简介

张晓东，北京市城市规划设计研究院数字技术规划中心主任，教授级高级工程师；叶雅飞，北京城垣数字科技有限责任公司规划师。

2014 年 6 月，维也纳市议会审查通过《维也纳智慧城市战略框架（2014—2050 年）》，这是一座面向未来城市可持续发展的里程碑。维也纳致力于成为一座具有持续创新能力和活力的城市，响应数字化时代的变革需求，应对全球发展不确定性挑战，实现未来可持续发展目标。

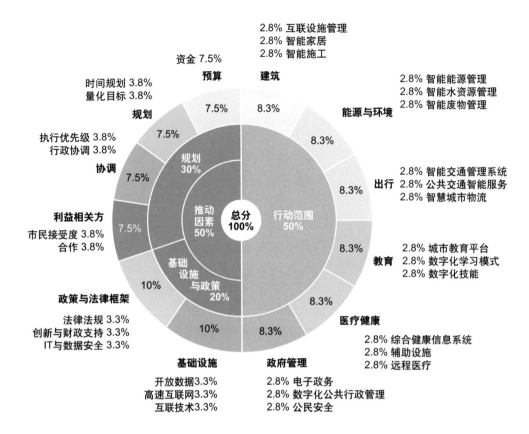

2.8% 互联设施管理
2.8% 智能家居
2.8% 智能施工

2.8% 智能能源管理
2.8% 智能水资源管理
2.8% 智能废物管理

资金 7.5%
预算
建筑
时间规划 3.8%
量化目标 3.8%
规划
能源与环境

执行优先级 3.8%
行政协调 3.8%
协调

2.8% 智能交通管理系统
2.8% 公共交通智能服务
2.8% 智慧城市物流
出行

利益相关方
市民接受度 3.8%
合作 3.8%

2.8% 城市教育平台
2.8% 数字化学习模式
2.8% 数字化技能
教育

政策与法律框架
法律法规 3.3%
创新与财政支持 3.3%
IT与数据安全 3.3%

医疗健康
2.8% 综合健康信息系统
2.8% 辅助设施
2.8% 远程医疗

基础设施
开放数据 3.3%
高速互联网 3.3%
互联技术 3.3%

政府管理
2.8% 电子政务
2.8% 数字化公共行政管理
2.8% 公民安全

图1 罗兰贝格智慧城市战略索引评分权重和城市排名示意图[1]

在全球化背景下，维也纳主要面临以下挑战。

（1）城市人口的日益增长：据预测到2050年全球三分之二的人口将居住在城市。城市规划建设如何才能在保护有限资源的同时，采取创新的发展模式来为城市提供基础设施和公共服务？

（2）全球技术革命步伐的加快：新技术正在产生新的交流方式、商业模式、工作形式等，给传统城市规划建设和城市治理带来新的挑战和发展机遇。

（3）端到端的数字化正在渗透到生活的各领域：经济社会生活的全面数据化引发了新问题，如对大数据的共享和使用权责、人工智能等创新领域的社会伦理和道德界限，以及新技术带来利益和机会的公平性等。换个角度来看，以新数据技术驱动的智慧城市可以为城市发展提供创新性的解决方案，为公众参与公共治理提供新的手段和机会，而不只是简单地让生活变得更轻松和方便。

（4）全球气候危机的加剧：这是我们现在和未来最紧迫的挑战之一。20世纪70年代以来，全球平均气温上升了0.85℃，奥地利的气温上升了2℃。地球正迅速接近全球变暖临界点，一旦达到，可能导致北极冰盖的完全融化、西伯利亚永久冻土的融化或赤道附近雨林的消失。维也纳本身无法制止气候危机，但它可以为解决这一危机作出重大贡献，即建立可持续的解决模式并树立榜样，激励尽可能多的个人和机构共同努力（图2）。

所有上述发展趋势与挑战都具有深远的影响，并且正在加速发展，其直接和间接后果的可预见性也正在降低，对应的规划方案就需要预留更多的弹性，即稳定性和适应性。因此，维也纳将政策制定者、专业技术机构、企业和市民组织在一起，

以1970~2000年的平均温度代表中间值，蓝色条代表低于中间值，红色条代表高于中间值

在智慧城市发展方面形成未来发展的统一认识，围绕未来可持续发展规划目标，提出长期的行动纲领和近期行动计划。维也纳城市规划确定的可持续发展目标是智慧城市战略框架的核心价值导向。

2　维也纳智慧城市战略框架制定的技术路线

维也纳智慧城市战略框架制定围绕"六大步骤"技术路线开展，包括现状分析、战略制定、政策机制、项目实施、监测与评估，政府与利益相关者协商（图3）[8]。

（1）现状分析：启动新的战略，必须全面了解、洞察和分析维也纳城市发展现状，建立一个信息资源库，作为确定战略目标、监测与评估等工作的基础。

（2）战略制定：基于维也纳现状评估和未来城市规划目标，智慧城市战略需要确定长期目标和近期目标，提出优先发展事项，促进社会各方形成的共同愿景。

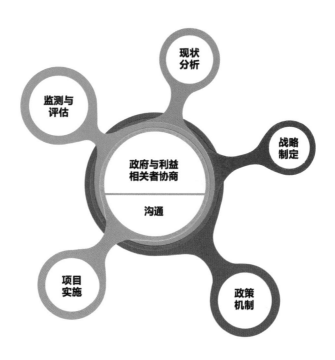

图3　智慧城市战略
框架制定的"六大步
骤"技术路线
资料来源：维也纳城市
创新公司《智慧城市的
智慧管理》

（3）政策机制：保障智慧城市战略落地实施的政策机制十分重要。如果得不到维也纳广大政界人士、城市管理者和外部相关合作伙伴的认可与支持，战略执行过程将缺乏动力。为此，维也纳在政府内部以及与商业、研究和媒体部门之间建立了富有弹性的伙伴关系和权责关系，以便成功实施这一复杂的转型过程。

（4）项目实施：项目实施层面以关键项目和"灯塔"项目（示范项目）为重点，努力将它们打造成为智慧城市案例典范，进而更好地推动战略目标的落地实施。

（5）监测与评估：维也纳建立了短期和长期的定期监测与评估机制。有效的过程监测和评估加强了项目实施与创新经验的总结及推广，有助于动态修订和完善战略目标。

（6）政府与利益相关者协商：维也纳智慧城市规划建设提出统筹协调政府和利益相关者的责任，即让参与者清楚知道他们的责任，以及在哪些方面共同努力来实现目标。为此，维也纳采取了多种沟通策略，如采用短期和长期跨媒体传播战略，网站运营、社交媒体、线下活动、公益广告等措施。

3 维也纳智慧城市战略框架的三大策略

维也纳智慧城市战略框架是实现维也纳可持续发展战略的重大举措，两者核心价值导向是一致的，始终关注人们的生活质量与生活机会，始终关注城市的可持续发展。维也纳提出，一个可持续的、宜居的城市，只有当其中每个人都受益、每个人都发挥自己的作用时才是成功的。因此，维也纳围绕"人"的智慧城市战略与其他城市围绕"新技术设备"的战略有了本质性的区别。

维也纳智慧城市提出三大策略：一是为每个人提供高质量的生活，二是最大限度地节约利用资源，三是在各领域进行社会和技术创新。在三大策略指导下，提出了 7 个主要目标，细分为 12 个专题领域的 65 项子目标，与联合国可持续发展目标紧密结合（表 1~ 表 3）。

维也纳智慧城市战略框架三大策略和7个主要目标[7]　　　　　　　　表1

生活质量	资源保护	创新
维也纳是世界上生活质量和生活满意度最高的城市	到 2030 年，维也纳本地的人均温室气体排放量减少 50%，到 2050 年减少 85%（与 2005 年的基准年相比）	到 2030 年，维也纳将成为创新领导者
维也纳在其政策设计和行政活动中注重社会包容	到 2030 年，维也纳本地的人均最终能源消费量减少 30%，到 2050 年减少 50%（与 2005 年的基准年相比）	维也纳成为欧洲的数字化之都
—	到 2030 年，维也纳人均消费的物质足迹减少 30%，到 2050 年减少 50%	—

维也纳智慧城市战略框架12个主题领域相对应的子目标　　　　表2

能源供应	交通与运输	建筑	数字化	经济与就业	水与废弃物管理
维也纳能源安全保持高水平	到2030年，运输部分的人均二氧化碳排放量下降50%，到2050年下降100%	建筑物供暖、制冷和热水的人均最终能源消耗每年下降1%，相关的人均二氧化碳排放量每年下降2%	作为联合数字化战略的一部分，维也纳市及其市政企业在应用中使用数字数据、数字工具和人工智能，以帮助节省资源并维持城市的高质量生活	维也纳城市经济的生产力不断提高，支撑着该市的繁荣、资源效率和竞争力	由于采取了多种废物预防措施，因此产生的废物更少
维也纳拥有以可再生能源为基础的允许分散的能源供应的智慧电网	到2030年，运输部分的人均最终能源消耗下降40%，到2050年下降70%	从2025年起，新建筑的供暖能源需求将以可再生能源或区域供暖作为标准	到2025年，市政当局及其关联企业的所有流程和服务都将数字化，并在可能的情况下实现完全自动化	维也纳市民的收入和工作满意度不断提高，社会不平等现象有所减少	维也纳的废物收集系统使越来越多的废物可以作为辅助原料进行回收或再利用
2005~2030年，市政范围内的可再生能源生产将增加一倍	到2030年，通过生态运输方式（包括共享出行方式）在维也纳旅行的比例将上升到85%，到2050年将超过85%	建筑物用于绿化和太阳能发电	维也纳拥有现代的基于需求的数字基础架构，旨在实现节能高效运营	到2030年，维也纳经济的物质效率提高30%	确保高标准的废物管理的可靠性，安全地处置废弃物，以最大限度地减少环境负担
到2030年，维也纳的最终能源消耗中有30%来自可再生能源，到2050年，提升至70%	到2030年，私人小汽车拥有量将降至250辆/千人	从2030年起，新建和翻新项目的标准做法是针对特定地点和特定用途的规划和建设过程，以最大限度地节约资源	维也纳市使用数字数据（使用最先进的技术和分析方法进行挖掘）来支持决策和城市系统的实时管理	在维也纳制造的产品经久耐用且可回收，其生产过程在很大程度上没有浪费和污染物	维也纳的供水和废水管理基础设施以高标准和资源高效的方式得到运营和维护
—	维也纳居民的所有出行中，至少有70%是5km以内的短距离出行，其中大部分是骑自行车或步行	到2050年，拆除和重大翻新项目产生的80%的建筑部件和材料将被重复利用或回收	维也纳市使用数字工具来提高透明度，促进公众参与并成为先锋	到2030年，维也纳将成为资源节约型循环经济的枢纽，在全球享有盛誉，并吸引该领域的投资和人才	在维也纳，尽可能多的雨水返回到当地的自然或接近自然的水循环中
—	到2030年，穿越城市边界的交通量将下降10%	—	维也纳市积极提供其生成的数据作为开放的政府数据，尤其是用于科学、学术和教育用途	—	—
—	到2030年，市政范围内的商业交通将基本不含二氧化碳	—	维也纳市积极寻求与第三方的合作，以便在基于实践的"城市数字实验室"中试行数字应用程序、技术和基础设施，并为在整个城市中推广作好准备	—	—

续表

环境	医疗保健	社会融入	教育	科学研究	参与
到 2050 年,维也纳的绿色空间份额将保持在 50%以上	到 2030 年,维也纳人口的预期健康寿命增加两年	维也纳是一个多元化的城市,促进两性平等,并为居住在这里的所有人提供参与的机会	每个人在尽可能早的年龄享受低门槛的优质的、包容的教育设施,并在义务教育之后继续接受教育	2030 年,维也纳是欧洲五大研究和创新中心之一	市政府与当地人合作,不断努力参与标准制定,总体上参与度在不断提高
根据人口增长创建了更多休闲区	提供高质量的医疗服务	通过投资公共基础设施,加强社区凝聚力和培养城市能力,为整座城市提供高质量的生活和舒适性	到 2030 年,将在全市范围内建立一个学习社区网络,以创建适合当地社区、团体和生活方式的学习空间	吸引顶尖的国际研究人员和国际公司的研究部门	所有社会团体都有机会积极参与共建维也纳智慧城市
为现有城市结构内的不同目标群体提供本地绿色和开放空间,并与人口增长保持同步	支持健康、积极的老龄化——需要照料的维也纳市民在家或离家尽可能近的地方便能接受到高质量的护理	继续提供充足的优质补贴住房,以减少住房成本负担过重的人口比例	拥有一个全面的、基于需求的、包容性的数字教育计划	发起由任务主导的大规模研究与创新项目,以推动社会生态转型	开发并使用各种工具,使公众对预算和公共资金的使用有发言权
通过保存现有未密封的表面并创建新的表面来保持土壤的自然功能	健康素养在个人和组织层面都得到了提升	因其公平的工作条件、充足的工资和社会福利计划而引人注目,从而使所有人享有体面的生活水平	各种各样的公众参与计划扩展了多方面的艺术和文化视野	市政当局、高等教育和研究机构、公司和终端用户合作,确定并解决了与维也纳智慧城市有关的具体挑战	所有人都可以看到并获得参与维也纳智慧城市的机会
促进生物多样性	所有社会群体,特别是弱势群体,都受到保护,免受与气候变化有关的健康风险	所有公民都可以享受到市政服务——越来越多地采用数字形式,如有需要,也可采用以前的模拟形式	在所有教育机构中,提高对可持续的、资源高效的发展的认识是一项标准的教学目标	—	建立了邻里一级的"城市实验室",以实验智慧城市的创新方法和流程,并建立当地行动者和利益相关者的网络
为了人们的健康和福祉,尽可能减少空气、水和土壤的污染,噪声污染,热污染以及光污染	—	—	教育、培训和资格认证方案反映了不断变化的职业概况,使工作人员具备应用新的智能技术和做法的专门知识和技能	—	—
促进可持续食品体系,食物供应主要来自维也纳和周边地区,最好来自有机生产者	—	—	—	—	—

资料来源:《维也纳智慧城市战略框架(2019—2050 年)》

维也纳智慧城市战略框架各主题领域所涵盖的联合国可持续发展目标　　表3

维也纳智慧城市战略框架与联合国可持续发展目标对应关系	无贫穷	零饥饿	良好健康与福祉	优质教育	性别平等	清洁饮水和卫生设施	经济适用的清洁能源	体面工作和经济增长	产业及创新和基础设施	减少不平等	可持续城市和社区	负责任消费和生产	气候行动	水下生物	陆地生物	和平及正义与强大机构	促进目标实现的伙伴关系
能源供应							■				■						
交通与运输										■	■						
建筑							■				■						
数字化				■					■							■	
经济与就业	■							■	■								
水与废弃物管理						■					■	■					
环境		■	■			■					■		■	■	■		
医疗保健			■			■				■	■						
社会融入					■					■	■					■	
教育				■													
科学研究				■			■		■				■				
参与											■					■	

资料来源：《维也纳智慧城市战略框架（2019—2050年）》

4　维也纳智慧城市战略框架的"伞状"实施路径

维也纳智慧城市战略框架涉及多层级、跨领域的技术和管理领域。为有序实现2050年战略框架目标，维也纳建立了"伞状"实施路径，指导维也纳市所有政府部门、专业技术机构和企业进行协同行动，还组织科学界、商业界以及市民作为伙伴参与实施，确保采取高效的行动，以达到预期的效果（图4）。

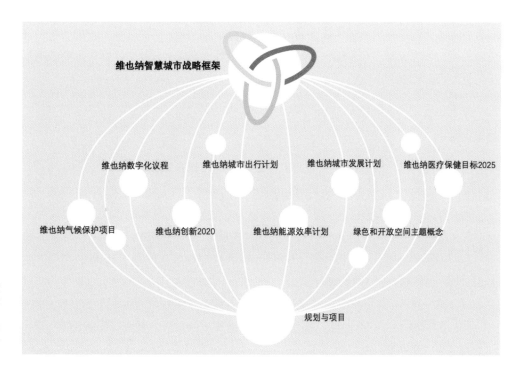

图4　维也纳智慧城市战略"伞状"实施路径
资料来源：《维也纳智慧城市战略框架（2019—2050年）》

为了落实"伞状"实施路径，维也纳明确了各方职责。

（1）决策层的职责是为智慧城市战略框架制定明确的实施路线和政策机制，发布政策文件，批准项目计划，统筹所需资源。

（2）维也纳市行政长官办公室的职责是统筹协调维也纳智慧城市战略框架实施，调度跨领域项目和措施，确保各部门工作与智慧城市目标相一致；组织开展监测评估工作，确保战略框架行动计划成果与城市可持续发展目标相一致；组织开展各部门之间信息共享和交流，促进优先措施和项目的有序落地。

（3）民间社会，特别是科学界和商业界的代表，通过智慧城市咨询委员会或工作组，为智慧城市内容提供建议，同时宣传其精神，并为活动实施招募合作伙伴。

（4）维也纳城市开发和规划局负责智慧城市战略框架与城市规划工作的协同，组织智慧城市战略规划专业咨询机构及各方技术团队为市政府提供战略规划咨询和支持，为智慧城市管理框架实施和监测与评估提供长期技术支持，以及承担利益相关者的询问回复与沟通工作。

5　对北京的启示

在深入推进落实《北京城市总体规划（2016年—2035年）》工作中，需要把智慧城市规划建设工作摆在更加突出的位置，引导智慧创新技术更好地为实现城市规划战略目标服务，利用新技术尽可能提高居民生活质量，最大限度地节约利用资源，确保城市可持续发展。

智慧城市规划建设要避免以"新技术设备"为逻辑导向，将其简单地等同于脱离空间管控的无序设施和脱离以人为本的无用场景建设。

借鉴维也纳"伞状"实施路径经验，智慧城市建设应明确全市顶层规划战略目标，制定各方主体都认可的分项实施计划，对决策层、执行层、协调层与民间社会等各方面的人力、物力、财力等资源进行统筹协调，定期开展监测与评估，确保远期战略目标与近期行动计划的一致性。

参考文献

［1］罗兰贝格管理咨询公司.思与行：智慧城市战略指数2019[EB/OL]. [2020-05-15]. https：//www.rolandberger.com/publications/publication_pdf/ta_19_004_tab_smar-tcities_ii_cn_2.pdf.

［2］Vienna Municipal Administration. Smart city Wien framework strategy [EB/OL]. [2020-05-15]. https：//www.urbaninnovation.at/tools/uploads/SmartCityWienFrameworkStrategy.pdf.

［3］Smart City Wien Project Unit at Municipal Department MA 18. Monitoring report 2017 [EB/OL]. [2020-05-15]. https：//www.urbaninnovation.at/tools/uploads/MonitoringReport2017.pdf.

［4］SACHS J，SCHMIDT-TRAUB G，KROLL C，DURAND-DELACRE D，TEKSOZ K. SDG index and dashboards-global report[R]. New York：Bertelsmann Stiftung and

Sustainable Development Solutions Network（SDSN）, 2016.

［5］ 21st Conference of the Parties of the UNFCCC in Le Bourget. Paris agreement [EB/OL]. [2020-05-15]. https：//treaties.un.org/doc/Treaties/2016/02/20160215%2006-03%20 PM/Ch_XXVII-7-d.pdf.

［6］ C40 Cities Climate leadership Group. Cities leading the way：seven climate action plans to deliver on the Paris Agreement [EB/OL]. [2020-05-15]. https：//international. stockholm.se/globalassets/ovriga-bilder-och-filer/cities-leading-the-way-seven- climate-action-plans-to-deliver-on-the-paris-agreement.pdf.

［7］ Vienna Municipal Administration. Smart city Wien framework strategy 2019— 2050 [EB/OL]. [2020-05-15]. https：//www.urbaninnovation.at/tools/uploads/ SmartCityRahmenstrategie2050_en.pdf.

［8］ Urban Innovation Vienna. Smart management for smart city [EB/OL]. [2020-05-15]. https：//www.urbaninnovation.at/tools/uploads/SmartManagementforSmartCities.pdf.

04
PART

第四部分
伦敦、巴黎、东京笔记

浅议新版伦敦规划草案的理念新趋势

伦敦与北京圈层数据比较分析

伦敦：城市存量更新的代表

伦敦在优化营商环境办理施工许可证指标方面的做法借鉴

伦敦与北京城市体检评估机制方面比较

当你谈论巴黎的时候，你到底在说哪儿？

巴黎的公共交通有多方便？

巴黎是古老的城市还是创新的先驱？——三次规划巨变，巴黎如何重塑

巴黎面向全球的吸引力体现在哪里？

七大战略、30 项空间政策，打造一个安全、多彩、智慧的新东京

——《东京 2040》系列解读之一：规划的总体框架

创建四季都有绿水青山的城市——《东京 2040》系列解读之二：东京的绿化建设

创建对抗灾害风险与环境问题的城市——《东京 2040》系列解读之三：东京的安全建设

为交流、合作、挑战而生的都市圈——《东京 2040》系列解读之四：东京都市圈

面向未来、自由出行、促进交流的城市交通规划

——《东京 2040》系列解读之五：东京的城市交通规划

浅议新版伦敦规划草案的理念新趋势

王如昀

摘　要：伦敦规划是伦敦市长的施政纲领。本文从不同政党的施政理念、中央与地方的关系等方面重新审视伦敦规划，分析了在编的新版伦敦规划草案出现的理念新趋势，为我国城市的规划和编制实施体系提供参考。

"伦敦规划"（London Plan），或译作"伦敦计划"，是由伦敦市长依法编制并公布的战略性空间规划。"伦敦规划"的前身为"伦敦市长空间发展战略"（Mayor of London Spatial Development Strategy，SDS），原本与环境战略、交通战略、住房战略、文化战略等同属于"伦敦市长战略"之一，但随着空间发展战略在城市发展中的统领作用逐渐增强，伦敦市长逐渐用"伦敦规划"一词取代了空间发展战略（London Plan 一词在英语中有更强的纲领意味）。过去，国内对"伦敦规划"主要聚焦于其中某一版"伦敦规划"的静态研究，鲜有从动态研究的角度，对"伦敦规划"中出现的理念趋势变化进行分析。笔者于 2019 年 1 月至 4 月在大伦敦市政府（Greater London Authority，GLA）规划部门挂职高级战略规划师，有幸参与了新版"伦敦规划"草案编制的过程，得以从内部视角重新审视"伦敦规划"，本文就其理念发展的新趋势进行简要分析和介绍。

1　英国中央和地方规划权力变化的总体趋势

近年来，随着经济社会的不断发展，英国和其他一些欧洲国家出现了两个方面的新趋势，即在大都市区以外一般地区的权力下放和大都市区的权力集中。

1.1　一般地区权力下放给地方自治

2011 年，保守党执政的中央政府颁布了《地方化法》（Localism Act），实现了中央向地方诸多方面的权力让渡。规划权力方面有三点值得注意：一是规划编制的权力直接交给地方，中央政府不再主持编制区域层级的规划，改为发布国家规划政策框架（national planning policy framework，NPPF）作为地方政府编制地方规划（local plan）的依据；二是由地方政府负责核发规划许可，自主实施规划；三是在社区层面引入了更低层级的社区规划（neighborhood plan），进一步推动社会治理重心下沉。以伯明翰市为例，伯明翰市可以自主编制《伯明翰规划》，并根据《伯明翰规划》的要求核发各项规划许可，一般情况下中央政府对其是不进行干预的。

1.2　大都市区组建区域政府统筹发展

英国大都市区有伦敦、曼彻斯特、谢菲尔德等城市。这些城市不完全是由地方政

作者简介

王如昀，北京市规划和自然资源委员会主任科员。

府编制并实施规划，而是由地方政府联合组建区域政府，对这一地区进行整体谋划实现统筹发展。伦敦是英国最早的大都市区，伦敦最早的行政边界为 2.6km² 的伦敦金融城（City of London）。1964 年工党在中央政府长期执政后，为了实现伦敦金融城与周边地区的协同发展，伦敦金融城与周边 32 个区（borough）联合组成大伦敦议会（Greater London Council，GLC），行政边界达 1595km²，大伦敦议会负责统筹编制此区域的发展战略规划。1979 年保守党政府上台后，时任英国首相撒切尔夫人旋即解散大伦敦议会，由伦敦金融城和 32 个区自治管理，只留下伦敦规划咨询委员会（London Planning Advisory Committee，LPAC）起到对各区发展建议和咨询的作用。1997 年工党击败执政 18 年的保守党，并于 1999 年颁布《大伦敦市政府法》（Greater London Authority Act），延续原大伦敦议会的行政范围，成立大伦敦市政府，由伦敦市民选举产生伦敦市长，负责大伦敦地区的一般行政事务。

一般地区的权力下放和大都市区的权力集中在英国同时存在，其背后实际上是保守党和工党施政理念的不同，以及它们所代表的人群价值判断的不同。工党的票仓是发达城市，政治立场偏左，政治主张包括政府干预、区域联合、开放移民、亲欧洲等；而保守党的票仓是除发达城市以外的其他城市和农村地区，政治立场偏右，政治主张包括自由市场、地方自治、限制移民、脱欧等。工党推动了伦敦区域政府（包括大伦敦议会和大伦敦市政府）的建立，并在曼彻斯特、谢菲尔德等大都市区的区域政府执政；保守党则是在 2010 年后在中央政府执政，推动了中央政府权力向地方下沉。值得注意的是，大伦敦市政府成立以来，执政党在英国中央和伦敦地方基本处于同进同退，但在 2016 年以后，伦敦首次出现了保守党中央和伦敦地方分庭抗礼的局面，这也对新版《伦敦规划》的编制产生了较大影响。

2 2016 年以后伦敦规划理念的新趋势

"空间发展策略"演变为"伦敦规划"后，实际已经成为伦敦市长的施政纲领，每一任市长都在任期开始编制符合自己施政理念的"伦敦规划"。此前，第一任伦敦市长肯·利文斯通（Ken Livingstone）和第二任伦敦市长鲍里斯·约翰逊（Boris Johnson）分别于 2004 年和 2011 年编制了"伦敦规划"。现任伦敦市长萨迪克·汗（Sadiq Khan）上任后，于 2018 年启动了新版"伦敦规划"的编制工作，新版"伦敦规划"预计 2020 年发布。新版"伦敦规划"是由工党政府编制的，其规划理念的新趋势反映了工党在伦敦施政理念的变化。下面列举笔者在挂职期间讨论争议最多、个人感受也最深的三类趋势，包括发展愿景、区域协同和住房政策。

2.1 发展愿景：从"全球最伟大的城市"到"所有伦敦人的城市"

工党比保守党更关注"伦敦规划"的社会价值。保守党在 2011 年版"伦敦规划"中提出的愿景是"全球最伟大的城市"（The greatest city on earth），而工党在新版《伦敦规划草案》中提出的愿景是"所有伦敦人的城市"（A ctiy for all Londoners）。

伦敦的人口多样性居世界前列。890 万伦敦人口中，约 360 万有着非洲、亚洲等少数族裔背景，超过 100 万是欧盟公民。2016 年保守党中央政府推动了脱欧公投，对经济的考量是一个主要原因。英国脱欧后，欧盟公民在英国的各项权利将受到限制，同时生活的经济成本将不可避免地上升。对此，现任伦敦市长萨迪克·汗提出了"开放的伦敦"（London is open）的口号，认为伦敦有义务减少欧盟公民所面临的生活不确定性，保障欧盟公民在伦敦生活的各项权利。正在编制的新版"伦敦规划"草案更是提出了"所有伦敦人的城市"愿景，不仅关注欧盟公民与英国公民各项权利的对等性，还关注少数族裔人群、不同性取向人群、残障人群、妇女和年轻人各项权利的保障。

虽然西方普遍认可多元价值观，但是工党并没有将这一价值观停留在口号上，而是落实到各项政策中，包括调整了大都会警察局（Met Police）的职责优先事项，将更多警务力量向社区下沉；调高开发项目中可负担住房的配建比例；打击仇恨犯罪、极端主义和恐怖主义等。非常典型的一个例子是新版"伦敦规划"草案 H16 政策，即"吉卜赛人安置政策"。吉卜赛人没有固定的定居点，流动性很强，从事的职业较为低端，历史上就长期遭受歧视。新版"伦敦规划"草案要求各区都要为吉卜赛人提供临时安置场所，并在地方规划中进行落实。这类政策的制定与工党在伦敦的施政理念是密不可分的。

2.2　区域协同：越来越实的"更广阔的东南区"

"更广阔的东南区"（Wider South East，WSE）是对东英格兰和东南英格兰两个地区的统称，在地理上这两个地区环抱伦敦，历来被伦敦规划视为空间上的发展腹地。伦敦约 10% 的就业人口来自于更广阔的东南区，同时近年来更广阔的东南区的住房建设也为伦敦缓解了部分住房压力。但是，更广阔的东南区不满足于仅仅成为伦敦的通勤带，而是希望伦敦与其进行更深入的"对话"，通过基础设施投资的倾斜改善伦敦与更广阔的东南区之间的交通联系，推动产业疏解，增加更广阔的东南区的就业机会。

工党比保守党更加重视区域协同。2011 年版"伦敦规划"中，更广阔的东南区对伦敦发展的作用被明显低估。新版"伦敦规划"草案认识到更广阔的东南区的重要性，提出"伦敦不是孤岛，伦敦与更广阔的东南区共同组成英国生产力最高的地区"。更广阔的东南区包含多达 130 个地方政府，每个地方政府的施政理念和现实诉求都不完全一致，难以达到整体的协同，因此伦敦市长萨迪克·汗呼吁有意愿的地方政府与其进行合作，寻求发展的最大公约数。在编制新版"伦敦规划"草案期间，萨迪克·汗多次与有意愿的地方政府进行磋商，也乐于为地方政府编制地方规划提出大伦敦市政府的意见。新版"伦敦规划"草案与 2016 年版"伦敦规划"相比，最大的突破是首次将视野跳出大伦敦地区，在"13 项战略优先安排的基础设施"中，对伦敦与更广阔的东南区基础设施建设和带动发展区域作出了安排，使得与地方政府的合作有了更清晰的路线图。

2.3　住房供应：大幅提高的住房供应指标

住房问题是近年来伦敦的热议话题。2001 年，伦敦人口 730 万。伦敦规划曾预计到 2011 年伦敦人口将增长至 780 万，到 2019 年将增长至 820 万。但实际上伦敦人口在 2011 年已达 820 万，2019 年则增长至 890 万。伦敦人口日益增加，住房供不应求，矛盾日益加深，致使伦敦房价在 2010 年后一路水涨船高。伦敦市长萨迪克·汗在竞选时承诺将保障住房供应和稳定房价，所以目前在编的新版"伦敦规划"草案将住房供应作为核心政策之一。

工党在新版"伦敦规划"草案中的住房供应政策更为激进。2016年版"伦敦规划"确定的年度供应住房任务为4.2万套,新版"伦敦规划"草案则将年度供应住房任务提高到6.5万套。值得一提的是,根据中央政府的预测,伦敦每年住房需求为9.5万套,在考虑到伦敦土地资源紧张的前提下,住房供应也应达到7.2万套。新版"伦敦规划"草案提出的住房供应目标实际上达不到中央政府的标准,大伦敦市政府认为不足的住房应当由更广阔的东南区提供,这也是萨迪克·汗寻求与更广阔的东南区地方政府合作的原因之一(图1)。

可负担住房供应比例则更有争议性。国家规划政策框架确定的可负担住房比例为10%,2016年版"伦敦规划"确定的可负担住房比例为40%(实际供应比例不到30%),但新版"伦敦规划"草案要求可负担住房比例达50%。伦敦市长萨迪克·汗甚至提出,如果新建开发项目能够配建50%的可负担住房,则可以快速通过大伦敦市政府的许可审查。一些开发商对此不满,认为这一政策导致项目利润过低,开发动力不足。图2所示为伦敦近年来住房供应和可负担住房的比例关系,可以看出虽然萨迪克·汗任职后实现了可负担住房比例的提升,但获得许可的住房供应套数明显下降,因此实际产生的可负担住房数量反而是减少的。

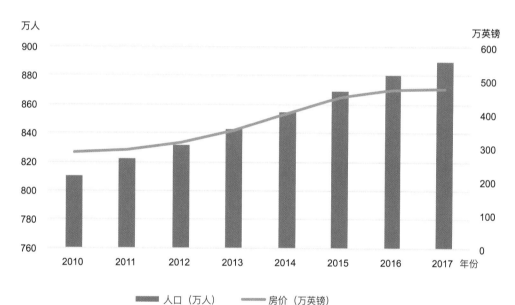

图 1 2010~2017 年伦敦人口和房价增长情况比较

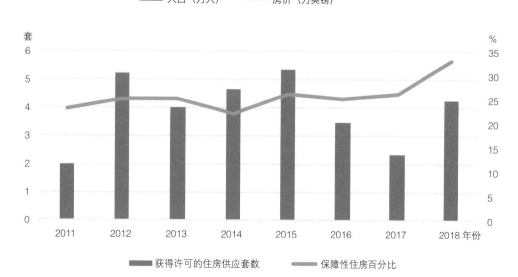

图 2 2011~2018 年住房供应许可情况比较

3　总结

伦敦因其先进的城市发展水平和规划理念,历来是我国城市学习借鉴的重要对象。通过分析新版"伦敦规划"草案的理念新趋势,笔者有若干思考,现简要论述如下。

其一,规划作为政府行为,具有鲜明的政治特征。习近平总书记视察北京时强调,"看北京首先要从政治上看",北京市委、市政府在编制新版北京城市总体规划时,深入学习贯彻习近平总书记对北京城市规划建设的指示要求,回答了"建设一个什么样的首都,怎样建设首都"这个时代之问。同样,"伦敦规划"也有着鲜明的政治特征,包括"所有伦敦人的城市"的发展愿景、"更广阔的东南区"的区域协同和更强调社会公平性的住房政策,其理念的变化也反映出工党在伦敦的施政理念的变化。在研究"伦敦规划"的过程中,要注意不同政党、不同层级政府对"伦敦规划"所施加的影响,如此方能更为准确地把握"伦敦规划"的本质所在。

其二,"伦敦规划"作为区域规划,其价值要放在中央到地方的规划体系中去评价。2011年《地方化法》实施后,英国中央政府只能通过国家规划政策框架对地方政府进行指导,因此"伦敦规划"承担起了大伦敦地区的规划统筹作用。自上而下看,中央缺少对"伦敦规划"的约束力,"伦敦规划"没有实现中央政府要求的住房供应目标。自下而上看,"伦敦规划"制定的可负担住房比例过高,影响了规划的实施。从横向看,与广阔的东南区的合作缺乏来自中央政府层面的支持,难以达到像我国京津冀城市群、长三角经济带、粤港澳大湾区那样实现国家层面的规划统筹。因此,单从规划体系上看,"伦敦规划"并没有取得绝对的成功,在研究中需要有甄别地去看待。

其三,"伦敦规划"作为分配公众利益的政策工具,越来越凸显其社会价值。新版"伦敦规划"草案把规划的社会价值摆在了突出位置,包括保障欧盟公民的各项权利,为少数族裔人群、不同性取向人群、残障人群、妇女和年轻人争取更多的公平,通过提供更多可负担住房实现低收入人群的住有所居等,都比2016年版"伦敦规划"上了一个台阶。诚然,工党在编制新版"伦敦规划"草案时,的确比保守党更为关注社会公平性等内容,但实际上也要看到,萨迪克·汗作为大伦敦地区的民选市长,关注的不是工党选择什么样的伦敦,而是伦敦人民想要什么样的伦敦。从英国社会的发展趋势看,发达城市市民对社会价值的关注越来越强烈,最终这一趋势也反映在"伦敦规划"文本的撰写中。同样,随着我国经济社会发展的不断深入,城市市民的生活愿景也在发生变化。党的十九大报告中指出,中国特色社会主义进入新时代,我国社会主要矛盾已经转化为人民日益增长的美好生活需要和不平衡不充分的发展之间的矛盾。因此,我国的城市规划编制也要从关注经济价值逐渐向关注社会价值所倾斜,通过规划政策对公众利益的合理分配,实现人民群众对美好生活的向往。

伦敦与北京圈层数据比较分析

王如昀

摘　要：《伦敦规划》确定了中央活动区—大伦敦地区—更广阔的东南区三级圈层体系，大致对应于北京市核心区—中心城区—市域的空间圈层关系。本文从伦敦与北京圈层关系入手，对不同圈层进行定性和定量分析。

　　伦敦是典型的单中心放射型发展的城市，北京在过去很长时间也是以老城为中心进行圈层式发展，因此两座城市都呈现出明显的圈层结构。笔者于 2019 年 1 月至 4 月在大伦敦市政府（Greater London Authority，GLA）规划部门挂职担任高级战略规划师，有幸参与了伦敦空间数据的分析。本文拟从伦敦与北京圈层关系入手，对不同圈层进行定性和定量分析。

1　空间圈层划定

1.1　划定标准

　　按照国际上认可的标准，在现有的交通运输手段和通勤能力条件下，城市群一般都会形成以超大城市为中心、1 小时通勤圈为基本范围的城市圈层，依次为：城市群圈层，半径 300km，是以城际铁路、铁路客运专线和高速公路构成综合运输走廊的 1 小时通勤圈；大都市区圈层，半径 100km，是以区域快线和高速公路为主导的 1 小时通勤圈；中心城区圈层，半径 30km，是以地铁和城市快速路为主导的 1 小时通勤圈；核心区圈层，半径一般在 5km 以内，是城市核心职能的承载地。以北京为例，《北京城市总体规划（2016 年—2035 年）》确定了"一核一主一副、两轴多点一区"的城市空间结构，明确形成了核心区、中心城区、市域到京津冀的四个圈层，每个圈层的半径与国际认可的一般标准是吻合的。

1.2　伦敦与北京在空间圈层上的对应关系

1.2.1　中心城区圈层与核心区圈层

　　"伦敦规划"（London Plan）的规划范围即大伦敦地区（Greater London），即大伦敦市政府的行政边界（GLA boundary）。辖区面积约 1595km²，与北京中心城区（1378km²）大致相当，圈层半径也约 30km，可以认为是中心城区圈层。对于核心区圈层，过去有学者将内伦敦（Inner London）作为核心区范围进行研究。但笔者认为，内伦敦面积达 310km²，约占大伦敦地区五分之一的面积，圈层半径已经超过了核心区的范围，这一做法有待商榷，建议使用"伦敦规划"中划定的中央活动区（central activities zone，CAZ）作为核心区圈层。中央活动区用地面积仅 33.7km²，却集中了伦敦三分之一的就业，创造了全英国十分之一的经济产值，是城市核心职能的承载地。

作者简介

王如昀，北京市规划和自然资源委员会主任科员。

中央活动区范围与大伦敦市政府（GLA）划定的其他政策区范围相近，如超低排放区（ultra low emission zone，ULEZ）、拥堵费区（congestion charge zone，CCZ）等，足见中央活动区在大伦敦地区的核心地位。

1.2.2　大都市区圈层与城市群圈层

在编的新版"伦敦规划"草案将"更广阔的东南区"（Wider South East，WSE）作为伦敦发展的战略腹地。更广阔的东南区（WSE）圈层半径约100km，包括了伦敦外围的东南英格兰和东英格兰地区。"伦敦规划"希望通过基础设施投资合作改善交通联系，为伦敦发展提供空间，可以认为其是大都市区圈层。此外，伦敦与英格兰地区的其他城市形成了城市群圈层，但由于英格兰与京津冀的城市分布、交通结构都有不同，本文不进行深入讨论。

根据以上分析，伦敦和北京核心区、中心城区及大都市区三个圈层对应范围的面积和现状人口形成表1。

伦敦和北京不同圈层面积、人口比较　　　　　　　　　　表1

伦敦			北京		
圈层	面积（km²）	现状人口（万人）	圈层	面积（km²）	现状人口（万人）
核心区	33.7	23.4	核心区	92.5	214
中心城区	1595	890	中心城区	1378	1210
大都市区	40600	2420	大都市区	16400	2170

由于中心城区圈层以外不属于大伦敦区政府的管辖范围，笔者挂职期间接触到的空间数据均以中心城区与核心区圈层为主，因此本文接下来将主要从中心城区与核心区两个圈层对伦敦和北京进行比较分析。

2　北京和伦敦不同圈层的现状指标分析

2.1　人口密度

北京中心城区居住和就业人口密度均为大伦敦地区的1.6倍，但职住结构非常接近，都在1∶1.5左右。在核心区圈层，北京核心区的居住人口与就业人口密度相当，但伦敦中央活动区呈现出"职多住少"的人口密度分布（图1、图2）。其原因在于，与北京不同，伦敦是典型的单中心布局，中央活动区的经济功能高度集中，伦敦规划强调通过中央活动区加强城市竞争力，继续加强其作为世界办公室的职能，居住需求主要在其外围解决。

此外，从更广阔的东南英格兰地区向大伦敦地区的就业通勤人数约占伦敦就业人口的13.4%，相对于北京偏低。但近年来由于伦敦住房供应问题的凸显和居住成本的提升，未来大伦敦地区与外围圈层的钟摆式通勤效应还会进一步加剧。

2.2　用地结构

北京和伦敦关于建设用地的统计口径不同，从绝对值角度进行比较缺乏参考价值，本文更多对用地结构进行比较。北京中心城区居住用地占建设用地比例仅约三成，与

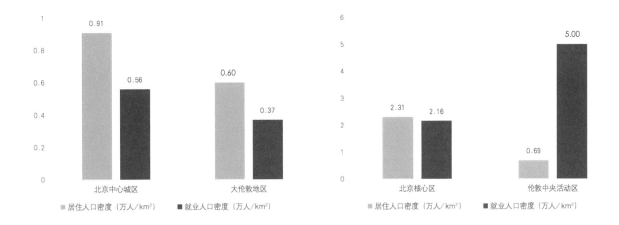

图1　中心城区人口密度比较（左）
图2　核心区人口密度比较（右）

大伦敦地区差距较大，主要是因为北京高层住宅较多，而大伦敦地区以低层、多层住宅为主。关于产业用地比例，一些对国际一流城市的研究认为 10%~15% 的比例是合理的，大伦敦地区约在 13%，而北京中心城区产业用地比例略高（图3）。需要认识到，虽然北京近年来非首都功能产业疏解力度在不断加强，但仍然存在产业用地低效的问题，与国际一流城市存在差距。

受功能定位影响，伦敦中央活动区产业用地比例达 32%，居住用地比例仅 15%，无论是纵向与大伦敦地区比较，还是横向与北京核心区比较，都缺乏参考价值，本文不再另行分析。

2.3　建筑规模

建筑规模直观反映了城市的空间资源。根据建筑层数进行不完全分析，北京中心城区建筑规模和毛容积率约是大伦敦地区的 2 倍以上，人均建筑规模约在大伦敦地区的 1.6 倍左右。其中，北京中心城区与大伦敦地区人均居住建筑面积接近，考虑到北京房屋公摊方面的因素，折算后也基本持平。但是，北京中心城区岗均产业面积是大伦敦地区的 3 倍以上，一方面有北京产业空间利用低效的问题，另一方面是伦敦近年来就业人口增长导致办公空间日趋饱和，办公条件逐渐下降（图4）。

以大伦敦市政府办公地点——市政厅（City Hall）为例，在空间使用上基本没有隔断，全部是大开间、小工位的布局；在时间安排上，因为工位数比职员数要少，每周都需要提前对工位进行分配，仅允许职员 3~4 天在单位办公。这一现象在其他非政府部门尤其是小微企业也时常发生。

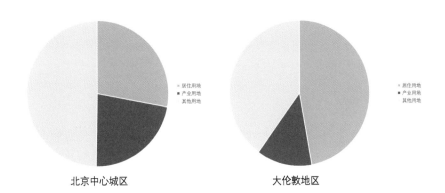

图3　北京中心城区和大伦敦地区用地结构比较

北京中心城区　　　　　　大伦敦地区

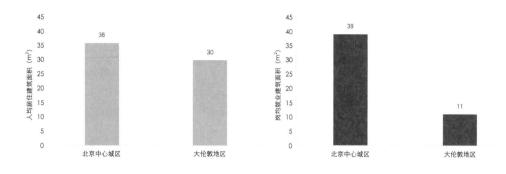

图4 北京中心城区和大伦敦地区建筑规模比较

3 北京总规和伦敦规划对不同圈层的规划管控要求

《北京城市总体规划（2016年—2035年）》（以下简称北京总规）和在编的新版"伦敦规划"草案分别是北京和伦敦未来城市发展的"一张蓝图"。对于中心城区和核心区圈层的人口、用地、建筑指标，北京总规和"伦敦规划"提出了不同的管控思路。总体上说，"伦敦规划"仅仅管控了建设用地指标的增长，而北京总规是对人口、用地、建筑指标的全面管控。

3.1 人口管控

近5年来，伦敦人口增速在逐渐放缓，但仍然保持在10万人/年以上。虽然大伦敦地区空间资源日益紧张，但工党政府并没有提出人口限制措施，相反，在编的新版"伦敦规划"草案将规划愿景确定为"所有伦敦人的城市"，预测未来人口增速将继续保持在7万人/年的水平，到2041年伦敦人口将达到1080万。相比起来，北京近两年人口增长的势头已经得到有效控制，根据北京总规要求，中心城区产业和人口应当向外围圈层疏解，实现人口总量下降。

3.2 用地管控

自从1944年英国规划学家帕特里克•阿伯克龙比（Patrick Abercrombie）在《大伦敦规划》中划定绿带（green belt）以来，伦敦的增长边界始终没有突破绿带的限制，因此伦敦历来也被认为是紧凑发展和精明增长的代表。在编的新版《伦敦规划草案》提出了"良性增长"政策，其中之一即是"充分用好每寸土地"，要求伦敦新建开发项目不得占用开放空间（其中新建住宅利用存量用地开发比例应达96%），包括在交通条件支撑良好的地区进行高强度开发（如伦敦金融城），将闲置工业用地开发为办公或住宅（如金丝雀码头、泰特现代美术馆等）。"伦敦规划"还提出，到2050年前，大伦敦地区的绿色开敞空间比例将达50%以上。相比起来，北京总规的要求则更为严格，要求到2020年，全市城乡建设用地减到2860km^{2}左右，分解到中心城区圈层，到2020年前每年的减量任务计划约为13km^2。

3.3 建筑管控

虽然基本可以认为伦敦实现了对建设用地的控制，但是，由于伦敦对人口增长是缺乏管控的，因此人口增长所需要的空间资源增长最终通过建筑开发强度的提高表现出来。根据大伦敦市政府2016~2018年三年许可情况可以分析出，在大伦敦地区，开发地块的平均容积率从 0.38 上升到 0.39，拆建比约 1 ： 2.16；中央活动区（不含金丝雀码头所在的狗岛北部）开发地块平均容积率从 1.0 上升到 1.44，拆建比 1 ： 1.44；金丝雀码头所在的狗岛北部平均容积率从 0.17 上升到 5.48，拆建比 1 ： 31.44。相比起来，根据北京总规的要求，中心城区建筑规模应实现"零增长"，而核心区"老城不能再拆"，不再可能会有大拆大建，总体上来说仍然比"伦敦规划"的要求更为严格。

4　总结

4.1　城市圈层比较

从城市圈层看，北京要发挥好行政管理边界的优势，在更大的空间腹地内解决城市问题。纵观国际一流城市的行政管理边界，如大伦敦市政府、大巴黎市政联合体及东京都政府，其行政范围均与北京市中心城区范围接近。近年来随着城市发展，这些城市都面临着行政范围内发展空间不足和资源配置错位的问题，需要在更大范围内对空间资源和产业布局进行统筹。例如，"伦敦规划"中提出在更广阔的东南英格兰地区进行合作，为伦敦发展拓展空间（主要是提供住宅用地），但由于地方利益和政党政治，推动合作的前景并不明朗。相比之下，北京市域面积远大于伦敦，"多点""一区"尤其是"多点"新城为中心城区的功能疏解和人口承接提供了广阔的空间腹地。因此，北京要发挥好行政边界和管理体制的优势，在更大的空间腹地内解决城市问题。要充分把握好不同城市圈层的功能定位，因地制宜地分解落实总体规划的人、地、房等管控指标；还要研究同一圈层中不同区域的产业发展方向，避免同质化竞争。

4.2　人口密度和职住比例比较

从人口密度和职住比例看，伦敦是典型的单中心空间结构，北京要发挥好多中心布局的优势，避免伦敦功能叠加和长距离通勤等城市问题。伦敦中央活动区形成了致密的产业内核，外围区域形成连绵的低密度居住区，城市通勤主要集中在两者之间，通过辐射式的公共交通系统解决长距离通勤问题。但随着中央活动区功能不断叠加，内部办公条件日趋紧张，外围钟摆式通勤效应日趋凸显，城市问题也不可避免。北京是典型的多中心空间结构，如需达到同样的公共交通可达性需要更高的轨网密度，而实际上北京中心城区的轨网密度和站点密度分别只有伦敦的 37% 和 38%，从经济角度看不宜简单模仿伦敦模式。要发挥多中心布局优势，减少"多点"新城对中心城区的依附。一方面，要以功能疏解为抓手引导就业人口向"多点"新城转移，同时提升新城综合承载能力，打造"反磁力系统"，在组团内部实现职住平衡，从根本上减少长距离通勤需求；另一方面，要完善房地产基础性制度，培育和规范发展住房租赁市场，为就业人员就近居住和生活提供便利条件。

4.3　人均居住空间资源比较

从人均居住空间资源上看，北京中心城区与伦敦基本在同一水平，应坚持以人民为中心的发展思想，调整优化居住用地布局，完善公共服务设施。北京人均居住建筑面积与伦敦基本处在同一水平，因此中心城区增加居住用地要适度，主要应在布局上进行优化调整。可以参考"伦敦规划"的做法，对全域的公共交通可达性进行测算，将住宅开发强度与公共交通可达性挂钩，鼓励居住用地优先在轨道车站、大容量公共交通廊道节点周边布局。尤其要避免各区为了完成供地指标，提前供应交通条件尚未达到标准的地块的做法。新开发项目可以适度提高配套配建指标（按照北京市相关标准一般配建面积占开发面积的 2% 左右，估算伦敦实际可达 5% ）；建成区要做好街区更新，补充公共服务设施，补齐短板。

4.4　人均产业空间资源比较

从人均产业空间资源上看，中心城区应大力疏解非首都功能，大幅度压缩产业用地，提高土地利用效率。从用地结构和岗均建筑面积两方面看，中心城区的产业用地面积偏高，与伦敦标准比还有较大的压缩空间。在规划编制层面，可将岗均产业用地和建筑规模作为参考指标，对产业用地和建筑规模进行压缩，避免人均指标偏离实际，从而影响"双控"目标的实现。在规划实施层面，要大力疏解不符合城市战略定位的产业，建成区要探索城市有机更新路径，注重"腾笼换鸟"，提高产业用地效率；乡镇要推进统筹利用农村集体经营性建设用地试点，加快腾退低效集体产业用地，提升发展质量。

作者简介

王如昀，北京市规划
和自然资源委员会主
任科员。

伦敦：城市存量更新的代表

王如昀

摘　要：伦敦是城市更新的代表，如金丝雀码头等城市更新项目体现了其先进的理念
和丰富的经验。但是，伦敦的城市更新大多是通过增加建筑规模实现的，这与北京中
心城区存量发展的要求并不完全匹配。本文通过更加针对性地对伦敦存量更新类项目
进行介绍，为北京中心城区今后的城市更新实践提供参考。

根据"伦敦规划"及年度监测报告（AMR），伦敦新建开发项目不得占用开放空间，
新建住宅利用存量用地开发比例应达 96%，基本可以认为是建设用地零增长。但是，
由于伦敦面临着很大的城市增长压力，因此"伦敦规划"提出了"良性增长"政策，
通过提高开发强度、增加建筑面积满足增长需求。因此，伦敦的城市更新是在用地存
量、建筑增量的前提下进行的更新改造。在大伦敦地区，城市更新拆建比已经达到 1：
2.16，而在金丝雀码头所在的狗岛北部，拆建比已经达到 1：31.44，属于典型的"增
量更新"。虽然很多分析也将金丝雀码头作为教科书式的城市更新案例，但是从实施
总体规划的角度看，金丝雀码头更适合指导新城建设或功能区建设，而不适合作为中
心城区城市更新研究的参考。

那么，中心城区应该参考什么样的城市更新项目呢？根据北京城市总体规划，中
心城区应实现建设用地减量和建筑规模动态零增长，因此是一种"存量更新"模式。
过去，很多关于伦敦城市更新的介绍都集中在增量更新模式（如金丝雀码头更新即是
其中一种），但针对存量更新的研究不多。如何摆脱对增量路径的依赖，寻找新的实
施动力？本文拟从功能区更新和公共空间更新两个方面对其进行研究和思考。

1　功能区更新：伦敦西区（West End）

伦敦西区与纽约百老汇并称世界两大戏剧中心，位于中央活动区（CAZ）的核
心地带。西区没有准确定义的边界，但为了方便起见，本文将东起德鲁里巷（Drury
Lane），西至摄政街（Regent Street），北起牛津街（Oxford Street），南至河岸街（Bank
Street）的 1.1km² 的范围作为研究对象（图 1、图 2）。

1.1　产业层面

伦敦的城市更新运动看似是城市空间更新，实质上是城市产业的更新，空间更新
为产业更新提供物质基础。这一点从伦敦西区的城市更新上可以看得比较清楚。此前
介绍过，伦敦城市更新原因是工业萧条、内城衰败、社会动荡，此时西区也并不能幸免。
虽然西区历史上是英国戏剧的发源地（图 3），但因为电视机的出现和大众媒体的发展，
剧院产业也逐渐萧条，很多老牌剧院因为无法承受高额的维护费而面临关张的风险。

图1 西区与中央活动区的关系（左）
资料来源：Ordnance Survey data
图2 西区影像图（右）
资料来源：Google Earth

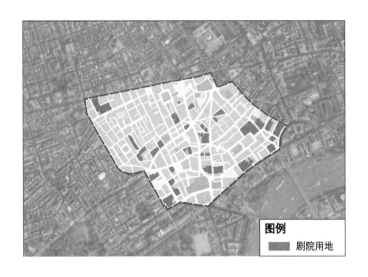

图例
■ 剧院用地

图3 西区土地利用现状图（高亮为剧院用地）
资料来源：底图来源为Ordnance Survey data

20 世纪 80 年代，纽约百老汇在戏剧方面正是如日中天的时候，虽然此时西区还不像今天那样繁荣，但已经初步展露出了一些发展潜力。第一，英国取消了戏剧审查制度，文化产业松绑，但还缺少一些代表英国文化的戏剧力作；第二，工党领导的地方政府注意到了文化复兴对伦敦城市更新的重要性，倡导以文化为导向吸引中产阶级群体进行消费和投资；第三，西区作为伦敦剧院文化底蕴丰富、建筑历史悠久的区域，拥有很大的中产阶级受众市场；第四，紧邻舰队街（Fleet Street）是英国新闻媒体的集中区域，有利于公众宣传和引导舆论；第五，伦敦西区的衰落使得其具有一定的成本优势。在这样的分析下，一些投资方尝试投资了后来西区三大音乐剧之一的《悲惨世界》，结果一炮走红，于是更多戏剧被搬上舞台，逐渐有了今天的繁荣景象。

西区的成功与政府的支持是分不开的。时至今日，政府对西区剧院经营还在提供经济补贴，使得西区票价远低于百老汇票价。以西区和百老汇都驻场演出的《狮子王》为例，百老汇最低票价为 142 美元，而西区最低票价为 42.5 镑，考虑到汇率，西区票价也仅约为百老汇的 40%。高额的补贴也使得西区剧院能够不考虑盈利而尝试一些更加先锋的戏剧，使得西区的文化创意产业生命力源源不断。

1.2 空间层面

在西区产业复兴的过程中，没有大拆大建，而是通过内部改造使得西区功能不断混合，业态愈加丰富。西区共有 49 家剧院，研究范围内一共有 32 家剧院，可谓剧院云集。但是，根据土地利用调查现状，西区用地面积最多的不是剧院用地，而是零售用地：剧院用地面积共 10.1hm²，即平均每座剧院用地仅 3200m²，剧院用地仅占西区面积的 9.2%；零售用地共有 48.1hm²，占西区面积的 43.8%，主要是餐厅、酒吧、外卖、超市等规模较小的经营业态。

高度混合的功能利用使得西区能够以剧院文化消费为核心向其他商业消费扩散，形成伦敦的"夜间经济"。和日间经济不同，夜间经济有着很强的社交属性，因此文化业和零售业是互为依存的状态——没有文化支撑，社交缺少内核，而没有零售的保障，社交则缺少延续的手段。在看剧前或看剧后，在酒吧喝一杯是伦敦人喜爱的社交方式，同时西区剧院酒吧面积不大，在剧院外形成了酒吧街，文化业和零售业的消费在空间上紧密联系，在时间上各自错开（图 4）。

笔者在大伦敦市政府挂职期间，大伦敦市政府正在编制新版"伦敦规划"草案，和同事交流时，发现伦敦在混合用途上体现了更先进的理念，包括推广多样化夜间混合用途，如无酒精的娱乐场所等。这样可以吸引更多游客，包括那些被排除在酒精娱乐活动之外的游客。

1.3 交通层面

与国内剧院不同，西区剧院没有停车的场所，几乎所有人都是通过公共交通的方式到达剧院。比起机动车交通的方式，公共交通不但有利于社交活动，更有利于把消费留住，增加在步行途中经过餐厅、酒吧、外卖和超市时产生消费的可能。当然，这样的交通方式是需要以基础设施为保障的，西区在 1.1km² 范围内集中了 5 条交通线路、6 座地铁站，站点密度达到 5.5 个 /km²，高于伦敦中央活动区 2 个 /km² 的密度，也高于北京核心区 0.6 个 /km² 的密度（图 5）。

2014 年，为了支撑夜间经济的发展，伦敦交通运输局还推出了夜间地铁服务，从每周周五夜间到周日早上，在一些主要线路和站点支持 24h 的地铁运行。对于西区这样夜间活动的主要场所，夜间地铁支持了西区 5 个站点、4 条线路的运行，夜间活动几乎不受影响，在时间维度上继续支撑西区的进一步繁荣。

图 4 西区的夜间经济

图 5　西区地铁站点和线路图（红点为站点，橙线为地铁线路）
资料来源：底图来源为 Ordnance Survey data

2　公共空间更新：特拉法加广场（Trafalgar Square）

特拉法加广场位于西区西南角，最早建设于 1840 年，北面是当时建成不久的国家美术馆（National Gallery），南面是星形放射状的查令十字（Charing Cross），通向政府办公区白厅（White Hall）、国会大厦（the Parliament）及白金汉宫（Buckingham Palace）等主要公共建筑。特拉法加广场还是伦敦市民集会、活动的主要场所，从位置和功能上看相当于北京的天安门广场，但广场面积仅 1hm^2，约为天安门广场面积的 2%。

图 6　改造前的特拉法加广场周围被道路环绕
资料来源：Google Earth

2.1　改造背景

由于广场位置交通复杂，在 20 世纪 90 年代后，周边道路越来越拥堵，影响了市民的可达性，虽然占据着重要位置，却成为城市的消极空间（图 6）。有评论认为："尽管拥有宏伟壮观的建筑，但只有愿意冒安全危险的游客才会来这里参观。" 2000 年，工党领秀肯·利文斯通当选大伦敦市政府市长，雄心勃勃地推出了"100 个公共空间"

计划，特拉法加广场作为伦敦的标志性广场，成为该计划的启动项目之一，由英国著名建筑师诺曼·福斯特负责设计改造。

2.2 问题和对策

诺曼·福斯特收集了特拉法加广场周边大量的交通样本，发现由于广场被道路所隔离，与周边环境缺少联系，市民通过时往往倾向于绕开广场，而游客也难以将特拉法加广场与周边的公共建筑联系起来形成旅游路线（图7~图9）。

因此，诺曼·福斯特提出的改造方案中最重要的一个对策就是禁止车辆在广场北侧通行，并将北侧道路改造成宽阔的平台，通过台阶和无障碍设施将国家美术馆与广场相连（图10）。在平台的地下，诺曼·福斯特设计了一间新咖啡馆，设有室外座椅，这些都是游客极其需要的休憩设施。除此之外，广场内部和附近街道网络也经过了详细改造，包括布置了新座椅，改善了照明和交通标识，以及在铺设地面时利用视觉和材质的对比来提升效果。最终的成效是广场的状况得以彻底改变，一度消极的城市环境经重建变成名副其实的城市公共生活空间。

图7 交通和静态活动模式（红点表示静态活动，蓝线表示步行交通）（左）
资料来源：spacesyntax.net
图8 空间可达性分析（中）
资料来源：spacesyntax.net
图9 周边联系建议（右）
资料来源：spacesyntax.net

图10 改造后的特拉法加广场北侧道路被改造为公共平台
资料来源：https://upload.wikimedia.org/wikipedia/commons/f/fa/Trafalgar_Square_360_Panorama_Cropped_Sky%2C_London_-_Jun_2009.jpg

诺曼·福斯特擅长通过这样的"神来之笔"改变人对空间的使用方式。案例还有千禧步行桥（Millennium Footbridge）的设计，通过在泰晤士河上架设一座仅能供人步行通过的连桥，用低成本的方式使得河两岸原本各自为政的泰特现代美术馆（Tate Modern）与圣保罗大教堂（St. Paul's Cathedral）便捷相连，两者互相叠加影响，激发了城市活力，成为伦敦最具人气的公共空间之一。

3 改变使用用途

英国法律允许一些规划使用用途可以直接转换为其他用途,而不需要任何许可,这使得一些城市存量更新项目可以及时迎合市场的需求。大致来说,英国的土地使用用途分为 A 类(商业)、B 类(办公、工业和仓储)、C 类(住宅)、D 类(公共管理服务和休闲娱乐)和特殊类(包括博彩商店、剧院、加油站等特殊功能)。其中,除涉及特殊类功能的变化一定需要获得许可外,其他几种功能都能够有一定的改变使用用途的权限。具体法律条文比较复杂,择其要者列于表 1 及表 2。

A类、C类、D类用途转换表　　　　　　　　　　　　表1

		现状土地使用用途				
		A1	A2	A3	A4	A5
变更土地使用用途	A1		√	√	√	√
	A2	√		√	√	√
	A3	√	√		√	√
	A4					
	A5					
	C3	√	√			
	D2	√	√			

A1 商店:商店、零售仓库、理发店、邮局、宠物店、干洗店等。
A2 金融和专业服务:银行和建筑协会、房地产和职业介绍所。
A3 餐馆和咖啡馆:餐馆、小吃店和咖啡馆。
A4 饮酒场所:酒吧或其他饮酒场所(但不包括夜总会)。
A5 热食品外卖。
C3 住宅。
D2 休闲娱乐:电影院、音乐厅、游泳池、溜冰场、健身房等。

B类、C类用途转换表　　　　　　　　　　　　表2

		现状土地使用用途		
		B1	B2	B8
变更土地使用用途	B1		√	√
	B2			
	B8	√	√	
	C3	√		√

B1 商业办公室:(A2 以外的办公地点),产品和工艺的研究与开发,适用于住宅区的轻工业。
B2 一般工业用途:用于 B1 级以外的工业过程(不包括焚烧用途、化学处理或填埋或危险废物)。
B8 存储或分发:包括露天存储。
C3 住宅。

通过表格简化使用用途转换的关系后,可以清楚地看出,A4、A5 可以转换为 A1、A2、A3,但 A1、A2、A3 功能却不能转换为 A4、A5;而 A1、A2 可以转换为 C3、D2,A3 却不能转换。可见从 A4、A5 到 A1、A2,最后到 A3,存在"向下兼容"的关系。同样"向下兼容"的关系也存在于 B2 与 B1、B8 的关系中。通过"向下兼容"的思路,既能够发挥市场在使用用途转换中的效率,也能够体现政府的价值导向。

4　总结

城市更新帮助伦敦完成了第二次世界大战后工业衰退的"华丽转身",对北京中心城区的发展有着重要的借鉴意义。

4.1　城市更新本质上是产业更新,空间更新为产业更新提供物质条件

纵观伦敦城市更新,如此前介绍的属增量更新的金丝雀码头,或属存量更新的西区,内生动力都是靠产业的转型升级。前者是工业转型为金融、保险产业,后者是文化产业的复兴。北京的城市更新也应如此。"腾笼换鸟"要找准"鸟"再给"笼",警惕市场上一些开发项目简单包装后就打着"城市更新"的旗号进行规划建设,占用城市空间资源的问题。对于一些有效益的产业,政府需搭建对接平台,放宽对企业在经营方面的限制,通过产业需求方和土地供给方的对接,充分发挥市场在资源配置中的决定性作用。对于一些看得准但短期无法实现效益的产业,政府则要向这些产业优先配置空间资源,用空间支持产业的转型升级,充分发挥制度优势。

4.2　存量更新考验规划实施动力,需要在提升空间资源效益上下功夫

过去北京发展依赖增量发展的实施路径,在今后中心城区严控建筑规模的硬约束下,利用同样的空间资源产生更大的效益,则对提高空间资源效率提出了考验。同样的空间资源经过不同的配置,其效益可能是不同的。举例来说,伦敦的现状道路用地占比约20%,与北京相近;但伦敦的路网规划是窄马路、密路网,因此路网密度几乎能接近北京的两倍。再如,西区剧场用地总面积占比很小,每个剧场也不大,但通过剧场用地与零售用地的充分混合,在同样的用地面积中创造了更大价值。新修订的《北京市城乡规划条例》已经提出了"规划用途管制"的思路,为今后使用用途的转换留下了可能,应当在此基础上出台使用用途转换相关政策,促进街区功能混合化,打造一批混合功能的城市更新精品。

4.3　存量更新要坚持以人民为中心的发展思想

存量更新要坚持以人民为中心的发展思想,在公共空间和公共交通方面提供支撑,提高空间附加价值。西区的成功不是靠机动车支撑,而是靠地铁运营;特拉法加广场的更新则似乎更让人看不出变化。但这两处更新都是践行了以人为本的理念,改变了城市空间的消极使用,使得人能够更好地停留和使用,而不是简单地通过。人在空间中活动也增加了产生消费的可能,没有依靠任何增量便实现了空间价值的提升。公共空间更新不能成为"面子工程",要立足于人的行为和活动习惯,创造更加人性化的城市空间,实现人民群众体验的提升。

伦敦在优化营商环境办理施工许可证指标方面的做法借鉴

王如昀

摘　要："办理施工许可证"是世界银行评价全球190个经济体营商环境的重要指标之一。2017年开始，北京市在优化营商环境"办理施工许可证"方面进行了大刀阔斧的改革，并出台了诸多政策，取得了明显进步，但与伦敦相比仍有进步空间。本文以世界银行评价为切入点，对两座城市的项目审批程序进行比较，进一步对北京审批制度改革提出建议。

2018年，世界银行发布《2019年营商环境报告》，中国营商环境在全球的排名从第78位跃升至第46位，提升32位，首次进入世界前50，为世界银行营商环境报告发布以来最好名次。其中，在"办理施工许可证"方面，中国从172位上升至121位，也是所有指标排名中的最大增幅。在成绩喜人的同时，也要看到在"办理施工许可证"领域依然还有很大提升空间，近期出台的"优化营商环境2.0"政策即是在此基础上的改革"再加速"。本文以世界银行评价为切入点，对两座城市的项目审批程序进行比较，进一步对北京审批制度改革提出建议。

1　基本情况

伦敦是英国在优化营商环境报告中的唯一样本城市，英国排名第9，"办理施工许可证"排名第17，与北京有着非常强的可比性（表1）。

中英两国在优化营商环境中的数据比较　　　　　　表1

样本城市	中国		英国
	北京	上海	伦敦
总分值	73.64		82.65
总排名	46		9
"办理施工许可证"分值	62.05	67.71	80.29
"办理施工许可证"排名	121		17
环节（个）	22	19	9
时长（天）	137.5	169.5	86
花费（总价值百分比）	3.7	2.4	1.1
建筑质量控制指数（0~15）	10	12	9

资料来源：根据《2019年营商环境报告》整理。

作者简介

王如昀，北京市规划和自然资源委员会主任科员。

有趣的是，如果将"办理施工许可证"中北京所涉及的 22 个环节与伦敦所涉及的 9 个环节全部按顺序排列，可以看到这两座城市虽然环节数量不同，但其逻辑都是高度一致的，大致都可以分为规划许可、建设监督、市政接入三大阶段（表 2）。

北京和伦敦在"办理施工许可证"方面的具体环节对应　　　表2

	北京		伦敦
1	规划条件——规划自然资源部门	1	规划许可——区政府
2	投资备案——发展改革部门	—	—
3	环境影响登记——生态环境部门	1	规划许可——区政府
4	地质技术研究 / 土壤测试	—	—
5	施工图审查——规划自然资源部门	2	聘请注册监督公司
6	工程许可——规划自然资源部门	1	规划许可——区政府
7	施工监理——住房和城乡建设部门		
8	承包登记——住房和城乡建设部门	2	聘请注册监督公司
9	发布承包信息——住房和城乡建设部门		
10	施工许可——住房和城乡建设部门	3	向区政府提交建设通知
11	质量监督定期检查——住房和城乡建设部门		
12	质量监督随机抽查——住房和城乡建设部门	9	注册监督公司核发完工证明并报送区政府备案
13	质量监督随机抽查——住房和城乡建设部门		
14	市政接入咨询——相关市政公司	4	申请市政接入
15	市政接入调查——相关市政公司	5	市政接入调查
16	消防验收——消防部门	6	消防审查
17	规划验收——规划自然资源部门		
18	接受四方验收	9	注册监督公司核发完工证明并报送区政府备案
19	竣工验收——住房和城乡建设部门		
20	竣工验收合格证明——住房和城乡建设部门		
21	市政接入——相关市政公司	7	市政接入
22	不动产登记——规划自然资源部门	—	—

注：红色为规划许可环节，黄色为建设监督环节，蓝色为市政接入环节。

下面就按照这三大阶段，结合北京"优化营商环境 2.0"政策的情况，对两座城市进行比较。

2 规划许可阶段

北京的规划许可阶段包括规划条件、环境影响登记和工程许可 3 个环节，共计 14.5 天（另有 20 天同步审批不计入时间），占全流程的 10.5%。伦敦全部合并为 1 个环节，共计 56 天，占全流程的 65.1%，这也是伦敦审批中用时最长的一个环节。

根据"优化营商环境 2.0"政策，北京取消了规划条件阶段，普通仓库无须进行环境影响登记，工程许可审批时间从 20 天压缩至 11 天。从审批时限上看，这一阶段北京对伦敦的优势还是比较明显的。

2.1 审批之前：预咨询服务都相同

规划许可是三个阶段中最为综合、最为复杂的一个阶段，除了规划本身，还涉及环境、交通、文物等多个专业部门的内容。北京和伦敦的审批时限有长有短，但是否能够在时限内取得规划许可，都取决于建设单位聘请的设计单位或咨询单位的专业能力和对政策的理解程度，如果并没有相关经验直接申报，在两座城市都难以快速获得许可。为了解决这一问题，北京和伦敦都提出了类似的办法，即提供申报前的预咨询服务。

北京的预咨询服务是通过规划自然部门搭建的多规合一平台实现的，建设单位可以通过平台获得免费的预咨询服务。其分为两个阶段：初审阶段 10~20 个工作日即可出具意见，作为建设单位下一步建设的参考；方案审查阶段 20~30 个工作日即可审定通过或给出修改意见。

根据《地方化法》，伦敦建设项目的审批权限在区政府，因此预咨询服务也是由区政府提供的。预咨询服务往往是需要收费的，而且时限也需要商定，各区政府可以根据自身情况制定预咨询的时限和收费标准。例如，建设单位向伦敦金融城提出预咨询申请后，需要等待与伦敦金融城预约咨询时间和反馈时限；布伦特（Brent）区则提出会在 20~30 个工作日提出咨询意见，但也可以结合项目情况延长反馈时限。

在北京，通过"多规合一"平台咨询的项目可以快速获得许可；在伦敦，因为申报许可也需要交纳费用，区政府会在项目申报前建议建设单位购买其预咨询服务，以降低时间和经济成本。

2.2 审批之时：11 天和 56 天有差别

既然两座城市都提供预咨询服务，那么为什么北京和伦敦在审批许可时间上差别仍然较大？这也是困惑笔者很久的问题。在与各区交流之后，笔者认为，根源在于政府架构的不同。

此前介绍过，许可是一个专业复杂的环节，除规划外，还需要各专业部门的意见参考。但是，应当在什么阶段征询意见参考呢？北京放在了预咨询阶段，而伦敦则是在审批阶段，导致伦敦在接到审批后，需要先行利用 21 天时间，征询至多 37 个相关部门和个人的意见，再作出许可或不予许可的决定。这 37 个部门包括类似文物部门职能的历史英格兰（Historic England）机构，类似交通部门的伦敦交通运输局（Transport for London），类似自然资源部门的自然英格兰（Natural England）机构等，也包括了大伦敦市政府（GLA）。从行政架构角度上看，这些部门的等级都要比地方政府高，因此在预咨询阶段，地方政府只能根据自身经验向建设单位提供建议，但不能要求这些相关部门参与到预咨询过程中给予明确的答复。而北京是由规划和自然资源部门搭建"多规合一"协同平台，在预咨询阶段便会同相关委办局提出免费、全面的咨询意见，这是预咨询项目能够快速获得许可的有力保证。

但也要看到，在北京，从另一个方面考虑，如果项目直接申报许可而没有申请前期的预咨询，审批人员则可能会缺少时间组织研究，除非具有相当的经验，否则难以作出全面而科学的判断。针对这方面问题还需要从制度上为审批人员作出保障。

3 建设监督阶段

北京的建设监督阶段包括施工图审查、施工许可、过程监督到竣工验收共 13 个环节，共计 51 天（另有 15 天同步审批不计入时间），占全流程的 37.1%。伦敦对应为 4 个环节，共计 27 天（另有 1 天同步审批不计入时间），占全流程的 31.4%。这一阶段在两座城市所占的环节数比例都是最高的。

根据"优化营商环境 2.0"政策，北京市取消了社会投资项目的承包招投标、承包登记、发布承包手续等环节，压缩施工许可办理时限，并将过去的多部门分别验收改为全过程监督、最终四方验收，四方验收与竣工验收备案同步办理、当天办结，所有时限从 51 天压缩至 31 天；对于小型项目，还无须进行施工图审查、人防配建和聘请施工监理，同时转变政府工作方式，工程安全质量监督检查时无须建设单位到场，还可以再压缩至 8 天。

3.1 从图纸到工地：全过程监督更进一步

在中国，因为过去住房和城乡建设部将勘察设计质量管理的工作放在了规划部门，而勘察设计质量管理的一项重要工作即是对施工图质量进行监督，因此规划部门和建设部门在项目管理方面的权责是以施工图审查为界，施工图审查及之前的工作是由规划部门负责，施工招投标及之后的工作是由建设部门负责。因此，北京优化营商环境的全过程监督，是不包括施工图部分的。

但是在伦敦，根据 1984 年颁布的《建设法》，引入了市场化的注册监督公司（approved inspector）制度，建设单位需要聘请注册监督公司对建设项目的设计建造质量进行全过程的统筹管理。注册监督公司在前期便介入到项目中，审查设计图纸是否满足相关建筑技术规范要求；在建造期间，注册监督公司将对项目进行 8 或 9 次的全过程监督，以确保项目建设符合规划和建设工程质量要求；在项目竣工后，由注册监督公司出具竣工证明。

3.2 从政府到市场：政府如何作好护航员

笔者有过一个有趣的切身经历：刚到公寓第一天，公寓管理员便跟笔者交代了注意事项，其中提到每周三都会有消防警报演习；刚到单位第一天，同事便讲解了消防逃生的基本知识。笔者好奇为什么要讲这么细，同事解释道，在 2005 年前，消防审查是政府责任，建设单位需要向政府申报消防图纸，政府再组织进行审查；2005 年后，政府不再将消防审查作为必要环节，而是将消防责任下放给建筑使用单位，在规划设计时要满足消防标准，在后期使用时还要制订应急预案，指导住户和员工如何应对火灾。政府保留了强制执法的权力，即可以检查消防措施，发现隐患可以强制改正。这一个小小的方面即体现了政府在管理上的思路，即把权利和义务交给市场，让市场自运行，政府起到护航的作用。

全过程监督也反映了政府的这个思路。政府在以下几个阶段对市场进行必要的监管。一是抓好源头，即注册监督公司的资质管理，注册监督公司资质需要建造行业委员会（Construction Industry Council）颁发，并且每 5 年还需要经过一次严格的重新认证；二是将许可权改为否决权，即只要项目取得许可，建设单位可以决定随时开工，只需注册监督公司提前 5 天向区政府报备即可，政府既保证了开工的效率，又保留了项目的否决权；三是充分压实市场责任，将施工图纸审查和建设监督的权利与责任压实给注册监督公司，项目竣工后，注册监督公司需在 1 天内完成建筑核验，并在 5 天内向区政府报备，区政府将进行存档，不会进行任何检查。值得一提的是，在区政府备案即相当于北京市的不动产登记环节，备案后房产即可上市交易。

4　市政接入阶段

北京和伦敦的市政接入阶段都包括咨询、调查和接入共 3 个环节。不同的是，北京总计 57 天，占全流程的 41.5%，在三大阶段中时间最长；伦敦总计 2 天（另有 20 天同步审批不计入时间），仅占全流程的 2.3%，在三大阶段中时间最短。下一步，根据北京"优化营商环境 2.0"政策，小型项目将压缩至 2 个环节、20 天。

4.1　排水许可：57 天和 2 天的主要差别

环节都相同，为什么时限差距如此之大呢？主要由于北京多了一步 49 天的水务部门核发的排水许可。世界银行的假定条件是建设项目不会排放污水，因此在伦敦，对于不排放污水的项目，直接接入市政管网即可正常排水；而在北京，无论是否排放污水，水务部门都需要进行排水方案检查，确认其是否达到核发排水许可的条件。因此，在"优化营商环境 2.0"政策中，水务部门提出对社会投资的小型项目取消排水方案检查，排水许可事项不影响排水接入服务，"只要企业排水水质达标，排水许可证办法过程不会中断企业正常排水运行"。

4.2　伦敦如何管控水资源污染风险？

北京市的"优化营商环境 2.0"政策中，水务部门将小型项目的排水许可由"事前审批"改为"事后监督"，和伦敦的思路是一致的。但是，伦敦事后监督如何降低水资源污染的风险呢？经过与相关同事的沟通，大致应该是从前期规划和后期监督两个方面进行风险防控。

关于前期阶段，此前介绍过，伦敦规划审批许可仅有 1 个环节，但长达 56 天，其中有 21 天时间需要征询至多 37 个相关部门和个人的意见。在伦敦申报规划许可前，需要由设计单位和咨询单位在历史、环境、交通等方面进行严格的技术论证，而不仅仅是满足城市规划要求。因此，对于一般项目，严格的技术论证会提出建设单位应采取什么措施降低产生污水的风险；对于技术论证后认为会产生污染的项目，则需要主动向国家环境部门申请环境许可证。

关于后期监督，英国在国家层面采取了最严格的惩罚手段。例如，根据 2010 年颁布的《环境许可条例》（Environmental Permitting Regulations），建设项目如果没有取得环境许可证但是产生了水污染，则构成了"水污染罪"，建设单位可能面临巨额罚款和人身监禁的处罚。值得一提的是，该条例还特别说明，在某些情况下，即使不是建设单位主观故意，也同罪处理。例如，一个无关人员打开了河岸储存柴油罐的水龙头导致河流污染，那么运营柴油罐的公司也可能会被指控。这一点和此前提到的防火责任类似，严格的惩罚手段压实了建设单位的主体责任，进一步倒逼建设单位在前期便作好严格的技术论证，防止后期出现违反法律的风险。

5 总结

5.1 优化营商环境是动力变革，要妥善处理好政府和市场之间的关系

世界银行评价营商环境评价时长的标准，并不是项目建设所需的实际时长，而是项目建设需要的各项政府部门审批的总时长，反映的是市场化的价值标准。优化营商环境需以人民的获得感为衡量标准，不能唯世界银行论；市场也并非解决一切问题的灵丹妙药，当市场失灵时，仍然需要政府对市场秩序进行监管，对公平正义进行兜底。党的十八届三中全会全面总结改革开放以来的历程和经验，明确指出"使市场在资源配置中起决定性作用和更好发挥政府作用"。伦敦在建设监督、市政接入等方面的先进经验也并非将指挥棒完全交给市场，政府也在做好对市场秩序的护航工作，防止市场失管，确保公平正义。北京在深入开展优化营商环境的过程中，要大胆放手，更要小心护航，妥善处理好政府与市场之间的关系。

5.2 优化营商环境是效率变革，要发挥体制优势，注意扬长避短

行政架构是北京优化营商环境的体制优势，规划部门利用优势搭建的"多规合一"协同平台，可以协调各部门为建设单位提供免费、权威的咨询服务，是北京首创，也是伦敦所不能及，这是需要发扬的长处。但其也并非没有短处，伦敦行政架构使得区政府是唯一决策主体，其他部门意见只作参考；而北京规划部门需要和其他部门共同决策，任何一个部门都可能一票否决项目建设。如果确实是不符合原则性要求，维护了规划的严肃性和权威性是好事，但也要警惕过程中可能存在的不作为、慢作为，导致项目审批推进缓慢的可能。因此，要进一步明晰各部门规划底图，明确各部门审批标准，亮出蓝图、明确规则，既能实现"一张蓝图绘到底"，又能保证"一把尺子量到底"。

5.3 优化营商环境是质量变革，要加强行业管理，提高专业水平

北京过去的城市建设是以粗放型发展为主，市场环境导致了北京在设计质量、专业素质方面和伦敦还有一定差距。在伦敦，设计单位不但需要考虑规划要求设计出高质量的方案，还需要考虑项目在历史、环境等方面的要求，为建设单位作出全局的判断和考虑。而在北京，笔者见过某寺庙聘请设计单位对项目整体拆除重建，规划方案花了很多心思，但如果设计单位事先咨询，便知道该寺庙属于登记文物，根本无法拆除重建。2018 年，国务院机构改革后规划和建设的职能边界更加清晰。从行业管理的角度，规划行业需要的是规划设计和全专业咨询的人才队伍，对标"多规合一"，帮助建设单位提高设计质量，快速获得许可；建设行业需要的是施工图审查和建设监督管理的人才队伍，对应的是建设监督阶段，帮助建设单位保证施工质量，打造首都建设项目的精品样板。

伦敦与北京城市体检评估机制方面比较

王如昀

摘 要: 城市体检是对城市规划实施情况的监测手段,通过对相关指标的监测和分析,对上一阶段的城市规划实施情况进行评估。新版北京城市总体规划批复后,为了层层推进实施总体规划,北京市正在着力建设"一年一体检、五年一评估"的常态化机制。伦敦从 2005 年起便开始对"伦敦规划"的实施情况进行监测,取得了良好的成效。本文拟对伦敦与北京在城市体检评估机制方面进行比较,为北京今后相关机制的建立和完善提供参考。

《北京城市总体规划(2016 年—2035 年)》提出了"建立城市体检评估机制"的目标,建立"一年一体检、五年一评估"的常态化机制,年度体检结果作为下一年度实施计划编制的重要依据,五年评估结果作为近期建设规划编制的重要依据。在城市体检评估方面,伦敦一直处于国际领先水平,自从 2005 年起每年都向社会公布"伦敦规划"的年度监测报告(Annual Monitoring Report,AMR)。本文拟从年度监测报告着手,介绍伦敦城市监测有关情况,并与北京城市体检评估的情况进行比较。

1 年度监测报告(AMR)的基本情况

年度监测报告(AMR)是评估伦敦规划及其政策有效性的主要依据。1999 年,《大伦敦市政府法》颁布,明确了市长监督"伦敦规划"实施的责任。在此基础上,市长在编制"伦敦规划"时,会专门设置"实施和监督"这一章节,明确对规划实施进行年度监测的思路。"伦敦规划"提出,通过建立合理的监测指标体系,对一些规划实施的关键数据进行监测,可以了解规划目标是否能够实现,规划政策实施是否有效,市长可以据此修改或者调整规划目标和政策。相关监测结果会形成年度监测报告,向社会进行公布。

虽然北京和伦敦规划有很多不同,但由于我国的《城乡规划法》借鉴了英国《城乡规划法》的有关内容,因此在规划实施和监督上有很多相似之处。《北京市城乡规划条例》明确了实施和监督的责任,要求"市人民政府应当明确区县人民政府和市人民政府相关部门在规划监督检查中的具体任务和目标,加强对城乡规划监督检查工作的统筹协调"。中央关于《北京城市总体规划(2016 年—2035 年)》的批复中要求,"健全城乡规划、建设、管理法规,建立城市体检评估机制,完善规划公开制度,加强规划实施的监督考核问责"。

作者简介

王如昀,北京市规划和自然资源委员会主任科员。

2 伦敦现行监测指标体系（2011 年版 24 项监测指标）

空间监测指标体系是城市体检的核心要素，因此历版"伦敦规划"都会结合市长的施政思路，对监测指标体系进行修改和完善。例如，2011 年版"伦敦规划"将此前的 28 项监测指标调整为 24 项；在目前编制的新版"伦敦规划"草案中，出于市长对社会问题、规划申请等方面的关注，目前只明确了 12 项战略指标，其他指标还在研究当中，未来将随着新版年度监测报告一同发布。

目前最新的年度监测报告是 2018 年 9 月发布的第 14 版年度监测报告，监测了 2016~2017 年度的规划实施情况。因为 2016~2017 年度仍然执行的是旧版"伦敦规划"，因此年度监测报告仍然延续了 2011 年以来的监测指标体系，监测了旧版"伦敦规划"的 6 个发展目标、24 项监测指标。

其中，6 个发展目标分别为：迎接增长的挑战，支持有竞争力的经济，保障社区生活，发展精神文明，提升环境，改善交通。6 个发展目标进一步对应 24 项监测指标（表 1）。

24项监测指标　　　　　　　　　　　　　　　　　表1

	关键监测指标	监测目标	对应规划目标
1	充分利用存量用地	新建住宅利用存量用地开发比例维持在 96%	1, 4, 5, 6
2	提升住宅用地开发强度	开发强度符合 PTAL 要求的项目超过 95%	1, 2, 3
3	避免开放空间减少	新建开发项目不占用开放空间	4, 5
4	提高住宅供应量	每年平均住宅净供应量至少达到 4.2 万套	1
5	提高保障房供应量	每年平均保障房净供应量至少达到 1.7 万套	1, 3
6	减少健康不均衡	伦敦远郊居民寿命差异缩小	1
7	持续的经济发展	伦敦市民就业水平提高	2
8	保障办公市场的蓬勃发展	办公项目许可数量达到前三年平均值的 3 倍	2
9	保障工业用地充足	工业用地供应符合预测水平	2
10	保障外伦敦的就业	外伦敦就业数增长	2, 3
11	缩小就业差距	少数族裔和白种人的就业率差距缩小，伦敦与全英国单亲家庭收入差距缩小	3
12	改善公共服务设施	小学每班人数缩小	1, 2, 3
13	减少对私家车的依赖，出行更可持续	公共交通出行增长率高于私家车出行	6
14	减少对私家车的依赖，出行更可持续	小汽车数量零增长	1, 6
15	减少对私家车的依赖，出行更可持续	将自行车出行比例从 2009 年的 2% 提升至 2026 年的 5%	3, 4, 6
16	减少对私家车的依赖，出行更可持续	到 2021 年，水网客运和货运量在 2009 年的基础上提升 50%	6
17	提升高 PTAL 值地区岗位数量	持续至少 50% 的商业办公用地在 PTAL 值 5~6 的地区进行建设	2, 6
18	保护生物栖息地	重要生态保护区不减少	5
19	增加生活垃圾资源化率，取消垃圾填埋	到 2015 年 45% 以上垃圾循环利用，到 2026 年取消垃圾填埋	4, 5
20	减少发展中的碳排放	到 2016 年住宅项目零碳排放，到 2019 年所有发展实现零碳排放	5

续表

	关键监测指标	监测目标	对应规划目标
21	提高可再生能源量	到 2026 年,可再生能源量达到 8550(GW·h)	5
22	提升城市绿化率	增加中央活动区的绿化屋面面积	4,5
23	改善伦敦水网	2009~2015 年,恢复 15km 长的河流,到 2020 年再恢复 10km	4,5
24	保护和提升伦敦遗产与公共领域	降低遗产出现保护预警的比例	2,4

《北京城市总体规划（2016 年—2035 年）》提出贯彻新发展理念，坚持国际一流标准，结合北京实际情况，统筹各类规划目标和指标，初步建立国际一流的和谐宜居之都评价指标体系。与伦敦类似，北京的评价指标也是围绕着"四个中心"建设、人口资源环境协调发展、"大城市病"治理与人居环境建设、历史文化名城保护与城市风貌特色塑造、京津冀协同发展、城市治理以及和谐宜居之都社会满意度评价七个方面展开。关于具体指标，在数量上，北京共 117 项评估指标，比伦敦的 24 项监测指标要多得多；在内容上，伦敦多关注新建项目，而北京是对全市总体层面的体检评估，因此在规划实施中有着更为全局的指导作用（图 1）。

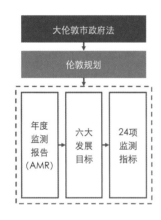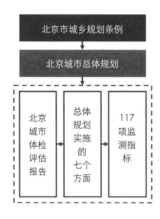

图 1　伦敦和北京监测指标体系比较

3　监测流程及各方责任

和北京一样，伦敦的规划实施是通过核发许可的方式进行管控，因此这 24 项监测指标中有很多都在建设单位申请许可中直接取得。例如，开发商拟建设住宅开发项目，需要明确建设项目是否利用存量用地进行建设，是否占用开放空间，开发强度和所在区域 PTAL 数值的关系，是否配建了一定比例的保障性住房等。各区政府在接到许可申请后，将核实填写数据的准确性，最终在核发许可后，会将这些数据上传至大伦敦市政府建立的伦敦发展数据库（London Development Database, LDD）。每年大伦敦市政府会对伦敦发展数据库收集的数据进行统计梳理，如果其中有异常数据，会要求区政府重新进行核实，确保数据的准确性（图 2）。例如，笔者在挂职交流期间，就遇到大伦敦市政府发现某个区申报数值远远高于其他区的情况，要求该区政府重新对数据的准确性进行校核。因此，在此过程中，区政府仍然是校核数据准确性的责任主体，大伦敦市政府只是甄别其中明显异常的数据，并不会对数据的精准性负责。

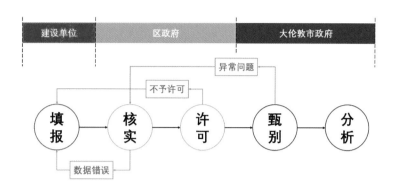

图2 监测数据获得
来源及各方责任

由于监测数据是围绕规划实施服务的，因此根据规划实施对数据需求的不同，大伦敦市政府也会采用不同的数据分析方式进行研究。除了5项指标仅为单一的分析外，其余19项指标或是与历年情况进行纵向分析，或是反映在空间上对各区情况继续横向比较（表2）。

24项指标分析方式 表2

	纵向分析类指标		横向比较类指标
1	指标1：新建住宅利用存量用地开发比例维持在96%	1	指标1：新建住宅利用存量用地开发比例维持在96%
2	指标2：开发强度符合PTAL要求的项目超过95%	2	指标3：新建开发项目不占用开放空间
3	指标7：伦敦市民就业水平提高	3	指标4：每年平均住宅净供应量至少达到4.2万套
4	指标8：办公项目许可数量达到前三年平均值的3倍	4	指标5：每年平均保障房净供应量至少达到1.7万套
5	指标10：外伦敦就业数增长	5	指标9：工业用地供应符合预测水平
6	指标11：少数族裔和白种人的就业率差距缩小，伦敦与全英国单亲家庭收入差距缩小	6	指标12：小学每班人数缩小
7	指标12：小学每班人数缩小	—	—
8	指标13：公共交通出行增长率高于私家车	—	—
9	指标14：小汽车数量零增长	—	—
10	指标15：将自行车出行比例从2009年的2%提升至2026年的5%	—	—
11	指标16：到2021年，水网客运和货运量在2009年的基础上提升50%	—	—
12	指标19：到2015年45%以上垃圾循环利用，到2026年取消垃圾填埋	—	—
13	指标21：到2026年，可再生能源量达到8550GW·h	—	—
14	指标23：2009~2015年，恢复15km长的河流，到2020年再恢复10km	—	—
15	指标24：降低遗产出现保护预警的比例	—	—

可以看到，对于全局性的指标，如经济发展类数据，数据分析往往关注趋势的发展，为研究未来政策导向提供支持；对于项目类的指标，如对建设项目的许可，数据分析往往关注规划实施对城市造成的利弊影响，可以进一步厘清责任，因地制宜地进行管理。

例如，在年度监测报告中，关于住房供应指标的分析，就是对各区的任务完成进度进行了横向比较，部分区超额完成了任务（完成了任务总量的 229%），而部分区则完成了 15% 的任务，这就为今后市长决定是否召回该区的项目提供了参考。关于小学每班人数的指标，不但可以通过横向比较直观地看出教育资源分布是否均衡，也可以在纵向上进行趋势观察，如 2009~2017 年小学每班人数从 27 人上升到 27.5 人，确定制定支持教育设施建设相关政策的缓急程度。

在获取数据方面，北京和伦敦差距较大。由于伦敦主要关注新建项目的指标，而北京的指标更为宏观，因此仅仅通过分析申报许可数据较难得出结论。一方面，北京市统计局负责建立了城市体检评估数据采集平台；另一方面，还采用了满意度调查、大数据平台等方式，使得体检结果更加准确、立体。

4　总结

4.1　要有制度自信，进一步发挥制度优势

笔者本次挂职交流，最大的感受就是要坚定"四个自信"，尤其是制度自信。过去通过媒体了解大伦敦市政府，觉得必然有很多先进的管理经验，但真正深入大伦敦市政府内部后，发现其行政制度导致很多低效之处。例如，发布不按时，"伦敦规划"明确提出每年 2 月发布年度监测报告，但实际上本文介绍的 2016~2017 年的年度监测报告是 2018 年 9 月才发布的；数据不闭合，在大伦敦市政府官方网页公布的最终报告中有一些数据互相存在矛盾；监测不全面，大伦敦市政府监测数据的来源主要是填报规划许可，导致无法全局地审视一些关键指标，如开放空间，目前通过许可填报的数据只能监测开放空间的减少情况，但无法获得增加情况，因此给这项监测指标的有效性打了折扣。

反观北京，在市委、市政府的坚强领导下，全市各区、各级各部门提高政治站位，牢固树立"四个意识"，增强使命感和责任感，建立了落实总体规划的工作专班或工作组，总体规划实施开局之年即组织开展首次城市体检，并构建了体检报告及"一张表、一张图、一个清单、一个满意度调查，一个大数据平台"的"1+5"的体检成果体系。因此，毫不夸张地说，虽然北京起步比伦敦晚，但由于制度的优势，北京一起步就走在了伦敦的前面。应当进一步发挥制度优势，不断完善获取数据的能力，提升数据分析的科学性，支撑规划决策。

4.2　要有北京特色，在规划实施中不断优化指标体系

"伦敦规划"是伦敦市长的施政纲领，而年度监测报告则是伦敦市长施政的参考系。同样，北京的城市体检评估也应当围绕规划实施所开展，通过评估结果引导规划实施，再结合规划实施不断地对指标体系进行完善。实施新版总体规划应当把握减量发展这一基本特征，目前围绕城乡建设用地减量、人口规模和建筑规模双控、两线三区管控等重点实施任务进行评价，未来还要总结发现实施中的突出问题，不断完善城市体检评估制度。

4.3 要有历史耐心，稳扎稳打、久久为功

伦敦至今已经有 14 期年度监测报告，在对许可中一些关键指标的监测中，可以看到很多许可只有在几年后才会对地区产生影响。例如，当年度的住房供应许可并不会直接增加当年度的新增住宅供应量，一些区超额完成了当年度的新增住宅供应量，但很可能当年却没有批准任何新增住宅的规划许可；还有一些许可项目占用了开放空间和绿地，但直到开工后负面效应才逐渐显现。目前，北京的城市体检评估才刚刚开始，一些关键的指标可能未必能在前一年、前两年看到明显的改善，因此不能急于求成，更不能改弦更张，要保持历史耐心和战略定力，谋定而后动，稳扎稳打、久久为功，一茬接着一茬干，确保"一张蓝图绘到底"。

当你谈论巴黎的时候，你到底在说哪儿？

郭　婧

摘　要：近些年，全法的国土改革波诡云谲，各层面的行政区划都在发生变化或者酝酿变化，巴黎地区更是这些变化的窗口。不了解这些变化，很可能就无法在规划领域的交流中掌握正确的语境。本文将为大家简要介绍这些关于"巴黎"的不同称呼。这些称呼产生的原因各有不同，有的是为了数据统计与国际接轨，有的是为了谋求区域经济发展，有的是为了加快基础设施建设。

当笔者第一次和法国人谈论起巴黎的城市规划时，最令人感到迷惑的是，他们对巴黎在各种区划语境下的称呼，包括（但不限于）Paris（小巴黎）、Petite Couronne（巴黎小圈）、Grande Couronne（巴黎大圈）、The Métropole du Grand Paris（巴黎都市区，MGP）、Aire Urbaine de Paris（巴黎城市区域）、Ile de France（巴黎大区）、Aire métropolitaine de Paris（巴黎大都会）。中间还夹杂着 Les Contrats de Développement territorial（CDT，地域发展合约）、Les établissements publics territoriaux（EPT，市镇联合体）等①。

背景知识补充：法国的行政区划跟我国很不相同，行政单元自大到小分别是大区、省、市镇。目前，法国本土划为 13 个大区、96 个省，此外还有 5 个海外省、4 个海外领地、2 个具有特殊地位的地方行政区。全国共有 35287 个市镇，市镇的人口规模大小不一，不足 3500 人的约 3.4 万个，超过 3 万的有 231 个，超过 10 万的有 37 个。例如，巴黎大区由 8 个省组成，人口规模较大的巴黎市（巴黎属于市镇，同时也是 75 省），又可细分为多个市区（即附属市镇）（图 1）。如果再把选区扯进来，就更加复杂，此处暂且不表。

作者简介
郭　婧，北京市城市规划设计研究院公共空间与公共艺术设计所主任工程师，高级工程师。

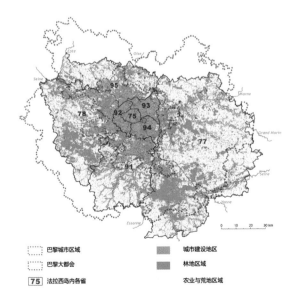

图 1　巴黎地区的行政区划与各类边界示意图
资料来源：根据 https://en.wikipedia.org/wiki/User_talk : Polaron/Archive1 翻译、补充

1　小巴黎（Paris）

这就是我们熟知的那个法国首都——巴黎（即巴黎市，英文译为 the City of Paris）。小巴黎的范围即位于法兰西岛的 75 省，大家熟知的凯旋门、埃菲尔铁塔、巴黎圣母院都在这里；但是，大家同样熟知的凡尔赛宫、戴高乐机场、迪士尼乐园都不在这个范围内。

小巴黎面积仅为 105km²，仅比北京首都核心区（东城 + 西城）的面积大一点点，比北京三环内的区域要小一些。

2　巴黎小圈（Petite Couronne）

巴黎小圈是指紧挨小巴黎的近郊地区，包括法兰西岛的 92、93、94 三省，总面积约 657km²。92 省以优越的自然景观和富人居住区为鲜明特色；93 省是世界闻名的"打砸抢"专区（电影《暴力十三区》的原型）；94 省比较低调，其实整体居住环境还算不错。总的来说，小圈里总体建设强度不算太大，居住占比较大，产业不强。

这个概念主要应用于人口密度、交通出行、住房政策、商业发展、社会环境等领域的数据采集和圈层对比。

3　巴黎大圈（Grande Couronne）

巴黎大圈是指更靠外的远郊地区，包括法兰西岛的 77、78、91、95 四省，总面积约 11250km²，约占巴黎大区总面积的 93.7%。该区域以林地和农田为主，自然公园众多，很多历史上的古典园林、城堡、村庄分布于此区域。同时，由于地广人稀，治安也还不错。

这个概念主要应用于人口密度、交通出行、住房政策、商业发展、社会环境等领域的数据采集和圈层对比。

4　巴黎都市区（Métropole du Grande Paris，MGP）

巴黎都市区是指小巴黎 + 巴黎小圈 + 外部边缘的七个市镇的范围，共包括 131 个市镇，占地 814km²，人口约 700 万。巴黎都市区在 2016 年 1 月 1 日成立，拥有独立的行政机构——大都会议会，其委员会由所辖 131 个市镇的理事会选举产生。

建立巴黎都市区的初衷在于，提升巴黎及近郊地区的协同发展力度，加强轨道交通等基础设施建设、推动重大跨区域项目落地。与之共同发挥作用的还有地域发展合约区（CDT）、领土联合体（EPT）概念，下文会介绍到。

5 巴黎城市区域（Aire Urbaine de Paris）

巴黎城市区域是指图 1 中的红色虚线范围，总面积约 2723km²（统计于 1999 年），人口 1014 万（统计于 2016 年），占法兰西岛总人口的 84%。按照字面意思理解，就是按照城市模式建造的区域，笔者认为，巴黎城市区域范围类似于北京的中心城集中建设区的概念。

这个概念主要用于在全法国范围内各大城市区域的相关数据对比。

6 巴黎大区（Île-de-France）

巴黎大区即法兰西岛，是法国本土 13 个大区之一，总面积 12012km²，现有人口 1214 万。该区域以巴黎为中心，因此俗称为大巴黎地区。

不严格地说，巴黎的"小巴黎 + 巴黎小圈 + 巴黎大圈 = 巴黎大区"，类似于北京的"一核 + 一主 + 一副 + 多点 + 一区 = 北京"。

7 巴黎大都会（Aire métropolitaine de Paris）

巴黎大都会是指图 1 中的蓝色虚线范围，总面积约 17174km²。该概念由法国国家统计局（INSEE）于 1996 年创建并使用，旨在符合国际（欧盟）人口统计标准，是一个统计单位，目前仅用于统计人口数据，不进行经济类数据统计。

这个概念主要用于在欧盟乃至世界范围内各大都市圈的相关数据对比。

背景知识补充：比较复杂的是，Aire Urbaine de Paris 这个词在 1996 年被提出之初指的是巴黎大都会的范围，而巴黎城市区域被叫作 unité urbaine。直到 2011 年，INSEE 才将巴黎大都会的名称正式确定为 Aire métropolitaine de Paris，将巴黎城市区域的名称确定为 Aire Urbaine de Paris。也就是说，2011 年之后，较大的 Aire Urbaine 被称为 Aire métropolitaine。所以，如果在 2011 年之前的文献中看到此类混乱的称呼，请不要感到疑惑，直接打开以下网址就会知道来龙去脉：https://en.wikipedia.org/wiki/Paris_metropolitan_area。而维基百科在某些文字表述中还在沿用 2011 年之前的法语称呼，所以看起来会有些混乱。

8 其他政策性区域

8.1 地域发展合约区（Les Contrats de Développement territorial，CDT）

地域发展合约区的概念来源于《巴黎大区指导纲要 2030》（SDRIF 2030），于 2010 年 6 月 3 日针对巴黎大区确立，既是合约文件，也是城市规划文件。

地方发展合约的制定伴随着城市项目的实施，旨在落实巴黎大区指导纲要中提出的目标，提高跨行政区域的凝聚力，推动功能区划分，优化城市规划与交通的关系，实现住房规划目标，发展经济、促进就业、保护好开放区域。截至《巴黎大区指导纲要 2030》出台，地方发展合约的制定涉及 20 多个地区。

8.2 领土发展联合体（Les établissements publics territoriaux，EPT）

领土发展联合体的概念于 2016 年 1 月与巴黎都市区同时被提出，是一个发展单元的概念。巴黎都市区范围内一共有 12 个领土联合体，每个领土联合体由若干个市镇组成。领土联合体的概念出台后，理论上巴黎周围的省级行政单位便被大幅弱化。

背景知识补充：跟 EPT 密切相关的概念是市镇间公共合作机构（Etablissement public de coopération intercommunale，EPCI），两者的共同目标是促进跨行政边界的区域协同发展。目前法国层面常用的概念是 EPCI，而在巴黎都市区范围内，则用 EPT 替代了 EPCI。从图 4 中我们可以看到，EPT 和 EPCI 的范围是一致的，那么这样的改变有何意义呢？事实上，EPCI 在法国是一个比较传统的概念，目标就是促进市镇间的联合发展；而 EPT 和 MGP 打了个"组合拳"，对巴黎及周边地区的行政格局进行了调整，成立 Société du Grande Paris（巴黎都市区发展协会），进而对各级政府权力进行重组，调整了各级政府在国土和规划建设领域的职能，尤其是削弱了省一级政府的职能。从目前的情势推测，在法国的各大都市区范围内，省级政府或将消失，但这将会是一个漫长的过程。

综上所述，关于"巴黎"的不同称呼虽然听起来非常复杂，但是从近些年频繁的变动中，我们可以明显感觉到省一级的政府权力在不断被削弱。而省间协同发展和市镇间协同发展的重要性在不断凸显，这种协同通过巴黎都市区（MGP）和领土发展联合体（EPT）两种形式得以达成。尽管两者目前并非政府实体，但随着省一级政府权力的不断削弱、区域基础设施建设的紧迫性越来越高，或许还会引发新一轮的行政区划大调整。同时，面向具体项目实施，更加灵活的跨行政区的区域划定方式显示出其在协同规划与建设中的优越性，除了地域发展合约区（CDT），还有交通与城市一体化整治公约区等。

鸣谢

本文撰写过程中得到来自法国建筑科学技术中心的关键先生、来自天津市规划院的吴书驰先生、来自北京市城市规划设计研究院的刘欣女士的帮助和支持，特此鸣谢！

注释

① 部分名称没有中文官方翻译，由笔者根据个人理解进行翻译。

巴黎的公共交通有多方便?

魏 贺 郭 婧

摘 要: 本文基于一些基本的客观数据,从人口密度、年龄构成、生育意愿、国际化程度、受教育程度、购买力等方面介绍巴黎人口特征,并对巴黎与北京的情况作简要对比分析。

熟悉巴黎的人都会知道,巴黎的轨网密度异常惊人,尤其是小巴黎的地铁线路和站点极为密集,每个站的出入口数量又极为众多,这使得巴黎在出行率、步行分担率方面远高于北京(表1)。本文主要探讨巴黎公共交通发展的背后逻辑,并以时间为线索,用数据展示巴黎的公共交通服务水平的发展情况。

巴黎交通数据 表1

	出行率(次/人)	路网密度(km/km²)	步行分担率(%)
小巴黎	4.2	15.4	52.3
北京核心区	2.7	9.6	23.8

1 "你情我愿"的公共交通服务逻辑

法国以国家立法形式确立了公共交通的社会公益服务属性,通过"一核、两法、三要素"的服务逻辑将公共交通与出行活动、经济活动、社会发展和城市发展紧密联系起来,实现政府—社会、交通—土地、规划—实施的环环相扣。

"一核"指的是公共交通引领城市发展,"两法"指的是1982年出台的《城市内部交通组织引导方针法》(Loi d'Orientatoin des Transports Interieurs,LOTI)和2000年出台的《社会团结与城市更新法》(Loi relative à la Solidarité et au Renouvellement Urbains,LoiSRU),三要素指的是城市公共交通服务区(Périmètres de Transport Urbains,PTU)、公共交通税(Versement Transport,VT)和城市交通出行规划(Plan de Déplacements Urbains,PDU)。

1.1 城市公共交通服务区

法国早期的城市公共交通服务区是以独立市镇的行政边界划定范围,由于各市镇人口规模小、经济能力薄弱、地域空间不足,需要联合多个市镇共同发展公共交通。1973年《公共交通税法》(Loi autorisant certaines communes et établissements publics à instituer un Versement destiné aux Transports en commun,LoiVT)将PTU修改为城市公共交通服务覆盖的市镇建成区覆盖范围,不再要求与各相关市镇的行政区划边界吻合,公共交通可以依据网络发展自身规律和地区发展需求进行规划建设。

作者简介

魏 贺,北京市城市规划设计研究院交通规划所主任工程师,高级工程师。

郭 婧,北京市城市规划设计研究院公共空间与公共艺术设计所主任工程师,高级工程师。

1982 年 LOTI 明确 PTU 作为地方政府组织城市公共交通的合法空间范围，提出整合各市镇资源组成具有半行政属性"俱乐部"性质的城市交通管理委员会（Autorités Organisatrices de Transports Urbains，AOTU），对公共交通进行统一管理运营或服务外包购买。

巴黎大区的 PTU 最早被称为"巴黎公共交通区"（Régie de Transports Parisiens，RTP），公共交通管理机构为巴黎大区交通管理委员会（Syndicat des Transports Parisiens，STP），覆盖范围由 1963 年的巴黎都市区域扩张到 1989 年的巴黎城市区域。2001 年伴随公共交通管理机构改革，成立巴黎大区交通行业协会（Syndicat des Transport d'Île-de-France，STIF），覆盖范围扩展到巴黎大区全域，成为法国唯一行政区划尺度的 PTU。

2015 年《共和国领土组织法》（Loi portant Nouvelle Organisation Territoriale de la République，LoiNOTRe）将 AOTU 调整为机动性管理机构（Autorité Organisatrice de la Mobilité，AOM）。为回应法案，2017 年 6 月起，STIF 更名为巴黎大区城市机动性服务商（Ile de France Mobilités），组织架构与机构职能保持不变。

近期，伴随差异化交通政策实施与城市发展，巴黎、马赛、尼斯、里昂、里尔等地区城市逐渐出现连片带状发展趋势，极有可能出现新的、大范围的公共交通服务区。

1.2　公共交通税

公共交通税是一种法国独创的税务模式，可理解为杠杆类政策工具。其征收对象是 PTU 内雇员数超过 11 人的企业（2015 年 12 月 31 日前为 9 人），非盈利组织、公益基金会和部分国际组织例外，提供班车福利的企业可申请免税。征收基数是企业年度工资总额，企业有三年的豁免权，此后逐年 25%、50%、75% 缴纳，第七年全额缴纳。

1973 年《公共交通税法》确定，当 PTU 内人口总数超过 30 万时，AOTU 有权决定在区域内征收公共交通税。1974 年根据《74-933 法令》，将征收人口基数下调为 10 万。1982 年根据《共和国行政区划法》（Loi Administration Territoriale de la République，LoiATR），将征收人口基数下调为 3 万。1992 年根据《地方公共事务管理法》（Loi Gestion Déléguée des Services Publics Locaux，LoiGDSPL），将征收人口基数下调为 2 万。1999 年根据《加强和简化社区间合作法》（Loi relative au renforcement et à la simplification de la coopération intercommunale，LoiChevènement），最终将征收人口基数确定为 1 万。

公共交通税的征收额度为上限值，随时间、地点与政策动态调整，由议会统一规定，地方 AOTU 具有最终裁决权。当前征收规定为：人口总数为 1 万 ~10 万的 AOTU 不得高于 0.55%，人口总数超过 10 万的 AOTU 不得高于 0.9%（巴黎大区除外，2011 年前为 1%）。2000 年《社会团结与城市更新法》提出，如果成立联合服务地区（Les Syndicats Mixtes SRU），可额外附加 0.05% 税费（Versement Transport Additionnel，VTA）。2010 年《旅游法》（Code du Tourisme）规定，如果 PTU 中至少有一个市镇被定义为旅游地点，可额外附加 0.2% 的税费（表 2）。

公共交通税征收额度　　　　　　　　　　　　表2

VT 类型 AOTU 人口 （巴黎大区除外）	少于 1 万人	介于 1 万~5 万人	介于 5 万~10 万人	大于 10 万人
正常	—	0.55%	0.55%	0.90%
实行 TCSP	—	0.55%	0.85%	1.75%
VTA 奖励	—	0.05%	0.05%	0.05%
旅游地点	—	0.20%	0.20%	0.20%
合计	—	0.55%~0.8%	0.55%~1.1%	0.9%~2.0%

资料来源：根据 Cerema. Le Versement Transport：Une Contribution Essentielle au Financement des Transports Urbains [R]. Centre d'études et d'expertise sur les risques, l'environnement, la mobilité et l'aménagement, 2014 翻译

为了进一步推动公共交通发展，法国政府向地方建设专用公共交通设施提供财政补贴。1994 年《关于国家援助各省公共交通发展的通知》（*Issue de la circulaire relative aux aides de l'État aux transports collectifs de provincedu*）规定，独立运营公共交通的 AOTU，为建设公共交通专用基础设施（Transport en Commun en Site Propre，TCSP），公共交通税率可定为 1.75%。建设地铁的国家补贴不超过总造价的 20%；建设有轨电车的补贴不超过总造价的 30%；建设轻轨的补贴可达到总造价的 35%；建设公交专用道的补贴可达到总造价的 40%。TCSP 政策对公共交通制式的选择影响极大，自 2000 年起法国各省的有轨电车设施增量便已超过地铁（图 1）。

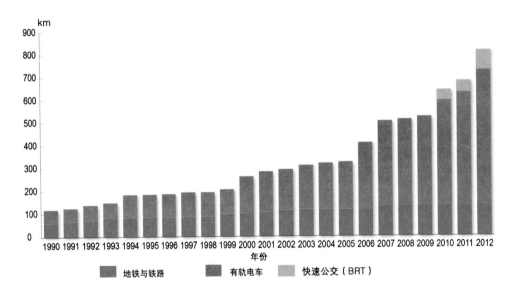

图 1　1990~2012 年全国 TCSP 政策设施实施评估
资料来源：根据 Cerema. Le Versement Transport：Une Contribution Essentielle au Financement des Transports Urbains [R]. Centre d'études et d'expertise sur les risques, l'environnement, la mobilité et l'aménagement, 2014 翻译

早在《公共交通税法》颁布前，巴黎大区从 1971 年便开始征收公共交通税，征收额度持续增加，巴黎市和上塞纳省缴额最高，塞纳 – 圣丹尼省和瓦勒德马恩省次之，目前已达到 1.6%~2.95%。自 2013 年起，塞纳 – 马恩、伊夫林、艾松和瓦勒德瓦兹四省开始出现同省不同税额的情况（图 2、表 3）。

图2 巴黎大区公共交通税空间特点
资料来源：Cerema. Le Versement Transport : Une Contribution Essentielle au Financement des Transports Urbains [R]. Centre d'études et d'expertise sur les risques, l'environnement, la mobilité et l'aménagement, 2014.

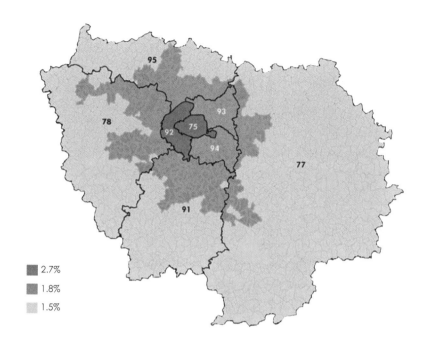

1971~2019年巴黎大区公共交通税税额（单位：%）　　　　表3

地区 / 年代	75 巴黎 Paris	77 塞纳－马恩 Seine-et-Marne	78 伊夫林 Yvelines	91 艾松 Essonne	92 上塞纳 Hauts-de-Seine	93 塞纳－圣丹尼 Seine-Saint-Denis	94 瓦勒德马恩 Val-de-Marne	95 瓦勒德瓦兹 Val-d'Oise
1971~1974	1.70	—	—	—	1.70	1.70	1.70	—
1975~1977	1.90	1.00	1.00	1.00	1.90	1.90	1.90	1.00
1978~1989	2.00	1.20	1.20	1.20	2.00	2.00	2.00	1.20
1989~1990	2.20	1.20	1.20	1.20	2.20	1.80	1.80	1.20
1991~1993	2.40	1.20	1.20	1.20	2.40	1.80	1.80	1.20
1993~1995	2.20	0.80	0.80	0.80	2.20	1.40	1.40	0.80
1996~2002	2.50	1.00	1.00	1.00	2.50	1.60	1.60	1.00
2003	2.50	1.30	1.30	1.30	2.50	1.60	1.60	1.30
2004~2012	2.60	1.40	1.40	1.40	2.60	1.70	1.70	1.40
2013~2015	2.70	1.5/1.8	1.5/1.8	1.5/1.8	2.70	1.80	1.80	1.5/1.8
2015~2016	2.85	1.5/1.91	1.5/1.91	1.5/1.91	2.85	1.91	1.91	1.5/1.91
2017~2018	2.95	1.6/2.01	1.6/2.01	1.6/2.01	2.95	2.12	2.12	1.6/2.01
2019至今	2.95	1.6/2.01	1.6/2.01	1.6/2.01	2.95	2.33	2.33	1.6/2.01

　　尽管民众已对公共交通税的征收达成共识，但持续上涨的征收税额依然是争论的焦点，到底是法定高税额导致不得不缴税并选择公共交通工具，还是长期环境影响行为导致高税额地区的民众更偏好公共交通工具出行、更支持税收政策，仍是众说纷纭。

　　巴黎大区乃至整个法国都在探索公共交通税的"开源"，如重新分配燃油税、停车费来支撑公共交通发展，重新评估公交发达地区的土地价值并向商业收益方征收增值税等手段。

　　公共交通税对巴黎大区的公共交通发展影响巨大。2015 年 STIF 总收入为 94 亿欧元，39.9% 即近37.5 亿欧元来自于公共交通税（劳动力人口人均缴税约合 5000元人民币），28.5% 即近 26.8 亿欧元来自于乘客票款，19.5% 即近 18.3 亿欧元来自于公共补贴，9.2% 即近 8.6 亿欧元来自于雇员橙卡补贴（图3）。

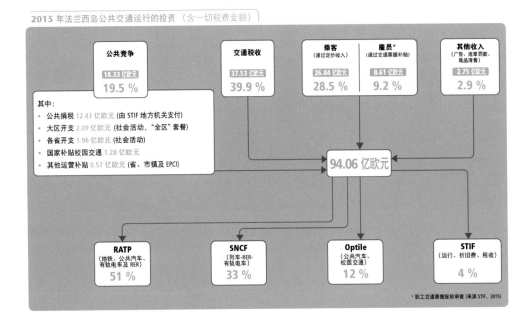

图 3 2015 年 STIF 财政收支

资料来源:STIF. 2015 年经营报告 [R]. Syndicat des Transport d'Île-de-France, 2016.

在运营开支方面,2015 年 STIF 为保持地铁、区域快线、有轨电车、地面公交车的高品质服务,共支出运营费用约 55.3 亿欧元,其中巴黎公交集团(RATP)和法国国铁(SNCF)两家就达到 41.7 亿欧元。而在新建交通基础设施方面,从 2005 年至 2015 年共投资 8.6 亿欧元,53% 即仅 4.5 亿欧元用于地面公共交通,28% 即近 2.4 亿欧元用于区域快线,11% 即近 1 亿欧元用于有 TCSP 补贴的有轨电车,仅 8% 即近 0.7 亿欧元用于地铁。

新建交通基础设施的投资成本与既有设施的运营支出形成鲜明对比,"新建设施一时烧钱,运营设施一直烧钱"。公共交通发展过程中,短期新建设施所需投资是政府可调配、可负担的,而长期运营服务所需开支则是必需的且政府难以负担的。公共交通发展政策的核心应是可持续的财务体系,公共交通税正是以法国特色解决了这一问题,实现了由"政府办公交"模式转变为雇主雇员经济关系下的"社会办公交"模式。当然,公共交通税也有负面影响,2015 年巴黎大区 608 万适龄劳动力人口对应 105.5 万家企业,平均雇员数量仅为 5.8 人,这意味着有大量的企业为了增加利润避税雇佣尽可能少的员工。

1.3 城市交通出行规划

1982 年《城市内部交通组织引导方针法》提出"人人享有交通权利",明确公共交通作为社会公益服务的根本属性,要求编制城市交通出行规划(PDU),编制范围为城市公共交通服务区(PTU),编制主体为城市交通管理委员会(AOTU),但不作为法定规划。

1996 年《大气保护与节能法》(Loi sur l'Air et l'Utilisation Rationnelle de l'Energie,LoiAURE)明确交通应与环境和健康保护实现可持续平衡发展,规定居住人口超过 10 万的聚居区必须编制法定形式 PDU,明确 6 项编制目标:一是减少小汽车交通量,二是发展公共交通和清洁交通方式,三是分配道路空间,四是规划各类停车设施,五是组织货运交通,六是鼓励企业参与组织雇员交通。

2000 年《社会团结与城市更新法》对 1967 年以来《土地指导法》(*Loi d'Orientation Foncière*，LoiOF)的"总体规划＋详细规划"规划体系作出调整，用地域协调发展纲要(Schèmas de Cohérence Territorial，SCoT)取代总体规划，用地方城市规划(Plan Local d'Urbanisme，PLU)取代详细规划，用中间层级的 PDU 和地方住房计划(Programme Local de i'Habitat，PLH)衔接协调两者。自 2014 年，地方机动性管理机构(AOM)已出现编制"PLU+PDU+PLH"三合一规划的试点，原计划 2017 年调整法规，目前推迟到 2020 年后立法推动(图 4)。

巴黎大区作为首都地区依旧是例外。《社会团结与城市更新法》保留 1995 年的《土地使用规划和发展指导方针法》(*Loi d'Orientation pour l'Aménagement et le Développement du Territoire*，LoiOADT)授予巴黎大区政府编制区域总体规划(Schéma Directeur de la Région d'Ile-de-France，SDRIF)的权利。SDRIF 和区域气候、空气与能源纲要(Schéma Régional Climat，Air，Energie，SRCAE)是一级公共政策，大巴黎城市交通出行规划(PDUIF)作为二级公共政策要向上兼容。PDUIF2000 未能与 SDRIF1994 和 SDRIF2008(未采纳)同期编制，兼容性较差；PDUIF2010—2020 则和 SDRIF2030 同期编制，兼容性更好。地方层面的 SCoT、PLU 和地方出行规划(Plan Local de Déplacements，PLD)作为三级公共政策，要向上兼容 PDUIF(图 5)。

2005 年的《机会均等法》(*Loi l'Egalité des Droits et des Chances*，LoiEDC)要求，提高出行全过程的无障碍服务水平。

2010 年的《环境法》(*Code de l'environnement*，Grenelle 2)要求，推进 PDU 与土地规划的融合，加强电气化交通和共享出行能力。

2014 年的《住房保障和城市改善法》(*Loi l'Accès au Logement et un Urbanisme*

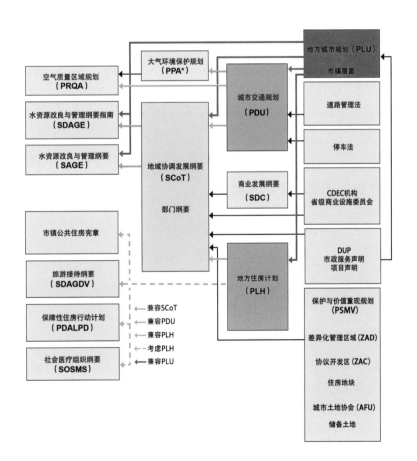

图 4 地方规划兼容性
资料来源：根据 AUAO. Les Liens de Compatibilité ：SCoT-PDU-PLH-PLU [R]. Agence d'urbanisme de l'agglomération orléanaise，2007 翻译

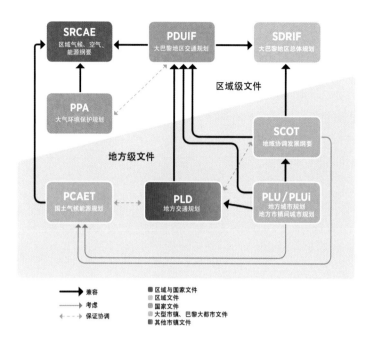

图 5 PDUIF2010—2020 兼容性
资料来源：根据 IDF Mobilités. PDUIF Feuille de Route 2017-2020 [R]. Île-de-France Mobilités, 2018 翻译

Rénové，LoiALUR）要求，加速整合 PDU 和 PLH。

2015 年的《能源转变促进绿色增长法》（*Loi Relative à la Transition Energétique pour la Croissance Verte*，LoiTECV）要求，AOM 范围内雇员在 100 人以上的企业必须编制员工公共交通出行计划，不履行该义务的企业无法获得环境和能源管理局的技术与财政支持。

2015 年的《交通法》（*Code des Transports*）明确 PDU 的 11 项编制目标：一是交通、环境、健康三者要可持续发展；二是加强社会凝聚力，提高无障碍能力；三是重新分配路权保障安全；四是减少小汽车出行；五是发展步行、自行车出行；六是改善道路基础设施；七是制定多样化停车收费政策；八是改善物流货运；九是鼓励企业制定公共交通出行计划；十是促进更多人选择公共交通出行；最后是推广纯电动车辆，推动充电基础设施建设。

2 巴黎的公共交通服务水平有多高

由于巴黎大区的行政分权制，并未发布大区范围的交通年报，只有巴黎市发布《年度交通运营报告》（*Le bilan des Déplacements a Paris*）。因此，利用 PDUIF2010—2020 中期评估报告和居民出行调查（L'Enquête Globale Transport，EGT）来进一步了解公共交通服务水平。

2.1 设施服务水平

截至 2016 年，巴黎大区共有城市道路 40771km，其中高速公路 / 快速路 1314km，省道 9992km，主干路 2675km，次支路 26790km。轨道交通里程共计 2014km，地铁 16 条线共计 218km，铁路（含区域快铁，即 RER）13 条线共计 1651km，有轨电车 7 条线共计 145km。地面公交线路共计 1505 条线路，运营里程

33047km，巴黎市 61 条线路，共计 709km。

巴黎大区的公共交通放射性廊道以铁路为轴线呈现典型的法式公交导向发展（TOD）特征（图 6），划分城市公共交通服务区、缴纳公共交通税、纳入 PDU 编制的地区才能吸引轨道交通建设，而不是规划了轨道交通反向引导人口产业集聚。而大区内的公共交通服务连绵地带则是缴纳公共交通税较高的地区，公共交通服务水平较高。

2015 年巴黎大区铁路日周转量约 7500 万人·km，年客流量 14 亿人，日均客流 384 万人，次均出行距离 19.5km。地铁年日周转量约 5000 万人·km，年客流量 15.5 亿人，日均客流 425 万人次，次均出行距离 11.8km。有轨电车日周转量约 1200 万人·km，年客流量 3 亿人次，日均客流 82 万人次，次均出行距离 14.6km。地面公交日周转量约 3430 万人·km，年客流量 14 亿人次，日均客流 384 万人次，次均出行距离 8.9km。

2.2　居民出行特征

巴黎大区分别于 1976 年、1983 年、1991 年、2001 年和 2010 年开展了 5 次居民出行调查，第 6 次居民出行调查已于 2020 年完成。2010 年巴黎大区出行总量 4111 万人次，绿色交通分担率 61%，85% 出行发生在道路空间内，人均出行率 3.87 次 / 天，平均出行距离 4.4km，65% 出行发生在 3km 以内（图 7）。巴黎市小汽车出行比重压缩幅度显著，千人拥车率降到 200 辆；而郊区则压缩效果有限，千人拥车率在 400 辆以上（图 8）。在出行时间分布上，午休时段出行需求压缩严重，逐渐转移

图 6　巴黎大区公共交通空间格局
资料来源：根据 Mobilitiés du Futur en Île-de-France [R]. Institut D'Aménagement et D'Urbanisme, 2018 翻译

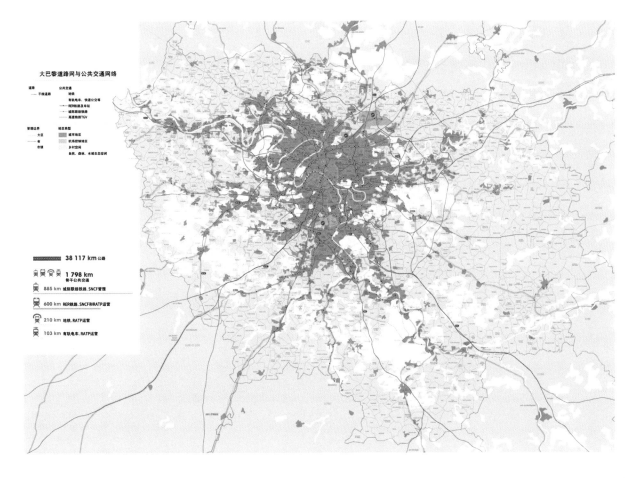

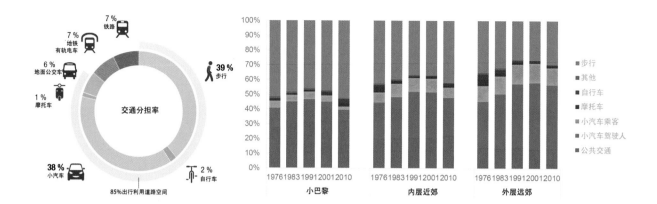

图7　2010年出行分担率（左）
资料来源：根据IAU. Mobilitiés du Futur en Île-de-France [R]. Institut D'Aménagement et D'Urbanisme, 2018 翻译
图8　分空间出行分担率演变（右）
资料来源：根据 CREATE. D4.2-Technical Reports for Stage 3 City：Paris and Ile-de-France [R]. H2020, Congestion Reduction in Europe-Advancing Transport Efficiency, 2017 翻译

至夜生活时段中（图9）。

在人均出行率方面，由2001年3.5次/日提升至2010年3.87次/日，其中步行出行率增长幅度超过25%，小汽车出行率下降3.3%。出行率空间分布中，巴黎市达到4.15次/日（步行出行率高达2.17次/日，即除了通勤出行外，每人每天至少休憩娱乐1次），都市区域（不含巴黎市）达到3.75次/日，城市区域（不含巴黎市与都市区域）达到3.91次/日，其他地区达到3.75次/日（图10）。

在圈层出行方面，都市区域对内出行总量达到2350万人次，占比57.5%；城市区域（不含都市区域）对内出行总量880万人次，占比21.7%；都市区域与城市区域间交换量327万人次，占比8%；其他地区对内出行总量350万人次，占比8.5%（图11）。

在省际出行方面，巴黎市出行总量达到1200万人次，占比27%，对内出行高达67%，对外出行主要联络上塞纳、瓦勒德马恩和塞纳–圣丹尼三省。巴黎市外七省各出行总量介于300万~400万人次，省际交换量规模较小，职住空间均衡性较好，发展独立性较高（图12）。

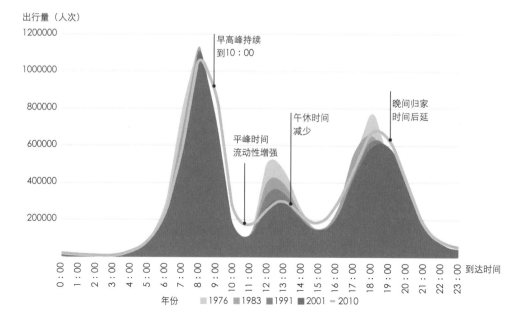

图9　分时段到达时间分布演变
资料来源：根据IAU. Mobilitiés du Futur en Île-de-France [R]. Institut D'Aménagement et D'Urbanisme, 2018. 翻译

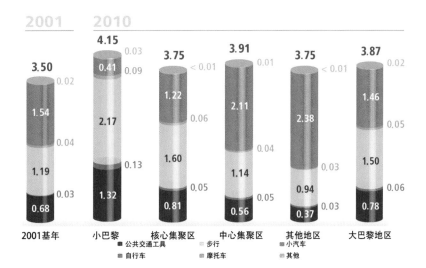

图 10　分圈层人均出
行率（单位：次 / 日）
资料来源：根据 Enquête
Globale Transport 2010
翻译

图 11　分圈层出行量
（单位：万人次）
资料来源：Enquête
Globale Transport
2010

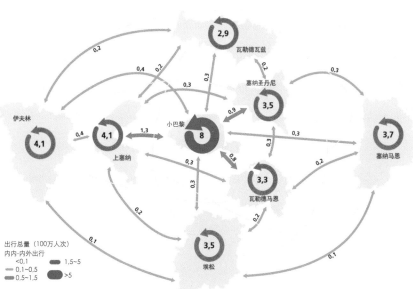

图 12　省际出行量
资料来源：根据 Enquête
Globale Transport 2010
翻译

巴黎是古老的城市还是创新的先驱？
——三次规划巨变，巴黎如何重塑

郭　婧

摘　要： 本文对巴黎城市近代发展历史上的三次规划改造行动进行回顾，并在此框架下介绍巴黎大区规划体系，重点对"过渡性规划""规划发展合约"等巴黎老城更新中的最新探索进行解析。

　　巴黎是一座非常古老的城市，同时她还一直在用前沿创新的规划建设手段并拥有时下最时髦的建筑，但这座城市仍旧成功地保有古老的气息，稳重又充满朝气。正是如此，巴黎才能散发出如此独特的气息，吸引着"最文艺"的青年，也吸引着有活力的科技人才。今日的巴黎，既来自于她悠久的历史，也来自于她在城市建设进程中的几次伟大变革。

1　古老城市的三次规划巨变

1.1　第一次：豪斯曼改造（1853~1870 年）

　　豪斯曼改造是拿破仑三世时期的一次城市改建行动，主要改造范围大约就是现在的小巴黎。在这次改建行动中，巴黎兼并了周边大片的郊区，从原有的 12 个区扩大到如今的 20 个区。通过道路格局的重构、公共空间的建设、建筑风格的塑造和基础设施的系统性构建，奠定了巴黎市的基本结构和空间形态（图 1、图 2）。

作者简介

郭　婧，北京市城市规划设计研究院公共空间与公共艺术设计所主任工程师，高级工程师。

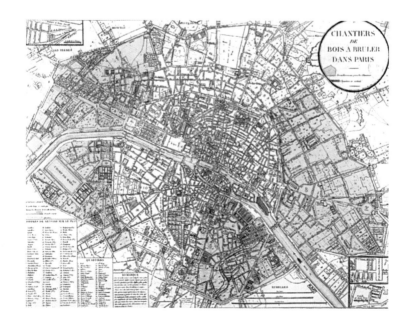

图 1　1821 年的巴黎（地图左上角隐约可见凯旋门，右下角隐约可见星形广场）
资料来源：Les Plans de Paris—Histoire d'une capitale

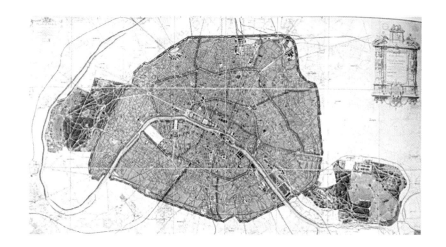

图2　1878年的巴黎
（放射性结构和环状
结构清晰，东、西两
侧分别是文森森林和
巴加特尔公园）
资料来源：Les Plans
de Paris–Histoire
d'une capitale

（1）道路格局的重构

豪斯曼将几何对称的理念应用到极致，在狭窄、弯曲的旧街道路网条件下，开辟了放射性路网以形成通达的交通条件。基于此项行动，形成了巴黎穿越市中心的"大十字"林荫干道，分别是穿越凯旋门的城市南北中轴线和沿塞纳河展开的东西向轴线，并形成了两个环路。

背景知识补充：有观点认为，豪斯曼在街道改造中的真实目的是想保证巴黎城免于暴动，即使巴黎街道上永远无法设置街垒。新的街道将在兵营和平民区间提供最短的线路。因此，豪斯曼的这一举动被称为"战略美化"。

（2）公共空间的建设

豪斯曼在全市各区都修筑了大面积公园，宽阔的爱丽舍田园大道向东、西两个方向延伸，把西郊的布轮公园和东郊的维星斯公园的巨大绿化面积引入市中心。同时，塞纳河沿岸的滨河绿地和宽阔的花园式林荫大道两种带状绿化提升了城市的绿化景观环境。而在城市中，又遍布着由纪念性碑柱和雕像装饰着的广场，丰富了城市的公共环境和面貌。

（3）建筑风格的塑造

豪斯曼为了使街道两旁的建筑能够相互融合、整体和谐，对建筑立面进行了改建，甚至对部分建筑进行了拆除后重建，严格要求建筑物原材料和高宽比例，同时他把诸多沿街房屋加建了一层。此外，他还规划修建了歌剧院、名人纪念碑、火车站和政府大楼等，这些建筑都融入了新古典主义风格。

（4）基础设施的系统性构建

豪斯曼将下水道和供水设施进行大幅度改建，原本臭气熏天的城市变得洁净起来；新建了照明系统，开办了出租马车等城市公共交通事业。这些改造让巴黎"改头换面"，从一个陈旧的中世纪小城一下子变成了崭新的工业革命时代的现代都市。而巴黎的地下水道至今还是观光热点。

豪斯曼改造工程无疑是塑造今日巴黎的一次重要转折点，这次改造烘托了旧帝国时期的辉煌，也为巴黎的现代化建设奠定了基础。

但是，没有任何一项规划是没有争议的，即便是受到广泛喜爱的规划建设成果，也总能被找出那么几点遗憾。豪斯曼先生的这项壮举又是极为庞大的工程，的确也在后世受到功过评论。例如，"豪斯曼最大的败笔是对巴黎市中心、巴黎圣母院所在的城岛的拆建，众多小房子被夷为平地，代之以当时流行的石头大房，城岛成了一个死气沉沉的行政中心，由警察局、法院和医院组成。而原本那个堪称中世纪建筑艺术博物馆的城岛已不复存在，这也使得法兰西文化的摇篮被消灭。"再如，"豪斯曼拆掉了巴黎三分之一的中世纪和文艺复兴时期的建筑、10% 的私人宅邸，这些消失的建筑令人惋惜不已。"还有更加直白的："豪斯曼干的事儿是创造性破坏，他粗暴地折断了巴黎的历史"。

功过是非，着实难判。笔者只知今日的巴黎实为可爱，旧日的巴黎是否更加可爱已不得而知，便随着历史潮流滚滚向前吧。

1.2 第二次：大巴黎地区规划建设（1982 年至今）

豪斯曼大改建之后的巴黎，并没有停下她前进的脚步，人口不断增加，城市不断蔓延（图 3）。1982 年之所以成为一个节点，是因为在这一年，法国政府将"大区"确立为一级行政区，"巴黎大区"成立。

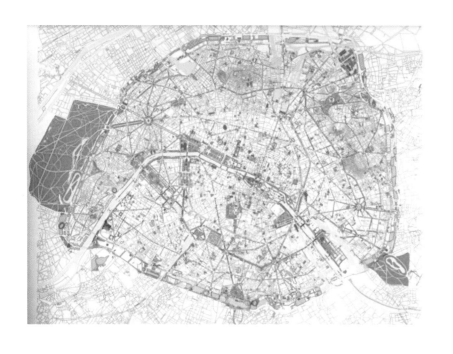

图 3 2001 年的巴黎（在公共交通和绿化建设的烘托下，城市结构愈加清晰，并且已经向外蔓延）
资料来源：Les Plans de Paris–Histoire d'une capitale

在巴黎大区的发展过程中，国家和大区政府展开了紧密的合作。在《地区（大区）发展计划》和"协议开发区"（ZAC）制度的作用下，国家对大区发展仍旧有着极强的掌控力。要理解这一点，其实很有必要先去理解法国的规划体系。

背景知识补充：在西欧国家中，法国的城市规划立法进行得相对较晚。但在短短几十年时间里，法国从传统的农业国家发展到今天高城市化水平的工业化国家，其过程中的许多阶段与我国当前的快速城市化进程颇有相似之处。

法国城市规划管理主要涉及城市规划的编制（含审批）、实施、监督检查三个方面的管理工作，中央政府和各级地方政府分别拥有不同的管理职权，同时也分别享有不同的管理资源，包括人力、技术和资金等。法国城市规划的变迁，实际上是规划管理权限的不断重新分配（图 4）。

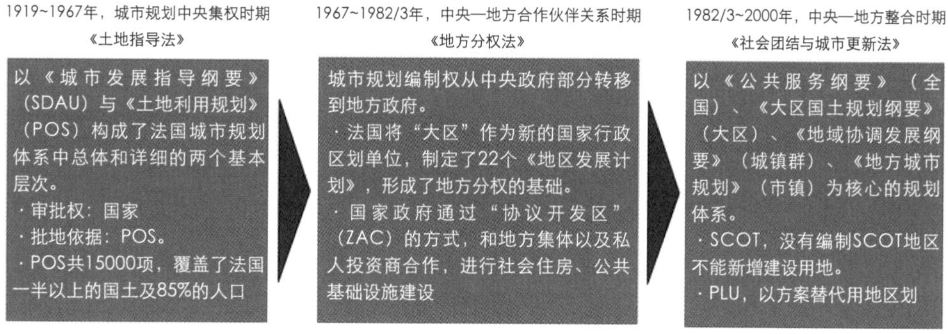

1919~1967年，城市规划中央集权时期《土地指导法》	1967~1982/3年，中央—地方合作伙伴关系时期《地方分权法》	1982/3~2000年，中央—地方整合时期《社会团结与城市更新法》
以《城市发展指导纲要》（SDAU）与《土地利用规划》（POS）构成了法国城市规划体系中总体和详细的两个基本层次。 ·审批权：国家 ·批地依据：POS。 ·POS共15000项，覆盖了法国一半以上的国土及85%的人口	城市规划编制权从中央政府部分转移到地方政府。 ·法国将"大区"作为新的国家行政区划单位，制定了22个《地区发展计划》，形成了地方分权的基础。 ·国家政府通过"协议开发区"（ZAC）的方式，和地方集体以及私人投资商合作，进行社会住房、公共基础设施建设	以《公共服务纲要》（全国）、《大区国土规划纲要》（大区）、《地域协调发展纲要》（城镇群）、《地方城市规划》（市镇）为核心的规划体系。 ·SCOT，没有编制SCOT地区不能新增建设用地。 ·PLU，以方案替代用地区划

图 4 法国城市规划发展历程示意

目前，法国城市规划管理权限主要集中在中央和市镇两级政府手中，大区和省级地方政府所掌握的城市规划管理权限非常有限。具体来说，中央政府主要负责制定与城市规划相关的法律法规和方针政策，对地方城市规划行政管理实施监督检查，通过向地方派驻技术服务机构参与编制和实施城市规划，对尚未编制"土地利用规划"的市镇发放土地利用许可证等；大区地方政府主要负责编制和实施区域性的国土整治规划等；省级地方政府主要负责编制辖区内的农业用地整治规划和向公众开放的自然空间的规划等；市镇地方政府主要负责直接或间接组织编制当地的主要城市规划文件（如"指导纲要"和"土地利用规划"），在审批通过"土地利用规划"的前提下发放土地利用许可证书，以及参与行政辖区内的修建性城市规划和土地开发活动等。

法国城市规划不断发展的过程，也是规划相关法律不断完善的过程。与我国不同的是，在法国并不存在单独成文的《城市规划法》法律文本，被称为"城市规划法"的法律文本往往是指一系列与城市规划相关的法案，是国家权力机构根据社会经济发展形势制定的城市发展指导方针。

在法国，规划体系与相关法规的关系极为紧密。而国家拥有建立司法框架掌控导向的权力，因此国家对城市规划的掌控力非常强。以大巴黎地区为例，编制法兰西岛总体规划纲要时，需要充分遵循国家层面的《蓝绿经纬国家方针》《城市规划法》《自然与农村区域公共服务纲要》《能源公共服务纲要》等文件的要求，符合《大区国土整治与水资源计划纲要》《洪水风险管理规划》《国家自然公园公约》《区域生态连贯体系纲要》《区域性可持续农业蓝图》等的要求，而在大区内的各项发展规划编制过程中，还要充分对接《省采石场纲要》《水务规划与管理》《地方交通规划》《地方住房规划》《大区气候能源规划》等专项规划（图 5）。

这一时期是人口不断增长和外来人口大量涌入的阶段，为此，巴黎大区不断扩张建设，在小巴黎外围新建了五座新城。为了支撑城市的不断"生长"，巴黎做出了非常多的努力，而在所有努力之中，公共交通建设、住房建设和环境改善一直是巴黎大区的规划主题，这一点至今也没有改变。

（1）公共交通建设

巴黎在过往的公共交通建设上有着令人佩服的远见。简单概括其策略包括三点：一是严格控制机动车流量，二是大力发展公共交通，三是鼓励步行和自行车出行。这三点教科书式的策略在这座城市得到一以贯之的落实。而中途差点被抛弃的有轨电车，

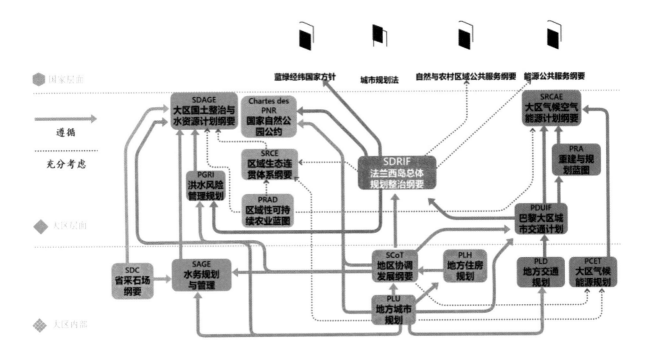

现在用实际效果证明了其对城市交通、景观等的极度友好性，而得以不断加强建设（在很多法国中小城市，有轨电车甚至成为公共交通的主角）。在这些举措之下，巴黎的机动车保有量在人口不断增长的背景下得以缓慢下降。不过，在近些年，巴黎政府对机动车的控制遇到了重重阻碍，不仅收取拥堵费的提案被诟病缺乏社会公平考虑，其提升油价的决策更是引发了一系列暴乱，与之形成对比的则是伦敦减少市区停车设施、收取高额拥堵费等一系列举措的顺利推行。

（2）住房建设

20 世纪末，巴黎的建设速度非常之快，每年大概建成 10 万套住宅，而这些住宅大多都是国家负责建设的，国家建立规则、整体规划并提供资金、负责生产，一气呵成。到世纪之交，随着各级政府权力的分散，国家确立规则、提供部分资金，市级政府拥有地产权，省级政府负责社会保障，大区政府负责地区规划等，每年仅能建设 3.5万套住宅。而如今，这个数字就更小了。为了吸引更多年轻人来巴黎，巴黎政府大力鼓励住房建设，尤其是社会住房建设，因此巴黎住房机构 Paris Habitat 成为一个非常有存在感的机构，每一个新区建设、每一次老城更新都有其身影，并且在巴黎之外的城市也有非常广泛的业务。

（3）环境改善

从巴黎大区规划体系的梳理可以看到，有一半的专项规划都与环境改善相关，巴黎的公共政策制定往往更加重要保证城市建设与经济发展不会带来环境恶化和生活质量的下降，这似乎成为全社会的共识。更多的绿地和森林、步行和自行车道要更方便地通往河边和公园，林荫大道已经满城都是，更不要说这里有最早的高线公园（图6）。现如今，巴黎又开始大力建设城市农园和屋顶绿化，笔者访问到的巴黎邮政局，作为一个"夕阳产业"部门着力转型做屋顶农园，在自家楼顶开始创业，现在已经能够开展原材料供应、产品定制、技术培训、运营管理等一系列服务（图7）。这一转型能做起来，也是因为省政府、大区政府和中央政府的大力扶持，提

图5　巴黎大区规划体系示意

资料来源：根据大巴黎规划院研究资料绘制

图 6　巴黎高线公园
实景图（左）
图 7　邮政局屋顶农
园实景图（右）

供了不少支持资金。而这样的屋顶农园在巴黎已经非常常见，在 54hm² 的 Clichy-Batignolles 新区建设中，巴黎市政府甚至对其提出了 1.5 万 m² 的屋顶绿化要求（刚性）。

1.3　第三次：“重塑巴黎”计划（一次难能可贵的畅想）

正如密特朗在巴黎留下了卢浮宫玻璃金字塔、拉德芳斯大拱门、法兰西国立图书馆，萨科齐留下了塞纳河塞甘岛（Ile Seguin），巴黎现任市长 Anne Hidalgo 也提出了雄心壮志的计划，她希望通过“重塑巴黎”行动，使巴黎走在时代前列。“我们拒绝一个怀旧的‘化石’巴黎，也竭力避免巴黎淹没在当代标准化运动中。我们将打造一个面向明天的城市，一个开放创新的、生态可持续的、充满活力和多元包容的地方。”

“重塑巴黎”行动旨在启动一些城市更新项目。为此巴黎政府甄选了巴黎的 23 个地块，从 18 世纪的私人宅邸到废弃土地，组织了一个国际竞赛。这 23 个项目恰恰反映了巴黎正在面对的城市挑战的缩影。

这次竞赛选取了产权归巴黎市政府所有的城市地块，并且政府在《土地出让协议》中作了规定，获胜的项目将由开发商或房地产经理购买，同时参赛选手也都全程参与实施。在合同中，购买用地的开发商承诺在自己所承包的项目中实施创新理念，如建造材料、对邻里开放的公共设施等。此外，政府部门还发起了一项承诺计划，即在未来 15 年中，每一年都会对公众参与和新产权所有人应尽的责任进行检验，并规定有惩罚措施，保证实施效果。基于以上种种条件，笔者认为这些竞赛项目非常有落地实施的可能性。

而这项计划的实施究竟是否会延续巴黎一贯的审美功力和战略定力，我们不妨拭目以待。

2　老城更新中的创新探索

巴黎的老城无疑是她最具魅力的一部分，曾经的她也有过疲态，也曾面临衰败的风险。而怎样的创新探索，使得这个老城区一直如此有活力和生命力呢？这里想跟大家介绍笔者比较感兴趣的两件事，即过渡性规划和规划发展合约，在笔者看来，这两个都是城市规划意图落实的好帮手，值得我们学习借鉴。

2.1 规划形式创新：开展"过渡性规划"

在巴黎，市政府主张开展一系列过渡性城市规划，即在等待某个地块上的建筑被拆除或者更新的过程中，政府允许非营利组织临时性地运营这个地块，赋予其临时的功能。这一方面减少了土地管理成本，避免闲置浪费，并在低成本条件下植入公益项目和公共服务设施，增强街区吸引力；另一方面也为地块未来的更新提供一些功能和运营管理上的探索，为社区参与地块更新提供良好契机。

2012年以来，巴黎都市区共开展了47项过渡性规划，类型多样，涉及文化艺术、创意共享办公、商业休闲、公共空间与公园、城市农场与园艺、体育设施、公共服务设施等功能（图8）。以巴黎14区"大邻居"项目为例，2012年，在古老的圣文森德鲍尔医院关闭后，政府对其留下的 3.5hm² 用地和 5.2万 m² 建筑物尚没有明确的利用计划，于是允许公益性机构"曙光协会"临时性占用和运营该地块，项目期限是2年，须充分考虑公益救助功能。曙光协会将该地块主要用于社会紧急救助住房，接纳有住房困难的人群，提供约 600 个床位。此外，曙光协会与在地居民、房屋产权所有人协商，在地段中安排了艺术家工作室、小企业入驻场所、工匠工作室、艺术画廊、

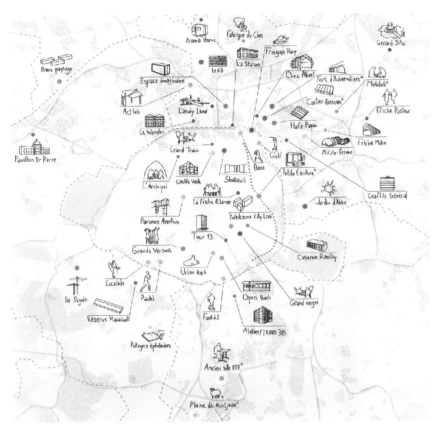

过渡性规划用途

- 艺术、文化、休闲
- 办公、工作坊、手工艺品
- 零售、餐饮、酒吧、俱乐部
- 公园、花园、公共空间
- 农业、园艺、厨房园艺、放牧业
- 项目活动区、施工场地
- 体育空间、操场
- 混合用途

图8 巴黎都市区的过渡性规划项目分布（2012年至今）
资料来源：根据大巴黎规划院资料翻译、绘制

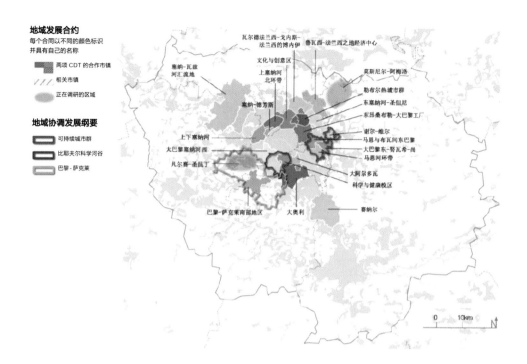

图9 "地域发展合约"区分布情况
资料来源：根据大巴黎规划院资料翻译、绘制
注：一些区域还可能有变动。

商店和酒吧、餐厅等。在一系列活动策划之后，该地段吸引了250家协会、团体、创业企业入驻，500多名员工在此工作，成为极具特色和吸引力的街区，平均每天接待游客350人次。

2.2　地区协作的创新政策工具：实施《规划发展合约》

《地域发展合约》（CDT）于2010年6月3日针对大巴黎确立，既是合约文件，也是城市规划文件。该合约被纳入国家、市镇及相关组织。其中，国家可由大区区长代表，巴黎大都市区、大巴黎国际工作坊和巴黎大区市长联合会应纳入该合约框架。

截至2013年，《地域发展合约》的制定涉及20多个地区（图9）。这些合约的制定伴随着城市项目的实施，旨在落实巴黎大区指导纲要中提出的目标，推动功能区划分，优化城市规划与交通的关系，实现住房规划目标，发展经济、促进就业、保护好开放区域。

《地域发展合约》可以说是巴黎大区指导纲要的重要实施手段。《地域发展合约》的实施能够提高地域团结和凝聚力，实现巴黎大区城市、经济和社会的更好发展，避免投机、同质化竞争，避免区域之间的隔离。

总的来说，在近半个世纪的巴黎大区建设过程中，整座城市最宝贵的精神一直得到延续，城市古老的韵味得以强化，这需要城市建设拥有极大的动力和定力。

巴黎能够在多轮城市更新中确保没有出现太过奇葩的"转折"，这个来源于贯穿民族上下的美学通识教育，使这座城市的人们有着群体性的审美功力。巴黎能够在长久的创新探索中保持城市的规划建设定力，得益于完善而不断修正的法规体系的宏观调控与支撑，以及"当权者和专家共同的强烈的城市战略感"（米歇尔·米劢）。

巴黎面向全球的吸引力体现在哪里?

郭 婧

摘 要： 本文从城市经济发展环境、创新研发产业、国际会议和展览业、文化资源与文旅业等方面的数据入手，对比分析巴黎、北京以及其他相关城市的发展情况，重新认识不同城市对于人才和产业的吸引力。

巴黎是一座知名度极高又极其标签化的城市，以至于即便是一些没去过的人也会觉得非常了解这座城市。但实际上，这座城市在其标签之下，尚有诸多个侧面值得深味，如这里浓郁的科技气息、发达的漫画产业、务实的商业运营等。这些侧面恰恰是坚实的基础，支撑着她最迷人的那些标签。

1 兼有成本与品质优势的经济发展环境

作为全球化程度极高、首位度极高的城市，巴黎的 GDP 位列欧盟第一（2017 年数据），为 6600 亿欧元，占法国 GDP 的 30.3%，占欧盟 GDP 的 4.5%，超越了大伦敦地区（表 1）。

巴黎、东京、伦敦、纽约和北京的GDP情况对比　　　　表1

城市	巴黎	伦敦	东京	纽约	北京
GDP（亿欧元）	6600	5860	8823	7302	3922
占全国 GDP 比例（%）	30.3	22.2	20.1	4.1	3.4

数据来源：大巴黎规划院

巴黎因其明显的劳动生产力优势和显著的成本优势获得了诸多行业的青睐。巴黎是欧洲第二大劳动生产力地区，第一是伦敦（图 1）。

作者简介

郭 婧，北京市城市规划设计研究院公共空间与公共艺术设计所主任工程师，高级工程师。

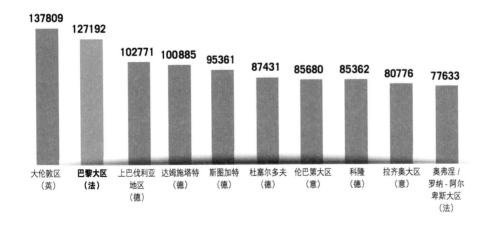

图 1 欧洲各大区的劳动生产力（GDP/15~64 岁的在职总人数）排名
注：大伦敦区 = 内伦敦 + 外伦敦
资料来源：Eurostat, 2015

从近 10 年的服务业与制造业的成本支出上看，巴黎拥有高竞争力的成本优势。从企业支出上对巴黎、东京、伦敦和纽约的数据进行比较，以及从就业人员的生活成本上对巴黎、伦敦的数据进行比较，巴黎都具有明显的优势（表 2、表 3）。

巴黎、东京、伦敦、纽约的服务与制造业成本均值比较（单位：千美元） 表2

	巴黎	东京	伦敦	纽约
初始投资	13679	20910	15689	15271
人力成本	7595	7267	8029	11002
运输成本	810	465	1010	854
电力成本	280	376	367	321
运行成本	9326	8941	10520	12616
总成本	21849	22302	22741	24956
排名	1	2	3	4

数据来源：大巴黎规划院

巴黎、伦敦的就业人员生活成本比较　　　表3

大类	小类	巴黎（欧元）	伦敦（欧元）
住房	平均租金（中心区 3 居室）	17836	18375
	供电、供暖与供水（85m^2）	2400	4400
交通	1 张单人票	1.8	3.2
	月卡	75	165
	出租车 1km 价格	1.2	3
医疗保健	牙医门诊	23	130
	全科医师门诊	23	108
休闲	健身会员卡（每月）	51	61
	电影票	10	15

数据来源：Banque Populaire

基于这样的环境条件，巴黎凝聚了各类行业、集团总部、中小型企业、高科技公司、创业公司、世界级高竞争力集群和外资企业集团等。全球五百强企业总部有 27 家，包括大家所熟知的道达尔、家乐福、标致雪铁龙等，其数量居欧洲第一、世界第三。

巴黎在吸引外资集团机构上也有着不错的表现，居欧洲第二。目前，外资集团提供的就业职位有 62 万个，占巴黎大区总就业职位数量的 16.7%，也就是说，每六个就业岗位中就有一个就业岗位是外资企业提供的。而这些就业岗位中，有 16.5 万个是由美国企业提供，约占 27%；德国和英国共提供了 8 万个，约占 13%。从外资企业数量上看，有一半来自欧洲，接近四分之一来自美国，接近五分之一来自亚洲。

2 卓越的创新研发产业发展水平

巴黎大区不仅有着深厚的工业基础，广泛涉足商业领域，也是科学技术创新企业活动非常集中的地区。全法超过四分之一的创业公司集聚在巴黎。从科技研发支出、研发人才和研发产出情况上看，巴黎大区在欧洲是毫无疑问的佼佼者。

欧洲最高的研发支出：巴黎大区研发支出占比极高，为全法的 40.7%、欧盟的 6.6%，研发支出占巴黎大区 GDP 的 3%（而北京这一数据为 5.7%，几乎是巴黎的两倍）。不过在巴黎，私人企业的研发支出较高，占了总研发支出的 67.5%，公立机构占 32.5%。这一点跟北京很不一样，北京的研发支出是以公立机构为主的。

巴黎的研发投入主要集中在 9 个创新研发集群上，投入数量从高到低分别为：①设计、生产及对复杂体系的精确掌握；②数字转换；③高科技医疗保健与全新治疗法；④交通和出行；⑤可持续城市与都市生态技术；⑥香水与化妆品；⑦航空、太空与防卫领域；⑧橡胶与聚合物工业；⑨金融服务。

巴黎拥有欧洲最多的研发工作人员。巴黎大区的研发劳动力占全法的 37.7%，欧盟的 5.6%，其中私人企业的研发劳动力占比 63.7%（图 2）。正是由于这些研发投入和人才优势，巴黎大区在研发产出方面成绩斐然，截至 2018 年共产生了 31 个诺贝尔奖获得者，其中，巴黎高等师范学院成为 2016 年全球获得诺贝尔奖人次最多的大学学院，并拥有 11 位菲尔兹奖获奖者、4 位阿贝尔奖获奖者。巴黎还拥有 7682 个专利领域，递交专利申请人数占全法的一半。在国际报纸发行量方面，在全球城市区域中排名第三，仅次于北京和东京。

同时，巴黎大区极为重视吸引创业公司，鼓励创业孵化。为此，巴黎将在未来两年新增 10 万 m^2 的办公空间，来容纳千余家创业公司，其中就包括 3.4 万 m^2 的 Station F——全球最大的创业公司基地。

为了提供更为优质的配套环境以留住创业人才，巴黎大区正在实施一系列的基础设施建设项目，并在大巴黎计划（Grand Paris Project）中提出，建设全新的交通网络、住宅工程、写字楼办公区，打造融入全球竞争格局的、开放的研发中心（图 3）。

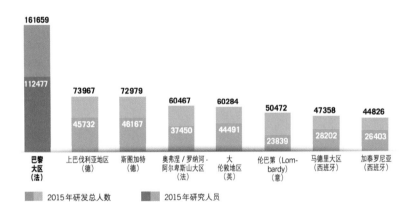

图 2　欧洲各大区研发人员数量情况（2015 年）
数据来源：Eurostat, 2015

3　国际会议和展览的首选地

国际会议和展览带来的文化碰撞与交流使得巴黎文化持续繁荣，并进一步促进了巴黎本就极为发达的商务服务、娱乐休闲、旅游服务等经济领域。目前，巴黎大区共有 75 万 m^2 的室内展览和会议空间，20 个展览和会议场馆，其中巴黎会议中心（Paris Convention Center）是欧洲最大的会议中心，距埃菲尔铁塔仅 15min 路程，最多可容纳 3.5 万人。

巴黎大区每年举办近 1000 场会议，吸引近百万名参会者，其中 27% 为外国访客，创造了 12 亿欧元经济效益，提供了 2 万个工作岗位。在全球城市和国家中，巴黎成为国际会议的首选地之一，在举办 / 承办国际会议场次上，巴黎排名第一（图 4）。

巴黎非常重视商业会展带来的经济收益。根据巴黎大区工商业联合会的 2016 年

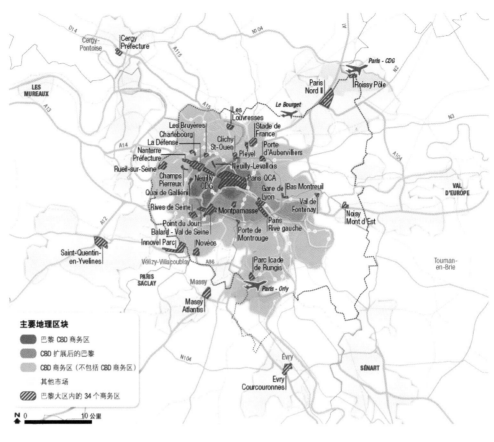

图3 巴黎大区商务区规划示意图（2017 年）

资料来源：大巴黎规划院

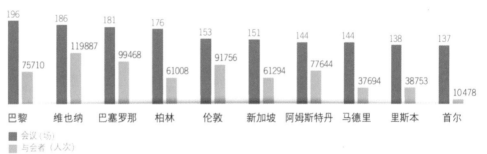

图4 全球各大地区的会议举办情况对比

数据来源：ICCA，2016

数据，巴黎大区共举办了 413 场贸易展，共有 100100 家参展企业，其中外资企业占比 30%；吸引了 910 万访客，其中外国访客占 6.2%；创造了 42 亿欧元经济收益，创造了 64400 个工作岗位，促成了 202 亿欧元的营业额（外国客户产生的营业额占比 45%），签订了 630 万份交易合同（表 4）。笔者在法期间，的确感觉到浓厚的商展氛围，周末出门就能碰到一两个，除了巴黎之外，其他区域的中心城市也很热衷于商展。而这些商展本身还是很有文化味儿和专业诚意的，如笔者在圣马洛（Saint Malo）偶然碰到的一个漫画展中大开眼界，才了解到法国漫画业的历史悠久和兴旺发达。

巴黎大区十大国际商业展览会　　　　　　　　　　　　表4

名称	产业部门	参观人数（人）	参展公司（家）	年度
巴黎汽车展	运输、物流、交通及相关设备	1253513	240	2014
巴黎国际农业展	农业、园艺、畜禽养殖、花卉、渔业及相关设备	552207	905	2017
巴黎国际展	跨产业商业展览会与博览会	542004	2129	2017

续表

名称	产业部门	参观人数（人）	参展公司（家）	年度
巴黎国际航空展	国防、民事与军事安全	322000	2381	2017
巴黎游艇展	观光、体育与休闲活动	202730	644	2016
巴黎游戏周	观光、体育与休闲活动	198791	162	2016
家具 & 装饰展	家居装饰、室内设计、建筑设计与生活品位	161695	5602	2015
SIMA 巴黎国际农业与牧业展览会	农业、园艺、畜禽养殖、花卉、渔业及相关设备	123378	849	2017
巴黎书展	艺术文化、音乐与表演	110246	881	2017
巴黎国际食品展	美食、酒店与餐厅设施	88138	6913	2016

数据来源：UNIMEV、OJS、SIAE

4　独一无二的文化资源与购物天堂

巴黎拥有 4 个联合国教科文组织认定的世界遗产，包括凡尔赛宫、巴黎塞纳河滨、枫丹白露宫及其花园、普罗万中世纪古城；4000 座古迹、140 家博物馆，其中包括世界上参观人数最多的 3 家博物馆，即卢浮宫、蓬皮杜中心、奥赛美术馆；47 个外国文化机构、271 座特色村庄；还布局有 307 家电影院、1073 个放映屏幕、361 家剧场、5 家歌剧院，还有大名鼎鼎的红磨坊、疯马秀和丽都歌舞秀三大夜总会。将巴黎和北京的文化资源情况进行梳理对比，北京在数量上与之相当（表 5）。

巴黎与北京的文化资源情况对比　　　　　　　　　　　　表5

类别	巴黎	北京
世界遗产	4	7（第 8 项申遗中）
古迹	4000	969
博物馆 / 美术馆	140	179
剧场 / 歌剧院	366	140
电影院屏幕	1073	1420
特色村庄	271	44
夜总会	3	—

数据来源：法国统计局、北京市统计局、北京市城市规划设计研究院

2016 年，巴黎 20 大文化景点接待游客 5710 万人次（表 6）。在客流量方面，还是北京更有优势。综合以上因素，巴黎的景点并不会因为游人如织而令人望而生畏，秩序比较可控，游览起来还是比较闲适的。

从以上景点接待的游客结构上看，巴黎接待的外国游客数量占总游客数量的比例高达 41%。游客数量最多的 7 个国家从多到少分别为英国、美国、西班牙、意大利、比利时、德国、中国。而北京的来京旅游总人数中，境外游客占比仅 1.3%。

巴黎大区最受欢迎的20个景点及游客量　　　　　　　表6

排名	景点	客流量（万人次）
01	巴黎迪士尼乐园	1340
02	巴黎圣母院*	1200
03	蒙马特圣心堂*	1000

续表

排名	景点	客流量（万人次）
04	卢浮宫美术馆	740
05	凡尔赛宫	740
06	埃菲尔铁塔	590
07	蓬皮杜中心	330
08	奥塞美术馆	290
09	巴黎科学工业城	220
10	奇迹之金币圣母院*	200
11	国家自然历史博物馆	160
12	凯旋门	130
13	军事博物馆	120
14	大皇宫	110
15	布朗利码头博物馆	110
16	巴黎爱乐音乐厅	110
17	路易威登基地	100
18	小皇宫	090
19	圣礼拜堂	090
20	橘园博物馆	080

注：* 表示该景点为自由进入参观，游客量为估值。
数据来源：CRT Paris ile-de-France，2016

与丰富的文化资源一样拥有极大吸引力的还有巴黎的购物中心（表7）。在巴黎大区，现有218座购物中心，其中拉德芳斯购物中心（Les Quatre Temps-Le CNIT）是全法和全欧洲客流量第一的购物目的地，在2016年共接待了5560万人次。紧随其后的，是雷阿勒市场（Forum des Halles）、克雷泰伊商场（Creteil Soleil）以及大家所熟知的老佛爷、春天百货、Le Bon Marche 和 BHV 等百货商店。

欧洲排名前10的购物中心及客流量　　　　　表7

排名	购物中心名称	客流量（万人次）
01	Les Quatre Temps-Le CNIT（法国巴黎）	5660
02	Westifield Stratford（英国伦敦）	4550
03	La Part-Dieu（法国里昂）	3560
04	Galeria Krakowska（波兰克拉科大）	3500*
05	Forum des Halles（法国巴黎）	3390
06	Westfield（英国伦敦）	2800
07	Hoog Catharijne（荷兰乌德勒支）	2600
08	Shopping City Sud（奥地利维也纳）	2470
09	Zlote Tarasy（波兰华沙）	2130
10	Creteil Soleil（法国巴黎）	2100

注：* 表示2015年数据。
数据来源：商业用地，2017

巴黎，无疑是一座世界知名的城市，更是全球文化的城市标杆。对于巴黎来说，相比之下，数据可能略显苍白，文学家的作品更容易使人共鸣。我们不妨引用茨威格的一段话作为这个系列的终结：

"在任何地方也比不上在巴黎这样，可以更加幸福地感到人生的这种天真无知，同时又无比睿智的无忧无虑的人生态度，这种人生态度通过优美的礼仪、温和的气候、累积的财富和悠久的传统方能得到达成。"

七大战略、30项空间政策，打造一个安全、多彩、智慧的新东京——《东京2040》系列解读之一：规划的总体框架

段瑜卓　田晓濛　杨　春

摘　要：当我们还在思考从"平成"走向"令和"的日本会有怎样的转变时，东京城市规划也因为《东京2040》而进入新的纪元。作为亚洲最具魅力和个性的世界城市之一，东京从来都不缺少惊喜和创意，在巴黎、伦敦、纽约相继展现出美好愿景之后，东京的未来是何等色彩？新时期下《东京2040》呈现出新的理念：从忧患意识到主动响应，从城市愿景到市民理想，着眼于未来、聚焦于人本、尊重特色的务实风格，在详实而精致的文字中贯穿始末，并为我们展现了一个安全、多彩、智慧的东京。

1　背景与愿景

2017年9月东京制定了最新一版城市总体规划，题为《都市营造的宏伟设计——东京2040》（简称《东京2040》）。东京都知事为规划撰写了序言，指明了应对挑战，要抓住机遇，开辟每个东京都居民充满希望的未来。

序言指出，面对2040年东京日趋严峻的少子化、高龄化、人口减少等问题，应当立足对长远期发展的思考，把握技术革新和全球化趋势为城市发展带来的机遇，推进"新东京"实现3个愿景，即"安全城市""多彩城市""智慧城市"，要提供任何人都可以健康生活的场所，创建任何人都可以发挥能力、都可以很活跃的优秀城市。

21世纪后，东京相继出台了多版城市发展战略规划、战略行动计划以及城市总体规划。城市战略规划主要着眼于城市整体的发展愿景，以此为基础，东京都政府会进一步编制相应的战略行动计划。最新一版城市战略行动计划发布于2016年12月，名为"建设'市民为中心'的新东京——面向2020年的行动计划"，重点围绕申办奥运会、东日本大地震后的城市功能恢复等挑战开展切实的准备工作。城市总体规划的编制内容依照日本的《城市规划法》，通常在城市发展目标的设定上尽量与城市发展战略规划保持一致。

2　主要内容

东京都行政区包括23个城区、26个市、5个町和8个村，面积2193.96km²（2017年），人口1374.29万（2017年），空间尺度与北京城六区相当。《东京2040》以东京都为规划范围，在整合相关政策、规划的基础上，规划重点着眼于适应未来社会经济发展的城市形态和战略举措。

《东京2040》阐述了规划的意义、2040年东京发展的情景预测、城市职能定位、

作者简介

段瑜卓，北京市城市规划设计研究院规划总体所高级工程师。

田晓濛，北京市城市规划设计研究院规划总体所工程师。

杨　春，北京市城市规划设计研究院规划总体所高级工程师。

空间格局、重点战略、分区域建设指引和规划实施保障等内容。规划下设的 7 个章节分别为：①"都市营造的宏伟设计"的职责；② 2040 年的社会情况与东京都居民的活动情况；③东京应当担负的责任；④应当实现的新的城市形态；⑤城市建设的战略与具体工作；⑥个别中心与地区的未来形态；⑦面向 2040 年的未来形态。

3　规划特点

3.1　深入认识危机与挑战，多角度预判未来场景

2040 年东京将面对前所未有的挑战，少子高龄、人口减少问题，全球化发展、巨大的地震威胁、严峻的能源问题等各种趋势，以及东京作为全球城市进一步的发展诉求。为了更加准确地认识未来挑战对城市发展的影响，规划从 3 个角度对未来城市场景进行了预判，其中以人口趋势为背景，借助社会变革与技术革新为城市活动带来的多样性，在"安全城市""多彩城市""智慧城市" 3 个发展愿景的指引下，东京都居民的活动情况被精准地描绘出来。

东京的人口预测。规划估计东京的人口将在 2025 年达到最高峰，然后会出现减少的局面；21 世纪 40 年代，约三人中就有一人是老年人（图 1）。

社会状况与技术革新的预测。对于未来的社会发展情况，规划以"世界交流更加活跃、老年人与育儿人群参与社会筹划、价值观的多样化与实现生活工作的平衡、创造性艺术文化活动增加、自然灾害和新危机的对策、区域基础设施加以完善"等几个特征为前提，并充分考虑到先进技术给社会带来的福祉，"自动驾驶技术、能源环境技术、人工智能（AI）技术、信息通信技术"等方面的技术革新将会帮助人们突破现有困境（图 2）。

2040 年东京都居民的活动情况。在新的社会发展情境下，规划认为东京都的居民将以世界为舞台更加活跃与积极地参与交流，能够选择更加多彩的生活方式，能够亲近自然并安心地居住与生活。

图 1　东京都各年龄阶层人口的发展
资料来源：东京都政府．都市营造的宏伟设计——东京 2040 规划 [EB/OL]. [2017-9-11]. https://www.metro.tokyo.lg.jp/tosei/hodohappyo/press/2017/09/01/11.html

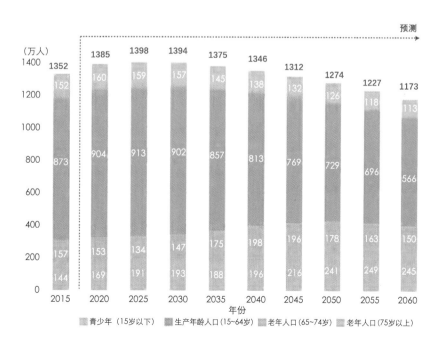

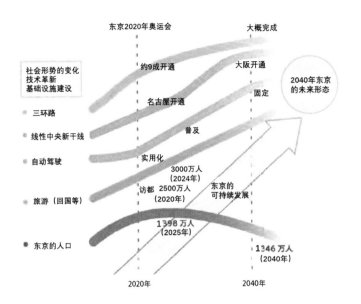

图2 设想的社会变化与基础设施建设的形态图
资料来源：东京都政府. 都市营造的宏伟设计——东京 2040 规划 [EB/OL]. [2017-9-11]. https://www.metro.tokyo.lg.jp/tosei/hodohappyo/press/2017/09/01.11.html

3.2 聚焦以人为本，始终强调"开辟每个东京都居民充满希望的未来"

《东京2040》在规划全过程都体现了鲜明的人本立场，旨在通过一版所有东京都居民都更易理解的规划，去打造"每个东京都居民都变得更好"的生活状态。规划以解决"人"的问题为导向，紧密围绕着"少子高龄、人口减少"的根本困境，鼓励培育多样化的人群、特别关注特定人群，强调重塑各类人群的社会价值，从而使每个东京都居民都能够蓬勃发展、应对挑战、享受宽松生活和灵活地选择生活方式。

规划愿景蕴含3个层面的人本需求：保障安全、放心的生活，自由而充满活力的生活，以及满足不同人群的差异化需求，激活地方繁荣。

规划在城市未来场景预判中特别提出："老年人和育儿人群将更多地参与到社会生活。老年人在健康寿命进一步延长、科学技术不断进步的过程中，可活用自己的经验与知识，通过参加志愿者活动等，为社会作出广泛的贡献；同时，为帮助特定人群在出生、育儿、护理等生命阶段选择多种灵活的生活方式，将在整个地区中建设协助育儿、护理的机制，形成人们可以活跃地发挥各自能力的社会。"

3.3 最大限度地发挥地区潜能，通过打造特色地区优化城市空间格局

为避免城市空间发展的不均衡性，《东京2040》提出不但要将经济与产业的核心功能聚集区定位为各级城市中心，更要鼓励城市各区域拥有均衡的发展机会，立足城市发展的自组织规律，推进形成富有"地区特色"的城市空间。

结合地方特色的城市中心包括"轨道站点周边地区、人们生活交流中心的区域、具有历史性街区与艺术文化设施的地区、水边、绿地、农业用地扩大的地区、绿化资源丰富的住宅区、有魅力的商业街、具有风情的工商业者居住区、具有先进制造技术的工厂布局的地区"，活用各自特色形成相对均衡的空间发展格局，进一步提升东京整体的活力与魅力（图3）。

3.4 以空间规划实施为导向，构建"愿景—战略—政策方针"的规划框架

规划以实施为导向，谋求城市发展与经济、社会、生态、公共利益等战略目标的

图3 规划设想的城市中心地区均衡化的发展格局
资料来源：东京都政府. 都市营造的宏伟设计——东京2040规划 [EB/OL]. [2017-9-11]. https://www.metro.tokyo.lg.jp/tosei/hodohappyo/press/2017/09/01/11.html

紧密呼应，协调统筹各类对空间可能产生影响的公共政策。为推动规划落实，3个未来发展的宏大愿景被落实为7项跨领域的重大战略，并进一步分解为30项涵盖城市各要素领域的空间政策，最终落实在支撑各空间政策的具体实施工作中。

《东京2040》的7个战略包括：进行持续性发展，形成充满活力的中心；实现人、物、信息的自由交流；创建对抗灾害风险与环境问题的城市；提供所有人都可以生活的场所；实现方便的生活，创造多彩的社会；创建四季都有绿水青山的社会；通过艺术、文化、体育创造新魅力（表1、图4）。

《东京2040》的7个战略和30项空间政策　　表1

战略		空间政策
·进行持续性发展，形成充满活力的中心	1	保持领导世界的国际商务交流城市
	2	在多摩创建可以创造新技术的中心
	3	创建发年魅力个性的多样的地区
·实现人、物、信息的自由交流	4	强化机场的功能、支持国内外人、物的活跃交法
	5	消除道路拥堵、人、物可以顺利移动
	6	重建道路空间，实现宽松与繁华
	7	解决电车满员问题、任何人都可以轻松出行
	8	以铁路储备为基础，创建任何人都可以出行的城市
	9	形成高度合作的高效物流网络
	10	活用最尖端技术，创造信息城市空间
·创建对抗灾害风险与环境问题的城市	11	设想各种灾害、创建可以承受灾害的城市
	12	创建无电线杆、安全美丽的城市
	13	在发生灾害时也可以开展城市活动，居民可以继续生活下去，并可以迅速复兴
	14	将来持续健全地使用城市基础设施
	15	城市整体减少能源负荷
	16	实现可持续发展的循环型社会
·提供所有人都可以生活的场所	17	提供符合多种生活方式的生活场所
	18	整备环境，使高龄人员与残障人士具有生存的价值，孩子可以健康成长
	19	长时间妥善使用优质的住宅储备
	20	将多摩新市区重建为生活富裕、充满活力的城市
·实现方便的生活，创造多彩的社区	21	形成有重点的市区
	22	形成新的闹市，支持多彩生活
	23	创建形成社区的城市多样空间

续表

战略		空间政策
• 创建四季都有绿水青山的城市	24	创建任何地方都可以感受到绿色的城市
	25	培养担负产业责任，产生活力的城市农业
	26	创造享受水边风景的城市空间
• 通过艺术、文化、体育创造新魅力	27	支持城市历史的传统文化将会产生
	28	创建游客会持续选择的旅游城市
	29	创建运动融入生活中的城市
	30	从各种角度出发活用东京 2020 年奥运会的竞技设施

资料来源：东京都政府. 都市营造的宏伟设计——东京 2040 规划 [R/OL]. [2017-9-11]. https：//www. metro.tokyo.lg.jp/tosei/hodohappyo/press/2017/09/01/11.html

图 4 《东京 2040》的 7 个战略和 3 个城市发展愿景
资料来源：东京都政府. 都市营造的宏伟设计——东京 2040 规划 [EB/OL]. [2017-9-11]. https：//www. metro.tokyo.lg.jp/tosei/hodohappyo/press/2017/09/01/11.html

4 对北京规划建设的启示

北京身处同样的全球化背景、面对同样人口老龄化的挑战，将以人为本作为根本，谋求从总量扩张转向结构优化、从要素驱动转向创新驱动、从高速增长转向高质量发展，北京的城市规划和实施可在诸多方面借鉴《东京 2040》的思路和手段。

4.1 以技术革新推动城市发展

在落实首都战略定位和民生保障方面，可以借鉴《东京 2040》以科技革新助力城市发展，大力探索科技创新与城市发展互促互进的协同发展路径，在城市规划建设的各领域积极灵活地接纳技术革新带来的实用性成果。

2040 年东京以下 3 个面向全球的功能定位无一不与先进技术有关。

①具有包容力，培养多种人群、文化的交流。以政治、经济、文化等多种服务与产业聚集为基础，发挥作为展示地和试验市场的功能，同时创造出多彩的魅力和新技术。

②建立、推广城市课题方面先进的解决范本。活用经验与技术应对人口社会、城市安全等方面的挑战。

③将传统与先进相结合，创造出新的价值。将传统与最尖端的技术、最先进的艺术相结合，发挥东京独有的个性，创造出新的业务模式、生活方式与文化价值，并向世界推广。

《东京 2040》特别强调在少子高龄化、人口减少的过程中，通过技术革新的成果与人们的主观努力，提高每个人的劳动生产率，确保公共基础设施的有效维持与更新，实现城市经营成本的效率化。城市规划建设与技术革新的结合点主要体现在以下几个方面。

①推进都市农业的发展。活用尖端技术，促进现代农业发展，创造多层次的农业空间，如在住宅附近推广多种经营的体验农庄，人们可以栽种蔬菜，享受田园生活。

②提升城市微环境。引入先进的环境、能源技术，普及生态房屋应用，通过屋顶绿化、墙面绿化、隔热性铺装、细微喷雾等手段，应对城市"热岛效应"。

③利用新技术创新地展示文化艺术。将数字艺术等先进技术与日本传统艺术相结合，展现东京独有的艺术与文化。

④利用各类先进技术进一步形成无障碍的交通环境。普及活用自动驾驶技术，推进错峰上下班与远程工作，支持多元化的交通需求。以车站为中心，将轨道交通、地面公交、出租车、自行车等多样化的交通方式与最尖端技术结合在一起，打造便于所有人出行的交通环境。

⑤公共空间的高附加值利用。利用先进的技术，在各类城市公共空间中举办金融、科研、国际交流等活动。

4.2 面向全社会各类人群的人文关怀策略

北京在编制各类公共服务设施专项规划和各类城市治理专项行动中可借鉴《东京2040》规划，重点关注"儿童、育儿人群、老年人、准备创业的年轻人、外国人、残障人"等特定人群，使老年人、残障人可以重塑生存价值和社会价值，使孩子们能健康地成长，使育儿人群可以放心地生育和育儿，使所有人都可以更加自由和容易地选择生活和工作方式，从居住、工作、休闲等方面提供多样化和特色化的支撑（图5）。

①打造放心的居住空间。在城市中心地区、轨道站点周边打造适合特定人群的居住空间；通过对老旧社区和空置房屋更新打造多元居住空间，如公寓、独立式房屋、老年人住宅、学生宿舍、面向育儿人群的住宅、三代人可近距离居住的小区等。

②充分提供面向各类人群的就业保障。在社区和地区中心增加育儿人群、老年人、残障人的就业机会。

③实现自由交流与交通。通过充实环状、放射方向的公共交通，根本性地改善区域内的出行情况，确保高标准的交通便利性，支持高龄人员、育儿人群以及残障人的生活与参加社会活动，为他们创造自由的交流机会。在公共交通空白区域，解决高龄人员、残障人等交通特定群体的出行问题。

④以集约的功能满足特定人群多样化的需求。在城市中心地区、轨道站点周边、商业活力地区周边、大型居住区，促进商业、医疗、防灾、老年人福利、育儿设施、支持创业等基本生活和就业功能集聚，推动特定人群灵活选择工作与生活方式。

⑤提升国际人才的生活环境。鼓励建设可以提供外语服务的医疗、教育、育儿等生活设施与服务公寓。

图5 结合大型小区的更新引入多元的城市功能形态图
资料来源：东京都政府. 都市营造的宏伟设计——东京2040规划 [EB/OL]. [2017-9-11]. https://www.metro.tokyo.lg.jp/tosei/hodohappyo/press/2017/09/01/11.html

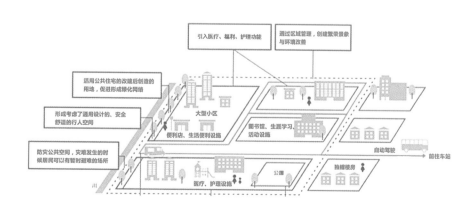

4.3　以轨道站点及周边用地综合开发激活地区潜能

东京作为"建设在轨道上的城市"，为北京轨道站点及周边用地综合建设整治提供了借鉴，以满足多样化的活动、交流、生活为目标，运用城市更新与建设的各种相关制度，通过引导轨道站点及周边地区一体化开发，强化地方特色（图6）。

①依托轨道站点周边形成功能多元、生活便利、具有活力的公共空间。鼓励站点周边地区聚集育儿、防灾、商业等多元功能，打造创意广场、下沉花园、行人通行平台等公共空间形态。

②规划以提升轨道站点与周边地区的可达性为目标，对于有多条线路汇集或者换乘不方便的站点，要新设通道，扩展车站空间，促进车站设施的改善。强化公共汽车、共享单车等短距离交通工具与轨道站点的衔接。

③以人本主义为原则，增加城市内的无障碍设施，以轨道站点与周边地区为整体实现地上、地上无障碍通行。

④在站点周边地区推进土地使用的灵活性与兼容性，为"不受场地束缚的工作""居住与办公的一体化""使居住用地兼容咖啡厅、饭店等服务设施"提供保障，促进地区自发创造新的发展动力和活力。

⑤最大限度地彰显地方特色、结合艺术和科技形成具有高品质的城市特色展示空间。

4.4　以多目标导向推动空间资源利用和规划实施

北京可借鉴《东京2040》以规划实施为导向，突破传统用地分类范畴，涵盖综合领域、体现多重发展目标，形成以空间为载体并最终落实到空间资源配置的规划内容，推动形成多层级、多专业领域共建共管共治的规划实施途径。

以农业用地为例，在《东京2040》中不仅承担农业产出功能，还支撑用地集约发展、自然资源保护、城市绿化总量保障、科技成果应用和防灾等方面的战略目标。

①在土地利用方面，明确提出要保护并合理高效利用农业用地，推进城市建设。

图6　地铁站周边场景描绘
资料来源：东京都政府.都市营造的宏伟设计——东京2040规划 [EB/OL]. [2017-9-11]. https://www.metro.tokyo.lg.jp/tosei/hodohappyo/press/2017/09/01/11.html

利用换地方法汇集细分的农业用地、闲置农业用地、拆除空置房屋后预计增加的空地，在保护绿化总量的前提下划分管理工作区域；如需进行大规模开发，需要提交农用地保护评价方案研究，保证在开发建设的同时不影响环境品质；对于确定的保护型农业用地，通过延期纳税制度与贷款制度等手段鼓励人们购买和继承该地（图7）。

②在城市绿化方面，农业用地承担公园绿地的功能，提升城市绿化总量，实现出门见绿，通过鼓励在社区附近建设经营性体验农庄、屋顶菜园以及农业风景培育区等方式，居民在闲暇之余，亲身感受农业技术指导，亲手栽种农作物，让"田园之风"吹入城市生活（图8）。

③在结合先进科技层面，发展现代农业，培育高质量农产品，吸引更多年轻人从事高科技农业生产行业。

④在防灾层面，在建设农业体验设施的同时，建设农业用井等防灾设施，在美化环境、提升活力的同时兼具防灾功能，灵活高效利用空间资源，在城市安全层面多一重保障。

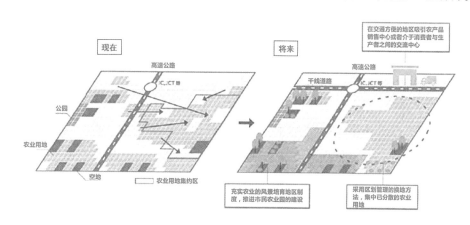

图7 面向保护城市农业用地的工作形态图
资料来源：东京都政府. 都市营造的宏伟设计——东京2040规划［EB/OL］. ［2017-9-11］. https：//www. metro.tokyo.lg.jp/ tosei/hodohappyo/ press/2017/09/01/11. html

图8 开展生产优质品牌的蔬菜、水果的城市农业的地区
资料来源：东京都政府. 都市营造的宏伟设计——东京2040规划［EB/OL］. ［2017-9-11］. https：//www. metro.tokyo.lg.jp/ tosei/hodohappyo/ press/2017/09/01/11. html

5 结语

《东京2040》给我们带来深刻的启发，包括敢于直面挑战、把握机遇，实事求是地判断未来发展态势，推进传统与创新的融合，尊重城市发展的自身规律，精准回应城市发展的时代特征和地方个性。其中最为根本的是，真正做到在实现城市理想的同时，保障和提升城市中每一个人的生存价值和社会价值。

创建四季都有绿水青山的城市
——《东京 2040》系列解读之二：东京的绿化建设

董 惠 田晓濛 杨 春

摘 要：作为充满魅力的国际化都市和人口高度密集地区，东京一直以来高度关注城市绿化建设对城市发展的重要意义。《东京 2040》针对城市绿化建设的实际特点，以更加广泛的视角、更加多元的要素、更加具体的措施指明了未来 20 年东京绿化建设的着力点，智慧而生动地展现了绿意盎然、充满活力的东京城市图景。本文深入解读了《东京 2040》有关城市绿化建设的创新理念与策略，并通过借鉴其新思路对北京的绿化建设工作提出建议。

1 东京城市绿地建设的历史沿革与新愿景

东京对城市绿地的保护与建设始于明治维新中期（19 世纪 80 年代），经历了四个主要时期，即以城市公园绿地为代表的初创期、第二次世界大战后城市绿地规划复兴期、城市绿地系统规划成熟期和城市绿地系统规划完善期。1977、1981、2000 年，东京先后三次制定绿色总体规划，提出"水网与绿网交织的特色城市"的远景目标，此后，又先后出台《绿色新战略导则》《都市计划公园绿地的建设方针》《环境轴建设导则》等一系列促进城市绿化建设的新制度。随着城市逐步发展，到 2013 年，尽管东京的公园数量持续增加，但城市总体绿量却在减少。为了扭转这一局面，更好地提升城市品质，《东京 2040》提出"创建四季都有绿水青山的城市"的城市绿化战略目标，提出在保护现有绿色空间的基础上，最大限度地活用丰富的绿化与水景资源以及历史文化庭院中的绿地资源，提升城市蓝绿空间的多样性，实现四季可见美丽风景的目标。

在总体目标愿景之下，《东京 2040》提出了绿色城市创建、城市农业保护和滨水空间营造三个重要方针，并具体阐述了保护现有绿化、创建城市蓝绿空间体系、保护与创新城市农业、注重滨水空间的景观塑造与空间利用等具体方式及相关制度。方针1：创建任何地方都可以感受到绿色的城市。保护珍贵的绿色，活跃的城市活动与丰富的生态系统并存；在所有场所中创造新的绿色，形成舒适的城市空间；山区、岛屿地区形成独特魅力，提高活力。方针 2：培养担负产业责任、产生活力的城市农业。保护农业用地，向下一代传承；使东京都内新鲜的农产品形成品牌，对外推广；创造出提高城市魅力的农业空间。方针 3：创造享受水边风景的城市空间。推进面向水边的城市建设，将观光与作为身边出行的乘船旅游固定下来，在城市中形成提高情趣的水边空间。

作者简介

董 惠，北京市城市规划设计研究院总体规划所教授级高级工程师。
田晓濛，北京市城市规划设计研究院总体规划所助理工程师。
杨 春，北京市城市规划设计研究院总体规划所高级工程师。

2 规划特色解读

2.1 立足绿化全要素保护与利用，推动多维空间融合发展

东京的绿化制度体现出兼顾时间、空间以及市民感官体验的多维度融合发展理念，既注重量的增加，也注重品质的提升，强化布局的均好性，使东京成为在任何地方都能感受绿意的美好城市。

2.1.1 保护利用自然资源，使繁华城市活动与丰富生态系统并存

《东京 2040》针对东京多元的地理环境特征，按照圈层特点提出了差异化的保护建设要求。对于山区，将良好自然资源与历史性遗迹的林地、山地、崖区划为保护区，制定开发建设管控制度，将人工开发痕迹控制在最小限度；对于丘陵地区，在保护丘陵景观风貌和自然环境的基础上，积极推进自然公园的建设；对于农业地区，保护并有效地利用农业用地，城市开发建设需占用农用地时，需进行占补平衡以遏制绿色空间的减少；对于岛屿及滨水地区，则注重生物栖息地的保护。

从市民的感官体验出发，紧紧围绕绿色空间带给人的心理感受，将绿化建设作为城市基础设施建设的重要组成部分，营造出多时空、多维度的舒适生活体验。《东京 2040》提出，引入先进环境技术，积极推广立体绿化，实现节能减排，缓解城市"热岛效应"，应对夏季炎热；在道路建设中配置连续的树荫，形成更加舒适的慢行出行体验；将农业景观引入住宅区，形成独具特色的景观风情。此外，东京绿化建设注重四季变化中的植物景观效果，在绿色环绕城市的基础上以花叶植物的广泛种植形成繁花似锦的城市意象，有效提升城市魅力。

东京充分意识到生物多样性对城市生活的重要作用，通过营造有利于生物多样性保护的城市空间，使市民更加方便地贴近自然，构建了人类与动植物和谐共生的高质量生态环境。《东京 2040》多角度提出了有利于丰富生物多样性的措施，包括城市新增绿化充分利用本地植物，最大限度地保护好现有树木；将城市公园和自然公园建成多种生物生息繁衍的生态网络中心，并广泛开展生物多样性保护的科普教育活动。

2.1.2 极尽可能创造新的绿色空间，提升城市绿化布局的均好性

作为建成度较高的大都市，东京在新时期绿化建设的重点就是为城市补充绿色创造更多的可能性，以实现更加均衡的绿化布局。《东京 2040》提出，城市公园的建设要与公园周边的公共空间和私人空间相互渗透，实现辐射范围更加广泛、体系更加完整、一体化程度更高的绿色空间网络，通过公园绿地与城市建设的紧密融合，实现地区繁荣发展。此外，规划将逐步引导远离车站和城市建成区的住宅用地向绿地和农业用地等类型转变。

通过人行道、公共绿化空间、水景空间、城市电车等轨道内的附属绿化将区域性绿地、城市中心区绿地以及新建设的绿地有机串联到一起，将绿色空间的体验与城市游览进行融合，提升城市空间的舒适度，使市民感受绿意中行走的美好体验（图 1）。

2.2 保护都市中的农业用地，使其成为高附加值的绿色空间

关注农业空间的生态和绿化价值是《东京 2040》的重要特色之一，通过鼓励培育都市农业，使之担负生产、生态、防灾、美化环境等多元职责，成为城市中充满魅力的宝贵资源。

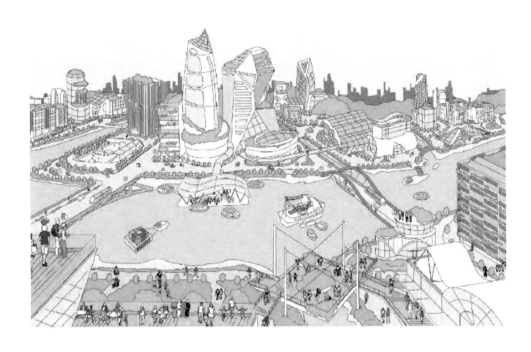

图1 水景与绿化形成网络，充满滋润的区域中心地区场景示意图
资料来源：东京都政府. 都市营造的宏伟设计——东京2040规划 [EB/OL]. [2017-9-11]. https://www.metro.tokyo.lg.jp/tosei/hodohappyo/press/2017/09/01/11.html

2.2.1 明确农业用地的功能定位，合理布局、有效利用

《东京2040》将农业用地定位为"城市公园绿地"，作为独特的空间加以活用，并通过延期纳税制度与贷款制度等手段鼓励人们购买和继承农业用地。结合规划道路，通过置换的方式，将农业用地、闲置农业用地、拆除空置房屋后预计增加的空地连片布局，作为大尺度农业用地空间进行保护。城市进行大规模开发时，在将农用地转变为住宅用地时，需要提交农用地保护评价方案研究，保证在开发建设的同时绿地规模不减少，并确保留住美丽风景与良好居住环境。

2.2.2 创造提高城市魅力的农业空间

将农业用地作为城市中珍贵的自然保留地进行活化利用，多方面增加农业用地附加值。作为城市绿化用地的一部分，通过城市更新、屋顶菜园、闲置用地改造等手段增加农业空间，使城市绿量持续增长；在休闲游憩层面，农业用地为东京市民提供了各种农业体验空间，丰富了游憩活动内容；在景观风貌塑造层面，农业用地将田园风光注入城市，增添了城市魅力，形成丰富的城市空间形态；在防灾层面，将农业用井作为防灾设施，使城市防灾系统增加一重保障。

2.3 注重滨水空间建设，创造休闲舒适、富有活力的滨水岸线

东京是一座被河流、运河等丰富水资源包围的城市，活用水资源意义重大，通过建设符合地区特征的亲水型城市，创造宽松与舒适的城市氛围，成为享誉世界的美丽风景。

《东京2040》提出，将滨水岸线的建设纳入城市一体化建设体系，通过活用城市开发各项制度，推进水岸区域成为城市建设一体化地区，形成富有魅力的滨水空间（图2）。鼓励面向水岸布局文化和休闲功能的建筑，引导水岸绿化与城市内部绿化连为一体，整体提高水岸地区景观风情与绿化丰富度。支持活用水岸开放空间，布局城

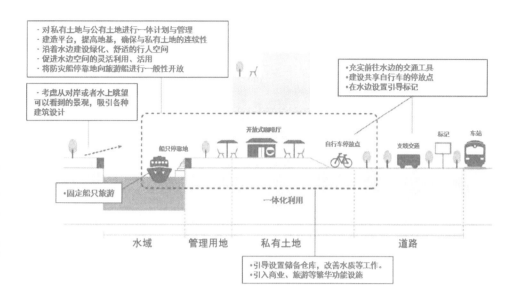

图2　面向水边的城市建设形态示意图
资料来源：东京都政府. 都市营造的宏伟设计——东京2040规划 [EB/OL]. [2017-9-11]. https：//www.metro.tokyo.lg.jp/tosei/hodohappyo/press/2017/09/01/11.html

市商业服务设施，形成充满活力的亲水中心。在桥区建设中，抓住首都高速公路大规模更新与城市建设的重要契机，致力于建造地下高速公路，恢复有历史文化内涵的桥梁（如日本桥）及周边的环境景观，形成符合国际金融都市的高雅城市景观。

2.4　以高质量绿色空间支持高密度城市活动

2.4.1　公园绿地与城市功能充分融合，创造高质量城市公共休闲空间

《东京2040》提出，充分利用城市中各类绿色空间资源，鼓励私人空间对外开放，与城市绿地相结合，创造出公共空间与私人空间为一体的宽松、优质的城市空间，并在公园中融入休闲、文化设施，举办庆祝活动，使公园的功能渗透到城市生活中（图3）。

2.4.2　城市大型交通设施与城市绿地结合，增加休闲游憩功能

在地铁站、公交车站周边地区建设一体化的创意广场、下沉式花园广场，或在道路上空建设行人通行平台、广场等设施，使绿色空间充分融入道路、车站、街道，形

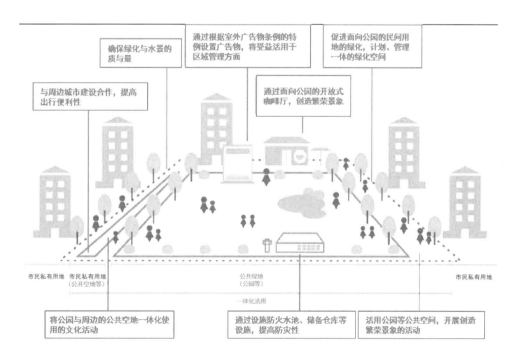

图3　将公园活用为繁华场所的形态示意图
资料来源：东京都政府. 都市营造的宏伟设计——东京2040规划 [EB/OL]. [2017-9-11]. https：//www.metro.tokyo.lg.jp/tosei/hodohappyo/press/2017/09/01/11.html

成一体化的城市基础设施，城市交通设施因为绿色功能的补充而成为城市重要的休闲游憩空间。在高速公路大规模更新阶段，通过与城市更新相结合，将道路上空建设成绿化休闲空间，与城市设施一体化利用。

2.4.3　建设以人为本的街道绿化

在街道绿化中，重点关注自行车、步行出行的舒适度，通过改造道路空间，完善林荫树木建设，与路边水景、绿地紧密结合，形成城市中的"绿化中轴"，创造行人可以享受的美丽城市空间。

3　对北京绿化规划建设的启示

北京建设国际一流的和谐宜居之都，做好生态环境建设是首要前提，也是城市高质量发展的关键。他山之石，可以攻玉，《东京2040》的规划思路为北京的城市建设提供了可借鉴的经验，可以归纳总结为5个方面。

3.1　将农业用地作为珍贵的自然资源加以保护和活用，作为城市绿地的有机组成部分

《东京2040》提出将农业用地作为城市公园绿地对待，成为具有高附加值的独特的自然风景，不仅是生产用地，其产品可以形成优质品牌，快速直销给东京市民。而田园风光注入城市，也增加了城市魅力，为人们提供农业体验，使都市居民身处闹市依然可以享受田园风光。此外，农业用地也因农业用井等防灾设施建设，可成为防灾体系的重要组成部分。因此，北京市绿化建设可借鉴东京对农业用地的定位，突破传统用地分类范畴，发挥好农业用地的生态、生产和生活多元价值，在实现优质农产品产出的同时，丰富都市生活内涵，提升城市景观魅力。

3.2　跳出单纯的指标考量模式，更加关注人的心理感受

高质量发展的要义就是从单纯对量的追求转到对质的提升，在绿化建设方面，《东京2040》已经突破仅仅增加绿色空间规模的做法，更加关注绿色空间的精细化管理。具体包括：关注人的感官需求及心理感受，以大量种植开花树种及花卉来愉悦人的感官，增加生物多样性来调节人与自然的相生关系，使人、城市、自然有机融为一体；关注公园绿地功能的多样性，与城市公共空间、咖啡厅、博物馆等公共设施融为一体，举办欢庆活动，为城市注入活力；关注出行舒适性，以连续林荫路连接城市节点，打造网络化的慢行空间体系，提升出行品质。北京市的公园绿地建设应更加注重绿地的使用效果：一方面在人均指标等定量化考量基础上，增加对绿地实施品质的关注与考量，引导绿色空间品质的全面提升；另一方面，创新体制机制和管理方式，推动公园绿地与城市商业设施、文化休闲设施融合布局，提高绿地功能的丰富度与共享性。

3.3　合理利用水岸空间，建设富有魅力和风情的城市滨水地区

喜水、爱水、亲水是人类的天性，城市因水而生、向水而居，打造魅力滨水空间是许多国际化都市的共同做法。《东京2040》鼓励在水岸地区建设文化、休闲设施，

滨河绿地与城市绿地连为一体，统一设计与建设，形成空间丰富、风格统一、功能融合的绿色空间，营造富有活力与魅力的风情水岸。北京市河网密集，但受制于河道防洪等工程要求，水岸空间与城市功能并未很好地融合，滨水空间功能相对单调，应学习借鉴东京的有效做法，在保障城市安全的前提下，适度突破河道蓝线与绿线的划定范围，丰富水岸空间城市功能，使之成为城市最具活力的魅力地区。

3.4　划定不同圈层，差异化引导生态保护与建设

为引导生态保护空间政策投放、引导绿化建设项目准确定位、构建梯度差异，形成特色鲜明的景观风貌，《东京2040》提出针对山区、丘陵地区、农业地区、岛屿及滨水地区不同圈层的生态保护建设要求。北京市境内地形、地貌复杂多样，应充分学习借鉴东京经验，基于地貌特征、城镇化特点和城乡政策空间，探索将全市划分为五个差异化发展圈层进行生态保护和绿化建设，即深山生态涵养抚育圈层、浅山生态景观提升圈层、平原森林湿地建设圈层、二道绿隔郊野公园环发展圈层和一道绿隔城市公园环发展圈层。依据各圈层的景观特征和生态产品服务功能，结合现状问题，制定各圈层生态保护建设差异化的目标及管控要求。

3.5　加强部门统筹，实现绿色空间统一规划、统一建设、统一管理

东京采取多部门联合建设制度，有利于实现城市空间的统一规划、统一管理和一体化利用，既提高了建设效率，也容易形成相对统一的城市风格。以跨河桥建设为例，路政、市政、城市建设、水务、绿化等部门，以及部分私人企业通力合作，将桥区及周边的绿化、景观、道路、驳岸、公共服务设施进行一体化设计，达到了最佳的环境景观效果。北京市可探索推进多部门统一化合作管理方式，使绿化空间与城市其他空间多维统筹，高效管控，形成统一的环境景观风格，同时以开放合作的方式引导企业合作，推动形成多层级、多专业领域共建共管共治的规划实施途径。

4　结语

《东京2040》为北京城市绿化建设拓展了新的思路，提供了经验借鉴，与此同时，这个指导东京未来20年发展的纲领性文件再次传达出关于人与城市、人与自然关系的思辨：以营造人的舒适生活空间为出发点，在尊重自然、保护自然的基础上，将自然特征加以强化与活用，使自然资源在发挥生态价值的同时，也能为城市带来舒适的空间、繁荣的景象、富有活力的魅力风情，真正做到人与自然和谐共生，城与自然融合发展。

创建对抗灾害风险与环境问题的城市
——《东京 2040》系列解读之三：东京的安全建设

韩雪原　路　林　张尔薇

摘　要： 近年来各种自然灾害和突发事件在全球范围内频繁发生，如何进行有效的防灾减灾工作，提高政府的危机应对能力，目前已经成为国际各大都市共同关注的话题。东京因其所处的特殊地理位置、有限的资源条件和受全球气候变化等多方面带来的影响，城市主要面临地震、海啸、火灾、供水安全、恐怖袭击（暴力犯罪）、能源危机等方面的风险危机。东京立足自身发展状况，在 2017 年发布了《都市营造的宏伟设计——东京 2040》（简称《东京 2040》），《东京 2040》明确提出"安全之城"的发展愿景，并以此制定城市发展战略和详细的行动计划来引导城市的韧性发展。

1　"安全之城"建设目标的提出

　　日本是地震、火山、台风、海啸等自然灾害多发国家，东京在第二次世界大战后 60 多年与各种灾害抗争的建设过程中积累了丰富经验，城市安全的话题在历版战略规划编制过程中始终摆在重要地位，其内涵和研究范畴也在不断地拓展丰富。

　　《十年后的东京（2006—2016 年）》提出"创建抗灾力强的城市，提高首都东京的信誉"的战略目标，计划采取一系列防御地震灾害的措施和实行最先进的反恐技术与对策，以提高东京在国际上的评价和信用。

　　在《十年后的东京（2006—2016 年）》实施期间，日本遭到了大地震和海啸的冲击，进而导致福岛核电站泄漏事件，引起了全世界的广泛关注。2011 年东京都政府立足新的社会状况制定并颁布了新的城市发展纲领《2020 的东京——跨越大震灾，引导日本的再生》，提出"实现高度防灾的城市，向世界展示东京的安全性"的战略目标，将城市安全提升到发展首要关注的问题的高度，重点推进灾后重建工作。

　　受全球气候变化的影响，区域灾害的影响程度和灾害发生频率不断增加，同时各类新型城市安全问题和地区不稳定因素不断凸显。面对新的历史发展条件，《东京2040》提出"创建对抗灾害风险与环境问题的城市"的发展战略，政策方针延续了既往工作中"百分之百抗震""木建筑密集区不燃化改造""防灾互助"等方面内容，同时应对未来可能面临的城市发展制约因素，将水资源、能源问题和环境治理等方面内容纳入影响城市安全的范围统筹考虑，实现未来城市的可持续发展。

2　"安全之城"的主要建设内容

　　在既有工作基础、数据分析和现状分析的基础上，《东京 2040》为落实"创建对抗灾害风险与环境问题的城市"的发展战略，明确提出了六大政策方针和 15 项行动

作者简介

韩雪原，北京市城市规划设计研究院总体所工程师。

路　林，北京市城市规划设计研究院总体所所长，教授级高级工程师。

张尔薇，北京市城市规划设计研究院总体所教授级高级工程师。

计划，较为详细地从公共政策、空间措施、工程措施等各方面深化应对未来灾害和突发事件发生的措施，积极倡导在各级政府、居民、民间公司等各种关系主体的合作下推进安全城市建设（表1）。

"创建对抗灾害风险与环境问题的城市"政策方针 　　表1

序号	政策方针	具体内容
01	预防各种灾害，创建可以抵御灾害的城市	将木质住宅密集区改造成为安全放心和展现地域特色的街区
		应对大规模洪涝风险，推进防灾减灾对策
		防范地质灾害，提高地区的防灾能力
02	创建无电线杆、安全美丽的城市	消除城市范围主要道路的电线杆
		创造身边无电线杆的道路空间
03	灾害发生时市民可以正常开展活动，并迅速投入到灾后重建	强调灾害前后城市功能的延续性
		创建城市迅速复兴所需要的机制
		充分利用ICT的数据管理基础支撑灾后重建
04	持续使用城市基础设施	延长城市基础设施的使用周期，降低维护管理成本
		推进基础设施更新与城市改造的一体化
05	减少城市整体负荷	抓住开发的机会，推进低碳与高效的能源利用
		根据地区特性，引入可再生能源
06	实现可持续发展的循环型社会	实现良好的水循环，享受水带来的恩惠
		为促进森林"栽种、保护、利用"循环作出贡献
		充分利用城市可再生资源

3　规划编制特点

3.1　立足自身灾害特点，打造安全的国土本底

《东京2040》以东京都发生直下型大地震和暴雨、海啸等各种灾害为假设情景，并根据木质建筑密集区、洪涝和地质灾害警戒区域等现状建成区特点拟定计划，加强科学治理，消除城市灾害隐患，增加城市抵御灾害风险能力。

3.1.1　将木质住宅密集区改造成为安全放心和展示地域特色的街区

东京都范围内木质住宅密集区13000hm^2（2016年数据），其中约6900hm^{2}为重点提升改造区域，该类区域被评估在发生地震灾害时将遭受重大损失。针对现状木质住宅密集区建设特点，《东京2040》提出"全域防火、不倒塌街区"的建设目标，修建城市道路以形成燃烧隔离带，并对现有的木质住宅建筑进行抗震和耐火性改造。针对该类地区高密度人口特点，对该区域人口进行疏解，并利用大规模的国有用地建设防灾公园提升区域防灾能力（图1）。

3.1.2　应对大规模洪涝风险，推进防灾减灾对策

为了应对近年来频发的集中暴雨和海啸，《东京2040》提出推进综合性治水措施。例如，加强河道治理和下水管道、雨水调节池等设施建设，并抓住河道两侧的开发机遇，推进超级堤防与缓坡性堤防等防洪设施的相关工作，并提高相关设施的抗震等级。除常规性的地震避难场所，利用既有楼宇和建筑高台划定防洪避难场所。

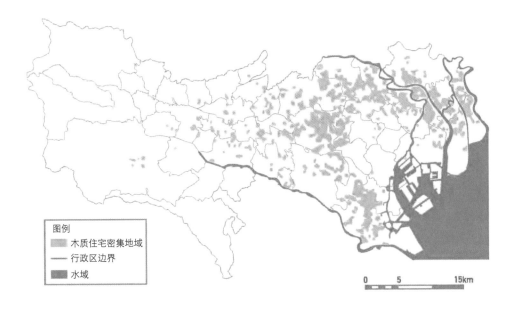

图1 木质住宅密集
区范围示意图
资料来源：东京都政
府.都市营造的宏伟
设计——东京2040规
划 [EB/OL]. [2017-9-
11]. https://www.
metro.tokyo.lg.jp/
tosei/hodohappyo/
press/2017/09/01/11.
html

3.1.3　防范地质灾害，提高地区的抗灾能力

为了强化城市的灾前预警能力，东京积极开展地质灾害评估工作，划定地质灾害警戒区，并定期开展评估工作（图2），利用开发许可制度等多种措施引导和限制地质灾害警戒区内的城市建设开发。对于地质灾害风险较高区域，有计划地开展整治工作，研究将重要基础设施和住宅逐步迁出，并通过制定地质灾害风险地图等多种方式向居民普及防灾救灾内容。为确保多摩地区与岛屿的安全，规划提出修整既有道路、规划备用道路、配备物资和建设海啸瞭望塔等内容，将灾害发生时损伤控制在最小范围。

3.2　城市防灾建设与城市更新改造、城市美化等工作相结合

《东京2040》将城市防灾建设与社区营造、基础设施建设、城市形象提升改造等相关内容紧密统筹、综合协调，在提升地区魅力的同时也增加了区域整体的防灾能力。东京都内现状电线杆约有75万根（2014年数据），道路无电线杆率只有5%，基础设施老化现象突出，此类问题严重影响城市形象和安全。《东京2040》提出推进无电线杆和城市基础设施更新等方面内容，区域范围内的市政管道、公路、铁路等基础设

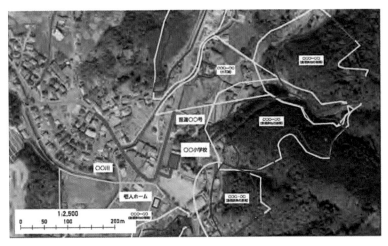

图2 地质灾害警戒
区示意图
资料来源：东京都政
府.都市营造的宏伟
设计——东京2040规
划 [EB/OL]. [2017-9-
11]. https://www.
metro.tokyo.lg.jp/
tosei/hodohappyo/
press/2017/09/01/11.
html

施随着地区的更新改造计划进行一体化提升，在改善区域城市空间形象的同时也有利于提升区域的抗灾能力。推动无电线杆工作优先在城市重点功能区和作为地震时急救、灭火、物资运输、复原复兴生命线的紧急运输公路区域重点展开，并同时向地方行政主体提供财政与技术支持。

3.3　以城市功能的延续性为主线进行城市建设

《东京2040》将韧性城市的建设思维贯穿始终，灾前推动防灾建设，防患于未然，使城市具备抵抗和减少灾害影响力的能力，灾害发生时保证城市功能的延续性，并能迅速投入到灾后重建工作中，具有高效的自我适应和恢复能力。

3.3.1　灾害发生前推进防灾设施建设

推进城市复兴样板防灾中心建设；在常规消防池和消火栓的基础上，利用蓄热池、雨水多途径保障消防水源供应；创造更多的开放空间，兼备平时和灾时的功能使用；强化市政管网的抗震能力，在灾害发生时也能确保生命线系统的完整。

3.3.2　灾害发生时保证城市功能的持续性

在城市避难场所引入自主分散性的发电设施和充分利用工业废热发电系统，通过系统网络互联互通，保障避难场所能源供应的自主化和多重化；结合轨道站点及其周边的单位布置防灾物资储备，完善避难引导规则，妥善安置无家可归的人员；保障应急救援通道通畅，当灾害发生时救灾队伍、救灾物资能顺利到达灾害物资分发点和广域救灾公园等区域。

3.3.3　灾害发生后迅速投入到城市重建中

《东京2040》提出城市复兴建设的基本方针，并以此制定各行政单元的建设计划，并从人才培养和财政等多方面完善城市复兴所需要的机制。

3.4　依托科技发展提升城市抵御灾害能力

3.4.1　充分利用信息技术的数据管理，支撑灾后重建

开展土地地籍调查工作，针对城市重建所需要的地籍调查结果、城市规划相关信息和城市基础设施建设情况等重要信息建立矢量数据库，并纳入统一的数据平台进行管理。

3.4.2　利用实时数据管理，进行交通疏导和提出灾害对策

基于数据管理平台和大数据实时信息等方面内容，加强对城市运行态势的监控、灾害预警和应急管理。例如，当灾害发生时根据道路的拥堵状况和交通设施破坏情况搜索紧急救灾物资和人员的运输路线，并利用无人机技术收集灾害情况信息（图3）。

3.5　将能源危机和水资源短缺纳入城市安全统筹考虑

在全球气候变化和影响地区稳定的不确定性因素不断增加的大背景下，水资源和能源作为基础性的自然资源和重要的战略资源，是影响经济社会运行发展的核心安全要素之一。东京立足自身的发展条件和发展阶段，提出"减少城市整体负荷"和"实现可持续发展的循环性社会"的发展策略。

3.5.1　减少城市整体负荷

在城市功能高度聚集的地区最大限度地削减二氧化碳排放与能源消费，抓住开发

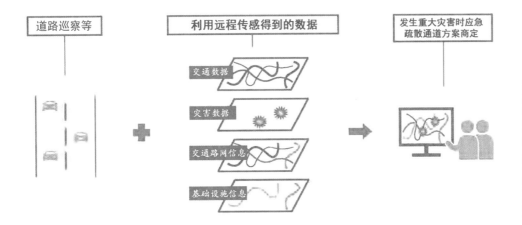

图 3 灾害发生时利用数据管理平台对城市进行引导示意图
资料来源：东京都政府. 都市营造的宏伟设计——东京 2040 规划 [EB/OL]. [2017-9-11]. https：//www. metro.tokyo.lg.jp/tosei/hodohappyo/press/2017/09/01/11.html

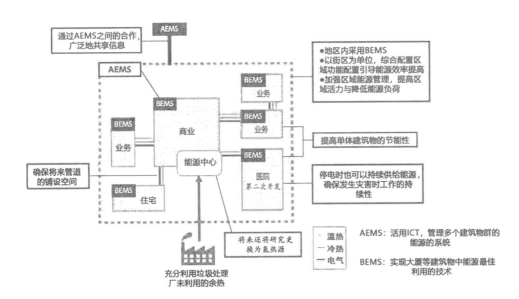

图 4 能源全面利用示意图
资料来源：东京都政府. 都市营造的宏伟设计——东京 2040 规划 [EB/OL]. [2017-9-11]. https：//www. metro.tokyo.lg.jp/tosei/hodohappyo/press/2017/09/01/11.html

的机会，普及环保节能建筑，根据地区特性，引入可再生能源，推进低碳与高效的能源利用。在提高能源自主性的同时，实现东京的零排放（图 4）。

3.5.2 实现可持续发展的循环性社会

（1）实现良好的水循环。推进水利大坝的建设和多摩川上游整体区域的水源地的森林培育和管理，确保稳定的水资源，并通过保护农用地、建设公园、增加公共设施的透水性设施和铺装的利用等多种措施，增加地下水的储备。在城市活动中充分利用城市拥有的水资源，包括雨水和再生水。

（2）促进森林保护与利用的良性循环。促进"采伐、利用、栽种、保护"的森林循环并加强林区的旅游资源开发。在考虑林间道安全性的同时，将林间道作为越野跑道进行开放，将森林资源用于参观、体验旅游等方面。

（3）充分使用城市的资源：促进混凝土块、建筑泥土等建设材料的循环利用，对于公路、地铁、港湾设施、上下水道、公共住宅等城市基础设施以及住宅、公寓等建筑物，通过预防保护型管理与环境性能评价，延长寿命，向可持续发展的生活形态与资源利用方式转换。

4　对北京防灾减灾规划建设的启示

4.1　推进韧性城市体系建设

北京进入到转型、提质、增效的关键发展时期，所面临的城市安全问题更加复杂，恐怖袭击、公共健康、环境污染和信息安全等各类新型城市安全风险日益凸显。在新的发展时期，应落实习近平总书记关于防灾减灾工作方面"两个坚持、三个转变"的工作要求，将城市韧性安全的理念融入城市整体发展战略中，持续推进形成系统性、现代化的城市安全保障体系，强化新型安全问题的关注与研究分析，加强规划统筹并从公共政策、空间措施、工程措施、行动计划等各层面推进防灾建设，为首都打造国际一流的和谐宜居之都提供坚实稳固的安全保障。

4.2　完善城市安全风险评估制度

城市灾害识别和风险评估是编制防灾规划和制定应急对策的基础，东京都以街区为单位推进地区地震灾害综合危险度评估工作，每隔五年再根据城市开发与建设情况对上一版报告进行更新，并及时将评估报告向市民公布。目前国内各大城市都缺乏对城市风险评价持续性的更新和追踪，北京应不断完善城市风险评估制度，排查安全隐患，制定安全风险标准和清单，定期对城市安全风险进行全方位辨识评估。

4.3　强化安全技术创新与应用

以科技创新驱动安全发展，建立完备的数据信息库，形成防灾规划和城市开发、城市管理互动的一体化平台，将日常管理和突发事件动态管理与应急处置等决策辅助功能融为一体，重点加强对城市高层建筑、生命线系统、道路桥梁、轨道交通等重要基础设施的监控和人员密集区域的监测监管，同时积极推动安全科技成果的转化和应用。

4.4　加强公众的防灾意识

根据东京防灾经验，培养公众自救与互救能力不仅加强了灾害发生时城市的应对能力，同时也降低了政府的投资和运营成本。北京当前正处于转型发展的关键时期，公众的教育和认知水平较以往有了极大提高，应鼓励社会力量参与灾前防御、灾时应急和灾后重建的全过程，培育安全文化，构建政府、专家与技术人员、社会各界等多元力量联合共治的安全体系，提升灾害应对能力。

为交流、合作、挑战而生的都市圈
——《东京 2040》系列解读之四：东京都市圈

伍毅敏

摘　要：《东京 2040》围绕东京都市圈发展，从战略愿景、空间结构、城市设计等方面进行了论述。战略愿景上，强调认识东京在全球和国内的城市责任，加强国际化城市的培育、未来前沿城市课题的研究、城市及国家发展的新动力探索；空间结构上，充分利用现有的环状都市圈结构促进区域协作，建设国际性商务交流和创新交流的核心区域，塑造具有个性与魅力的城市片区；城市设计上，描绘了国际商务活动中心区、科技创新新区、全龄友好的国际化社区等理想空间场景。

　　《东京 2040》以城市空间发展策略为主线，描绘了对东京长远未来的预期和实现路径。为了使作为世界最大都市圈之一的东京都市圈继续发挥领导日本发展及引领世界潮流的作用，《东京 2040》对东京的城市责任、都市圈空间结构及城市设计形态进行了研究并提出新的认识。

1　背景——东京未来的城市使命

　　《东京 2040》明确提出东京未来应该在国际社会与日本国内担负的职责，以此作为建设何种城市形态的先决条件。空间尺度上，面向全球扩宽研究视野和面向全国范围加深区域协作并重；关注重点上，主要聚焦国际化城市的培育、未来前沿城市课题的研究、城市及国家发展新动力的探索。

1.1　在全球的职责

　　（1）具有包容力，培养多元人群与文化的交流

　　东京都市圈以政治、经济、文化等多种服务和产业的集成为基础，构筑了大规模的具有稳定感和信赖感的巨大市场，面向世界范围内的高灵敏度消费者，发挥作为展示地与试验市场的功能。通过塑造多彩的魅力与创新，使东京成为多元人群进行文化交流的场所和培养世界性人才的场所，成为具有包容力的城市。

　　（2）建立和推广解决城市课题方面的先进范本

　　东京存在着动摇城市根基的问题和风险，如全球罕见的急速少子高龄化、人口减少、地震威胁等。今后将尽快寻找解决这些问题的对策，作为世界的范本进行实践。

　　（3）融合传统和先进，创造新的价值

　　使江户开府以来 400 年的历史传统，与最尖端的技术和新锐的艺术相融合，发挥东京独有的个性，创造出成熟时代城市与生活方式应有的形态和文化价值，向世界推广。

作者简介

伍毅敏，北京市城市规划设计研究院工程师。

1.2　在日本的职责

（1）作为首都，进一步提高对全国的经济推动力

促进人、物、信息的高度汇集，创造符合时代变化的高附加值产业和服务，向生命科学、ICT 等高级别功能延伸。作为向世界开放的国际金融、经济都市进一步发展，效果影响全国，支持日本经济的活化和持续增长。

（2）与各地合作，进一步创造、宣传魅力日本

最大限度地活用广泛的交通、信息网络，在产业、旅游、文化等方面与全国各地区加深交流与合作，联合起来向世界宣传日本的魅力。

2　规划要点——对都市圈结构性要素的重新认识

20 世纪东京都市圈的空间格局经历了五次首都圈规划，已形成高度成熟的多圈层城市体系和完善的基础设施网络。本次规划在大结构稳定的基础上对主要的空间要素提出了优化发展思路。

2.1　深化区域协作：进一步发展环状都市圈结构

（1）充分利用现有环状结构，促进交流、合作、挑战

既有规划提出了环状的都市圈结构并建设实施，结果是城市功能高度集聚在大致位于首都高速中央环线内侧的核心区域，同时三环路的修建工程得到推进、羽田机场的功能得到强化，提升了基础设施支撑能力。未来预计少子高龄化、人口减少将会持续下去，为了提高东京都市圈的整体活力与国际竞争力，必须最大限度地活用现有的环状都市圈结构，进一步促进国内外人、物、信息的交流，使东京成为"创新的源泉，挑战的场所"。

（2）推进基础设施建设，为区域协作提供便利

将进一步强化公路网，同时充分活用作为东京最大优势之一的网络化铁路网，并强化机场和港口的功能。通过缩短对外联系的时间、距离，在当前都市圈的基础上将更大的区域范围纳入视野中，强化产业、旅游等各领域的交流与合作。

2.2　吸引全球目光：建设广域据点，通过全球性交流产生新的价值

（1）在都市圈内统筹布局首都功能，建设 6 个广域据点

为促进东京圈一体化，更好地承担首都功能和广域性的经济职能，将高级别城市功能集中的、位于区域交流关键节点的地区定位为"广域据点"。在铁路网密集、城市基础完善的区域中心地区设立支撑日本中枢功能的"中枢广域据点"。在多摩地区通过交通网络整备、促进区域产业合作和人员流动，建设"多摩广域据点"。再加上东京都以外的埼玉、筑波·柏、千叶、横滨·川崎·木更津，整体形成 6 个广域据点。

（2）形成国际性商务交流和创新交流的核心区域

在"中枢广域据点"内侧设置"国际商务交流区"，进一步集聚国际经济活动和提升城市魅力，形成国际金融、生命科学等领域的全球人才、资本、信息汇集的全球商务业务统筹中心、亚洲总部等国际性中枢业务高度集中的多个核心片区，强化作为

亚洲商务和交流中心的地位。同时，为从事这些全球性商务的外国人才建设高水平的
住宅、人才服务公寓、医疗教育机构，塑造一流城市环境，使来自世界各地的人才能
够与家人团聚在此。

在"多摩广域据点"内侧设置"多摩创新交流区"，促进新产业集聚和引导多种创新，
建设成为引导日本及东京圈经济增长的新引擎，面向世界宣传多摩独有的魅力，包括
丰富的自然环境、职住近接的便利等。特别是在大学、企业、研究机构等聚集的区域，
利用线性中央新干线、首都圈中央联络自动车道（以东京为中心，半径 40~60km 的
环状高速公路）、多摩都市单轨铁路等交通网络，形成便于交流、鼓励挑战的环境，
通过促进交流来激发创新（图 1）。

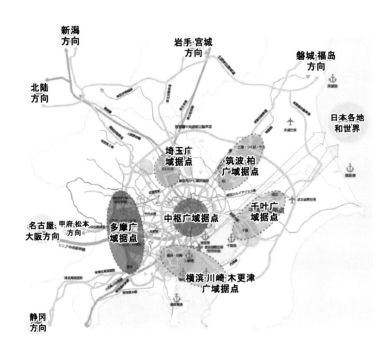

图 1 强调环状都市
圈和广域据点的都市
圈结构[1]

2.3 塑造多彩片区：反思副都心和业务核都市建设，彰显地区个性

2.3.1 从建设产业功能承接地的思维中脱离出来

以往规划提出了都心、副都心、业务核都市等多种概念，聚焦产业发展，推进形
成了商业、文化等城市功能的据点。其结果是虽然在许多据点，产业功能得到了一定
的集中。但是也出现了三个问题：一是各据点间产生了不均衡的情况；二是部分区域
虽未规划为核心据点，但由于民间开发等力量而发展出了高度集聚的城市功能；三是
在发展过程中关注点局限于产业，对地理特性和历史价值等地域特色缺乏重视。基于
此，为实现东京的高品质发展，将摆脱建设"产业功能承接地"的单一视角，从自上
而下的产业发展计划思路向自下而上的"内生发展动力 + 市场自主选择"转变，最大
限度地发挥地区个性与潜能，在相互竞争中创造新的价值（表 1）。

2.3.2 建设个性化的多样据点，以地域轴进行连接

今后将最大限度地活用艺术、文化、产业、商业积累等地域特色，在交通枢纽性
高的据点和有突出个性的地域，根据特色生活方式创造出个性化的据点。同时，将相
关功能汇聚成轴状，利用公共交通、绿地、水景等网络将中心和据点结合在一起，产
生连续的繁华景象和相辅相成的效果。

东京都市圈城市结构规划理念的发展　　　　　　　　　　表1

多中心城市结构 （1982~1999 年）	・纠正都心一极集中的城市结构； ・将产业功能向副都心及多摩疏解； ・重组形成职住平衡的多中心城市结构
环状都市圈结构 （2000~2016 年）	・东京都市圈整体分担首都功能的多功能集约型城市结构； ・强化环状的区域交通基础设施建设； ・城市建设从应对需求型转向政策引导型
交流、合作、挑战的都市圈结构（2017 年至今）	・最大限度地活用已积累的城市功能和城市基础设施； ・促进全球化时代人、物、信息的活跃交流； ・兼容多种居住、工作、休闲方式，创建一座世界人民都会选择的城市

2.3.3　推进具有灵活性的多种土地利用方式

关注人们生活方式更加多样化的未来，考虑不受场地束缚的工作方式以及居住与办公一体化、在住宅区布局咖啡馆和餐厅等更加灵活与复合的土地和建筑利用方式。为此，在低层住宅区等目前土地用途单一的地域，也需要创造新的价值，在确保良好居住环境的同时，实现土地用途复合化。在以往的住宅、商业、工业等土地用途分类基础上，将考虑叠加最尖端的研究、学术、制造、文化艺术、体育、农业等新用途，使土地利用方式有利于激活地区个性与激发潜能。

3　城市设计——理想空间场景的生动描绘

规划基于自由和浪漫的构想，描绘了代表东京城市光明未来的空间场景，希望展现出一座"任何人都具有梦想和希望，可以感受到丰富生活"的城市。

3.1　全球之城：正在开展国际性商务活动的区部中心地区

新锐的设计和历史的街景相融合，聚集了世界顶尖的企业和多种多样的人才，呈现出繁荣的景象。从事金融、生物医药等高附加值产业的商务人士，一边使用全息图等先进科技与各国人士洽谈，一边享受公共空间中举办的艺术展演和活跃的城市活动（图 2）。

3.2　创新之城：青年留学生和研究者汇聚一堂激发创新的多摩地区

通过大规模居住区的改造和道路空间的重建，建设良好的居住环境，年轻的留学生和研究人员将在这里运用最尖端技术进行机器人、航空等前沿科技的研究与开发。提高交通便利性，促进产学研结合，使拥有先进技术的企业不断进步（图 3）。

3.3　宜居之城：所有人都可以享受生活的美好社区

提供对老年人、儿童、残障人都友好的生活环境。在国际标准的住宅、公寓林立的区部中心地区，建设提供外语服务的医疗、教育、育儿等设施。来自世界各地的游客和本地居民都可参观历史建筑和艺术文化设施，泛舟在清澈的运河之上，在水边的咖啡厅、运动广场度过闲暇时光，享受充实而高质量的生活（图 4）。

①最尖端的金融商务办公室
②成为休闲放松场所的路边露天咖啡馆
③提供符合需求的新闻信息的数字标牌
④与人行道一体化设计的热闹的公共空地
⑤多国投资者与业务人员的交流
⑥利用道路上空配置行人通行平台的建筑物
⑦安全舒适的自动驾驶汽车

⑧开发时预留的连续的绿色景观空间
⑨具有较高历史价值的建筑物
⑩利用投影映射的广告
⑪附设在办公大楼内的育儿设施
⑫让观光客欣赏的路边文娱活动
⑬不排放CO_2的燃料电池公共汽车
⑭在人行道之上改造的高架道路

图2 城市设计构想:
全球之城[1]

①新技术孵化器
②使用最先进技术、具有复合功能的物流设施
③地区共用的高效货物处理空间
④公共住宅改造为学生宿舍
⑤闲置用地改建为育儿设施

⑥引入自动驾驶汽车的支路交通
⑦任何人都可以使用自行车、小型交通工具自由出行的交通环境
⑧使用全息图进行讨论的留学生
⑨成为商务对接场所的公共空间
⑩出售清晨采摘的蔬菜的市场

图3 城市设计构想:
创新之城[1]

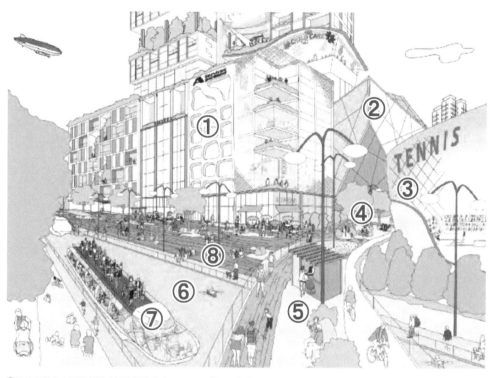

①国际商务人士可以舒适生活的服务公寓　　⑤可以在感受绿色和水景的同时进行游玩的行人空间
②游客众多、热闹非凡的现代美术馆　　　　⑥可泛舟的运河
③任何人都可方便使用的体育设施　　　　　⑦作为岸边服务设施的船上餐厅
④在地铁站之间运行的无人驾驶摆渡车　　　⑧亲水平台

图4　城市设计构想：
宜居之城 [1]

4　对北京规划建设的启示

4.1　关注人口长期变化趋势，强化国际交往中心建设

《东京2040》在城市发展宏观判断上与以往相比表现出两个显著区别。第一，在日本人口持续减少的背景下东京都市圈是唯一保持人口持续增长的地区，但本次规划对东京人口也作出了预计减少的判断，标志着东京作为国际大都市的主要"城市病"和发展风险从功能过度集中、人口过度增长转向高龄少子化、社会活力降低。第二，日本是对移民态度最谨慎和条件最严苛的国家之一，然而本次规划明确表达了大力吸引全球人才和拥抱多元文化的态度，这一方面是对技术革新背景下国际交流更加活跃的趋势判断，另一方面也是在人口老龄化背景下维系东京在全球城市体系中地位的自保之策。

未来的国力竞争在很大程度上是劳动力活力的竞争，因此当前世界各国依托大城市来争夺国际顶尖人才的竞争日趋白热化。北京一方面应以东京为鉴，在应对老龄化问题上提前布局，建设儿童友好型、老年友好型城市；另一方面需要加快推动国际交往中心建设，尤其是弥补国际化的人才服务管理和宜居城市环境方面的短板。

4.2　城市副中心和"多点"建设注重塑造地区魅力，避免简单化的功能承接

东京在都市圈发展历史上建设的各类副都心、新城、业务核都市不可谓不多，它们在承担重要城市功能、与中心区分工协作方面也取得了较大成绩。但新城建设远没有达到规划的预期效果，如作为会展业、企业总部承接地的幕张新城，规划就业岗位

15 万个、人口 2.6 万，经历 30 年发展后仅有 5 万个就业岗位和少量人口，入住的 BMW 总部、佳能日本市场总部等又重新搬回了东京中心区。又如，规划人口 30 万的筑波科学城，虽然已聚集了 30 多家国家级科研单位和 300 余家民营研究机构，成为世界著名的科学城，但至今只有约 20 万居民，研究人员不愿住在筑波，长距离通勤仍是常态。

因此，本次《东京 2040》规划深刻反思了新城普遍重产业轻生活、吸引力和竞争力不足的教训，提出新城建设不应仅承接生产性职能而缺乏作为一个城市片区的生活品质和人文魅力，应着眼于商务、居住、产业、环境、文化等多项综合城市功能的发挥，尤其要发展地域特色，形成独特个性，才能持续吸引与地区文化价值观和生活方式相契合的居民。

参考文献

［1］东京都政府. 都市营造的宏伟设计——东京 2040 规划 [EB/OL]. [2017-9-11]. https：//www.metro.tokyo.lg.jp/tosei/hodohappyo/press/2017/09/01/11.html

面向未来、自由出行、促进交流的城市交通规划
——《东京2040》系列解读之五：东京的城市交通规划

孔令铮　　魏　贺

摘　要： 2040年东京将面临少子高龄化、人口减少化、地震灾害频发等问题。在这样的社会发展背景下，为了应对城市可持续发展诉求，为了提高经济活力，提供多元价值生活，实现自由出行的交通环境，《东京2040》提出了七大战略及30条政策方针。本文从《东京2040》中的交通和交通中的《东京2040》两个角度，总结出东京城市交通规划的九大特点，并从坚持依法协调利益关系、规划认识同步时代形势、愿景蓝图推动社会发展三个方面提出对北京的启示与借鉴。

1　《东京2040》中的交通

为了让全社会参与到城市的建设中，让高龄人员和育儿一代参与社会的发展，《东京2040》提出要打造一座更安全、多彩、智慧的城市。在七大战略中，交通排序为第二项战略，以大量篇幅描述主题"实现人、物、信息的自由交流"，涵盖航空、海河、公路、道路、铁路、轨道、物流、智慧等多个领域，提出了7条政策及17项方案措施。

1.1　特点一：保障全龄人群顺畅出行

东京各类设施（不限于交通设施）的无障碍化一直处于世界领先水平。但在《东京2040》中，仍不吝笔墨强调各类交通设施与换乘空间的无障碍化，以保障出行安全及舒适性。

在儿童、老人、育儿人群活动需求增加的趋势下，为全龄人群提供公平、安全的交通出行环境，是创造安全城市的关键。

2014年末，91.5%的车站通过配套电梯消除了楼梯带来的不便，99.2%的车站完成视觉障碍者引导区域施划，94.7%的车站配备任何人都能使用的卫生间，31.1%的车站在站台安装防护门，86.6%的民营公共汽车站和100%的都营公共汽车站实现低站台设计（图1）。

《东京2040》提出在羽田机场、成田机场、大型轨道车站等人流聚集的重要始发站，支持可顺利转乘的无障碍设施的建设。

推进轨道车站周边形成连接地铁与街道的无障碍空间，引入多功能卫生间、电梯、站台防护门等设备。在客流密集且出入口多的车站引入多个电梯通道，使车站更加安全、舒适。

提高高龄人群与残障人为代表的所有人的出行舒适度，实现可自由出行的交通环境。利用信息技术实现不同人群的定制化出行，向视觉障碍者提供声音服务信息，为使用轮椅或婴儿车的人员指引无障碍通道。

作者简介

孔令铮，北京市城市规划设计研究院交通所高级工程师。
魏　贺，北京市城市规划设计研究院交通所高级工程师。

"通过电梯等手段消除梯级差异"的改善状况

 91.5%
691/755
（完成改善的车站数量/车站总数）

"视觉障碍者引导专用区域"的改善状况

 **99.2%**
749/755
（完成改善的车站数量/车站总数）

"任何人都能使用的卫生间"的改善状况
（有轨电车除外）

94.7%
677/715
（完成改善的车站数量/车站总数）

"防护门·全高屏蔽门"的完善状况

 **31.1%**
235/755
（完成改善的车站数量/车站总数）

图1　铁路车站内无障碍通道进展状况示意图[1]

1.2　特点二：重塑街道空间提高交往活力

《东京2040》要在轨道车站与街道着力打造活力交往空间，交通空间重塑不再局限于行人和骑行者通行空间。

重建街道活力交往空间。推广选择自行车和小型交通工具出行，引入自动驾驶型燃料电池公交车辆，释放道路空间营造公共空间。

实现安全、舒适的行人空间。清除电线杆，为路边文娱活动和开放式咖啡馆提供场地。创造行人可享受的美丽城市空间，将滨水空间与道路绿化空间有机联系起来。

重建车站活力交往空间。更新大型始发车站周边空间，为行人提供安全、舒适空间。修建环线削减过境交通，集约利用车站周边停车设施，取消地面停车。车站周边空间内设置下沉式花园、绿化、公共自行车停靠点及育儿、防灾等多种公共服务设施。道路上空整合行人通行平台、广场等设施，形成以行人为中心的空间（图2）。

1.3　特点三：丰富车站功能实现站城融合

《东京2040》强调围绕轨道车站的城市一体化发展路线，体现在车站街道空间一体化、接驳换乘交通一体化、功能服务城市一体化三个方面。

车站街道空间一体化。在中心地区要利用城市更新的机会，加强车站出入口指引，以车站为中心，精细、便捷地连接街道。充分利用发达的轨道网，积极提升以车站为中心的城市形象，创造繁华的空间。

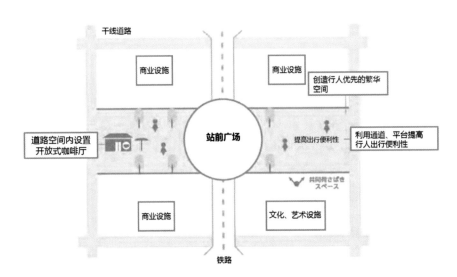

图2　车站周边道路空间重建示意图[1]

接驳换乘交通一体化。改善车站换乘条件，对于多线汇集、换乘不方便的车站，要新设通道，扩展空间，改善设施。加强多网融合，强化公共汽车、公共自行车等方式与轨道交通网络的接驳和融合。

功能服务城市一体化。车站周边地区开发时，利用城市更新和开发相关制度，完善便民设施，支持育儿、防灾、闹市等生活功能。提高恶劣天气（局部暴雨）的出行安全性，预防紧急出入口等部位大规模浸水；为无家可归人员配备饮用水、毛巾等备用品；引导车站与周边开发项目形成一体化的创意广场与下沉花园，形成繁华的城市空间（图3）。

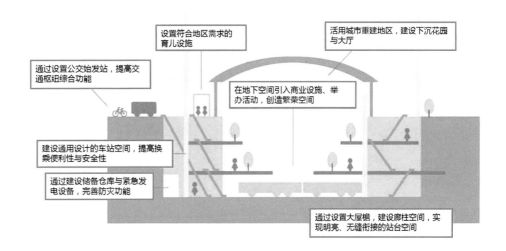

图3 地铁站建设示意图[1]

1.4 特点四：形成广域化高效物流网络

《东京2040》提出要形成高效物流网络，公路、铁路、港湾、机场应高度合作，确保广域化的速达性和定时性。

基础设施网络支持广域物流。推进圈央道周边地区综合物流基地的建设，实现灾时的快速救援。修建联系东京港等物流基地的道路网及立交设施，实现物流功能的顺畅便利。活用信息通信技术、自动驾驶技术，更新陈旧物流设施，强化港口功能，建设高规格集装箱码头，建立货物智慧管理系统，强化东京港功能。

实施共同配送提高地区物流效率。设置货物装卸空间，实施共同配送，形成功能地区内自主高效的物流体系。制定新建建筑货物共享装卸空间的引导机制，制定物流停车配建标准，匹配地区特性与需求。

保障低交通可达性地区物流服务。促进客货混合运输，实施同方向车辆的载客运输与货物运输，推进公共交通客货混载（图4）。

1.5 特点五：智慧技术创造信息化城市

《东京2040》提出要利用城市空间,结合不断发展的IOT(物联网)、ICT(信息通信)技术，开放数据，搭建最尖端的信息平台，实现城市活动便利性和安全性的本质提升，创新信息化城市空间。

图 4　物流设施分布
示意图[1]

利用基础设施收集整合信息数据。公共空间信息最大限度地数据化。促进多主体合作，创建互联互通的信息环境，建设信息技术驱动的基础设施。推进多部门合作，在羽田机场周边地区设置自动驾驶的试验区。

面向出行服务的智慧交通。为定制化需求提供出行信息，完善换乘向导和车站周边信息，向驾驶人提供避免拥堵和安全驾驶的线路，向外国游客提供多语言向导，展示城市魅力。

面向设施管理的智慧交通。采用信号控制与探测器等技术缓解拥堵，采用ETC2.0 技术改善公路收费，采取拥堵差异化收费模式。采用自动驾驶技术，提高交通的速达性与安全性，采用货源远程传感技术提升物流基础设施管理效率。

面向灾害应对的智慧交通。采取先进技术应对地震多发情况，分析灾害预警与需求响应，探索发生大规模灾害时的紧急运输路线（图 5）。

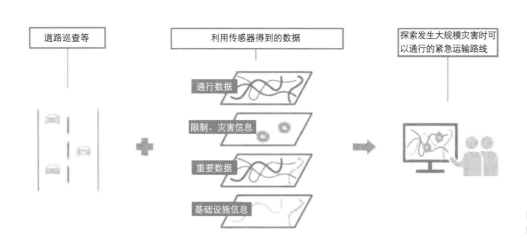

图 5　基于信息技术
的灾害对策示意图[1]

2　交通中的《东京2040》

在第二项战略的基础上，交通还以各种形式贯穿于其他六大战略的24项方案措施中，并在城市空间结构、城市发展模式和评估指标方面表现出不可估量的影响力。

2.1　特点六：交通理念贯穿战略始末

以高质量的交通基础设施支持高密度的城市生活。修订《街区重建城市建设条例》，围绕轨道交通站点对新宿、大手町、丸之内、有乐町、涉谷、品川、六本木等大型商务中心进行持续更新。以立体方式重构轨道车站的站前空间，将道路上方空间与城市空间一体化利用。

一体化推进基础设施的大规模更新与城市重建。结合车站与站前广场、地下空间的重建，推进周边街区的功能更新，形成魅力的轨道交通站点活动中心，如新宿站、池袋站、涉谷站。与民营公司共同建设车站与车站空间。有计划地更新首都高速公路，推进都心环线等老旧设施的更新、重建工作（图6）。

有效利用大规模未开发土地，重建多摩新市区。围绕轨道车站重建商务、商业中心，将站点周边地区闲置用地或低密度公共服务用地置换为高密度居住小区，引入医疗、养老、育儿服务，沿道路形成次级商务、商业中心（图7）。

创建与公共交通枢纽相匹配的地区中心。以主要轨道车站为中心，完善城市开发建设。建设舒适的城市，居住区优先选址布局于轨道车站、公交站点的步行服务范围，完善交通枢纽内的公交巴士、出租车服务，利用自动驾驶技术建立居住区需求响应的出行服务模式（图8）。

图6　首都高速公路更新计划示意图[1]

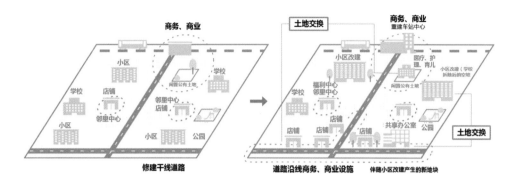

图 7　重新配置多摩地区土地使用功能示意图 [1]

图 8　武威小金井站南口站前重新开发示意图

推进滨水地区发展，塑造繁荣休息空间。抓住开发机遇，推动实现滨水地区的连续开放空间，合理布局市民活动设施，建设亲水中心。抓住首都高速公路大规模更新与日本桥周边地区重建的机遇，建造首都地下高速公路体系，形成符合国际金融都市的城市景观。立足于历史与文化，重建日本桥地区，改善地区环境（图 9）。

利用交通空间形成繁荣的文化艺术场所。利用街道、轨道车站等交通空间，创造文化艺术空间。区域管理机构可以将隔声墙或立交桥下空间与沿街开敞空地作为公共艺术文化场所利用；也可以对街道空间进行适当占用，设置咖啡厅、演出剧场等开放活动空间（图 10）。

2.2　特点七：交通形态塑造城市结构

东京的城市空间结构演变经历 4 个阶段：1958~1981 年的"单中心城市"，1982~1999 年的"多中心城市"，2000~2016 年的"环状大型城市群"，2017 至今的"交流、合作、挑战型都市圈"。

1982~1999 年的"多中心城市"依靠发达的轨道交通和放射状高速公路，试图纠正过去"单中心城市"，将商业产业功能向副都心及多摩地区等多中心分散，形成职住平衡的城市空间结构。

尽管东京在建设"多中心城市"过程中付出长期不懈的努力，也实现了多中心空间布局结构，但就交通特性而言，轨道交通网络主要承担的空间联系结构仍是彻底的单中心。在实质上，这个阶段的东京仍是以都心三区为中心的单中心城市。

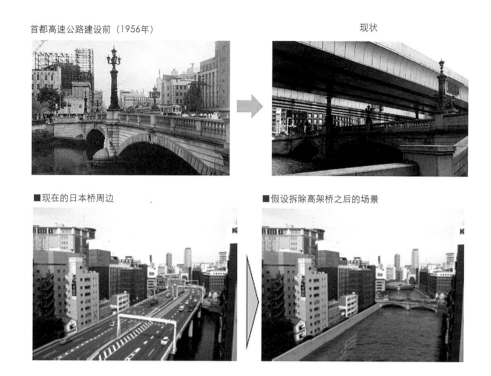

图 9　日本桥地区移除高架桥设想示意图[1]

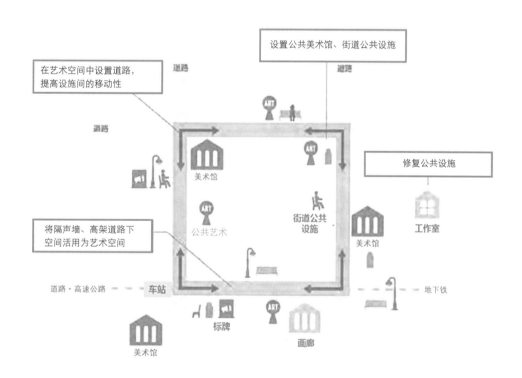

图 10　交通空间艺术活动布局示意图[1]

2000~2016 年的"环状大型城市群"依靠逐渐完善的三环状道路（指东京都"三环九放射"高速路网格局中的三条环路，由内而外依次为中央环状 C2、外环道 C3 和圈央道 C4）创建大东京都市圈，进一步承担首都功能，打造多功能集约型城市群，通过强化环状方向的区域交通基础设施，实现城市建设由需求满足型向政策引导型转变。

三环状道路对重新塑造城市空间结构发挥了重要作用，轨道交通联系线性出行空间，环路放射状高速道路网将中心核心区、水景与绿化环、东京湾滨水城市轴和核心城市群合作轴等多种非线性资源与要素紧密地联系起来。由此，由上个阶段的通勤需求满足型发展模式向区域融合发展模式转变，由传统生产型产业主导向创新科技产业和宜居品质生活主导转变。

2017 年提出的"交流、合作、应对挑战型城市"目标，将以环状大型城市群结构为骨架，依托自然资源和交通资源形成的框架性城市空间基础，强调轨道交通线网与干线道路网络并重，实现人、物、信息的自由移动和交流。

中央环状线内为中枢广域中心，内部设置"国际商务交流区"，强化东京作为国际经济活动中心的集聚功能；东京都于外环道和圈央道之间形成多摩广域中心，内部设置"多摩创新交流区"，引导职住平衡，形成新城产业集聚与创新发展；其他都县于外环道和圈央道之间形成埼玉广域中心、筑波•柏广域中心、千叶广域中心和横滨•川崎•木更津广域中心。

2.3　特点八：轨道集聚引领城市发展

"交流、合作、应对挑战型城市"的目标是建设集约型城市。尽管面临着人口老龄化和少子化危机，东京仍将坚持轨道交通导向的多中心集约式发展模式，引导轨道车站周边地区聚集生活圈形成"步行生活城市"，沿着轨道出行轴创建"轨道上的东京"，强化区域中心和社区生活中心的出行联络，提供需求响应型出行服务和快速公交线路实现自由出行（图 11）。

在城市功能与要素配置方面，通过交通空间形态的集聚引领城市发展。在主要车站周边和中心地区的商业街、居住小区、汽车始发站，推进商业、医疗福利、教育文化、行政服务等各种城市功能的重建。在车站及中心地区的步行圈范围内，应对多个年龄层与多种生活方式，引导培育充满活力的社区住宅，重建"步行生活城市"，确保日常出行的便利性。在远离车站和中心地区的区域，抑制住宅开发，保护公园、绿地、农业用地。

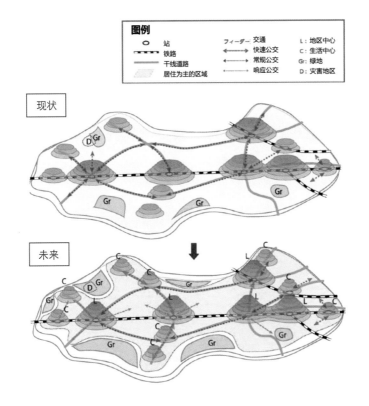

图 11　集约型地区构造示意图
（黑白线轨道交通、红线快速公交、蓝线常规公交、绿线需求响应型出行、大红圈地区中心、小红圈生活中心、绿块 Gr 绿地、红块 D 灾害地区）[1]

2.4　特点九：简约指标明确发展要义

对应七大战略，《东京 2040》共确定 8 个核心指标：世界城市排名稳居第一，消除道路与铁路高峰时期过饱和与过拥堵，确保木质住宅密集区火势零蔓延、实现东京都内道路无电线杆，居民生活满意度达到 70% 以上，消除公共交通服务空白区域，绿化总量不减少，居民运动参与率达到 70% 以上。每个指标都对应着多种实施路径，而不是单一的建设管理指标。

针对战略二提出的消除道路与铁路高峰时期过饱和与过拥堵的目标，规划提出通过建立综合交通系统，改善道路网，推广普及自动驾驶技术，推进错峰上下班与远程办公，打造顺畅、舒适的交通环境。

针对战略三提出的清除电线杆，实现东京都内道路无电线杆的目标，规划通过推动无电线杆技术革新发展的同时，政府与公司相互合作，提高防灾功能，形成安全、易步行的魅力城市。

而在应对战略五提出的消除公共交通服务空白区域的目标时，主要解决老年人、残障人士等交通弱势群体的出行问题。引入支线公交、需求响应型服务，灵活利用自动驾驶技术进行服务补充，推动集约型区域的构建与重建。

3　对北京的启示

3.1　坚持依法协调利益关系

《东京 2040》由东京都政府主持编制，会同东京都市圈的各自治体政府联合实施，通过由东京都、埼玉县、千叶县、神奈川县、横滨市、川崎市、千叶市、埼玉市和相模原市组成的九都县市首脑会议，统筹机制，协调利益，对超越东京都事权的交通基础设施网络规划发展进行职权划分与合作推进。

这种合作推进是以国家立法《首都圈整备法》为基础的。《首都圈整备法》颁布于 1956 年（昭和三十一年），最近一次修订于 2005 年（平成十七年），要求国土交通大臣对东京都区域及政令规定的周边地区以一体化形式进行规划发展，要求政府每年要向国会汇报首都圈整顿计划的制定及实施情况，并必须向社会公开。

当前阶段，北京在市郊铁路与京津冀协同等领域亟待此类国家立法统筹协调。而立法的核心在于，首都圈规划发展事务是空间规划体系中最高层级的决策、政策和政治，绝不应受部门利益、行政权责和标准规范的束缚。

3.2　规划认识同步时代形势

东京的首都圈规划发展至今可划分为七个阶段。

第一阶段，1958 年（昭和三十三年）。执行《首都圈整备法》，制定第一次首都圈基本计划，时效 10 年，提出绿带构想，开发卫星城。

第二阶段，1968 年（昭和四十三年）。应对经济高速增长，制定第二次首都圈基本计划，时效 10 年。对人口、产业进行集中控制，在市区大规模开发住宅，鼓励与绿地空间和谐共存，编制近郊城区规划。

第三阶段，1976 年（昭和五十一年）。制定第三次首都圈基本计划，时效 10 年。

形成具有地域中心性的多个核心都市。

第四阶段，1986 年（昭和六十一年）。为了纠正东京都地区的超级单中心空间结构，制定第四次首都圈基本计划，时效 15 年。在整个都市圈以核心都市为中心形成自立都市圈，重构多核多圈层区域空间结构，补充就业、教育、文化等功能，鼓励以自立都市圈为中心集聚各种功能，强化地区间相互合作，提高地区自立性。同期，1988 年（昭和六十三年），日本首相竹下登颁布《多极分散型国土形成促进法》，推动核心都市整备、国家行政机关由区部迁移等政策实施。

第五阶段，1999 年（平成十一年）。应对东京中心地区依旧强势的单中心空间结构，制定第五次首都圈基本计划，时效 5 年。首都圈各地区以核心都市为中心形成高自立性地区，分担职能、增强联系形成"分散式网络"结构，发展首都圈以外关东北部地区的核心都市为"广域联合中心"。2002 年（平成十四年），废除在人口、产业集中地区限制工业发展的制度（《首都圈建成区限制工业等的相关法律》（1959 年））。

第六阶段，2006 年（平成十八年）。2005 年（平成十七年），《首都圈整备法》修订，国土交通大臣制定新的整备计划体系，与国土形成计划保持协调，取消《首都圈事业计划》，合并《首都圈基本计划》与《首都圈整备计划》，形成由基本篇与整备篇两部分构成的《首都圈整备计划》，关注人口规模、土地利用和区域发展政策。基本篇描绘首都圈未来发展愿景，时效 10 年；整备篇构想道路、铁路、机场、港湾、河川等设施的规划，时效 5 年。

这一阶段的《首都圈整备计划》确定以下 6 项发展目标：一是打造高龄者可以生活的城市与生活圈，二是保护区域性绿地与自然资源，三是对郊区土地进行大规模修复，四是形成具有活力的区域型都市圈，五是强化业务核心都市等生活中心的作用，六是明确人口减少、老龄化下的首都圈空间构造形态。

第七阶段，2016 年（平成二十八年）。2014 年（平成二十六年）内阁会议颁布国土形成计划（国土综合开发规划），确定国土空间发展目标为"建设能切实感受到安全、富裕的国家，""建设经济持续增长的有活力的国家"和"建设在国际社会中发挥存在感的国家，"并形成"对流促进型国土"与"多层韧性紧凑网络"的国土空间战略。2015 年（平成二十七年）大城市战略研究委员会制定"大城市战略"，明确四大城市发展目标为"全球商业活动城市""老人宜居儿童宜生城市""水绿盎然、充满历史文化气息的魅力城市"和"安全安心城市"，形成三大政策方针即"加速城市再生循环""形成紧凑网络城市"和"构筑防灾城市"。

这一阶段的《首都圈整备计划》着力解决以下 7 个方面的问题：一是人口减少、少子化和劳动力不足，二是老龄化，三是巨大灾害迫近，四是国际竞争环境变化，五是扩大多样化旅游，六是食品、水、能源制约与环境问题，七是积极利用信息技术推进巨大进步。

《东京 2040》正是在这样的社会背景和政策语境下形成的，其战略与政策和第七阶段的《首都圈整备计划》形成紧密呼应。谈及交通必须先将城市空间格局演变理解透彻。

东京的城市空间格局演变过程，由第一至第三阶段的"单中心城市"到第四阶段的"多中心城市"，再到第五至第六阶段的"环状大型城市群"，进而到目前的第七阶段"交流、合作、挑战型都市圈"，城市空间结构由点状到带状到环状再到圈层状。自 1995 年起，东京都市圈的向外发展能力不足，提出要"回归都心"。单中心发展下的交通集聚现象持续加强，更加凸显了交通与空间布局的协调问题。解决东京都的问题要从东京都市圈入手，解决东京都市圈的问题要从日本全国入手，解决城市问题要重视社会生活价值观，不能单独依赖科技手段。

3.3　愿景蓝图推动社会发展

在对人口减少、少子高龄、技术革新、基础设施建设等社会背景统一认识下，《东京2040》描绘了居住、工作、到访的所有人的活动情况。愿景蓝图中共提出139项要点，每项需开展的工作都在后续部分进行了清晰明确的解读。其中的交通要点达到57项，占比40%，包含"交通无处不在""交通与空间融合"和"空间活动、城市生活"的规划理念（图12）。

《东京2040》中，强化了机场是为了国内外交流，消除道路和电车的拥堵是为了人和物的自由出行，重塑道路和车站空间是为了社会的舒适与繁荣，交通的所有政策工作均是为了城市功能的实现的理念。交通离不开城市，城市是交通的本源也是空间的载体，交通是联系城市各类社会经济活动的重要纽带。只有城市土地使用和城市交通两个系统相互协调发展，才能保障城市高效地组织和实现各类社会经济活动，促进城市的健康、韧性、舒适、繁荣。

我们不确定到2040年这20年间，伴随国际环境演变、社会发展变化、科学技术创新和规划认识重塑，是否会出现全新的城市空间格局和首都圈规划第八、九阶段？

但能确定的是，东京都及其首都圈规划仍会遵循"一张蓝图、一张张蓝图干到底"，这些蓝图是对城市美好未来发展的不懈坚持、是对安全、多彩、智慧城市的无尽向往，是对上一代人的关怀祝福，是对当代人奋斗的认可鼓励，是对一代又一代子孙的殷切期待。

图12　街道重塑后自由、热闹的道路空间[1]

当前阶段，北京应在落实以人为本理念的基础上，再积极地向"空间活动、城市生活"理念转变，规划战略应与社会语境紧密契合。应编制这种带有感情、温度和情怀的社会型规划，而非单纯的技术引导型、部门管理型规划。

　　引用东京都知事小池百合子在《规划》篇首的序言："我们有责任与义务面向光明的未来提高城市活力，给下一代一个每个人都可以发挥能力、积极生活的优秀城市。"

参考文献

［1］ 东京都政府. 都市营造的宏伟设计——东京 2040 规划 [EB/OL]. [2017-9-11]. https：//www.metro.tokyo.lg.jp/tosei/hodohappyo/press/2017/09/01/11.html.